信息安全丛书

U0150617

密码协议基础

（第 2 版）

邱卫东 等

中国教育出版传媒集团

高等教育出版社·北京

图书在版编目(C I P)数据

密码协议基础 / 邱卫东等编著. -- 2 版. -- 北京：高等教育出版社，2023.3

（信息安全丛书）

ISBN 978-7-04-059508-6

Ⅰ.①密… Ⅱ.①邱… Ⅲ.①密码协议 Ⅳ.①TN918.1

中国版本图书馆 CIP 数据核字（2022）第 201863 号

MIMA XIEYI JICHU

策划编辑	冯 英	责任编辑	冯 英	封面设计	王 洋	版式设计	张 杰
责任绘图	黄云燕	责任校对	刘丽娴	责任印制	朱 琦		

出版发行	高等教育出版社	网　址	http://www.hep.edu.cn
社　址	北京市西城区德外大街 4 号		http://www.hep.com.cn
邮政编码	100120	网上订购	http://www.hepmall.com.cn
印　刷	涿州市京南印刷厂		http://www.hepmall.com
开　本	787 mm×1092 mm 1/16		http://www.hepmall.cn
印　张	21	版　次	2009 年 1 月第 1 版
字　数	410 千字		2023 年 3 月第 2 版
购书热线	010-58581118	印　次	2023 年 3 月第 1 次印刷
咨询电话	400-810-0598	定　价	89.00 元

本书如有缺页、倒页、脱页等质量问题，请到所购图书销售部门联系调换

版权所有　侵权必究

物 料 号　59508-00

本书作者（排名不分先后）

邱卫东　黄　征　李祥学

易　平　范　磊　连慧娟　**编著**

上海富数科技有限公司

来学嘉　　　　　　　　**审**

前　言

随着信息化进程的日益加速,网络空间安全得到了各个领域和行业的广泛重视,对网络空间安全的理解也不再局限于加密、解密这样狭隘的层面。各大高校为国家培养了大量的网络空间安全专业人才,一大批具有自主开发能力的网络空间安全企业涌现出来。

作者有着二十余年网络空间安全领域研究和教学的经历,对网络空间安全的内涵有着较为深刻的理解。当前,业界常将网络空间安全与网络安全画等号,对于各类密码算法、协议的认知相对表浅,只是简单地将实现国家商业密码管理委员会制定的标准作为目标。由于缺乏对密码算法、协议的深入了解,不能够对密码算法、协议进行优化设计和实现,从而导致安全系统在性能和效率方面存在瓶颈的现象屡见不鲜。不重视设计实现新的密码算法和协议,还将严重影响我国网络空间安全产业自主化的进程。

在人才培养方面,国内高校不断加强网络空间安全专业本科生和研究生的培养力度,相继开设了相关的网络空间安全专业,并进行人才培养方案的制订和相关课程的设计。一般来讲,数学基础、密码算法和协议存在如下关系:

高级协议 (安全多方计算):电子选举、电子拍卖、门限签名

基础协议:数字签名、零知识证明、VSS、盲签名

基本密码学算法:对称加密、非对称加密、Hash

数学基础:数论、抽象代数、常用数学难题

现有的课程体系通常更注重底层数学基础和密码算法的教学,大部分教材均以信息安全数学基础或现代密码学为主(将各类密码算法作为主要讲述内容),而忽视密码协议尤其是高级密码协议的设计和分析,对于密码协议内容的教学相对简单。这对于学生尤其是研究生的培养是非常不利的,研究生往往被看作创新力量的代表,他们应该是设计新的密码算法、协议的中坚力量。

本书作者自 2004 年加入上海交通大学网络空间安全学院以来,将"密码协议基础"这门课程作为研究生的专业课程引入研究生的培养计划中,并将此课程作为高年级本科生的选修课程。从授课的效果来看,学生反映效果良好,普遍认为很多内容是其他课程没有涉及的。

在该课程教学材料的基础上,作者综合了一些已有的研究成果,希望能够撰写一本适合计算机、通信和网络空间安全专业高年级本科生和研究生使用的密码协议著作。本书通过对密码协议设计和分析的介绍,对各类基础密码、高级密码和应用密码协议的论述,尤其是通过安全分析、设计范例等手段,使读者不仅了解各类密码协议的详细内容,更能通过这些分析和范例理解各类密码协议的设计理念和设计思路,从而使得读者能够进一步分析和自行设计新型的高级密码和应用安全协议,增强自主创新能力。

同时,作者也希望本书能够为工程技术人员提供更全面的参考,使得安全业界的工程技术人员更深入地了解各类密码算法、协议的设计思路和机理,并能够提升他们对算法、协议优化的实现能力。

本书第一版是高等教育出版社信息安全专业研究生教材,按照基础密码协议、高级密码协议和应用密码协议来编排章节顺序,高级密码协议建立在基础密码协议之上,而应用密码协议则以基础密码协议和高级密码协议为基础进行构建。

当本书作为计算机、通信及信息管理等专业高年级本科生和研究生教材使用时,参考学时为 54 学时,需要的前序课程有信息安全数学基础、近世代数、基础数论、现代密码学、计算机网络和操作系统。虽然本书按照基础密码协议、高级密码协议和应用密码协议顺序撰写,各章也有一定的独立性,但作者建议仍然按照章节顺序进行学习。

本书第二版由邱卫东教授主持编写,各章内容主要基于邱卫东教授的"密码算法与协议"的教学讲义。其中第 1、6、7、14 章由邱卫东执笔,第 4、10 章由黄征执笔,第 2、3、5、8 章由李祥学执笔,第 7.3 节和第 11 章由上海富数科技有限公司孙小超、黄翠婷、卞阳执笔,第 9 章由连慧娟执笔,第 12 章由范磊执笔,第 13 章由易平执笔。邱卫东教授对全书进行了统稿。来学嘉教授对全书进行详细的审阅,唐鹏博士通读了全书,并提出了许多修改意见,在此表示深深的感谢。

限于作者的水平和经验不足,本书中的错误和缺憾在所难免,诚恳地希望读者在使用本书时,对发现的错误和问题能够及时指出,作者将所有批评和建议作为今后对本书进行修订的动力。作者的电子邮箱:{qiuwd,huang-zheng}@sjtu.edu.cn。

邱卫东

上海交通大学网络空间安全学院

目　录

基础密码协议

高级密码协议

应用密码协议

基础密码协议

第1章 引 论

密码协议在信息安全实践中有着非常重要的应用。本章将首先介绍密码协议的基本概念,简单评述现有密码协议分析的基本方法;然后给出一个常用密码协议的例子,通过该例子可以使读者对密码协议的基本概念和密码协议的安全性分析有更直观的理解。

1.1 密码协议基础

从最基本的密钥共享、密钥分发到电子商务与电子政务领域中的各种应用(如电子货币、电子公文传输、电子选举等)都离不开密码协议。密码协议的设计是否科学?密码协议的分析是否完备?是信息安全领域的研究和技术人员始终要考虑的问题。这些问题直接关系到密码协议的应用安全和合理效率。

1.1.1 密码协议概念

什么是协议(protocol)?协议是在日常生活中经常使用的一个概念。我们经常碰到的协议,如劳动协议、就业协议等,是指协议的参与者为了达到某种目的而对每个参与者作出的行为约束。计算机通信领域里广泛使用了协议的概念,这里的协议往往是指协议中两个或者两个以上的参与者为了达到特定的目的而采取的一系列步骤[1],例如 TCP/IP 通信协议中的握手协议等。协议的概念包含了以下几层含义:

- 协议规定了一系列有序执行的步骤,必须依次执行。
- 协议中有两个或者两个以上的参与者,一个参与者是无须设计协议的。
- 协议都有明确的目的,即需要完成的目标,需要防范的风险,等等。

例如一个简单的两人分苹果协议。有两个协议参与者 A 和 B,只有一个苹果,需要 A 和 B 执行一个协议,将苹果在两个参与者中公平地分成两份,A 和 B 各取一份。一个著名的公平分苹果方法是"一个人切,另一个人先取"。按照这样的思想,设计协议如下:

① A 将苹果切为 2 份;

② B 选择其中的一份作为自己应得的;

③ A 取剩下的一份作为自己应得的。

这个简单的协议中有两个参与者,他们通过执行上述一系列的步骤,达到一个目的:将一个苹果在两个参与者中公平分配。

密码协议(cryptographic protocol)也是一种协议,因其需要使用一些基本的密码算法(如对称加密、公钥加密和安全散列算法)作为构造协议的基本模块(building block),需要满足一定的安全需求,故此而得名。不过没有一个严格的界限来区分密码协议和一般的协议,有一些密码协议并没有使用密码算法,如线性秘密分享、安全多方计算协议等,但是研究者还是习惯将这些协议归入密码协议的范畴。密码协议与基本密码算法的关系如图 1-1 所示。

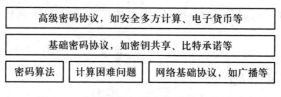

图 1-1　密码协议与基本密码算法的关系

1.1.2　密码协议的特点

人们经常为了保护重要、敏感的数据而执行密码协议,这使得对密码协议的攻击成为一个非常有利可图的活动。在网络环境中执行的协议会面临各种窃听、篡改的攻击,甚至协议的参与者也会有某些恶意的企图希望能从协议执行中获得额外的好处。一般协议的设计只需要分析协议执行的正确性和协议执行的效率。密码协议的设计和一般协议相比,除了有正确性和执行效率的要求外,还有一些特殊要求:

• 安全需求　基本的安全需求包括加密、认证和不可抵赖性。加密保证密码协议执行过程中所涉及的敏感数据不被非授权者知晓;认证可以保证协议参与者的合法身份;不可抵赖性可以保证协议执行过程是可以稽查的,这对于有仲裁者(可信第三方)参与的密码协议是很关键的。

• 鲁棒性　并不是所有密码协议的参与者都是按照协议的要求来执行协议的,这其中可能有恶意参与者。恶意参与者可以通过不按照协议要求执行或者向协议输入非法数据等方法来破坏协议执行过程,从而达到阻止协议执行或者获取额外信息的目的。鲁棒性要求密码协议在有恶意参与者的情况下能部分正确执行,同时严格保护其他诚实参与者所持有的秘密信息。

恶意参与者的存在是密码协议和一般通信协议之间的重要区别,这也使得密码协议的设计和分析都变得比较困难。

1.1.3 密码协议的分类

通常可以根据协议对可信第三方的依赖程度,将密码协议分为如下几类[2]。

1. 仲裁协议

仲裁者就是可信第三方,协议需要在可信第三方的帮助下才能正确执行,可信第三方的存在可以使密码协议高效执行。仲裁协议的问题是现实的计算机网络中很难找到一个协议参与者都信任的仲裁者,并且如果网络中参与者都信任仲裁者的话,仲裁者容易成为易受攻击之处。

2. 裁决协议

裁决者也是可信第三方,但是裁决者并不直接参与协议的执行,裁决者只是在有争议的时候才参与协议的执行。这样协议对可信第三方的依赖程度降低了。

3. 自动执行协议(self-enforcing protocol)

最理想的协议,协议本身体现了公平性,不需要可信第三方的参与,当某个参与者实施欺骗行为时能够被其他参与者发觉,从而终止协议或者将欺骗者排除。

1.2 密码协议模型

密码协议的设计和分析都必须在一定的条件和假设下进行,例如,协议参与者个数、协议参与者诚实程度、协议参与者之间的网络连接情况等,安全模型的要素如图 1-2 所示。所有的这些条件和假设构成了密码协议的模型(model),换句话说,密码协议的模型描述了密码协议的运行环境。所以在设计和分析密码协议之前,需要清楚地描述密码协议模型。通常,可以从三个方面来描述密码协议模型,它们分别是协议参与者的类型、参与者之间网络连接情况和协议攻击者的能力。

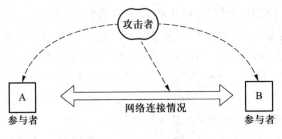

图 1-2 安全模型的要素

1.2.1 协议参与者角色类型

密码协议的执行过程中有多种多样的角色存在,依据角色的不同,可以将参与密码协议的主体分为协议参与者、协议攻击者、可信第三方(trusted third party)和仲裁者(arbiter)。

1. 协议参与者

参与者按照协议的要求参与协议的执行,向协议提供输入,从协议获得输出。

2. 协议攻击者

密码协议的执行一般是在网络环境中,所以除了协议本身需要的参与者之外,还有一些"参与者"会通过窃听或者篡改报文等方法"主动"参与协议的执行过程,这类参与者常常被称作协议攻击者。密码协议的设计中一定要放弃一些天真的想法,例如,管理员都是诚实的,计算机网络都是可信的。密码协议中始终要考虑攻击者的存在。攻击者和参与者之间没有严格的界限,攻击者也可能是参与者。

3. 可信第三方

协议参与者都信任的一个主体或者一个组织。如果没有可信第三方的存在,一些基础密码协议,如公钥分发等协议是无法执行的。可信第三方的存在还可以简化很多密码协议的设计,提高协议的效率。

4. 仲裁者

这是一个历史悠久的概念,人类社会中有一些人,如执政官、法官,他们有公平处理事情的权威。密码协议中引入仲裁者的概念,可以使协议执行过程中发生的争端以公平合理的方式得到处理。

1.2.2　网络连接情况

参与密码协议的参与者都连接在一个网络中,这个网络可能是同步的网络,也可能是非同步的网络。在一个同步网络中,所有协议参与者都有一个公共的、全局的时钟。所有的信息在一个时钟周期内传送,所有协议参与者能在下一个时钟周期得到传送给自己的信息。在一个非同步的网络中,不存在这样一个全局的时钟,信息从一个参与者处传送出去,到接收者收到信息要经历不确定个时钟周期。而且,在非同步的网络中,接收信息的顺序很有可能不是发送信息的顺序。可以将同步和不同步这种性质看作攻击者的能力,也就是说攻击者有没有能力将一个在网络中传送的信息延迟若干个时钟周期。大部分密码协议都在互联网上执行,互联网更像是一个非同步的网络。然而由于非同步网络条件下设计密码协议比较复杂,所以大部分密码协议的研究都基于同步网络。

某些密码协议需要广播信道,如安全多方计算协议。有的网络中存在自然的广播信道,如小范围的无线局域网和局域网的某一个网段。在这样的网络中,协议参与者可以通过物理的方法向其他参与者广播信息。但在大多数的分布式环境中,这样的广播信道是不存在的,只有协议参与者之间两两相连的信道。这样,如果协议参与者需要向其他参与者广播信息,必须借助广播协议来模拟物理上的广播。

1.2.3　协议参与者诚实程度

现实生活中,并不是每个人都严格按照法律法规的要求来约束自己的行为,同样在密码协议中也并不是每个协议参与者都严格按照协议的要求执行,依据参与者遵从协议的诚实程度可以将参与者分为诚实参与者、半诚实参与者和恶意攻击者。

- 诚实参与者　参与者按照协议的要求参与协议的执行,向协议提供输入,从协议获得输出。
- 半诚实参与者　这类参与者按照协议的要求执行,只是窃听或获取其他参与者在协议进行中的所有输入,也称这种参与者为被动攻击者或窃听者。
- 恶意攻击者　攻击者不仅窃听或获取参与者在协议进行中的所有输入,还要控制参与者按照自己设计的方式参与协议。恶意攻击者以破坏协议正确执行或者获取其他参与者的隐私输入为目的,称这种攻击者为主动攻击者或 Byzantine 攻击者。

另外在非同步网络中还有一类不诚实参与者也是应该考虑的,这类不诚实参与者是 Fail-Stop 类型的。攻击者可以控制这类不诚实参与者在协议进行的某个阶段开始的某一段时间内不提供任何输入。因为在非同步的网络中,这类不诚实参与者不能被识别出来,所以出于安全的原因,在考虑这类不诚实参与者的时候,还是假定 Fail-Stop 的参与者尽管不提供任何输入,但还在获取消息,获取输出。

1.2.4　协议攻击者能力

可以将协议的攻击者看作所有协议参与者之外的一个实体,他可以控制若干个协议参与者,也可以将攻击者看作一个或多个参与者。通常从攻击者的计算能力、对通信网络的控制能力,以及是否主动攻击等方面来刻画攻击者能力。

根据攻击者的计算能力可以将安全多方计算协议的攻击者分为两类:
- 拥有无限计算能力的攻击者。
- 只有概率多项式时间(probabilistic polynomial time, PPT) 计算能力的攻击者。

在无限计算能力攻击者存在的情况下,安全的多方计算协议一般称作信息论安全的,对于多项式时间计算能力的攻击者安全的协议一般称为密码学安全的。

协议的攻击者对于协议参与者之间通信信道的控制可以分为 3 种,相应地对应 3 种不同级别的安全等级。

第一种是攻击者对于通信信道没有任何控制能力,在这种情况下,诚实协议参与者之间的通信既不会被攻击者窃听,也不会被攻击者篡改,这种情况称为安全信道(secure channel)。

第二种是攻击者可以窃听任意协议参与者之间的通信,但是不能篡改通信的内容,这种情况称为非安全信道(insecure channel),有些文献也称这种通信信道是认证的信道(authenticated channel)。

第三种是攻击者对于通信网络有着完全的控制权,不仅可以窃听所有协议参与者之间的通信,还可以任意篡改通信的内容,这种情况下的通信信道称为未认证的信道(unauthenticated channel)。

根据攻击者对不诚实参与者的控制可以分为如下一些情况:

- 攻击者只是窃听或获取不诚实参与者在协议进行中的所有输入,并不控制不诚实参与者的行为,称这种攻击者为被动攻击者或窃听者。
- 攻击者不仅窃听或获取不诚实参与者在协议进行中的所有输入,还要控制不诚实参与者按照自己设计的方式参与协议,称这种攻击者为主动攻击者,或根据历史典故称之为 Byzantine 攻击者[3]。

有些研究者[4]对攻击者能力进行了进一步的划分,提出了静态和动态攻击者的概念。静态、动态攻击者的区别在于何时确定需要攻击的不诚实参与者。如果攻击者在协议开始之前就确定买通任意的一组参与者(数量是有一定限制的)作为不诚实参与者,在协议执行以后就不改变了,则称这种攻击者是静态攻击者。如果攻击者不是在协议执行之前就确定他要买通的参与者,而是在协议执行中根据协议的执行情况来决定买通哪个参与者,这种攻击者称为动态攻击者。当然,动态攻击者能够买通的参与者的总数是有一定限制的,也就是说协议中的不诚实参与者的数量是有一定限制的。

Canetti[5,6] 提出了一类更强的攻击者,称为移动攻击者(mobile adversary)。移动攻击者具有动态攻击者的攻击能力,与动态攻击者不同,移动攻击者虽然也只能买通一定数量的参与者,但是被买通的参与者是可以变化的。也就是说,一个参与者被买通后成了不诚实参与者,随着协议的进行,移动攻击者觉得这个不诚实参与者失去了利用价值,于是这个不诚实参与者可能会变成诚实参与者,而移动攻击者去买通另一个他认为有价值的参与者。但是任何时候,被买通的参与者,即不诚实参与者的数量是有一定限制的。

1.3 一个简单的密码协议示例

为了简化问题,假设存在两个互不见面的参与者 A 和 B 在网络上玩比大小的扑克牌游戏。比大小的游戏规则很简单,A 和 B 随机从 52 张扑克牌里各抽出一张,然后按照一定的规则比较大小。游戏的进行需要经过发牌和比较大小两个阶段。首先需要设计发牌的协议,发牌协议的目的要保证发牌的公平性,即 A 和 B

的取牌是随机的。

　　大多数网上的扑克牌游戏都有可信第三方存在,如游戏的运营商就可以认为是可信第三方。有可信第三方存在的情况下的仲裁协议比较简单,可信第三方可以保证协议的公平性。一般密码协议在执行之前都需要一个初始化阶段。在初始化阶段,协议的参与者需要利用物理的方法(如到政府机关登记)或者利用密钥建立协议产生参与者自己所需的密钥,将密钥以安全的形式共享,将公钥信息以合理的方法发布。发牌协议中的参与者有 3 个:可信第三方(TTP)、参与者 A 和参与者 B。在初始阶段,可信第三方公布自己的公钥信息,供验证签名之用。有可信第三方的发牌协议描述如下:

　　① TTP 以一定的格式产生 52 个消息 $M_1, \cdots, M_{52}$,分别代表 52 张牌;

　　② TTP 从中随机选择一条消息 M_a,将 M_a 和自己对 M_a 的签名 $\mathrm{Sig}(M_a)$ 发送给 A,作为 A 得到的牌;

　　③ TTP 从剩下的消息中随机选择一条消息 M_b,将 M_b 和 $\mathrm{Sig}(M_b)$ 发送给 B,作为 B 得到的牌;

　　④ A 和 B 分别验证自己收到的消息签名是否正确,如果正确,接受所得的牌,协议结束;如果不正确,拒绝参与下面的游戏,协议结束。

　　显然在 A 和 B 都是诚实参与者的情况下,协议能正确执行。该协议的公平是由 TTP 的公平性来保证的,如果 A 或者 B 能控制 TTP,则该协议没有公平性可言。如果攻击者只是控制 A 和 B 的任何一方,并不影响协议的正确执行。该协议的消息传输没有加密,如果 A 可以窃听 B 的通信,则 A 可以在比较扑克大小的协议执行之前得知 B 的牌。

　　可能在更多的情况下没有可信第三方存在,或者两个玩家并不希望有可信第三方的参与,在这样的情况下,自动执行协议更为实用。自动执行发牌协议中的参与者有 2 个:参与者 A 和参与者 B。协议的构造需要借助有可交换性的加密算法,$E_K(M)$ 表示使用密钥 K 和加密算法 E 的加密消息 M,$D_K(M)$ 表示相应的解密过程,如果加密算法满足:

$$E_{K1}(E_{K2}(M)) = E_{K2}(E_{K1}(M)) \tag{1-1}$$

则该加密算法具有可交换性。例如,共模的 RSA 加密就是具有可交换性的。在初始化阶段,协议的参与者产生自己的密钥,保持私钥,将公钥信息以合理的方法发布。没有可信第三方的发牌协议描述如下:

　　① A 以一定的格式产生 52 个消息 $M_1, \cdots, M_{52}$,分别代表 52 张牌;

　　② A 加密消息 $M_1, \cdots, M_{52}$,并将 $E_A(M_1), \cdots, E_A(M_{52})$ 以随机的顺序发送给 B;

　　③ B 从收到的 52 条消息中选择一条 $E_A(M_b)$ 作为自己的牌,但是 B 还不能得知 M_b,B 计算 $E_B(E_A(M_b))$;然后,B 再从剩余的消息中选择一条 $E_A(M_a)$ 作为 A 的牌,并将 $E_B(E_A(M_b))$ 和 $E_A(M_a)$ 发送给 A;

④ A 收到 $E_B(E_A(M_b))$，计算 $D_A(E_B(E_A(M_b))) = E_B(M_b)$，将 $E_B(M_b)$ 发送给 B；A 将收到的 $E_A(M_a)$ 解密得到 M_a，即得到自己的牌；

⑤ B 将收到的 $E_B(M_b)$ 解密得到 M_b，即得到自己的牌。

简单分析一下，如果 A 是只拥有概率多项式计算能力的攻击者，A 不能阻止 B 随机选择牌，也不能解密 B 所选择的 M_b。如果 B 是只拥有概率多项式计算能力的攻击者，B 不能随意选择牌，因为 B 不能解密所选择的 $E_A(M_1), \cdots, E_A(M_{52})$。当游戏结束的时候，A 和 B 要出示他们的密钥对，以使对方相信 A 和 B 都能检查协议的执行过程，确定没有被欺骗。当然共模的 RSA[①] 是存在安全问题的，这在相关的文献中已有论述，本章只是给出一个简单的构造密码协议的思路，密码算法的安全性不在本书讨论范围。发牌协议就这样解决了，比较大小的协议可以作为读者的练习，或者学习完本书以后，再设计更为复杂的能够适合多个人同时游戏的协议。

1.4 密码协议设计分析概述

1.4.1 密码协议设计过程

使用密码技术并不是非常困难，但是这并不意味着使用了密码技术的协议就能达到预定的安全目标（目的）。密码协议一般都是使用密码技术来保护信息安全的协议，密码协议是否能够达到预定的安全目标，这和协议设计分析过程是否严谨有直接的关系。

整个密码协议设计分析的过程是一个迭代的过程，主要包括需求分析、需求定义、协议具体步骤设计、协议正确性分析、协议安全性分析 5 个阶段，如图 1-3 所示。

需求分析阶段需要明确密码协议工作于什么样的协议模型，即参与者角色分类、参与者诚实情况、网络连接情况等；明确协议的目的，即通过协议的执行，参与者之间能够达成的目标；明确协议的安全需求，如加密、认证等需求。

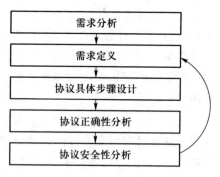

图 1-3　密码协议设计分析的过程

---

① 罗恩·李维斯特（Ron Rivest）、阿迪·萨莫尔（Adi Shamir）和伦纳德·阿德曼（Leonard Adleman）联合提出的一种公钥密码体制。

　　需求定义阶段将需求分析阶段所明确的协议目的和安全需求以合适的语言描述出来。描述需求定义的语言可以是自然语言,也可以是形式化语言(formal language)。使用自然语言描述需求定义比较简单,如"协议参与者之外的其他主体不能获得协议参与者 A 的输入",这句话是一个典型的使用自然语言描述的需求定义。使用自然语言描述协议需求比较方便,但是不利于严谨的协议分析。使用形式化的方法来描述需求定义比较抽象,但是可以为协议的严谨分析打下良好的基础。

　　协议具体步骤设计阶段需要描述协议参与者之间如何进行通信,以及具体的每一条通信消息的格式。在这个阶段协议参与者参与协议的每一个行为都需要清晰地描述。

　　协议正确性分析阶段主要是分析协议执行的正确性,即协议执行完毕之后是否达成了协议的目标。正确性分析主要关注协议的功能是否得到满足,以及在协议执行过程中,针对可能出现的各种情况协议是否都有充分的考虑。

　　协议安全性分析阶段主要分析协议的执行过程是否能满足相应的安全需求。分析过程可以使用自然语言的推理也可以使用形式化的推理方法,具体使用什么方法与需求定义阶段使用何种方法来定义安全需求有关。使用自然语言推理的安全性分析极易出现逻辑不严谨和误证,在进行安全分析的论文中,被发现推理错误的情况是比较常见的。使用形式化推理方法能较好地克服这些问题,这也是安全分析的发展趋势。

　　协议设计过程是一个重复迭代的过程,在一轮迭代中就能设计出安全严谨的密码协议是不现实的。在正确性分析和安全性分析阶段如果有错误或者漏洞被发现,则需要重复这个迭代过程,直到正确性分析中没有发现任何错误,安全性分析能够证明密码协议满足安全需求定义为止。

1.4.2　密码协议安全的基本问题

　　密码协议的安全分析是非常重要的环节,也是专门的艺术和科学。本书的主要目的是讲述常用的密码协议和密码协议的应用,由于篇幅的限制,这里不能将密码协议分析的众多思想和方法完全叙述清楚。本小节只是简要介绍有关密码协议安全性的一些基本问题。

　　现代密码算法,如 AES、ECC 等,是构造密码协议的基础。现代密码算法的设计基本都遵从著名的柯克霍夫(Kerckhoffs)假设:即在密码系统中真正保密的只是密钥,对于攻击者来说,只有密钥是未知的,密码算法对于攻击者并不保密。密码系统的安全性只依赖于密钥算法的保密性。密码协议的设计和分析也同样借鉴了 Kerckhoffs 的思想,即密码协议的设计是公开的,密码协议的安全性也并不依赖协议本身的保密。

密码协议的安全性分析需要先设置一定的安全模型,密码协议的安全是指在某个安全模型下密码协议是安全的,是满足了该模型的安全需求定义,脱离了安全模型来分析密码协议的安全性是没有意义的。在安全模型中,与密码协议安全性最直接相关的就是攻击者能力。显然主动攻击者的能力要远大于被动攻击者的能力,在被动攻击模型下安全的协议在主动攻击模型下显然是不一定安全的。

另一个问题是攻击者的计算能力。香农(Shannon)的信息论研究了密码系统在攻击者只知道密文情况下(唯密文攻击)的无条件安全问题,即攻击者拥有无限制的计算资源条件下的安全。显然无条件安全的问题是不能用计算复杂度观点来研究的,因为允许攻击者使用的计算资源和计算时间是无限制的,在这种情况下安全的密码协议称为无条件安全的密码协议。对于加密算法,我们知道无条件安全的密码算法是存在的,例如一次一密的加密算法。对于密码协议来说,某些密码协议的安全性质也可以做到无条件安全,例如线性秘密分享协议。对于更为实用的场景是攻击者拥有概率多项式的计算能力,可以从计算复杂性的角度来研究。一个密码协议在计算上安全的意义是指,利用最好的算法(已知或者是未知的)来破解这个密码协议需要的计算量是 $O(N)$,N 是一个很大的数。$O(N)$ 的计算量超过了攻击者所能控制的所有计算资源在合理的时间内能够完成的计算量。这是计算复杂度意义上的安全性,和密码算法的研究一样,密码协议一般将破解一个计算上安全的密码协议归约到等价于求解一个数学上已知的难题。

1.4.3 密码协议的分析

密码协议分析的目的是要证明密码协议的执行过程满足安全需求定义。从这个意义上来说,密码分析活动不仅仅包含前述密码设计迭代过程中的密码协议分析阶段,也包含需求定义阶段。

密码协议分析的目的是证明密码协议安全或找到反例。有两种思路来分析协议的安全性:一是通过证明协议不安全,即找出协议的漏洞和协议不满足安全需求定义的地方,然后反复执行协议设计的迭代过程,直到无法找出协议漏洞为止;二是通过证明协议安全,即不可能找出协议漏洞,协议完全满足安全需求的定义。证明协议不安全比证明协议安全容易得多,然而即使不能找出协议的漏洞也不能说明协议是安全的,所以第一种分析思路并不严谨,一般只对协议分析起辅助作用。要证明协议安全是非常困难的事,这需要合理的思路、合适的验证逻辑和工具,以及一点艺术性,需要系统性的方法。目前,密码协议的安全性分析主要有 5 种基本方法。

1. 使用自然语言论证的标准模型

使用自然语言来论述在合适的安全模型下,什么情况会发生,什么情况不可能发生,一般需要将协议的安全性归约到某个已知的计算困难问题,如 RSA 问题、分解大整数问题,还可以是破解 DES 加密问题。由于使用自然语言进行证明,所以证明过程很难做到严谨,可能会得到一些似是而非的结论。而且为了证明协议安全所付出的代价往往是协议效率极低,不具有实用价值。

2. 开发专家系统

专家系统可以集中众人的智慧,根据已有的事实和经验对未知的事物进行判断。所以有学者建议开发专家系统,研究不同类型的协议,以便发现密码协议设计中的漏洞。

3. 使用随机预言模型

随机预言模型[7]也称 Random Oracle 模型或 RO 模型,该模型引入一个随机预言机(random oracle),通过一系列的证明将协议的安全性归约到某个已知的计算困难问题。使用归约的证明方法是密码分析的重要技术,这样的证明方法相对严谨,但是由于论证过程大量使用自然语言描述,所以可以看作半形式化的方法。由于使用 RO 模型分析密码协议可以极大提高协议效率,所以现在 RO 模型是应用最为广泛的密码分析方法。

4. 使用 BAN 类逻辑

利用基于信任的逻辑系统,建立协议的需求模型和推理规则,从而验证协议是否满足需求。BAN 逻辑的命名源于发明该逻辑的 3 位研究者[8],BAN 逻辑也存在很多缺陷,后来有很多逻辑分析方法对 BAN 逻辑进行了改进,如 GNY 逻辑、VO 逻辑、SVO 逻辑等,统称为 BAN 类逻辑。BAN 类逻辑对于密钥共享协议和身份认证协议的分析比较有效,如分析 Woo-Lam 协议的缺陷。

5. 使用 CSP 等模型检查方法

CSP(communicating sequential processes)是为解决并发现象而提出的代数理论[9],该代数理论可以很方便地描述通信进程,代数理论中的推理规则可以验证通信进程是否满足一定的代数性质。密码协议和通信进程比较类似,如果再将协议的安全性与相应的代数性质结合起来,则可以利用 CSP 来检验协议的安全性。CSP 存在很多自动推理验证工具,如 FDR(failure-divergence refinement)等,使得CSP 工具的应用非常方便,在密码分析中扮演着重要的角色。

下面简要介绍常用的形式化分析方法的基本思路,每种分析方法都是一门深邃的学问,对某些分析方法感兴趣的读者可以依据参考文献对该方法进行深入的研究。

1.4.4　随机预言模型和标准模型

20 世纪 80 年代初,Goldwasser、Micali 和 Rivest 等人系统阐述了如何应用可证明安全的思想进行密码分析,并给出了具有可证明安全性的加密和签名方案[10,11]。可证明安全常用的模型是标准模型和随机预言模型。

如果攻击者只受时间和计算能力的约束,在此条件下将密码学方案归约到计算困难问题上,则称为该归约是基于标准模型的,也称方案具有在标准模型下的可证明安全性。然而在实际中,很多方案在标准模型下建立安全性归约是比较困难的。

为了降低证明的难度,往往在安全性归约过程中加入其他的假设条件。20 世纪 90 年代中期,Bellare 和 Rogaway 提出了著名的 Random Oracle 模型方法论[7],建立了理论安全和实践安全的一座桥梁,使得密码协议分析和效率之间的矛盾大为改观,使得过去仅作为纯理论研究的可证明安全性理论迅速在实际应用领域取得了重大进展,很多安全有效的密码协议相继提出,如 RSA 等[12]。虽然 Random Oracle 模型的应用还有一些争议[13],但是迄今为止,Random Oracle 模型是密码协议分析最成功的实际应用,几乎所有国际安全标准体系都要求提供至少在 Random Oracle 模型中可证明安全性的设计,当前可证明安全性的密码协议也大都基于 Random Oracle 模型。

Random Oracle 模型中的 $R(x)$ 是一个随机函数,$R(x):\{0,1\}^* \rightarrow \{0,1\}^\infty$,该函数将任意长度的 0、1 比特串映射为无限长的 0、1 比特串。函数输出无限长的好处是使模型更为通用,因为可以不考虑某个具体的协议到底需要使用多长的输出。完全随机函数是很难实现的,所以在实际应用的时候,需要将随机预言转换为计算机能够实现的随机函数,如 Hash 函数。只有在理论情况下存在随机预言,实际情况下(标准模型中)只能有 Hash 等随机函数。Random Oracle 模型的基本思想是随机函数的转换,也就是理论安全向实际安全的转换。使用 Random Oracle 模型来设计和分析密码协议基本思路是:假定协议参与者共同拥有一个公开的 Random Oracle,即协议参与者都能访问、执行同一个 $R(x)$ 函数。在设计一个协议 P 时,首先在 Random Oracle 模型(一个理想模拟环境,一个 Random Oracle 存在的环境)中证明 P^R 的正确性和安全性(P^R 表示在 Random Oracle 模型中的协议),然后在实际方案中用"适当选择"的函数 $h(x)$ 取代 $R(x)$(潜在的前提是,攻击者不能区分一个特定的函数输出是理想模拟环境中的 $R(x)$ 函数的输出,还是现实环境中的 $h(x)$ 函数的输出)。细心的读者马上就会有疑问,这显然不是严格意义上的可证明安全性,不是一种严谨的分析,因为安全性证明仅在 Random Oracle 模型中成立,随后经过一个转换过程,协议是否还是正确的,还是安全的呢? 使用 Random Oracle 模型来设计和分析协议的确不是严格可证明的,其本质上是一种推测和假定,即推测 Random Oracle 模型中的安全特性可以在标准模型中得以保持。尽管这是 Random Oracle 模型有争议之处,但是并没有影响该模型被广泛接受,因为一般来说,这样设计出来的协议实现效率非常高,实用性很强。

假设提出一个协议问题 Π,要设计一个密码协议 P 解决该问题,则使用 Random Oracle 模型设计和分析密码协议可按如下步骤执行:

① 建立 Π 在 Random Oracle 模型中的形式化定义(包括正确性和安全性需求),Random Oracle 模型中各协议参与者(包括攻击者)共享 $R(x)$;

② 在 Random Oracle 模型中设计一个解决问题 Π 的有效协议 P^R;

③ 证明 P^R 满足 Π 的形式化定义;

④ 在实际应用(标准模型)中用函数 $h(x)$ 取代 $R(x)$,即得到协议 P。协议 P 的正确性和安全性由 Random Oracle 模型的推测来保证,无须再证明。

Random Oracle 模型的理想模型和标准模型如图 1-4 所示。

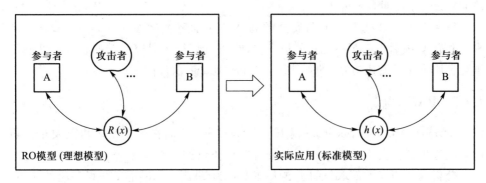

图 1-4　Random Oracle 理想模型和标准模型

严格地说,$h(x)$ 不可能是真的随机函数,只能很像随机函数,这是因为任何可以实现的函数其描述都是有限长的,不可能是完全随机的。而 Random Oracle 模型对每一个新的函数输入(也经常被称为函数询问,或者直接称为询问)产生一个随机值作为函数输出(也经常被称为函数回答,或者直接称为回答),当然相同的询问会得到相同的回答(这是函数的性质)。但这并未改变 Random Oracle 模型的成功,因为只要求在攻击者看来 $h(x)$ 像随机函数即可。选择这样的 $h(x)$ 函数需要满足一些基本要求:设计上足够保守,能够抵抗各种已知攻击,并且不会暴露某些相关数学结构。Bellare 指出:选择 $h(x)$ 并不需要太麻烦,适当的 Hash 函数就是一个很好的选择;另外,协议问题 Π 和 h 函数独立,即 h 函数和协议本身无关。这可以理解为协议问题 Π 不是解决与 h 函数类似问题的,否则可以给出 Random Oracle 模型不能适用的反例。

虽然实际应用中的密码协议安全性由 Random Oracle 模型的推测来保证,但是密码协议在理想模型情况下的安全性还是需要分析和证明的。这里的证明一般还是使用归约的方法。归约论断是可证明安全性理论的最基本工具或推理方法,实质就是把一个复杂的协议安全性问题归结为某一个或几个已知的计算困难的问题(如大数分解或求解离散对数等)。在 Random Oracle 模型中的归约证明一般证明思路是:首先形式化定义密码的安全性,假设攻击者能够以不可忽略的概率破坏协议的安全性(如破解加密信息或者伪造签名);然后虚拟一个模仿者 S

(Simulator),S 可以为攻击者提供一个与实际运行环境不可区分的模拟环境,S 回答攻击者所有的询问,这样就模拟攻击者能得到的所有信息;最后利用攻击者以不可忽略的概率破坏协议的安全性假设(如构造一个的伪造签名),设法解决计算困难问题。如果能够解决这个计算困难的问题,则协议的安全性归约到了解决一个已知的计算困难问题,这显然是不可能的(已知计算困难的问题是没有有效解决算法的),于是可以反证攻击者不能够以不可忽略的概率破坏协议的安全性。最终将 Random Oracle 环境转换成现实环境就得到实际应用环境(标准环境)的安全性证明。

第一个标准模型下可证明安全的高效公钥加密方案在 1998 年由 Cramer 和 Shoup 提出,随后引起了研究者的极大兴趣。目前,很多研究者转向设计标准模型下可证明安全的密码方案,即不使用 Random Oracle 假设的模型。

1.4.5　BAN 逻辑

Burrows、Abadi 和 Needham 提出了 BAN 逻辑,从而在解决密码协议安全分析问题上迈出了一大步。BAN 逻辑是分析安全协议的一个里程碑,至今在使用逻辑手段分析安全协议方面取得的进展大都以它为基础。BAN 逻辑获得广泛的认可,它是关于主体信仰,以及用于从已有信仰推出新信仰的推理规则的逻辑。这种逻辑通过对认证协议的运行进行形式化分析,来研究认证双方通过相互发送和接收消息能否从最初的信任逐渐发展到协议运行最终要达到的目的——认证双方的最终信任,其目的是在一个抽象层次上分析分步网络系统中认证协议的安全问题。如果在协议执行结束时未能建立起关于诸如共享通信密钥、对方身份等信任,则表明这个协议有安全缺陷。Burrows 等人构造的 BAN 逻辑包括 believing、seeing、controlling 和 saying message 语句,并以一种自然结构进行语义描述。BAN 逻辑的规则十分简洁、直观,易于使用,因此得到了广泛的认可,并成为逻辑形式化分析系统的标准。BAN 逻辑的成功极大地激发了密码研究者对安全协议形式化分析的兴趣,并导致了许多安全协议形式化分析方法的产生。

BAN 逻辑通过推理试图回答下面的几个问题:

- 协议能用吗?
- 协议能否达到预定目的?
- 协议还需要更多的安全假设吗?

为了了解 BAN 逻辑是如何推理的,有必要讲述一下 BAN 逻辑的基本语法和语义。BAN 逻辑的语义中包括 3 类基本处理对象:主体(principal)、密钥(keys)和公式(formula),公式也被称为语句(clause)或者命题(statement)。在推理过程中,一般使用 A、B、P、Q、R 和 S 等表示主体,K 表示密钥,X 和 Y 表示公式。例如,A、B 表示两个参与协议的主体,S 表示认证服务器;K_{AB} 表示在 A 和 B 之间共享的密钥,

K_{AS}表示在 A 和 S 之间共享的密钥,K_A、K_B 和 K_S 分别表示 A、B 和 S 的公钥,K_A^{-1}、K_B^{-1} 和 K_S^{-1} 分别表示 A、B 和 S 的私钥。下面介绍 BAN 逻辑的逻辑构件(construct)的语法和语义,BAN 逻辑的推理规则(rule),以及 BAN 逻辑的形式化分析方法。为了使读者掌握 BAN 逻辑的基本思路,而不在众多推理规则中迷失,本书没有列出所有的 BAN 逻辑的推理规则。

BAN 逻辑有 10 个逻辑构件,在语法的表述中,$\mid\equiv$ 符号表示"相信"(believes),有些文献也直接使用 believes 代替 $\mid\equiv$ 符号。

$P\mid\equiv X$:主体 P 相信公式 X 为真。

$P\triangleleft X$:主体 P 收到包含 X 的消息。

$P\mid\sim X$:主体 P 曾经发送过包含 X 的消息。

$P\mid\Rightarrow X$:主体 P 对 X 有管辖权。

$\#(X)$:X 是新鲜的,即 X 没有在协议的执行过程中被发送过。更多关于"新鲜"这个词的解释,参见本书第 2 章。

$P\xleftrightarrow{K}Q$:K 为 P 和 Q 之间共享的密钥,除了 P 与 Q 及其相信的主体外,其他主体不能获取关于 K 的任何信息。

$\xrightarrow{K}P$:K 为 P 的私钥,且除了 P 和 P 相信的主体之外,其他主体不能获取有关对应私钥 K 的任何信息。

$P\xrightleftharpoons{X}Q$:X 为 P 和 Q 之间共享的秘密,除了 P 与 Q 及其相信的主体外,其他主体不能获取关于 X 的任何信息。

$\{X\}_K$:X 为由密钥 K 加密得到的密文。

$\langle X\rangle_Y$:由 X 和秘密 Y 合成的消息。

BAN 逻辑共有 19 条推理规则,常常用 $R_1,\cdots,R_{19}$ 来表示这 19 条推理规则。这些推理规则根据其推理的内容不同,可以分为 7 类,分别是消息含义规则、临时值验证规则、管辖规则、接收消息规则、消息新鲜性规则、信念规则和密钥与秘密规则。在推理规则的表述中,$\mid$-符号表示"推导出",Γ 为条件集,C 为结论,$\Gamma\mid$-C 表示由条件集 Γ 可以推出结论 C。下面列出这 19 条推理规则中的一部分:

- R_1(消息含义规则类)

$$P\mid\equiv Q\xleftrightarrow{K}P, \quad P\triangleleft\{X\}_K\mid\text{-}P\mid\equiv Q\mid\sim X$$

R_1 的含义是如果 P 相信 Q 和 P 之间共享密钥 K,而且 P 收到用密钥 K 加密的消息 $\{X\}_K$,则 P 相信 Q 发送过消息 X。从另一个角度来理解,消息 X 的确是 Q 发出的。

- R_6(消息接收规则类)

$$P\triangleleft(X,Y)\mid\text{-}P\triangleleft X$$

R_6 的含义是如果 P 接收了消息(X,Y),那么 P 也接收了消息的一部分 X。

- R_8(消息接收规则类)

$$P \mathrel{|\!\equiv} P \xleftrightarrow{K} Q, \quad P \lhd \{X\}_K \mathrel{|} -P \lhd X$$

R_8 的含义是如果 P 相信 P 接收了消息 $\{X\}_K$，而且 P 和 Q 之间共享密钥 K，那么 P 也接收了消息 $\{X\}$。

- R_{12}(信念规则类)

$$P \mathrel{|\!\equiv} X, \quad P \mathrel{|\!\equiv} Y \mathrel{|} -P \mathrel{|\!\equiv} (X, Y)$$

R_{12} 的含义是如果 P 相信 X，并且 P 相信 Y，则 P 相信 (X, Y)。

从列出的 BAN 逻辑推理规则来看，这些规则都很好理解，有明确的含义。其他的推理规则不再一一列出，有兴趣的读者可以参考文献[8]。

有了逻辑构件和推理规则之后就可以使用 BAN 逻辑来对密码协议进行形式化分析，分析一般为以下 4 个步骤：

① 对协议进行理想化，将协议的会话消息转换为逻辑语言，例如把 P 将消息 X 传送给 Q 这样的协议描述转换为逻辑语言 $Q \lhd X$；

② 给出协议初始状态及其所基于的假设，例如，协议初始的假设是 P 和 Q 之间共享密钥 K，将假设转换为逻辑语言为 $P \mathrel{|\!\equiv} P \xleftrightarrow{K} Q, Q \mathrel{|\!\equiv} P \xleftrightarrow{K} Q$；

③ 使用逻辑语言形式化描述协议将达成的安全目标，例如，密钥分享协议的安全目标是协议运行结束时，参与协议的双方共享了密钥 K，将该目标转化为逻辑语言；

④ 运用公理、推理规则、协议会话过程和初始假设，从协议的开始进行推理直至验证协议是否满足其最终安全目标。

BAN 逻辑对协议进行形式化分析的工作流程如图 1-5 所示。

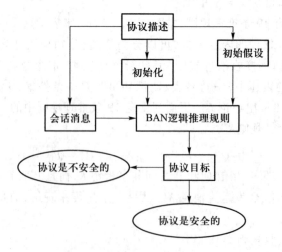

图 1-5　BAN 逻辑对协议进行形式化分析流程框图

举个简单的例子来说明 BAN 逻辑分析密码协议的过程。考虑这样一个协议，P 和 Q 是相互信任多年的商业合作伙伴，虽然他们很少见面，但是他们都习惯以友好商量的方式来制订计划。P 有任何提议 X，都希望能得到 Q 的认可，反之亦然。他们的通信都是经过网络进行，为此，他们共享了一个随机密钥 K。P 提议 X 的时候，他可以通过执行如下协议来达到得到 Q 认可的目的：

① P 产生提议 X（P 产生的每个提议 X 都是不相同的）和一个固定格式的消息头 HR，HR 可以包括日期和随机数等，使用密钥 K 加密得到 $\{(HR,X)\}_K$，将密文传送给 Q；

② Q 解密消息，检查消息头是否正确，如果 HR 正确，Q 阅读提议，如果同意 X，则将 $\{X\}_K$ 返回给 P；

③ 没有返回结果时，P 认为 Q 不同意，有返回结果时，P 检查返回的 X 是否正确加密，如果是，认为 Q 同意提议。

如果用 BAN 逻辑来分析该协议，首先描述协议需要达成的目的，这里的目的是当 P 收到 Q 的返回后能够确信 Q 看过提议，并且同意提议。或者说 Q 的确发送过提议 X，转换成逻辑描述就是 $P\mid\equiv Q\mid\sim X$。

然后，列出协议的前提条件。这里的前提条件是 P 和 Q 共享了密钥 K，转换成逻辑描述是 $P\mid\equiv P\xleftrightarrow{K}Q, Q\mid\equiv P\xleftrightarrow{K}Q$。

最后描述协议的过程，如果 P 收到了 Q 的回复，协议执行了 3 个步骤。其中，第一步转换为逻辑描述 $Q\triangleleft\{(HR,X)\}_K$，第二步转换为逻辑描述 $P\triangleleft\{X\}_K$。

下面要运用 BAN 逻辑的推理规则来推导协议的目的是否能达到。由前提条件 $Q\mid\equiv P\xleftrightarrow{K}Q$ 和协议第一步 $Q\triangleleft\{(HR,X)\}_K$，运用推理规则 R_8 可知 $Q\triangleleft(HR,X)$，再运用推理规则 R_6 可知 $Q\triangleleft X$，于是协议第二步执行是可行的。由协议第二步 $P\triangleleft\{X\}_K$ 和前提条件 $P\mid\equiv P\xleftrightarrow{K}Q$，运用推理规则 R_1 可知 $P\mid\equiv Q\mid\sim X$。这正是我们需要证明的协议目的。

上面的例子很简单，从 BAN 逻辑的基本逻辑构件来看，要使用 BAN 逻辑来描述一般的协议是有困难的，也就是说 BAN 逻辑的表述能力是有限的。于是研究者对 BAN 逻辑自身进行扩充，导致了 BAN 类逻辑的产生，如 GNY 逻辑、AT 逻辑、SVO 逻辑等。

1.4.6 通信顺序进程

通信顺序进程（communicating sequential process, CSP）是著名计算机科学家霍尔（C. A. R. Hoare）为解决并发现象而提出的代数理论[9]，是一种专为描述并发系统中通过消息交换进行交互的通信实体行为而设计的抽象语言。CSP 可用于网络安全协议的描述与分析，其方法是将安全协议的问题归约为 CSP 进程是否满足 CSP 说明的问题。它将所分析的协议性质与具体的协议形式加以区分，并在 CSP

总体框架下对协议的性质进行分析与验证。一方面,CSP 具有良好的语义,可以较好地描述协议是否满足其安全属性这个问题。另一方面,CSP 对协议的描述极为接近协议的本身含义,适合对网络协议进行描述和分析。CSP 的一些基本术语包括:事件(event)、进程(process)、路径(trace)、规范(specification)。进程的执行过程中会产生一系列的事件。在密码协议中,一个进程是一个协议参与者执行协议的步骤,密码协议则是一系列进程并行的结果。路径由一系列观察到的事件构成,反映了进程的执行过程。规范描述了进程或者路径应该满足的性质,对于密码协议分析来说,规范描述了协议需要满足的安全性质。CSP 描述中通常用小写英文字母(或词)表示事件,大写的英文字母(或词)表示进程,例如,flip 表示一个翻转事件,coin 表示一个投币事件,P 表示一个进程,STOP 表示一个进程。

　　为了描述进程,首先要确定进程的事件 event 范围,即事件集,也称为字母表(alphabet)。如果 P 是一个进程,αP 表示 P 的事件集,即 P 的字母表。如果要描述的进程 P 是一个自动提款机,P 的事件集包括:插入卡、输入密码、验证密码、提款 100 元、500 元、1 000 元等元素。一般进程 P 的执行都会产生事件,但也有一个特殊的进程,它什么事也不做,常用 STOP 来表示这个进程,也可以理解为进程停止了。

　　定义了事件之后,还需要有操作符(operator)才能描述进程。为了使读者理解CSP 方法的基本思想,而又不被 CSP 中众多的推理规则迷惑,这里只是列出了部分CSP 操作符和推理规则。

　　1. 前缀 prefix 操作符:$x \rightarrow P$

　　x 是一个事件,P 是一个进程,"$x \rightarrow P$"也是一个进程,该进程首先参与事件 x,之后的行为由 P 描述。例如,up→down→up→down→STOP 是某个电梯的进程,up表示事件是上一层楼,down 表示事件是下一层楼,该电梯上下楼 2 次后停止。

　　2. 递归 recursion:$P = x \rightarrow P$

　　x 是一个事件,P 是一个进程,按照 prefix 的定义,P 进程首先参与事件 x,之后的行为由 P 描述。那么,P 进程将不断参与事件 x,即 $P = x \rightarrow x \rightarrow \cdots \rightarrow P$。递归是很有用的操作符,前面定义的电梯进程运行 2 次就停止了,不太有用。如果使用递归定义电梯的进程,$P = up \rightarrow down \rightarrow P$,显然这个电梯有用多了,它可以不断工作下去。

　　3. 选择 choice:$x \rightarrow P \mid y \rightarrow Q$

　　对象首先参与事件 x 或 y,一旦第一个事件发生以后,进程接下来的行为分别由 P(如第一个事件是 x)或 Q(如第一个事件是 y)描述。第一个事件究竟是 x 还是 y,可以由外部环境选择。例如,对于取款机进程,取款人是外部环境,但取款人输入密码正确后,是要取 100 元还是 200 元是两个可以选择的事件,由取款人确定。因此,这种选择一般称为外部选择(external choice)。还有一种选择是由进程内部本身的非确定性来决定的,称之为内部选择(internal choice)。本书并不深入讨论这两者的区别。选择可以推广到通用记法:$x:B{\rightarrow}P(x)$,B 是事件集,$P(x)$ 是以 x 为参数的进程。

4. 并行 parallel:$P \parallel Q$

P 和 Q 是两个进程,且两个进程必须参与相同的事件,即只有 P 和 Q 都要参与事件 a 时,事件 a 才能发生。例如,$P=a{\rightarrow}P$,$Q=b{\rightarrow}Q$,则 $P \parallel Q=$ STOP,即没有事件可以发生。又如,$P=a{\rightarrow}P$,$Q=a{\rightarrow}Q$,则 $P \parallel Q=P$。关于并行操作符更一般的解释是 $x:A{\rightarrow}P \parallel x:B{\rightarrow}Q=x:A \cap B{\rightarrow}(P \parallel Q)$。并行操作符对于描述协议有非常重要的意义,前缀、递归和选择操作符都是描述某个进程的。而协议的执行过程中有多个参与者,也就是有多个进程。并行操作符让两个进程并行执行,两个进程共同参与的事件就是进程间的通信,这样通过并行操作符,CSP 就可以描述协议了。显然,并行操作符很容易推广到多个进程并行。

那么如何分析协议呢? 当你和一个 CSP 进程交互的时候,或者你观察 CSP 进程执行的时候,能得到的最基本观察结果是进程执行过程中所产生的一系列事件。把这些事件记录下来,就形成了路径(trace)。例如,对于 $P=a{\rightarrow}P$,$\langle a,a,a\rangle$ 是 P 的一个路径。又例如,进程 STOP 的路径是 $\langle\rangle$。Trace(P) 表示进程 P 执行过程中能够产生的所有有限路径的集合。例如:

Trace(STOP)$=\{\langle\rangle\}$:进程 STOP 只能产生没有事件的路径。

Trace$(a{\rightarrow}b{\rightarrow}$STOP$)=\{\langle\rangle,\langle a\rangle,\langle a,b\rangle\}$:该进程顺序产生的所有路径。

路径描述了进程能够发生的事件,根据路径可以判断一个进程是否按照规定的路径执行,即可以判断进程是否符合规范(specification)。规范是我们希望进程满足的一些条件。如果 s 是 Trace(P) 中的元素,即 s 是一个事件的序列,规范常常用如下一些符号来描述 s 的性质:

- 如果 s 是有限的序列,则 $\#(s)$ 表示序列的长度。例如,$\#(\langle a,b\rangle)=2$。
- 如果 s 是有限的序列,c 是一个事件,则 $s{\downarrow}c$ 表示序列中事件 c 的个数。例如,$\langle a,b,c,a\rangle{\downarrow}a=2$。

$R(tr)$ 是一个规范,其中,tr 是 Trace(P) 中的任意元素,$R(tr)$ 描述了 tr 应该满足的条件。例如,$R(tr)$ 为 $tr{\downarrow}c<10$,表示 tr 中事件 c 不能超过 10 个。规范的作用是要约束进程的行为,用 P sat $R(tr)$ 表示进程 P 满足规范 R。P sat $R(tr)$ 意味着 $\forall tr \in$ Trace(P),tr 满足规范 $R(tr)$。至此,CSP 可以使用事件、进程和路径来描述协议,可以使用规范来描述协议需要满足的性质。对协议的分析就转化为验证进程是否满足规范。使用 CSP 分析密码协议的过程如图 1-6 所示。

为了使读者更好地理解 CSP 的概念,举个简单的例子。A 和 B 是两个维护大功率大电场加速器的工程师,该加速器能产生强大电场加速各种粒子,但是由于功率很大,不能连续工作,每小时需要断电检测一次。A 负责检测,但是检测时加速器

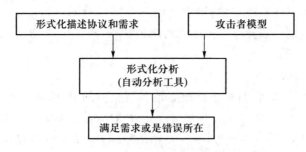

图 1-6　CSP 分析密码协议的过程

必须断电,断电的工作由 B 负责。检测完毕,电源自动接通。A 和 B 必须设计一个协议默契配合,才能完成安全检测任务。为此协议设计如下:

① A 向 B 发出断电请求 req;

② B 收到断电请求 req 之后,执行断电 cut,然后向 A 发送已断电通知 ack;

③ A 收到已断电通知 ack,执行检查设备 che。

整个协议有两个参与者 A 和 B,可以看作两个进程 A 和 B。A 参与的事件集为{req, ack, che},B 参与的事件集是{req, ack, cut},A 和 B 共同参与的事件集是{req, ack}。A 进程可以描述为 $A = req \rightarrow ack \rightarrow che \rightarrow A$,即 A 是不断参与断电请求、已断电通知和检查设备事件(这个进程永不停止,我们不考虑 A 的休假问题,因为休假不在 A 的事件集中)。B 进程可以描述为 $B = req \rightarrow cut \rightarrow ack \rightarrow B$,即 B 不断参与断电请求、断电和已断电通知事件。整个协议 P 可以描述为 $P = A \parallel B$。

带电检测是很危险的,所以协议必须满足一个重要的安全条件:检测事件之前一定有断电事件(加速器检测完后是自动加电的)。使用 CSP 的方法对安全条件进行形式化描述,得到规范 $R(tr)$ 为 $tr \downarrow cut - 1 \leq tr \downarrow che \leq tr \downarrow cut$。可以直观地解释规范 $R(tr)$ 的意义为:任何 P 的路径中,che 事件的个数大于等于 cut 事件的个数减 1 并且小于等于 cut 事件的个数。这样就能保证检测事件之前一定有断电事件。

下面需要分析 P 是否满足规范的要求。通过推理可知:

$$P = A \parallel B = req \rightarrow cut \rightarrow ack \rightarrow che \rightarrow P$$

显然,P 的任何路径都是满足 $R(tr)$ 的,即 P sat $R(tr)$。所以,协议的设计是满足安全需求的。

这个简单的例子演示了使用 CSP 分析密码协议的基本步骤。有读者可能会觉得简单的协议这样分析是没有问题,协议复杂一点,这样进行人工的推导岂不是一个不可能完成的任务了? CSP 的分析方法之所以能得以广泛应用,与 CSP 有若干自动分析工具是分不开的。FDR(failure divergence refinement)就是这样一种自动分析工具,使用 FDR 定义的语法,使用者可以输入协议的描述,FDR 自动分析协议是否满足规范描述,如果不满足,FDR 可以给出反例。

使用 Trace 模型来描述协议有一定的局限性,例如,路径只能说明进程(或者协议)能做什么,但是无法描述进程不能做什么。所以,CSP 提供了两种更复杂的模型来分析进程:失败模型(failure model)和失败/发散模型(failure/divergence model)。有兴趣的读者可以阅读参考文献[14],深入研究 CSP 方法。

1.5　密码协议的发展方向

密码协议广泛应用在很多领域,在电子商务、电子政务应用中为保证信息安全发挥了巨大的作用。学习好密码协议的设计思想和密码协议的分析方法将使读者在信息安全领域的工作受益终生。展望未来,密码协议的研究主要有以下一些趋势。

1. 密码协议应用日益广泛

人类的生活、学习和工作已经在很大程度上不能离开网络了,许多政治活动、商业业务也都是在网络上展开的。这些在网络上展开的业务和活动都或多或少有加密和认证的需求,随着大家安全意识的增强,这种需求也会更加强烈。另外,还有经常被忽视的隐私保护问题,也需要密码协议来解决。

2. 密码协议的分析日趋严格

密码协议是为了解决加密和认证的问题,其严肃性显而易见。密码协议的研究者最初都有一个美好的愿望,那就是自己设计的密码协议是不存在漏洞的。这虽然也是对密码协议的基本要求,然而要达到这个要求并不容易。不过研究者还是在密码协议的分析上取得了很大的进步,提出了许多形式化的分析方法,这些方法对于密码协议的设计和分析有很重要的价值。未来的密码协议都应该是能够使用形式化方法分析的协议,也就是可证明安全性的协议。密码协议的研究中,大家已经逐渐放弃以前的经验研究方法(或称 Ad Hoc 研究方法)。

3. 自动执行的密码协议,减少对可信第三方的依赖

在互联网中,要建设一个大家都信任的可信第三方是不太容易的。一方面将信任集中在网络中的一点是比较危险的一种布局;另一方面,这样做也会造成网络的瓶颈。互联网的分布式特性比较明显,设计不依赖于可信第三方的密码协议可以使协议的应用更为灵活。

思考题

1. 在日常生活中,找到一个常用的协议,试着描述这个协议。

2. 3 个人切苹果,如何设计协议保证能切得均匀公平?

3. 电子支付促进了网上交易,极大方便了我们的生活。根据你自己的生活经验,描述电子支付协议应该满足的安全需求。

4. 任何协议都需要在一定的攻击者模型下研究其安全性。分析本章所列举的电子扑克游

戏的发牌过程在什么样的安全模型中是安全的,什么样的安全模型中是不安全的。

参考文献

1. 王育民,刘建伟. 通信网的安全——理论与技术[M].西安:西安电子科技大学出版社, 1999.

2. Bruce Schneier. 应用密码学——协议、算法与 C 源程序[M]. 吴世忠, 译.北京:机械工业出版社, 2000.

3. Lamport L, Shostak R, Pease M. The Byzantine generals problem[J]. ACM Transactions on Programming Languages and System, 1982(4):382-401.

4. Canetti R, Gennaro R, Jarecki S, et al. Adaptive security for threshold cryptosystems: CRYPTO'99[C]. Heidelberg:Springer-Verlag,1999:98-115.

5. Canetti R. Studies on Secure multiparty computation[D].Heidelberg:Springer-Verlag, 1995.

6. Canetti R. Security and composition of multiparty cryptographic protocols[J]. Journal of Cryptology, 2000,13(1):143-202.

7. Bellare M, Rogaway P. Random oracles are practical:A paradigm for designing efficient protocols. Proc. of the 1st ACM Conf. on Computer and Communications Security[C]. New York:ACM Press, 1993:62-67.

8. Burrows M, Abadi M, Needham R. A Logic of Authentication[J]. ACM Trans. on Computer Systems, 1990, 8(1):18-36.

9. Hoare C A R. Communicating sequential proesses [M]. Englewood Cliffs:Prentice-Hall International, 2004.

10. Goldwasser S, Micali S. Probabilistic encryption[J]. Journal of Computer and System Science, 1984(28):270-299.

11. Goldwasser S, Micali S S, Rivest R. A digital signature scheme secure against adaptive chosen-message attacks[J]. SIAM Journal of Computing, 1988,17(2):281-308.

12. Bellare M, Rogaway P. The exact security of digital signatures—How to sign with RSA and rabin:Proc. of the Advances in Cryptology 1996[C]. Heidelberg:Springer-Verlag, 1996:399-416.

13. Pointcheval D. Asymmetric cryptography and practical security [J]. Journal of Telecommunications and Information Technology, 2002(4):41-56.

14. Schneider S. Concurrent and Real-time Systems:The CSP Approach[M]. New York: Wiley, 1999.

第 2 章　密钥交换协议

我们知道,公钥密码的加密密钥和解密密钥是不同的,加密密钥可以公开,而解密密钥需要保密。利用公钥密码进行数据加密时,发送方不需要通过安全信道来获取加密密钥。但是,大多数公钥密码加解密速度比对称密码慢得多,所以不适合直接应用于保密通信。在实际应用系统中,一般是使用公钥密码或其他方法来确立一个适用于对称密码的共享密钥,即会话密钥(session key)。建立这种仅用于一次会话的会话密钥机制就是本章所要介绍的密钥交换协议。

2.1　概述

密钥交换(key exchange)也叫密钥协商(key agreement),是一种协议,利用这种协议,通信双方(或多方)在一个公开的信道上,通过相互传递某些信息来共同建立一个共享的秘密密钥,该密钥的值是关于双方提供的输入的一个函数,并将用于对称密码协议中以实现保密性、数据完整性等密码服务。这种建立会话密钥机制的优点在于共享秘密的参与双方对最后的输出都有自己的控制权,因此,参与双方对于输出密钥的质量都可以拥有比较高的信心。

在理想情况下,一个密钥交换协议除实现密钥的共享外,还具有类似于这样的密钥的性质:这个密钥是由相互了解的通信双方在一个安全的地点面对面抛掷硬币选取出来的。特别地,如果将协商出来的密钥应用于其他密码协议,不应该降低这些密码协议的安全性。假设 k 表示 A 和 B 在密钥交换协议执行完毕后建立的共享密钥,我们希望:① 只有 A 和 B 知道 k;② A 和 B 确保对方知道 k;③ A 和 B 知道 k 是新生成的。这里,第一条是保证参与者知道自己将要进行通信的目标主体;第二条确保参与者知道目标主体参与了当前通信,并对当前通信作出了回应;最后,当一个密钥是共享密钥并用于大量数据加密时,只能使用较短时间,这是密钥管理的一个基本原则。原因很简单:其一,如果一个密钥是共享的,那么即使共享的一方 A 在密钥的管理和使用中非常谨慎,但在 A 的控制之外,另一个共享者 B 的不谨慎而泄露了这个密钥的话仍会导致 A 的安全得不到保障;其二,在保密通信中,通常大多数数据包含已知的或可以预料的信息或结构,这类数据的加密使得密钥成为密码分析的对象,加密密钥使用过久将会降低密码分析的困难性。

由于密钥交换协议是在公开信道上运行的,所以我们必须考虑潜在攻击者的破坏。依据其攻击能力,可以将这些攻击者分为两类,即被动攻击者和主动攻击者。前者做的事情比较简单,只是窃听通信双方在信道上交互的信息;后者具有更大的破坏性,它可以篡改通信双方在信道上传送的信息、窃取通信双方交互的信息,以便在以后重新使用、冒充通信中的某一方,等等。主动攻击的目的是欺骗通信双方接受一个过期的密钥,或是使得通信中的某一方相信攻击者就是通信中的另一方,从而与其建立一个有效的会话密钥。

需要说明的是,有些密钥交换协议会假设 A 和 B 在运行协议前已经共享了一个密钥。这时,读者可能会产生一个疑问:既然双方已经拥有了共享密钥,为什么还需要协商一个共同的会话密钥? 对此,我们至少可以给出两个合理的解释。首先,密钥协商能够消除会话密钥与已经存在的(长期)共享密钥之间的相互影响:如果会话密钥泄露了,共享密钥仍然可以是安全的;如果密钥协商协议运行之后共享密钥泄露了,即使攻击者知道了共享密钥仍然不能获取由该协议协商出来的会话密钥。其次,在许多情况下,共享的密钥是相对脆弱的,比如口令,用户不会喜欢记住一个长达 30 个字符的口令,而经常倾向于选择简单的口令,一个好的密钥交换协议可以将一个脆弱的口令转变成一个强健的密钥。

2.2　两方 Diffie-Hellman 密钥交换

与对称密码体制相比,公钥密码的一个显著优点就是远程通信各方不需要安全信道就能实现密钥协商。最早实现公钥密码的方案是由 Diffie 和 Hellman 在1976 年提出的,即众所周知的 Diffie-Hellman 密钥交换协议,该协议已在很多商业产品中得到应用。该协议的唯一目的是使得两个用户能够安全地协商出一个共享的会话密钥,算法本身不能用于加密或解密。

2.2.1　Diffie-Hellman 密钥交换协议

我们知道,对于任意正整数 r、s、t 来说,有 $(r^s)^t = (r^t)^s$。Diffie 和 Hellman 设计的密钥交换协议就是遵循了这样的原理。首先,通信双方 A 和 B 约定素数阶有限域 F_p 和乘法循环群 F_p^* 的任一生成元 g,然后执行如下运算:

- A 在 $[1, p-2] = \{1, 2, \cdots, p-2\}$ 中选择一个随机数 a,计算 $g_a = g^a (\bmod p)$,将 g_a 发送给 B;
- B 在 $[1, p-2]$ 中选择一个随机数 b,计算 $g_b = g^b (\bmod p)$,将 g_b 发送给 A;
- A 计算 $k = g_b^a (\bmod p)$;
- B 计算 $k = g_a^b (\bmod p)$。

注意到,由于 $ab \equiv ba \pmod{p-1}$,所以 A 和 B 通过计算可以得到相同的值,这就是 Diffie-Hellman 密钥交换协议在通信双方之间实现了一个共享密钥的原因。图 2-1 给出了 A 与 B 的交互过程。

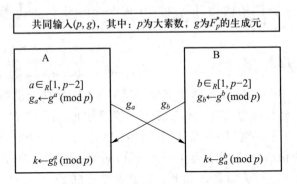

图 2-1　两方 Diffie-Hellman 密钥交换

需要说明的是,在任何密钥协商协议中,交互双方 A 和 B 一般不会直接将协商出来的共享秘密值 k 用于保密通信,而是将它作为输入,经过一个哈希函数计算后的输出 $H(k)$ 作为会话密钥。这样做的原因有两个:首先,k 是循环群 F_p^* 中的元素,不能直接用作对称密码(比如 AES)中的密钥;其次,有时协议中使用的循环群是群 F_p^* 的一个子群 G,G 中元素(当然也包括共享密钥 k)一般表示为长约 $\lceil \log_2 p \rceil$ 的比特串,但是 G 中的元素个数可能会比 p 小得多,因此这种表示方式存在较多冗余,使用一个形如 $H:\{0,1\}^* \to \{0,1\}^k (2^k < n)$ 的哈希函数可以去除这种冗余。

Diffie-Hellman 密钥交换协议可以很容易地推广到椭圆曲线上。作为练习,读者可以自己写出其椭圆曲线版本。

2.2.2　被动攻击

观察上述协议可以看到,由于指数 b 是保密的,被动攻击者在获取 p、g、g_a 之后,要想得到共享密钥 $k = g_a^b$ 就需要得到 b,这就意味着求解离散对数问题;由于指数 a 是保密的,被动攻击者在获取 p、g、g_b 之后,要想得到共享密钥 $k = g_b^a$ 就需要得到 a,这同样意味着求解离散对数问题。因此我们可以说这个协议的安全性依赖于求解离散对数问题的困难性。

不过只有离散对数假设是不够的,因为攻击者可以同时截获 p、g、g_a、g_b,此时攻击者如果能够计算 $k = g^{ab}$,也就意味着他能够求解 CDH(computational Diffie-Hellman)问题。因此本协议的安全性依赖于更强的假设:CDH 问题是困难的。在协议运行结束后,A 和 B 应该立即删除他们的秘密指数 a 和 b 以免泄露。

有时,攻击者的野心并不大,可能根本就不打算计算出 A 和 B 共享的密钥 k,

而是满足于获得任何关于该密钥的部分信息。这里所说的部分信息,可以是攻击者感兴趣的任何与 k 相关的数据,比如,若将 k 看作一个整数,那么 k 的奇偶性就是一个与 k 有关的部分信息。如果我们希望攻击者连这个目标都无法实现的话,就必须假设在所使用的循环群中 DDH(decisional Diffie-Hellman)问题是困难的。

2.2.3　中间人攻击

应该注意到,Diffie-Hellman 密钥交换协议不具有对所协商密钥的认证功能,一个主动攻击者 E 就有可能截获 A 和 B 之间的交互信息,并用自己的消息替换这些信息,以此假冒 B(相应地,A)并与 A(相应地,B)完成一次 Diffie-Hellman 交换,造成一种 A 和 B 通信的假象,这就是中间人(man-in-the-middle)攻击。图 2-2 给出了中间人攻击的具体过程。如果 A 和 B 事前真的没有联系,并因此没有别的方法验证对方的身份,则很难防止这种假冒攻击。

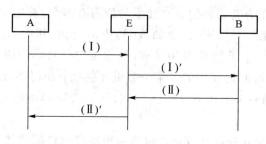

图 2-2　中间人攻击

(Ⅰ) A 选择 $a \in_R [1, p-2]$,计算 $g_a = g^a \pmod p$,将 g_a 发送给 E("B");

注意:A 的本意是将 g_a 发送给 B,但是被假冒者 E 截获。

(Ⅰ)′ E("A")选择 $e \in_R [1, p-2]$,发送 $g_e = g^e \pmod p$ 给 B。

注意:B 的本意是接收来自 A 的信息,但其实收到的是 E 假冒 A 发来的信息。

(Ⅱ) B 选择 $b \in_R [1, p-2]$,计算 $g_b = g^b \pmod p$,将 g_b 发送给 E("A")。

(Ⅱ)′ E("B")向 A 发送 g_e。

(Ⅲ) A 计算 $k_1 = g_e^a \pmod p$。

(Ⅲ)′ B 计算 $k_2 = g_e^b \pmod p$。

此后,A 和 B 将分别使用 k_1、k_2 作为会话密钥实现"保密"通信。但是,由于中间人 E 也能够计算 $k_1 = g_a^e \pmod p$ 和 $k_2 = g_b^e \pmod p$,他就可以利用这两个密钥在 A 和 B 之间阅读或转发通信内容,或是对于其中一方伪装成另一方。E 能够这么做的原因就在于协议参与者 A 和 B 没有对收到的信息进行认证以确信该消息确实来自意定通信方。

这种攻击提醒我们：为了协商一个仅由 A 和 B 专门共享的密钥，在协议执行过程中，参与者必须能够确定收到的消息的确来自真正的目标参与者。端-端（station-to-station）协议就具有这样的机制，该协议是对 Diffie-Hellman 密钥交换协议的改进，能够抵抗中间人攻击。

2.2.4　端-端协议

在端-端协议中，假设 Torrent 为可信中心，通信双方为 A 和 B，并作如下约定：

- p 是一个素数，g 是 $\mathbb{Z}_p$ 的一个本原元。
- ID_A、ID_B 分别为 A 和 B 的身份信息。
- $(\text{Sig}_A, \text{Ver}_A)$ 是 A 拥有的签名方案中的签名算法和验证算法。
- $(\text{Sig}_B, \text{Ver}_B)$ 是 B 拥有的签名方案中的签名算法和验证算法。
- $(\text{Sig}_T, \text{Ver}_T)$ 是可信中心 Torrent 拥有的签名方案中的签名算法和验证算法。
- $\text{Cert}_A = (\text{ID}_A, \text{Ver}_A, \text{Sig}_{TA}(\text{ID}_A, \text{Ver}_A))$ 是 A 的证书。
- $\text{Cert}_B = (\text{ID}_B, \text{Ver}_B, \text{Sig}_{TA}(\text{ID}_B, \text{Ver}_B))$ 是 B 的证书。

端-端协议中将使用协议参与方的数字签名保证消息来源的真实性，具体工作过程如下：

① A 选择 $a \in_R [1, p-2]$，计算 $g_A = g^a (\bmod \ p)$，将 g_A 发送给 B；

② B 选择 $b \in_R [1, p-2]$，计算 $g_B = g^b (\bmod \ p)$，$k = g_A^b (\bmod \ p)$，将 $(\text{Cert}_B, g_B, \sigma_B)$ 发送给 A，其中 $\sigma_B = \text{Sig}_B(g_A, g_B)$；

③ A 使用算法 Ver_{TA} 验证 Cert_B，使用算法 Ver_B 验证 σ_B，计算 $k = g_B^a (\bmod \ p)$，将 $(\text{Cert}_A, \sigma_A)$ 发送给 B，其中 $\sigma_A = \text{Sig}_A(g_A, g_B)$；

④ B 使用算法 Ver_{TA} 验证 Cert_A，使用算法 Ver_A 验证 σ_A。

A 与 B 交换的信息（不包括证书）如图 2-3 所示。

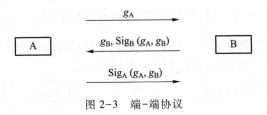

图 2-3　端-端协议

可以看到，在这个协议中，当 E 截获 g_A 并用 g_E 代替后，从 B 那里收到 g_B，$\text{Sig}_B(g_E, g_B)$。此时，E 进一步希望用 g_E 代替 g_B，这就意味着他必须也用 $\text{Sig}_B(g_A, g_E)$ 来代替 $\text{Sig}_B(g_E, g_B)$，但由于他无法产生 B 的有效签名，所以这是 E 无法做到的事情。类似地，由于 E 无法产生 A 的有效签名，所以他也不能用 $\text{Sig}_A(g_E, g_B)$ 来代替

$\text{Sig}_A(g_A, g_E)$。可见,正是由于签名的使用,端-端协议能够抵抗中间人攻击。

在端-端协议中,通信双方 A 和 B 除了需要使用自己的数字签名之外,共需三次消息传递($A \rightarrow B$、$B \rightarrow A$、$A \rightarrow B$),这是一个三段协议(three-phase protocol)。

2.3 Matsumoto-Takashima-Imai 密钥交换

除了端-端协议外,还有其他一些对两方 Diffie-Hellman 密钥交换协议的改进措施。比如,Matsumoto、Takashima 和 Imai 通过修改两方 Diffie-Hellman 密钥交换协议也获得了一些比较有意思的密钥协商方案(MTI 协议)。这些方案的主要贡献在于协议参与方 A 和 B 不需要计算任何签名,而且只需两次消息传送($A \rightarrow B$、$B \rightarrow A$),即为两段协议(two-phase protocol)。下面介绍其中一个作为示例。

令 p 为一个素数,g 是 $\mathbb{Z}_p$ 的一个本原元;ID_A、ID_B 分别为 A 和 B 的身份信息;A 选取一个秘密指数 $x_A \in [1, p-2]$,并将相应的值 $y_A = g^{x_A} \bmod p$ 公开;类似地,B 的秘密值-公开值为 (x_B, y_B)。假设系统可信中心 Torrent 的签名算法和验证算法分别为(Sig_{TA},Ver_{TA});$\text{Cert}_A = (\text{ID}_A, y_A, \text{Sig}_{TA}(\text{ID}_A, y_A))$ 和 $\text{Cert}_B = (\text{ID}_B, y_B, \text{Sig}_{TA}(\text{ID}_B, y_B))$ 分别为 A 和 B 的证书。为了实现密钥协商,A 和 B 可以这样做:

① A 选择 $r_A \in_R [1, p-2]$,计算 $g_A = g^{r_A} (\bmod p)$,将 (Cert_A, g_A) 发送给 B;

② B 选择 $r_B \in_R [1, p-2]$,计算 $g_B = g^{r_B} (\bmod p)$,将 (Cert_B, g_B) 发送给 A;

③ A 从 Cert_B 中获得 y_B,计算 $K = g_B^{x_A} y_B^{r_A} (\bmod p)$;

④ B 从 Cert_A 中获得 y_A,计算 $K = g_A^{x_B} y_A^{r_B} (\bmod p)$。

A 和 B 最终共享密钥值为 $K = g^{r_A x_B + r_B x_A} (\bmod p)$。在 MTI 协议中,通信双方的信息传递情况如图 2-4 所示。

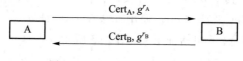

图 2-4 MTI 协议中密钥交换

该协议没有使用通信双方的数字签名,似乎可以导致中间人攻击。事实上,主动攻击者 E 所实施的中间人攻击过程如图 2-5 所示。

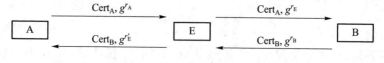

图 2-5 对 MTI 协议的中间人攻击

此时,A 计算密钥 $K = g^{r_A x_B + r_E' x_A} (\bmod p)$,B 计算密钥 $K = g^{r_E x_B + r_B x_A} (\bmod p)$,而不是他们所期望的共享值。但是,由于 E 不知道 A 或者 B 的秘密指数 x_A、x_B,所以即

使 A 和 B 计算了不同的值，E 也无法计算这两个值中的任意一个。这就意味着，即便通信双方 A 和 B 不计算任何签名，MTI 方案也保证了他们可以确信在不安全的信道中，只有自己和对方能够计算出他们之间的共享值，这种性质称为隐式密钥认证。

2.4　ECMQV 密钥交换

ECMQV 密钥交换协议是 Diffie-Hellman 密钥交换协议的扩展，由 Menezes、Qu 和 Vanstone 在 1998 年提出，目前已被广泛应用在各种国际标准中，包括 ANSI X9.63、IEEE 1363-2000 和 ISO/IEC 15946-3 等。本节给出这个协议的描述。

令 q 为一个大素数，$f = \lfloor \log_2 q \rfloor + 1$ 为 q 的比特长度，G 为 q 阶加法循环群，P 为其生成元。假设通信主体 A 的私钥-公钥对为 $(d_A, Q_A = d_A P)$，另一个通信主体 B 密钥对为 $(d_B, Q_B = d_B P)$；MAC（·）是一个消息认证码算法，比如 HMAC 算法；$KDF(\cdot)$ 是由一个哈希函数 $H(\cdot)$ 构造出来的密钥导出函数，如果需要一个长 l 比特的密钥，则定义 $KDF(S)$ 为哈希值 $H(S \| i)$ 的连接，其中 i 为计数器，其值随哈希函数值的计算而增加，直至总共生成 l 比特的哈希值作为 $KDF(S)$ 的输出。如果 $R \in G$，令 $\bar{x}$ 为其 x 坐标的二进制表示所得的整数值，$\bar{R} = (\bar{x} \bmod 2^{\lceil f/2 \rceil}) + 2^{\lceil f/2 \rceil}$。假设下面的协议中计算出来的点都在群 G 中，且不是群 G 的单位元，A 与 B 的密钥协商过程如下。

① A 在 $[1, q-1]$ 中选择一个随机数 k_A，计算 $R_A = k_A P$，将 R_A 及自己的身份 A 发送给 B；

② B 在 $[1, q-1]$ 中选择一个随机数 k_B，计算 $R_B = k_B P$，$s_B = (k_B + \bar{R}_B d_B) \bmod n$，$Z = s_B (R_A + \bar{R}_A Q_A)$，$(k_1, k_2) \leftarrow KDF(x_Z)$（其中 x_Z 为 Z 的 x 坐标），$t_B = \mathrm{MAC}_{k_1}(2, \mathrm{Bob}, \mathrm{Alice}, R_B, R_A)$，将 R_B、t_B 及自己的身份 B 发送给 A；

③ A 计算 $s_A = (k_A + \bar{R}_A d_A) \bmod n$，$Z = s_A (R_B + \bar{R}_B Q_B)$，$(k_1, k_2) \leftarrow KDF(x_Z)$（其中 x_Z 为 Z 的 x 坐标），验证 $t_B = \mathrm{MAC}_{k_1}(2, \mathrm{Bob}, \mathrm{Alice}, R_B, R_A)$，计算 $t_A = \mathrm{MAC}_{k_1}(3, \mathrm{Alice}, \mathrm{Bob}, R_A, R_B)$，将 t_A 发送给 B；

④ B 验证 $t_A = \mathrm{MAC}_{k_1}(3, \mathrm{Alice}, \mathrm{Bob}, R_A, R_B)$；

⑤ A 与 B 的共享密钥为 k_2。

易见，上述协议运行中的消息传递情况如下。

Alice→Bob：　　　　　　　　A, R_A

Alice←Bob：　　　　　　　　$B, R_B, t_B = \mathrm{MAC}_{k_1}(2, \mathrm{Bob}, \mathrm{Alice}, R_B, R_A)$

Alice→Bob：　　　　　　　　$t_A = \mathrm{MAC}_{k_1}(3, \mathrm{Alice}, \mathrm{Bob}, R_A, R_B)$

与 Diffie-Hellman 密钥交换协议的共享密钥为 $k_A k_B P$ 不同，这里的共享密钥是

$Z = s_A s_B P$，这是一个既利用了随机数 k_A、k_B，也使用了通信双方的公钥计算出来的一个量。B 计算的值 $s_B = (k_B + \overline{R}_B d_B) \bmod n$ 可以看作他对 R_B 的"隐式签名"（implicit signature）：将 s_A 看作 B 的一个签名是因为只有 B 才能够计算这个值；说它隐式是因为 A 在计算共享密钥 Z 的时候可以利用 $s_B P = R_B + \overline{R}_B Q_B$ 间接地验证其正确性。ECMQV 的这种隐式签名能力使得认证已在协议中建立，而不需要额外步骤来实现。

MAC 算法中使用的字符串"2"和"3"用于识别协议的发起方 A 和回应方 B 的认证标签 t_A 和 t_B。如果认证标签 t_A、t_B 通过验证，则每一方都可以相信：① 对方确实计算了秘密值 Z，② 对方知道自己在与谁通信，③ 双方的通信过程没有被篡改。

2.5　基于自证明公钥的密钥交换

自证明公钥（self-certified public key）的概念是由 Girault 在 1991 年提出的。与传统公钥基础设施不同，自证明公钥系统组合了 RSA 和离散对数的特点，系统中的用户从可信中心获得一个自证明公钥，但不需要公钥证书，其身份与他的公钥值隐式地相互认证。

设 p、q、p_1、q_1 为大素数，$p = 2p_1 + 1$，$q = 2q_1 + 1$，$n = pq$，g 是 $\mathbb{Z}_n^*$ 中阶为 $2p_1 q_1$ 的元素。选择一个 RSA 加密指数 e，对应的解密指数为 $d = e^{-1} \bmod \varphi(n)$，其中 $\varphi(n) = (p-1)(q-1)$。可信中心将 p、q、p_1、q_1、d 秘密保存，将 n、g、e 公开。设 A、B 的身份信息分别为 ID_A 和 ID_B，他们从可信中心获得自证明公钥 pub_A 和 pub_B 的步骤为：

① 分别选择秘密指数 x_A 和 x_B，计算 $y_A = g^{x_A} \bmod n$，$y_B = g^{x_B} \bmod n$；

② 分别将 (x_A, y_A) 和 (x_B, y_B) 提交给可信中心；

③ 可信中心计算 $pub_A = (y_A - ID_A)^d \bmod n$，$pub_B = (y_B - ID_B)^d \bmod n$；

④ 可信中心将 pub_A 发送给 A，将 pub_B 发送给 B。

当其他用户需要使用 A 或 B 的公钥时，只需要计算 $(pub_A^e + ID_A) \bmod n$ 和 $(pub_B^e + ID_B) \bmod n$ 即可。虽然可信中心在为 A 或 B 计算 pub_A 或 pub_B 时并没有用到他们的秘密指数 x_A 或 x_B，但他们仍需要提交秘密指数给可信中心。这样做的目的是确保请求 pub_A 和 pub_B 的人确实知道 y_A 和 y_B 对应的指数 x_A 和 x_B。如果可信中心不要求用户这么做的话，那么基于自证明公钥的各种密码协议极易受到中间人攻击。Girault 的基于自证明公钥的密钥交换协议如下。

① A 选择一个随机数 k_A，计算 $g_A = g^{k_A}$，将 g_A、pub_A 及自己的身份 ID_A 发送给 B；

② B 选择一个随机数 k_B，计算 $g_B = g^{k_B}$，将 g_B、pub_B 及自己的身份 ID_B 发送给 A；

③ A 计算 $K = g_B^{x_A} (\mathrm{pub}_B^e + \mathrm{ID}_B)^{k_A} \bmod n$；

④ B 计算 $K = g_A^{x_B} (\mathrm{pub}_A^e + \mathrm{ID}_A)^{k_B} \bmod n$。

协议中消息传输情况如图 2-6 所示。

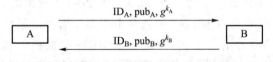

图 2-6　基于自证明公钥的密钥交换

容易检查, A 和 B 最终共享的密钥为 $K = g^{k_A x_B + k_B x_A} \bmod n$。可以看到,本协议中最终协商出的共享密钥与 MTI 协议非常类似,但是 MTI 协议中使用了参与方的数字证书,而本协议则不需要。在协议运行中,由于可信中心没有对 ID_A、pub_A、g_A 进行签名操作,所以其他人均无法对这些值的真实性进行验证。主动攻击者 E 想假冒 A 的话就会伪造这些值,比如他伪造 pub_A 的值为 pub_E 从而得到一个伪造的值 y_E,但他无法计算 y_E 对应的指数 x_E,而不知道这个指数他就无法像 A 那样计算共享密钥。可见,这个协议与 Matsumoto-Takashima-Imai 协议一样具有隐式认证特性。

如果可信中心在为 A 或 B 计算 pub_A 或 pub_B 时,没有要求他们提交相应的秘密指数 x_A 或 x_B,那么 Girault 的密钥交换协议是不安全的。这时,主动的攻击者 E 可以实施如下攻击:

① 选取一个伪造的 x_A',计算对应的 $y_A' = g^{x_A'} \bmod n$;

② 计算 $y_E = y_A' - \mathrm{ID}_A + \mathrm{ID}_E$,并提交 ID_E、y_E 给可信中心;

③ 从可信中心处得到 $\mathrm{pub}_E = (y_E - \mathrm{ID}_E)^d \bmod n$。

易知, $y_E - \mathrm{ID}_E = y_A' - \mathrm{ID}_A$,所以有 $\mathrm{pub}_E = \mathrm{pub}_A'$。如果 A 和 B 执行密钥交换协议, E 可以按如图 2-7 所示的方式进行攻击。

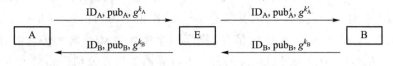

图 2-7　对基于自证明公钥密钥交换的潜在攻击

经过这样的交互, A 计算密钥 $K = g^{k_A x_B + k_B x_A} \bmod n$, B 计算出来的密钥值为 $K' = g^{k_A' x_B + k_B x_A'} \bmod n$,同时 E 也能够计算该值 K'(虽然他不能计算 K)。这就意味着 E 和 B 共享了一个密钥,而 B 却认为自己在和 A 共享此密钥,之后 E 能够解密所有由 B 发送给 A 的消息。因此,可信中心在为 A 或 B 颁发 pub_A 或 pub_B 时必须要求他们同时提供自己所选取的秘密指数,以抵抗这种可能的主动攻击方式。

2.6 基于身份的密钥协商

基于身份的公钥密码学概念是由 Shamir 在 1984 年提出的。在一个基于身份的密码协议中,用户的公开身份信息就是其公钥,私钥由系统的一个可信中心(trusted authority,TA)为用户生成,所以这个 TA 一般也称为私钥生成器(private key generator, PKG)。目前,绝大多数基于身份的密码方案是采用双线性对技术设计的。

2.6.1 双线性映射

设 q 为一大素数,点 P 为 q 阶加法循环群 G_1 的生成元,G_2 为同阶的乘法循环群。将具有下面 3 个性质的函数 $e:G_1 \times G_1 \to G_2$ 称为一个双线性映射(bilinear map),也称双线性配对或双线性对(bilinear pairing):

- 双线性性 $\forall Q,R \in G_1, a,b \in \mathbb{Z}_q, e(aQ,bR)=e(Q,R)^{ab}$;
- 非退化性 $e(P,P) \neq 1$;
- 计算有效性 $\forall Q,R \in G_1$,存在有效的算法计算 $e(Q,R)$。

2.6.2 基于身份的非交互密钥分配

考虑这样一种场景:两个主体 A 和 B 希望计算一个共享密钥 k_{AB},但他们不能同时参与一个 Diffie-Hellman 协议(比如,他们中的一个可能在最初的时候是离线的,或者他们不能够承载交互协议的通信带宽)。针对这个问题,Sakai 在 2000 年设计了一个基于身份的非交互式密钥分配体制,具体如下。

令 q 为一大素数,点 P 为 q 阶加法循环群 G_1 的生成元,G_2 为同阶的乘法循环群,$e:G_1 \times G_1 \to G_2$ 为双线性映射,$H_1:\{0,1\}^* \to G_1$ 为一哈希函数,将任意比特串映射为群 G_1 中的一个点,TA 选取并保存 $s \in_R \mathbb{Z}_q^*$ 作为主密钥(master key)。设 ID_A、ID_B 分别为 A 和 B 的公开身份信息,则 TA 计算 $S_A = sQ_A$,$S_B = sQ_B$(其中,$Q_A = H_1(\mathrm{ID}_A)$,$Q_B = H_1(\mathrm{ID}_B)$ 为身份信息的公开可计算函数),并分别传送给 A 和 B 作为他们的私钥。根据双线性映射的性质,下面的等式成立:

$$e(S_A,Q_B)=e(sQ_A,Q_B)=e(Q_A,Q_B)^s=e(Q_A,sQ_B)=e(Q_A,S_B)$$

一方面,A 拥有私钥 S_A,并且可以使用公开的哈希函数 H_1 计算 $Q_B = H_1(\mathrm{ID}_B)$;另一方面,B 拥有私钥 S_B,并且可以计算 Q_A。这样,只要知道对方的身份信息,A 和 B 不需要执行任何交互过程,就能够计算值 $K_{AB} = e(Q_A,Q_B)^s$。使用恰当的密钥导出函数 KDF,双方可以由 K_{AB} 计算出适合密码学应用的会话密钥,这个过程不需要在线交互就可实现。

虽然这种方法能够得到共享的秘密,但具有两个局限性。首先,通信双方得到

的共享秘密 K_{AB} 是静态的（static），而许多应用需要每次会话均使用一个新鲜（fresh）的会话钥，在这些环境下动态的共享秘密是更为恰当的选择；其次，通信双方必须事先在系统中注册并得到了自己的私钥之后，才能以这种方法进行通信。对这种基于身份的密钥分配思想进行延伸可得到基于身份的密钥交换体制。

2.6.3　基于身份的两方密钥交换

第一个基于身份的带认证密钥交换协议是由 Smart 在 2002 年提出的。令 q 为一大素数，点 P 为 q 阶加法循环群 G_1 的生成元，G_2 为同阶的乘法循环群，$e: G_1 \times G_1 \to G_2$ 为双线性映射，$H_1: \{0,1\}^* \to G_1$ 为哈希函数，将任意比特串映射为群 G_1 中的一个点。TA 选取并保存 $s \in_R \mathbb{Z}_q^*$ 作为主密钥，计算并公开 $Q_0 = sP$ 作为自己的公钥。$\mathrm{ID_A}$、$\mathrm{ID_B}$ 分别为 A 和 B 的公开身份信息，$(Q_A = H_1(\mathrm{ID_A}), S_A = sQ_A)$，$(Q_B = H_1(\mathrm{ID_B}), S_B = sQ_B)$ 分别为双方的密钥对。他们的密钥协商过程为：

① A 选择 $a \in_R \mathbb{Z}_q^*$，计算 $T_A = aP$，将 T_A 发送给 B；
② B 选择 $b \in_R \mathbb{Z}_q^*$，计算 $T_B = aP$，将 T_B 发送给 A；
③ A 计算 $K_A = e(aQ_B, Q_0) \cdot e(S_A, T_B)$；
④ B 计算 $K_B = e(bQ_A, Q_0) \cdot e(S_B, T_A)$。

容易看到，$K_A = K_B = e(aQ_B + bQ_A, sP)$。因此，通信双方共享的会话密钥可以利用密钥导出函数从这个共同的值导出。注意到，由于使用了随机数 a 和 b，值 K_A（即 K_B）不仅与协议参与者的公钥有关，而且不再是静态的。为完成该协议的一次正确运行，A 和 B 各需要计算两个双线性配对函数值，并向对方发送一个群 G_1 中的元素。但由于计算双线性配对函数值比椭圆曲线群中点的数量乘法耗时多，所以我们希望设计的密码算法或协议中所需双线性配对的个数越少越好。

对 Smart 协议稍加修改，可以得到一个通信带宽保持不变、但计算更为有效的方案。系统的公开参数同上，A 和 B 的交互情况为：

① A 选择 $a \in_R \mathbb{Z}_q^*$，计算 $W_A = aQ_A$，将 W_A 发送给 B；
② B 选择 $b \in_R \mathbb{Z}_q^*$，计算 $W_B = bQ_B$，将 W_B 发送给 A；
③ A 计算 $K_A = e(S_A, W_B + aQ_B)$；
④ B 计算 $K_B = e(W_A + bQ_A, S_B)$。

容易看到，$K_A = K_B = e(Q_A, Q_B)^{s(a+b)}$。这个共享的秘密值既与参与者公钥有关而且还是动态的。另外，每方只需计算一个双线性配对函数值即可得到该值。

2.7　三方密钥交换协议

如果在开放的网络中，3 个人而不是两个人，希望实现保密通信，那么此时就需要 3 人共享一个会话密钥。这就是三方密钥交换问题，是两方密钥交换问题的推广。

2.7.1　三方 Diffie-Hellman 密钥交换

两方 Diffie-Hellman 密钥交换协议可以很容易地扩展为三方甚至多方的情况。假设 A、B 和 C 要经过协商产生一个共享密钥。首先,他们约定一个大素数 p 和一个模 p 本原元 g 作为公开参数,这些公开参数可以在一组用户中公用。A、B 和 C 的密钥协商过程如下:

① A 在 $[1, p-2]$ 中选择一个随机数 a,计算 $g_A = g^a (\bmod\ p)$,将 g_A 发送给 B;

② B 在 $[1, p-2]$ 中选择一个随机数 b,计算 $g_B = g^b (\bmod\ p)$,将 g_B 发送给 C;

③ C 在 $[1, p-2]$ 中选择一个随机数 c,计算 $g_C = g^c (\bmod\ p)$,将 g_C 发送给 A;

④ A 将 $k_A = g_C^a (\bmod\ p)$ 发送给 B;

⑤ B 将 $k_B = g_A^b (\bmod\ p)$ 发送给 C;

⑥ C 将 $k_C = g_B^c (\bmod\ p)$ 发送给 A;

⑦ A 计算 $k = k_C^a (\bmod\ p)$;

⑧ B 计算 $k = k_A^b (\bmod\ p)$;

⑨ C 计算 $k = k_B^c (\bmod\ p)$。

三方 Diffie-Hellman 密钥交换如图 2-8 所示。

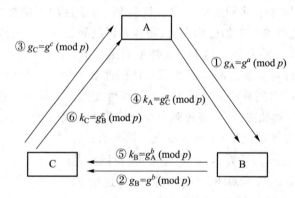

图 2-8　三方 Diffie-Hellman 密钥交换

通过这样的协商过程,三方享有共同的密钥 $k = g^{abc} (\bmod\ p)$,没有别的人能够计算 k 的值。与两方 Diffie-Hellman 密钥交换协议类似,由于这种方法没有使用认证机制,所以易受中间人攻击。

2.7.2　基于双线性配对的密钥交换

Joux 在 2000 年应用双线性配对技术以一种出奇简单的方式设计了一个三方密钥交换协议,每个协议参与方只需要一次消息广播。这个协议是双线性配对在密码学研究中的第一次正面应用。假设公开参数 G_1、G_2、q、P、e 同第 2.6.2 节，A、B、C 为协议参与方，为了实现密钥共享，他们可以进行如下操作：

① A 选择 $a \in_R [1, q-1]$，计算 aP，将 aP 发送给 B 和 C；

② B 选择 $b \in_R [1, q-1]$，计算 bP，将 bP 发送给 A 和 C；

③ C 选择 $c \in_R [1, q-1]$，计算 cP，将 cP 发送给 A 和 B；

④ A 计算 $k = e(bP, cP)^a$；

⑤ B 计算 $k = e(aP, cP)^b$；

⑥ C 计算 $k = e(aP, bP)^c$。

如图 2-9 所示描述了三方密钥交换情况。

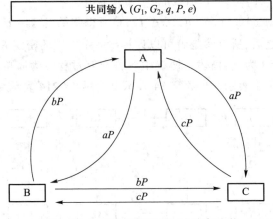

图 2-9　基于双线性对的三方密钥交换

由于 $k = e(bP, cP)^a = e(aP, cP)^b = e(aP, bP)^c = e(P, P)^{abc}$，因此在协议运行结束之后，参与方均获得了密钥 k。显然，方案的正确性正是基于双线性配对的双线性性这一良好特性。这个协议的最大优势在于三方只需要一轮交互即可实现密钥共享。如果不使用配对技术，三方密钥交换不太可能只通过一轮的简单计算得到一个共享密钥。当然，正如最初的 Diffie-Hellman 密钥交换协议一样，这个方案没有使用认证机制，所以也不能抵抗中间人攻击。读者可以尝试加入认证机制以构造可抵抗中间人攻击的三方密钥交换协议。

2.8　多方密钥交换协议

在设计应用系统（比如视频会议）时，经常需要参与运算的所有用户共同协商一个会话密钥以执行其他密码操作，如何有效地建立和管理这种群体中所有成员共享的密钥是这些安全服务得以实现的关键。多方（multi party）密钥交换问题也称群/组密钥交换（group key exchange），作为两方密钥交换的一般化，群密钥协商问题是在 1982 年被提出的。作为范例,本节介绍两个比较简单的多方密钥交换协议。

2.8.1　多方 Diffie-Hellman 密钥交换

我们可以比较方便地将两方 Diffie-Hellman 密钥交换协议推广至多方的情景,其思路是每个参与方各选择一个秘密指数 x_i,共同构造出一个秘密值 $g^{x_1 x_2 \cdots x_n}$。令 G 是一个阶为素数 q 的乘法循环群,g 为其任一生成元。设群成员 $U_1, U_2, \cdots, U_n$ 要协商一个共享密钥,他们可以进行如下操作:

①　第一轮,$\forall 1 \leqslant i \leqslant n$,$U_i$ 选择 $x_i \in_R \mathbb{Z}_q^*$,计算 g^{x_i},将 g^{x_i} 发送给 $U_{(i+1) \bmod n}$;

②　第 $k \in (1, n-1]$ 轮,$\forall 1 \leqslant i \leqslant n$,$U_i$ 计算 $g^{\prod \{x_j | j \in ((i-k) \bmod n, i]\}}$,$((i-k) \bmod n, i]$ 指的是集合 $\{(i-k) \bmod n+1, \cdots, n, 1, \cdots, i\}$,将所得结果发送给 $U_{(i+1) \bmod n}$;

③　在 $n-1$ 轮之后,所有参与者可以计算出一个共同的密钥 $K = g^{x_1 x_2 \cdots x_n}$。

图 2-10 以 $n = 4$ 为例,描述了协议中各方交互过程。为简单起见,图 2-10 中只列出了数字,数字 1 表示 g^{x_1},数字 14 表示 $g^{x_1 x_4}$,数字 214 表示 $g^{x_2 x_1 x_4}$,等等。

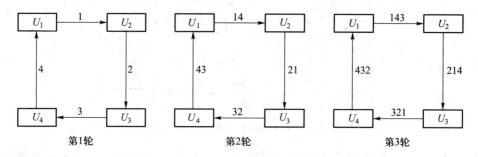

图 2-10　四方 Diffie-Hellman 密钥交换

易见,这个协议可以抵抗被动攻击者的攻击,但效率较低。经过长达 $n-1$ 轮交互之后,每个参与者需要发送 $n-1$ 个消息、计算 n 个模指数才能得到共享的秘密值。对这个协议加以改进,可以得到下面更有效的多方密钥协商方案。

2.8.2　Burmester-Desmedt 多方密钥交换

Burmester 和 Desmedt 在 1994 年设计了一个比多方 Diffie-Hellman 密钥交换更为有效的多方密钥协商方案。仍设 G 是一个阶为素数 q 的乘法循环群,g 为其任一生成元,协议的参与者为 $U_1, U_2, \cdots, U_n$,此外,令 $U_0 = U_n$,$U_1 = U_{n+1}$。与 Diffie-Hellman 密钥交换协议不同,本协议中各持有一个秘密指数 x_i 的参与方最终协商的密钥形如 $g^{x_1 x_2 + x_2 x_3 + \cdots + x_n x_1}$,而不是 $g^{x_1 x_2 \cdots x_n}$。$U_1, U_2, \cdots, U_n (\forall 1 \leqslant i \leqslant n, U_i)$ 采用下面的方法只需两轮交互:

①　选择 $x_i \in_R \mathbb{Z}_q^*$,计算 $Z_i = g^{x_i}$,将 Z_i 广播给其他参与者;

② 计算 $X_i = \left(\dfrac{Z_{i+1}}{Z_{i-1}} \right)^{x_i}$，将 X_i 广播给其他参与者；

③ 计算 $K_i = Z_{i-1}^{nx_i} X_i^{n-1} X_{i+1}^{n-2} \cdots X_{i+n-2}$。

容易检查，如果所有参与者均按照上述步骤操作，他们将共享同一个密钥 $K = g^{x_1 x_2 + x_2 x_3 + \cdots + x_n x_1}$。事实上，如果令 $A_{i-1} = Z_{i-1}^{x_i} = g^{x_{i-1} x_i}$，$A_i = Z_{i-1}^{x_i} X_i = g^{x_i x_{i+1}}$，$A_{i+1} = Z_{i-1}^{x_i} X_i X_{i+1} = g^{x_{i+1} x_{i+2}}$，……，则 $K_i = A_{i-1} A_i A_{i+1} \cdots A_{i+n-2}$。

为获得最终的共享密钥，每个参与者均有自己的贡献，不同的参与者构成的群体最终协商出的密钥也是不同的。每个参与者需要经过 2 轮交互，发送 2 个消息，最多执行 3 个模指数运算和 $\dfrac{n^2}{2} + \dfrac{3n}{2} - 3$ 个乘法运算。这个协议在只考虑被动攻击者的情况下是安全的。

值得一提的是，在设计多方密钥交换协议时，我们除了关注其安全性、有效性之外，还必须注意对成员关系动态变化的处理，即允许参与者可以动态地加入和离开用户群体。在一个动态的群体中，当成员关系有变化时必须确保会话钥得到更新，密钥更新必须满足两个条件：① 离开的成员无法获取之后的秘密会话钥；② 新加入的成员无法获取先前的秘密会话钥。满足这样要求的多方密钥协商方案（multi-party dynamic key agreement）的构造与分析，成为当前密钥交换协议研究的一个重要方向。

思考题

1. 试述密钥交换协议的目的。
2. 写出椭圆曲线上的 Diffie-Hellman 密钥交换协议。
3. 举例说明隐式密钥认证的含义。
4. 试构造一个能够抵抗中间人攻击的三方密钥交换协议。
5. 应用双线性对技术设计一个群密钥交换协议。
6. 试描述成员动态变化环境下的群密钥交换协议应具备的安全性。

参考文献

1. Schneier B. 应用密码学——协议、算法与 C 源程序[M]. 吴世忠，等，译. 2 版. 北京：机械工业出版社，2000：368-376.

2. Boneh D, Franklin M. Identity-Based Encryption from Weil Pairing. Advances in cryptology：proceedings of Crypto 2001[C]. Heidelberg：Springer-Verlag, 2001：213-229.

3. Boyd C, Mathuria A. Protocols for authentication and key extablishment [M]. Berlin：Springer, 2003.

4. Bresson E, Chevassut O, Pointcheval D. Provably Authenticated Group Diffie-Hellman Key Exchange-The Dynamic Case. Advances in cryptology: proceedings of Asiacrypt 2001[C]. Heidelberg: Springer-Verlag, 2001:290–309.

5. Burmester M, Desmedt Y. A Secure and Efficient Conference Key Distribution System. Advances in cryptology: proceedings of Eurocrypt 1994[C]. Heidelberg: Springer-Verlag, 1995:275–286.

6. Diffie W, Hellman M. New Directions in Cryptography[J]. IEEE Transaction on Information Theory, 1976, 22 (6):644–654.

7. Diffie W, Orschot V, Wiener M. Authentication and Authenticated Key Exchanges [J]. Design, Codes and Cryptography, 1992(2):107–125.

8. Girault M. Self-certified Public Keys. Advances in cryptology: proceedings of Eurocrypt 1991 [C]. Heidelberg: Springer-Verlag, 1991:490–497.

9. Joux A. An One Round Protocol for Tripartite Diffie-Hellman. Algorithmic Number Theory: proceedings of ANTS 2000[C]. Heidelberg: Springer-Verlag, 2000:385–394.

10. Matsumoto T, Takashima Y, Imai H. On Seeking Smart Public-key Distribution Systems[J]. Transactions of the IECE of Japan, 1986, E69(2):99–106.

11. Menezes A, Qu M, Vanstone S. Some New Key Agreement Protocols Providing Mutual Implicit Authentication. Selected Areas in Cryptography: proceedings of SAC 1995 [C]. Nashville: 1995:22–32.

12. Schoenmakers B. Cryptographic protocols [M/OL]. Eindhoven: Technical University of Eindhoven, 2007:14–21.

13. Shamir A. Identity-based Cryptosystems and Signature Schemes. Advances in cryptology: proceedings of Crypto 1984[C]. Heidelberg: Springer-Verlag, 1984:47–53.

14. Smart N. An Identity-based Authenticated Key Agreement Protocol Based on the Weil Pairing [J]. Electronic Letters, 2002(38):630–632.

第3章 实体认证协议

当用户 A 要登录计算机(或自动取款机、电话银行系统等)时,计算机如何知道他是不是由其他人假冒的呢? 特别在开放式的网络环境,由于交互双方不在一起,一方说自己是银行家时,有可能他是一个小偷。所以需要一种机制来验证这个银行家究竟是不是真正的银行家,这就是本章将要讨论的认证问题。

3.1 概述

所谓认证是一个通信过程,根据这个过程,一个实体(通常被称为验证者,verifier)B 验证了另一个实体(通常被称为声称者/原告,claimant)A 声称的某种属性。例如,原告声称拥有进入验证者的系统或者使用他的服务的合法权利,验证者通过执行认证过程可以确认声称者确实拥有这种权利。由此可以看出,认证至少涉及两个通信实体。如果所说的认证是验证消息的某种声称属性,那么称这种认证为数据源认证(data-origin authentication),或消息认证(message authentication)。如果所说的认证是验证原告所声称的身份,则称这种认证为实体认证(entity authentication)。换句话说,实体认证是指一个通信过程或协议,通过这个过程,一个实体 B 和另一个实体 A 建立一种真实通信,使得 B 能够验证 A 确实就是他要与之通信的那个实体,而不是 A 的实体无法向 B 证明自己就是 A。事实上,在协议中也可以将 A 的身份当作一条消息来处理,这样就可以使用消息认证机制来实现实体认证,这也是构造实体认证协议的一种合适方法。

通常,通信双方运行实体认证协议的目的是希望进行真实而安全的通信。而在现代密码学中,密钥是安全通信的基础。所以,为了进行安全通信而运行的实体认证协议除了实现认证之外,通常还有一个任务,即(经过认证的)密钥交换。因此,我们经常会看到一个协议同时提供认证和密钥协商的功能。

由于计算机、设备和资源构成的大型网络是开放的,任意主体均可随意加入,因此,在这样的环境下设计实体认证协议,必然要考虑攻击者的存在。他们会做各种坏事,比如被动地窃听,以及主动地伪造、复制、删除、注入消息等,这些攻击可能会对原来的通信主体造成破坏性的影响。我们通常所说的对认证协议的成功攻击,不是指攻破协议所使用的密码算法(比如对哈希函数的密码分析等),而是指攻击者 E 能够在不攻破密码算法的前提下,以未经授权且不被察觉的方式获得了某种信任或是破坏了某种密码服务。E 能够这样做的原因就在于认证协议存在设计上的缺陷,而不是密码算法的问题。事实证明,即便是熟悉各种典型攻击方法的密码学和信息安全领域的专家,按照标准的文档,遵循普遍认为很好的设计准则,设计出来的协议仍然是极容易出错的。基于这种现象的存在,本章除了介绍各种实体认证协议之外,还会给出有关认证协议缺陷方面的分析。

作为说明,特别提醒读者注意体会实体认证和身份识别(identity identification)这两类协议间的关系。

• 根据概念   身份识别是一种声明自己身份、声称自己是谁的行为,而实体认证是验证所声明身份是否真实的过程。例如,一个驾驶员将自己的机动车驾驶证显示给交通警察时,他在声明自己的身份;当交通警察将该驾驶员与驾驶证上的照片进行对比时,则是认证的过程。身份识别中,所声明的身份信息是公开的;而在实体认证中,交互双方可能会使用只有他们知道的共享秘密信息(如口令等)。

• 根据能够抵抗的威胁   对于实体认证,当声称者和验证者共享秘密需要合作的时候,认证协议只能抵抗来自外部的威胁,一般不考虑内部攻击,即验证者是不诚实的情况;身份识别协议可以考虑来自内部的攻击,即验证者可以是不诚实的。

• 假设两类协议都是安全的,则根据协议执行结束时的效果   对于实体认证,声称者 A 能够向验证者 B 证明自己确实是 A,但其他人则无法冒充 A 使 B 相信自己在和 A 会话;对于身份识别,声明自己身份的 A 可以使验证者 B 相信他确实是 A,但 B 事后无法使其他人相信自己是 A,即无法成功假冒 A。

• 根据使用场景   实体认证有时会结合密钥交换一起使用,以产生一个经过认证的会话密钥;而身份识别则一般不考虑具体目的。

总之,实体认证和身份识别不是绝对对立的两个概念,在某些场合可以相互替换使用。但它们又确实存在一些细微的区别,需要读者细细体会。

3.2   基于对称密码的实体认证

在实体认证中,主体需要考虑与意定通信方通信的真实性,包括:对方是否就是自己想与之通信的那个实体;并且,对方发送的信息是否确实是本次通信过程中发送过来的。本节主要描述采用对称密码设计的实体认证协议。假设一个主体声明自己是 A,另一个主体 B 是验证者,B 要验证对方确实是 A。A 和 B 使用对称密码技术,共享密钥为 K_{AB},并约定一种对称加密体制 SE,$SE_{K_{AB}}(\cdot)$ 表示用密钥 K_{AB} 执行对称加密运算。

3.2.1　基于对称密码的一次传输单向认证

单向认证(unilateral authentication)协议能够实现两个参与方中的一个对另外一个进行的认证。

由于共享密钥只有 A 和 B 知道,因此我们很容易想到:A 可直接使用对称加密算法将通信内容(比如 A 或是 B 的身份)加密后发送给对方,B 对收到的密文执行解密运算,如果能够得到有意义、可理解的明文串,那么就意味着这个密文一定是由 A 产生的。这个想法本身没有问题,但是他所收到的密文串有可能是攻击者 E 在以前的某个时刻截获、在当前时刻发出的,如果 B 仅凭自己能够恢复有意义的明文这一事实即认为发送密文的就是 A,这无疑是错误的。因此,A 需要在所加密的明文串中加入其他判断性的数据,比如时间戳或序列号。

基于对称密码的一次传输单向认证协议可以描述为:

A 计算 $\mathrm{SE}_{K_{AB}}([T_A|\mathrm{SN}_A], \mathrm{Bob})$,将所得结果发送给 B。

此协议的目的是使 B 相信声明者确实为 A。由于只需一次传输,所以该协议是非交互的。协议中的 $[T_A|\mathrm{SN}_A]$ 表示 A 可以选择时间戳(timestamp)T_A 或者序列号(sequence number)SN_A:

- 使用时间戳　B 对收到的数据执行解密运算,将得到的 T_A 与本地时间进行比较。若时间间隔足够小,则意味着该密文是新近产生的,而能够产生这一密文的人只有 A,因此 B 相信 A 就是本次通信的意定通信方。这种方法的缺点是通信双方需要同步时钟,并且需要对时钟进行安全维护。

- 使用序列号　A 和 B 维护某个同步的序列号,这样序列号 SN_A 以一种 B 知道的方式增加。在对序列号成功接收和验证之后,B 相信 A 就是本次通信的意定通信方。最后,A 和 B 均需要将序列号管理器更新到某个新的状态。与时间戳机制类似,使用序列号的方法也存在同步和维护的问题。

在序列号维护或时间戳同步不太现实的情况下,可以使用随机数达到同样的目的。但由于需要对所使用的随机数进行验证,所以协议参与方需要进行交互(注意到对时间戳或序列号的验证不需要交互),这就是下面的两次传输单向认证。

3.2.2　基于对称密码的两次传输单向认证

在基于对称密码的两次传输单向认证协议中,B 要验证声明者确实为 A。为此,B 和 A 进行如下交互:

① B 选择一个一次性随机数 N_B,将 N_B 发送给 A;

② A 将 $\mathrm{SE}_{K_{AB}}(N_B, \mathrm{Bob})$ 返回给 B;

③ B 对 $\mathrm{SE}_{K_{AB}}(N_B, \mathrm{Bob})$ 执行解密运算,如果所得结果中能够正确显示自己所选取的一次性随机数 N_B,则接受这个声明者确实是 A。

通信双方的信息传递如图 3-1 所示。

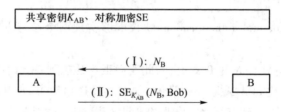

图 3-1 基于对称密码的两次传输单向认证

这里,消息(Ⅰ)由一个一次性随机数构成,这个随机数只使用一次,一般称之为 nonce,通常从一个足够大的空间中随机选取,也就是说,没有人能够预测这个随机数的值。将(Ⅰ)称为 B 对 A 的询问(challenge),对应的消息(Ⅱ)称为 A 对 B 的应答(response)。这个协议就是一个典型的询问-应答机制(challenge-response mechanism),B 是协议的发起者(initiator),A 是响应者(responder)。

协议使用了对称加密技术。B 收到 A 的应答后必须使用与 A 共享的密钥 K_{AB} 来解密收到的密文。如果解密后能够取出正确的一次性随机数,那么 B 就能够断定 A 确实在自己发出询问后执行了所要求的密码操作;如果询问与应答之间的时间间隔(由 B 和 A 所处的应用需求决定)是可以接受的,那么 B 可以相信本次与意定通信方通信的真实性。至此,我们可以说该协议是一个两次传输单向认证协议。

3.2.3 基于对称密码的两次传输双向认证

与单向认证不同,双向认证(mutual authentication)协议要求协议的两个参与方互相认证。基于对称密码的两次传输双向认证协议中,B 和 A 只需要两次消息传输就可以实现双向认证:

① A 计算 $SE_{K_{AB}}([T_A | SN_A], Bob)$,将所得结果发送给 B;

② B 计算 $SE_{K_{AB}}([T_B | SN_B], Alice)$,将所得结果发送给 A。

这个协议其实是第 3.2.1 节单向认证协议的两次独立运用。A 和 B 分别对自己接收到的数据执行解密运算,然后检查计算结果以决定对方是否为真实的意定通信方。由于协议参与方各自仅有一次消息发送,所以只能在明文中嵌入时间戳或序列号,而不能是一次性的随机数。

3.2.4 基于对称密码的三次传输双向认证

如果使用随机数代替时间戳/序列号的话,则由于 A 和 B 均希望认证对方,所以他们会各自选择一个随机数。又因为在协议运行中需要对比随机数的正确性,所以使用随机数的双向认证至少需要三次消息传输。

基于对称密码的三次传输双向认证协议可以描述为:

① B 选择一个一次性随机数 N_B，将 N_B 发送给 A；

② A 选择一个一次性随机数 N_A，将 $SE_{K_{AB}}(N_A, N_B, Bob)$ 返回给 B；

③ B 对 $SE_{K_{AB}}(N_A, N_B, Bob)$ 执行解密运算，如果得到自己选取的随机数 N_B，则认为 A 是真实的，然后将 $SE_{K_{AB}}(N_B, N_A)$ 发送给 A；

④ A 对 $SE_{K_{AB}}(N_B, N_A)$ 执行解密操作，如果所得结果中能够正确显示 B 发送给自己的随机数 N_B，以及自己所选取的一次性随机数 N_A，则认为 B 是真实的。

协议中消息传输情况如图 3-2 所示。

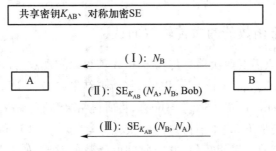

图 3-2　基于对称密码的三次传输双向认证

3.3　基于哈希函数的实体认证

使用对称密码设计实体认证协议时，对验证者的身份信息执行了加密运算。如果协议中实体的身份信息不需要保密的话，也可以使用哈希函数来设计实体认证协议。假设一个主体声明自己是 A，另一个主体 B 是验证者，B 要验证对方确实是 A。假设 A 和 B 共享一个密钥 K_{AB}，并约定一种带密钥的哈希函数 Hash，$Hash_{K_{AB}}(\cdot)$ 表示用密钥 K_{AB} 执行哈希函数运算。使用哈希函数实现实体认证时设计协议的方式与基于对称密码的方法完全类似，本节直接描述协议，读者可以自行理解协议的构造思想。

3.3.1　基于哈希函数的一次传输单向认证

基于哈希函数的一次传输单向认证协议可以描述为：

A 计算 $Hash_{K_{AB}}([T_A | SN_A], Bob)$，将所得结果和 $([T_A | SN_A], Bob)$ 一起发送给 B。

与第 3.2.1 节的协议一样，本协议中的 $[T_A | SN_A]$ 表示 A 可以选择时间戳 T_A 或者序列号 SN_A。收到 A 发来的数据后，B 自己可以利用 $([T_A | SN_A], Bob)$ 和共享的密钥 K_{AB} 重构 $Hash_{K_{AB}}([T_A | SN_A], Bob)$。如果两个哈希函数值相等且 $[T_A | SN_A]$ 是有效的，则相信本次通信确实就是与 A 进行的。

3.3.2　基于哈希函数的两次传输单向认证

与第 3.2.2 节的协议类似,可以给出基于哈希函数的两次传输单向认证协议:

① B 选择一个一次性随机数 N_B,将 N_B 发送给 A;

② A 将 $\mathrm{Hash}_{K_{AB}}(N_B, \mathrm{Bob})$ 返回给 B;

③ B 利用自己选取的随机数、自己的身份信息、共享的密钥重构出哈希函数值 $\mathrm{Hash}_{K_{AB}}(N_B, \mathrm{Bob})$,然后与收到的值对比。如果相等,则 B 接受此次运行,否则拒绝。

3.3.3　基于哈希函数的两次传输双向认证

在本协议中,只需要两次消息传输 B 和 A 就可以实现双向认证:

① A 计算 $\mathrm{Hash}_{K_{AB}}([T_A \mid \mathrm{SN}_A], \mathrm{Bob})$,将所得结果和 $[T_A \mid \mathrm{SN}_A]$ 一起发送给 B;

② B 计算 $\mathrm{Hash}_{K_{AB}}([T_B \mid \mathrm{SN}_B], \mathrm{Alice})$,将所得结果和 $[T_B \mid \mathrm{SN}_B]$ 一起发送给 A。

这个协议其实是第 3.3.1 节协议的两次独立运用。A 和 B 利用收到的时间戳或序列号重构相应的哈希函数值,并与收到的函数值对比,如果相等,则接受对方为一次有效运行。

3.3.4　基于哈希函数的三次传输双向认证

基于哈希函数的三次传输双向认证协议可以描述为:

① B 选择一个一次性随机数 N_B,将 N_B 发送给 A;

② A 选择一个一次性随机数 N_A,将 N_A 和 $\mathrm{Hash}_{K_{AB}}(N_A, N_B, \mathrm{Bob})$ 一起返回给 B;

③ B 利用 N_A、N_B 重构 $\mathrm{Hash}_{K_{AB}}(N_A, N_B, \mathrm{Bob})$,如果所得结果与接收的函数值相等,则认为 A 是真实的,然后将 $\mathrm{Hash}_{K_{AB}}(N_B, N_A)$ 发送给 A;

④ A 利用 N_B、N_A 重构 $\mathrm{Hash}_{K_{AB}}(N_B, N_A)$,如果所得结果与接收的哈希函数值相等,则认为 B 是真实的。

3.4　基于公钥密码的实体认证

使用对称密码或哈希函数设计实体认证协议均需要一个前提条件,即通信双方有共享密钥。如果这个前提条件不满足的话,我们可以使用非对称密码来实现实体认证。这时,由于公钥证书架构(public-key certification framework)的存在,通信双方可以通过该架构获取对方的公钥。假设一个主体声明自己是 A,另一个主体 B 是验证者,B 要验证对方确实是 A。Cert_A 表示 A 在这个架构下的证书,$\mathrm{Sign}_A(\cdot)$ 表示 A 使用自己的私钥执行了一次签名运算。对应地,Cert_B 表示 B 在这个架构下的证书,$\text{Sign}_B(\cdot)$ 表示 B 使用自己的私钥执行了一次签名运算。

3.4.1　基于公钥密码的一次传输单向认证

显然,一个直接的认证方式是 A 对某个消息(比如身份信息)进行签名操作,将签名结果发送给对方,如果验证者 B 验证签名有效,则意味着该签名确实由 A 产生。此处同样有一个问题:攻击者 E 有可能事先获得了这个签名,然后他在现在这个时刻冒充 A 发送了该签名。说明 A 需要在签名消息中加入判断性数据,如时间戳或序列号。

基于公钥密码的一次传输单向认证协议可以描述为:

A 计算 $\text{Sign}_A([T_A | SN_A], \text{Bob})$,将所得结果和 $[T_A | SN_A]$、Bob,以及自己的公钥证书 Cert_A 一起发送给 B。

与第 3.2.1 节的协议一样,本协议中的 $[T_A | SN_A]$ 表示 A 可以选择时间戳 T_A 或者序列号 SN_A。收到 A 发来的数据后,B 可以利用这些数据执行签名验证运算,如果 A 的数字签名通过了验证,则相信本次通信确实就是与 A 进行的。

3.4.2　基于公钥密码的两次传输单向认证

由于时间戳或序列号均存在同步和维护的问题,这在有些环境中是无法实现的。此时可以使用随机数代替时间戳/序列号,对应地,非交互式的认证协议就变为交互式的了。仿照第 3.2.2 节和第 3.3.2 节的协议,可以给出下面的基于公钥密码的两次传输单向认证协议:

① B 选择一个一次性随机数 N_B,将 N_B 发送给 A;

② A 将 Cert_A 和 $\text{Sign}_A(N_B, \text{Bob})$ 返回给 B;

③ B 执行签名验证运算:如果 A 的签名通过验证,则 B 接受此次运行,否则拒绝。

确实,通过这样的交互过程,B 实现了自己的目的:对 A 执行了认证,对方确实是 A。但是对于 A 来说,这个过程是不公平的,一个不诚实的 B 可以利用这个过程欺骗 A,使 A 蒙受损失,比如 B 进行了如下操作:

① B 计算 $N_B = h$(将 A 名下的所有财产转至 B 名下),其中 $h(\cdot)$ 是某个哈希函数,从而这样计算出来的 N_B 看上去也像一个随机数;

② B 将 N_B 发送给 A;

③ A 将 Cert_A 和 $\text{Sign}_A(N_B, \text{Bob})$ 返回给 B;

④ B 执行签名验证运算:如果 A 的签名通过验证,则 B 接受此次运行,否则拒绝。

这个例子再次证实了一个多次强调的观点:设计协议时一定要多加留意,攻击者远比我们能够想到的更善于查找并利用协议漏洞或缺陷。

本例中,B 能够这样做是因为 A 对签名内容中的随机数没有任何控制权。找到这个原因后,我们只需要改进协议以使 A 可以在待签名的数据中加入一些自己可以控制的随机输入。稍做修改,得到一个合理的基于公钥密码的两次传输单向认证协议:

① B 选择一个一次性随机数 N_B,将 N_B 发送给 A;

② A 选择一个一次性随机数 N_A,计算 $\text{Sign}_A(N_A, N_B, \text{Bob})$,将所得签名与 N_A、N_B、Bob、Cert_A 一起返回给 B;

③ B 执行签名验证运算:如果 A 的签名通过验证,则 B 接受此次运行,否则拒绝。

这里允许 A 自由选择随机数 N_A。正是由于这个随机数的存在,防止了 A 不经意间对 B 事先选择好的信息进行签名。基于公钥密码的两次传输单向认证协议中信息传输情况如图 3-3 所示。

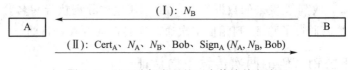

图 3-3　基于公钥密码的两次传输单向认证

3.4.3　基于公钥密码的两次传输双向认证

显然,协议参与方各执行一次数字签名后将签名发送给对方是使用公钥密码实现双向认证的一个直接方法。与之前类似,签名内容中需要嵌入判断性数据。与第 3.2.3 节和第 3.3.3 节协议类似,使用时间戳或序列号,可以给出下面的基于公钥密码的两次传输双向认证协议:

① A 计算 $\text{Sign}_A([T_A \mid \text{SN}_A], \text{Bob})$,将所得结果和 $[T_A \mid \text{SN}_A]$、Bob、Cert_A 一起发送给 B;

② B 计算 $\text{Sign}_B([T_B \mid \text{SN}_B], \text{Alice})$,将所得结果和 $[T_B \mid \text{SN}_B]$、Alice 和 Cert_B 一起发送给 A。

这个协议其实是第 3.4.1 节协议的两次独立运用。A 和 B 利用接收到的时间戳或序列号执行签名验证操作以判定是否接受对方为一次有效运行。

3.4.4　基于公钥密码的三次传输双向认证

第 3.2.3 节、第 3.2.4 节、第 3.3.3 节、第 3.3.4 节和第 3.4.3 节中讨论了双向认证的问题,其中有些双向认证协议(比如第 3.2.3 节、第 3.3.3 节和第 3.4.3 节)就是对应的单向认证协议的两次独立运行。但是,我们不能据此就说双向认证就是简单的两次单向认证,即:双向认证只是通过对应的单向认证协议来实现,一个方向执行一次(B 认证 A,A 也认证 B)。事实上,如果采用这种方法的话,有时

会带来一些安全性方面的问题,攻击者将有机可乘。以第 3.4.2 节的两次运行协议为例:

①B 选择一个一次性随机数 N_B,将 N_B 发送给 A;

②A 选择一个一次性随机数 N_A,计算 $\mathrm{Sign}_A(N_A, N_B, \mathrm{Bob})$,将所得签名结果、Bob、$N_A$、$N_B$ 和自己的证书 Cert_A 一起返回给 B;

③B 验证 A 的数字签名,如果签名有效,则认为 A 是真实的;然后 B 选择一个一次性随机数 N_B',计算 $\mathrm{Sign}_B(N_B', N_A, \mathrm{Alice})$,将所得签名结果、Alice、$N_B'$、$N_A$ 和自己的证书 Cert_B 一起返回给 A;

④A 利用接收的数据对 B 的数字签名执行验证运算,如果签名有效,则认为 B 是真实的。

协议运行中,信息传输情况如图 3-4 所示。

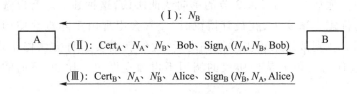

图 3-4　不安全的基于公钥密码的三次传输双向认证

可以看到,协议中信息(Ⅰ)和(Ⅱ)可以构成第 3.4.2 节协议的一次运行,实现 B 对 A 的认证;信息(Ⅱ)、(Ⅲ)可以构成第 3.4.2 节协议的另一次独立运行,实现 A 对 B 的认证。换句话说,图 3-4 的信息传输可以分解为如图 3-5 所示的交互过程。

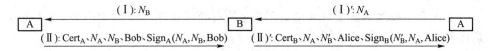

图 3-5　不安全的基于公钥密码的三次传输双向认证协议分解

但是,这个通过独立地运行第 3.4.2 节协议两次来实现双向认证的方法是不安全的。加拿大人 Wiener 给出了一种攻击形式:假设网络中除了 A 和 B 之外还有一个主体 E,攻击开始时,E 冒充 B 向 A 发出询问;得到 A 的应答之后,他又冒充 A 向 B 发出询问;利用 B 的应答,E 可以成功地使 A 以为 E 就是 B。攻击的具体过程如图 3-6 所示。

①E 冒充 B 选择一个一次性随机数 N_B,将 N_B 发送给 A;

②A 选择一个一次性随机数 N_A,计算 $\mathrm{Sign}_A(N_A, N_B, \mathrm{Bob})$,将所得签名结果、Bob、$N_A$、$N_B$ 和自己的证书 Cert_A 一起返回;

③E 冒充 A 将 N_A 发送给 B;

④B 选择一个一次性随机数 N_B',计算 $\mathrm{Sign}_B(N_B', N_A, \mathrm{Alice})$,将所得签名结果、

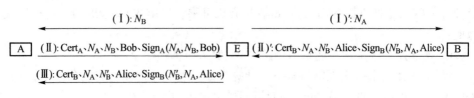

图 3-6　Wiener 攻击

Alice、N_A、N_B' 和自己的证书 $Cert_B$ 一起返回；

⑤ E 冒充 B 将 $Sign_B(N_B', N_A, Alice)$、Alice、N_A、N_B' 和 $Cert_B$ 转发给 A。

容易看到，通过这样的交互过程，A 认为是 B 发起了这次运行，并接受了 B 的身份。但是 B 以为是 A 发起了这次运行，并且还在等待 A（其实是 E）给自己返回结果以结束本次运行。E 之所以能够实施这样的攻击，原因就在于协议中前后两次独立地运行了第 3.4.2 节的单向认证协议，这种独立运行以选取了不同的随机数为标志。事实上，在设计协议时，经常会出现由于随机数使用不正确而导致的漏洞。找到被用来攻击的缺陷之后，我们就需要一种方法修正这个缺陷。事实上，只要使两次单向认证协议的调用不再独立即可。比如，下面的正确协议版本：

① B 选择一个随机数 N_B，将 N_B 发送给 A；

② A 选择一个随机数 N_A，计算 $Sign_A(N_A, N_B, Bob)$，将所得签名结果、Bob、N_A、N_B 和自己的证书 $Cert_A$ 一起返回给 B；

③ B 验证 A 的数字签名，如果签名有效，则认为 A 是真实的；然后 B 计算 $Sign_B(N_B, N_A, Alice)$，将所得签名结果、Alice、N_B、N_A 和自己的证书 $Cert_B$ 一起返回给 A；

④ A 利用收到的数据对 B 的数字签名执行验证运算，如果签名有效，则认为 B 是真实的。

也就是说，要求 B 不需要再选取新的随机数 N_B'，而是直接对随机数 N_B（以及 N_A、Alice）来产生自己的签名。通过这样的随机数重用，两次单向协议的使用就不再独立，而是上下文关联的了，从而使得 Wiener 的攻击方法失效。不过，由于这里需要随机数重用，所以需要维护 B 产生的随机数 N_B 的状态信息，换句话说，A 需要将在步骤②中收到的随机数 N_B 保存起来，以便在步骤④中检查确认所接收的签名值是关于该随机数（以及 N_A、Alice）的数字签名。事实上，第 3.2.4 节和第 3.3.4 节的协议均使用了这样的随机数再用方法。

3.5　基于可信第三方的实体认证

在前面介绍的实体认证协议中，要么是假设通信双方事先共享了密钥，要么是通信一方可以查找到另一方的公开密钥，所以可以说这些协议适用于预先已经认识的主体之间的认证。如果参与者之间事先不认识,这时可以使用基于可信第三方(trusted third party,TTP)的认证协议,这就是本节要介绍的方法。基于可信第三方的认证协议涉及 3 个主体:希望执行认证的两个参与者和可信第三方。可信第三方是一个特殊的主体,他总是行为诚实,并得到所有其他主体的信任,即:他总是按照协议规范作出反应,而不会参与任何会破坏到其他主体安全的活动。TTP 拥有一个安全的数据库,该库中保存了其他主体和 TTP 共享的长期密钥。在 TTP 的帮助下,任意两个用户之间,即便完全不认识,也可以实现认证,建立安全通信。假设参与者为 A 和 B,他们与 TTP 分别共享密钥 K_{AT}、K_{BT},并约定一种对称加密体制 SE,$SE_K(\cdot)$ 表示使用密钥 K 执行对称加密操作。

3.5.1　Needham-Schroeder 协议

Needham-Schroeder 协议是最著名的认证协议之一。协议执行结束后,A 与 B 将相信对方是真实的,并得到一个共享密钥 K_{AB}。

① A 生成随机数 N_A,将 Alice、Bob、N_A 发送给 TTP;

② TTP 生成随机数 K_{AB},将 $SE_{K_{AT}}(N_A, Bob, K_{AB}, SE_{K_{BT}}(K_{AB}, Alice))$ 发送给 A;

③ A 对收到的数据执行解密运算,检查 N_A 是自己发出的随机数且 Bob 是自己要与之通信的主体,将 K_{AB} 保存,并转发 $SE_{K_{BT}}(K_{AB}, Alice)$ 和 TTP 给 B;

④ B 对收到的数据解密,得到 A 的身份,生成一个随机数 N_B,将 $SE_{K_{AB}}(N_B)$ 发送给 A;

⑤ A 计算 $SE_{K_{AB}}(N_B-1)$,将所得结果发送给 B。

协议中的信息传输情况如图 3-7 所示。

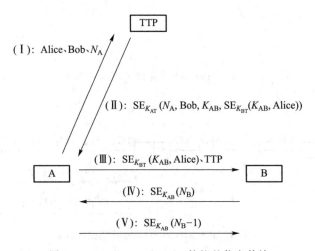

图 3-7　Needham-Schroeder 协议的信息传输

　　A 与 TTP 之间的交互仅限于信息（Ⅰ）和信息（Ⅱ），这也是整个协议运行中需要 TTP 在线的仅有之处。在信息（Ⅰ）中，A 表明自己的身份、欲与之通信的实体身份和一个标记性的随机数，该随机数将用于确认信息（Ⅱ）的发送者确实是 TTP。在收到信息（Ⅱ）后，A 检查解密后的数据，如果确实与自己发出去的信息（Ⅰ）相吻合，则会发出信息（Ⅲ）。如果 A 随后能够收到信息（Ⅳ），则意味着 B 对 A 转发的密文成功解密。可以看到，B 在协议中并不与 TTP 直接联系，减少了 TTP 处理普通用户要求的时间。B 将生成的随机数 N_B 发送给 A，而不是 TTP。如果 B 最终收到信息（Ⅴ），则意味着 A 对 TTP 为 A 和 B 选取的会话密钥 K_{AB} 是满意的。这样 A 和 B 都相信对方的身份，并用 K_{AB} 保护他们之后的通信。

3.5.2　对 Needham-Schroeder 协议的攻击

　　表面上看，Needham-Schroeder 协议使得 A 和 B 既相互认证，又获得了共享的会话密钥。但事实上，该协议是脆弱的，其主要问题是由于 B 不直接与 TTP 交互，他无法查证自己收到的消息（Ⅲ）是否确实是 TTP 最近生成且 A 随后转发给自己的。如果不是的话，攻击者就可以伪装成 A，并与 B 进行通信。对于 Needham-Schroeder 协议的最著名的攻击是由 Denning 和 Sacco 设计的。假设攻击者 E 记录了 A 与 B 以前的会话，从而他就会拥有一个旧的密文 $SE_{K_{BT}}(K'_{AB}, Alice)$，并且知道 K'_{AB} 的值（这有可能是 A 和 B 以前使用完了 K'_{AB} 后随意丢弃等原因造成的）。然后，E 完全阻塞 A 与 B 的通信信道，并重放旧的密文数据 $SE_{K_{BT}}(K'_{AB}, Alice)$。具体攻击过程如图 3-8 所示。

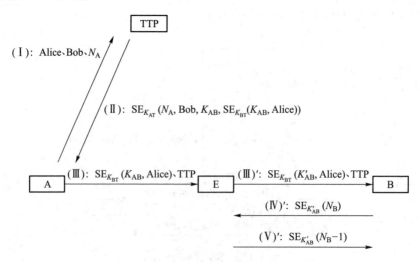

图 3-8　对 Needham-Schroeder 协议的攻击

　　依据这样的攻击，E 成功地伪装成 A，获得了与 B 之间的秘密通信。注意到，这里 E 不一定要等 A 与 TTP 执行完消息（Ⅰ）、（Ⅱ）、（Ⅲ）传递之后再开始，而是可以自行决定直接开始(Ⅲ)′。

3.5.3　对 Needham-Schroeder 协议的修正

在发现了 Needham-Schroeder 协议存在的上述问题之后,Denning 和 Sacco 建议在协议中加入时间戳机制。使用了时间戳后的 Needham-Schroeder 协议为:

① A 将 Alice、Bob 发送给 TTP;

② TTP 生成随机数 K_{AB},将 $SE_{K_{AT}}(Bob, K_{AB}, T, SE_{K_{BT}}(K_{AB}, Alice, T))$ 发送给 A,其中 T 为时间戳;

③ A 对收到的数据执行解密运算,转发 $SE_{K_{BT}}(K_{AB}, Alice, T)$ 给 B。

B 接收数据后执行解密运算,然后根据时区差异及网络延时判定得到的时间戳 T 是否有效。若 T 在一个合理的范围内,则 B 认为本次通信有效,并获得了一个与 A 共享的密钥 K_{AB}。注意由于时间戳的使用,A 和 B 之间不再需要 Needham-Schroeder 协议中信息(Ⅳ)和(Ⅴ)那样的进一步交互。

使用时间戳涉及时钟同步问题。一种不使用时间戳的修正方法是:除了 A 认证 TTP 外,B 也认证 TTP,即 B 向 TTP 发送一次性随机数,这个随机数也应该包含在 TTP 返回的会话密钥消息中。但是,这种方法增加了协议中的消息流量。

3.5.4　五次传输双向认证

ISO 的五次传输认证协议是 ISO/IEC 的标准化协议(9798 系列)中的一个,该协议可以同时实现实体的双向认证和共享密钥的建立。同样地,在 A、B 与 TTP 之间的交互过程中,TTP 仍然只与 A 和 B 中的一个交互一个来回,具体传输如图 3-9 所示。

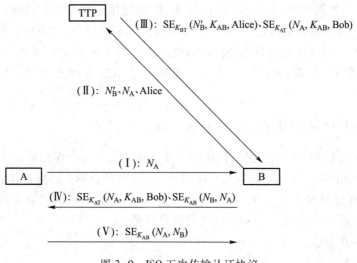

图 3-9　ISO 五次传输认证协议

①　A 选择一个随机数 N_A,发送给 B;

②　B 选择一个随机数 N'_B,将 N'_B、N_A 和 Alice 发送给 TTP;

③　TTP 选取一个随机数 K_{AB} 作为 A 与 B 的共享密钥,将 $SE_{K_{BT}}(N'_B,K_{AB},$ Alice)、$SE_{K_{AT}}(N_A,K_{AB},Bob)$ 发送给 B;

④　B 对 $SE_{K_{BT}}(N'_B,K_{AB},Alice)$ 解密,检查自己的随机数 N'_B 和 Alice 正确性,从而认为 K_{AB} 有效,选取一个随机数 N_B,计算 $SE_{K_{AB}}(N_B,N_A)$,并与 $SE_{K_{AT}}(N_A,K_{AB},Bob)$ 一起发送 A;

⑤　A 对 $SE_{K_{AT}}(N_A,K_{AB},Bob)$ 执行解密运算,检查自己选取的随机数 N_A,如果正确则接受本次运行,并计算 $SE_{K_{AB}}(N_A,N_B)$,将结果发送给 B;

⑥　B 对 $SE_{K_{AB}}(N_A,N_B)$ 加以解密,如果正确恢复出之前收到的随机数 N_A 和自己选取的随机数 N_B,则接受本次运行。

消息(Ⅰ)中的随机数用于 A 确认收到的消息(Ⅳ)确实来自 B。消息(Ⅱ)中的随机数 N'_B 用于 B 确认消息(Ⅲ)的确来自 TTP。如果 B 能够收到消息(Ⅴ),则意味着 A 对于本次协商过程是满意的。通过上述过程,A 和 B 在 TTP 的帮助下实现了双向认证,并最终得到共享密钥 K_{AB} 用于以后的安全会话。

除了五次传输双向认证协议之外,ISO/IEC 的标准化协议(9798 系列)还给出了另外一个只需四次数据传输的双向认证协议,该协议的结构与这个需要五次传输的协议类似,不再赘述。

3.6　基于口令的实体认证

一种比较传统的认证机制是使用口令(password)的方法。由于口令简单易记,所以是一种使用比较广泛的认证技术,特别适用于用户远程访问计算机系统的模式。在这种类型的认证中,用户和计算机共享某个口令,这个口令相当于一个长期使用但又相对较短的对称密钥。如果用户 U 希望使用主机 H 的服务,H 必须事先对 U 进行初始化,发给它一个口令 PW_U。本节所介绍的协议均遵循这样的前提。

3.6.1　一个直接的基于口令的认证协议

在这个协议中,主机 H 在初始化用户 U 之后,建立一个保存所有用户口令的文档,文档中的每一条记录均形如(ID_U,PW_U),分别对应用户的身份和该用户的口令。当 U 每次登录主机 H 时,H 都要求他输入口令,然后从自己存储的用户口令表中查找以决定 U 的输入是否有效。具体过程是:

①　$U \rightarrow H$:ID_U;

②　$H \rightarrow U$:"请输入口令";

③ $U \rightarrow H : PW_U$;

④ H 从自己的口令表中查找是否存在与 U 的输入(ID_U,PW_U)相匹配的记录,如果有,则允许 U 使用自己的服务。

可以看到,这个协议非常简单、直接。在 20 世纪 70 年代,由于终端和主机之间的通信链路是不可攻击的专线,所以该协议在当时的环境下确实能够提供从用户到主机的认证。不过此协议并不适用于现在的网络通信环境:由于用户身份和口令均是明文传输,在开放信道上窃听的任意攻击者都能够获得这个用户的身份和口令,以后就可以像 U 一样,使用其身份和口令(ID_U,PW_U)从而获得 H 的服务。换句话说,该协议并没有实现任何实体认证功能。在最坏的情况下,攻击者可能会读取主机 H 保存的口令文档,从而就会拥有所有用户的所有权限,可以进一步对整个系统造成不可检测的巨大危害。

3.6.2　使用单向函数

在第 3.6.1 节给出的协议中,主机 H 保存了用户口令表。如同前面分析的那样,这个口令表极具脆弱性,易受攻击者的攻击。我们可以对此加以改进。下面的改进方法是基于这样一个事实:为了决定用户是否可以使用自己的服务,主机 H 只需要具备区分有效口令和无效口令的能力即可,而无须知道口令本身。因此,可以让主机存储口令的单向函数值(one-way function),比如哈希函数值,而不是存储口令本身。具体地说,主机 H 事先对用户 U 进行初始化,发给它一个口令 PW_U,并建立一个保存所有用户口令的文档,文档中的每一条记录均形如(ID_U,$OWF(PW_U)$),分别对应用户的身份和该用户口令的单向函数值。改进后,主机 H 对用户 U 的认证过程为:

① $U \rightarrow H : ID_U$;

② $H \rightarrow U$:"请输入口令";

③ $U \rightarrow H : PW_U$;

④ H 将收到的 PW_U 作为单向函数 $OWF(\cdot)$ 的输入,计算其值,然后从自己的口令文档中查找是否存在相匹配的记录(ID_U,$OWF(PW_U)$),如果有,则允许 U 使用自己的服务。

由于 H 不再存储口令本身,所以即便攻击者窃取主机存储的口令文档得到 $OWF(PW_U)$,他也无法直接将该值作为用户 ID_U 的口令在协议中使用;又由于 $OWF(\cdot)$ 是单向函数,攻击者也无法由该值计算出 PW_U。

显然,即便使用了单向函数,在线窃听的攻击者仍然可以获得 U 发送给 H 的以明文显示的口令。

3.6.3　同时使用单向函数和加盐

在第 3.6.2 节给出的协议中,主机 H 保存了用户口令文档,口令文档中的记录不再是用户身份和他的口令,而是用户身份与他的口令的单向函数值。这确实增加了一定的安全性,但由于口令通常都是比较短并且易于记住的,所以这个协议仍然存在下面的攻击方法。首先,攻击者 E 在本地搜集了很多(比如10^6个)最常用的口令,用单向函数 OWF(·)对这些口令进行计算,得到它们对应的单向函数值,将这些结果存储起来。若口令长为 8 B,E 存储的文件也不超过 8 MB。然后,E 窃取到主机保存的(经过单向函数加密处理的)口令文档,与自己存储的文件比较,如果得到匹配数据就意味着 E 获得了对应用户的口令。这种攻击方式称为字典式攻击(dictionary attack)。为了消除字典式攻击,可以采用下面的方法:主机 H 事先对用户 U 进行初始化,发给它一个口令 PW_U,并建立一个保存所有用户口令的文档,文档中的每一条记录均形如(ID_U, salt, OWF(PW_U, salt)),分别对应用户的身份、随机数和用户口令联合该随机数后的单向函数值。主机 H 对用户 U 的认证过程为:

① $U \rightarrow H$:ID_U;

② $H \rightarrow U$:"请输入口令";

③ $U \rightarrow H$:PW_U;

④ H 在自己的口令文档中找到该用户对应的记录(ID_U, salt, OWF(PW_U, salt)),将其中的 salt 和收到的 PW_U 作为单向函数 OWF(·)的输入,如果计算所得的值与自己保存的单向函数值相等,则允许 U 使用自己的服务。

这里使用了随机数 salt。如果 salt 的取值范围足够大的话,就可以消除对常用口令采取的字典式攻击,这是因为 E 不得不产生每个可能的 salt 值的单向函数值。协议中加入的随机数通常被称为盐,这种使用随机数的做法被称为加盐操作。

读者可能会认为 E 可以先窃取主机存储的口令文档,然后再针对某个用户的salt 值联合常用口令计算对应的单向函数值,而不是先离线计算单向函数值再窃取口令文档。但是,这样有问题:一是 E 先窃取文档再花费较长时间穷举计算,主机可能会在这个时间段内察觉到入侵从而采取防范措施;二是即便 E 能够成功,采取这种做法最多也只是推测出某一个用户的口令,如果他要猜测另外一个用户的口令,又需要花费同样的计算量,这仍然是巨大的代价。

显然,即便同时使用了单向函数和加盐操作还是不能抵抗在线口令窃听攻击,即攻击者可以获得 U 发送给 H 的以明文显示的口令。

3.6.4　使用哈希链

在线窃听攻击之所以能够成功,一个很重要的原因是用户每次登录时总是使用同一个口令。可以想象,如果用户每次登录时都使用不同的口令的话,那么即使攻击者窃听了本次通信的口令,而该口令以后不能再用,所以不会影响用户下次登录时的认证,也就成功阻止了在线口令窃听。这就是一次性口令的思想。

主机 H 事先对用户 U 进行初始化, 发给它一个口令 PW_U, 保存该用户的初始口令记录 $(ID_U, n, Hash^n(PW_U))$, 其中, ID_U 为该用户的身份, n 是较大的整数 (例如 $n = 1\ 000$), Hash ($\cdot$) 为哈希函数, $Hash^n(PW_U)$ 定义为 $Hash^n(PW_U) \stackrel{\Delta}{=}$ $\underbrace{Hash(\cdots(Hash(PW_U))\cdots)}_{n}$。用户 U 只需记住口令 PW_U, 当用户 U 每次登录主机时, H 都会更新自己保存的用户 U 的记录。

H 和 U 首次运行口令认证协议时, 用户端对口令 PW_U 重复计算哈希函数 Hash ($\cdot$) $n-1$ 次, 得到 $Hash^{n-1}(PW_U)$, 由于采用了哈希函数, 即使 n 比较大时计算仍能有效地完成, U 将计算结果发送给主机。在收到 $Hash^{n-1}(PW_U)$ 后, H 会对收到的数据执行一次 Hash 运算, 并检查所得结果是否与自己保存的该用户的记录相匹配。如果通过检验, H 就认为收到的值确实是 $Hash^{n-1}(PW_U)$, 并且是由 PW_U 计算得到的, 而该口令是在初始化时设置的, 因此对方必定是 U。最后 H 将保存的口令记录加以更新: 用 $(ID_U, n-1, Hash^{n-1}(PW_U))$ 替换 $(ID_U, n, Hash^n(PW_U))$。一般情况下, 假设主机 H 中存储的用户 U 的当前口令记录为 $(ID_U, c, Hash^c(PW_U))$, H 对 U 的认证过程为:

① $U \to H : ID_U$;

② $H \to U : c$, "请输入口令";

③ $U \to H : Hash^{c-1}(PW_U)$;

④ H 在口令文档中找到该用户的记录 $(ID_U, c, Hash^c(PW_U))$, 计算 $Hash(Hash^{c-1}(PW_U))$, 如果所得结果等于 $Hash^c(PW_U)$, 则允许 U 使用自己的服务。

由于用户 U 发送给主机 H 的值 $Hash^c(PW_U)$ 只使用一次, 而且哈希函数 Hash 是单向的, 所以在线的窃听者 E 不会从 $Hash^c(PW_U)$ 得到有用信息。同样的原因, 即使 E 窃取到了主机 H 保存的口令文档也无法得到 U 的口令 PW_U。

协议运行中, 计数器 c 的值是变化的, 从 n 递减到 1。当 c 最终减为 1 时, 用户 U 和主机 H 需要重新初始化以设置口令。

这个一次性口令系统被称为 SKey。由于计数器的使用, 该协议很好地保持了用户与主机之间的同步。不过令人遗憾的是, 正是由于这个计数器的存在, 主动攻击者可以通过修改计算器的值对此协议实施有效攻击。我们将在第 3.7.2 节给出攻击描述。

3.6.5　加密的密钥交换协议

Bellovin 和 Merritt 在 1992 年设计了一个基于口令的认证协议, 称为加密的密钥交换 (encrypted key exchange, EKE)。该协议不仅具有实体认证功能, 还提供密钥协商性质。

在 EKE 协议中, 用户 U 和主机 H 共享口令 PW_U, 这个口令是比较短而易于记忆的, 亦即是从一个相当小的口令空间中选取的。此外, 用户 U 和主机 H 事先还约定了一种对称加密体制 SE 和一种公钥加密体制 AE,$SE_K(\cdot)$ 表示用密钥 K 执行对称加密,$AE_{PK}(\cdot)$ 表示以公钥 PK 执行公钥加密。协议执行结束后,用户 U 和主机 H 将完成双向实体认证,并且得到一个共享的密钥。Bellovin 和 Merritt 设计的 EKE 协议如下:

① U 生成一个随机数 PK,将自己的身份 ID_U 和 $SE_{PW_U}(PK)$ 发送给 H;

② H 对 $SE_{PW_U}(PK)$ 执行解密操作,得到 PK,将 $SE_{PW_U}(AE_{PK}(K))$ 发送给 U,其中 K 为 H 产生的随机对称密钥;

③ U 利用 PW_U 和 PK 从 $SE_{PW_U}(AE_{PK}(K))$ 中恢复出密钥 K,将 $SE_K(N_U)$ 发送给 H,其中 N_U 为用户 U 产生的随机数;

④ H 从 $SE_K(N_U)$ 中恢复出 N_U,将 $SE_K(N_U, N_H)$ 发送给 U,其中 N_H 为 H 产生的随机数;

⑤ U 从 $SE_K(N_U, N_H)$ 中恢复出 N_H,将 $SE_K(N_H)$ 发送给 H;

⑥ 如果 H 从 $SE_K(N_H)$ 中能够恢复出 N_H,则允许 U 使用自己的服务,并且与 U 使用共享的密钥 K 处理之后进行的安全通信。

在 EKE 中的信息传输情况如图 3-10 所示。

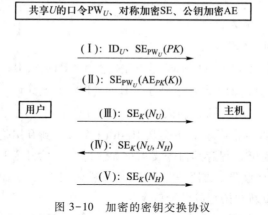

图 3-10　加密的密钥交换协议

在消息(Ⅰ)中的密文 $SE_{PW_U}(PK)$ 是用口令 PW_U 作为密钥对一个一次随机数 PK 加密后的结果,虽然口令 PW_U 是从一个相对比较小的空间中选择出来的,但我们可以从一个相对比较大范围内选取一次性的随机数 PK,从而达到密文 $SE_{PW_U}(PK)$ 与口令 PW_U 统计独立的目的,通过这样的加盐操作可以将口令 PW_U 很好地隐藏起来。在消息(Ⅱ)中的密文 $SE_{PW_U}(AE_{PK}(K))$ 则是对另一个一次随机数 K 处理后的结果,这个处理可以起到类似于消息(Ⅰ)的效果。同样地,在消息(Ⅲ)、(Ⅳ)、(Ⅴ)中我们也可以从较大的范围内(比会话密钥 K 所处的范围更大)选取一次性的随机数 N_U、N_H,达到隐藏会话密钥 K 的目的,从而这些消息与口令 PW_U 也是统计独立的。既然口令 PW_U 与协议中传输的所有消息都是统计独立的,我们就获得了关于口令的信息论意义上的安全性,被动的攻击者肯定无法对此协议采用任何有效的攻击。

注意到该协议之所以是信息论安全的,一个很重要的原因是在协议的前一部分(消息传输(Ⅰ)和(Ⅱ))用户 U 对随机公钥的加密和主机 H 对随机会话密钥的加密,即对口令 PW_U 执行加盐操作,正是由于这种不断变化的加盐操作使攻击者一无所获。协议的后一部分是传统的双向认证结构,可以用任意的基于对称密钥的双向认证协议结构代替。

3.7　对实体认证协议的攻击

协议一般描述为在 A 和 B 之间执行,或者在客户和商家之间执行。这里,A、B、客户、商家这些名字并不是真正表示一个特定的个体或者机构,他们代表协议中的一个角色。比如 Smith 先生和 Jones 先生要进行一次秘密通信,他们可能需要执行一次认证协议,Smith 先生可以扮演 A 的角色,而 Jones 则扮演 B 的角色。第二天他们的角色可能会互换。对此,我们必须谨记:单个实体在网络中可能扮演任意角色。在分析协议的安全性时,这一点尤其重要。我们在第 2.2.2 节中已经看到攻击者 E 可以同时扮演 A 和 B 的角色。在开放的网络中攻击者可以窃听、截取或是修改信息,所以我们同样需要考虑认证协议的安全问题。事实证明,即使研究安全协议的专家非常小心地设计认证协议,也难免会出现安全缺陷。本节仅列举几个比较常见的对认证协议进行攻击的方式,使大家对最著名的攻击认证协议的技术有所了解,促使我们在设计协议时提高警觉,避免由于追求设计方法的精巧、计算量和通信带宽的优化而忽略安全问题。在讨论对认证协议的攻击方法时,我们一般假定协议运行中,诚实的主体只做协议规定做的事情,不会主动记录任何协议消息(除非协议规定了他这样做),不能理解任何收到的密文(除非他拥有正确的密钥),不能识别看似随机的数据(比如 nonce、序列号、密钥等)。

3.7.1　消息重放攻击

消息重放攻击(message replay attack)是一种非常常见的攻击方式。如同我们在第 3.5.2 节中所看到的那样,在消息重放攻击中,E 预先记录了欲攻击协议先前某次运行中的消息,然后在该协议新的运行中重放所记录下来的消息,最后可以导致通信双方不存在真实通信,即认证失败。

在第 3.5.2 节中,A 和 B 希望运行协议实现真实通信。这时,伪冒 A 的攻击者 E 在全面拦截 A 和 B 之间通信信道的前提下,利用自己之前记录下来的消息重新发放给 B,导致在协议运行结束后 B 以为自己在和 A 通信,而实际情况是本应发送给 A 的机密信息全部被攻击者掌握。进一步,如果 E 要获得 B 的机密信息,不需要等到 A 发起协议的新一次运行时才开始。由于 B 是被动地等待 A 的信息之后作出自己的反应,所以 E 完全可以跳过该协议中的前两步,自己主动将记录的消息重放给 B。最终,B 会以为 A 在和自己通信,而事实是 A 根本就不在线。

3.7.2　中间人攻击

在中间人攻击(man-in-the-middle attack)中,攻击者处于通信双方 A 和 B 的中间,他将 A(或 B)所提出的困难问题转交给 B(或 A)回答,然后将收到的答案或是对答案进行简单处理后的结果作为自己的应答返回给 A(或 B),以此达到攻击的效果。我们在第 2.2.2 节已经看到攻击者对 Diffie-Hellman 密钥交互协议实施的中间人攻击。下面的例子描述了攻击者对第 3.6.4 节协议的中间人攻击。

假设主机 H 中存储的用户 U 的当前口令记录为 $(\mathrm{ID}_U, c, \mathrm{Hash}^c(\mathrm{PW}_U))$,用户 U 要使用 H 的服务,所以主机 H 希望对 U 进行认证,这时处于中间的攻击者 E 有这样的可乘之机:

① U 提交自己的身份 ID_U,E 截取后直接将 ID_U 转发给 H;

② H 收到请求后发出:c,"请输入口令";

③ E 截取 H 发出的信息后,将下面的消息转发给用户 U:$c-1$,"请输入口令";

④ 用户 U 根据收到的数字,计算并发出哈希值 $\mathrm{Hash}^{(c-1)-1}(\mathrm{PW}_U)$;

⑤ E 截取了哈希值 $\mathrm{Hash}^{(c-1)-1}(\mathrm{PW}_U)$ 之后,计算哈希值 $\mathrm{Hash}^{(c-1)}(\mathrm{PW}_U)$,将所得结果转发给主机。

上述中间人攻击的消息传输情况如图 3-11 所示。

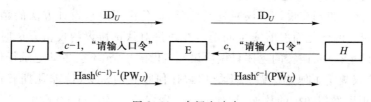

图 3-11　中间人攻击

主机在自己的口令文档中找到该用户对应的记录 $(\mathrm{ID}_U, c, \mathrm{Hash}^c(\mathrm{PW}_U))$,计算 $\mathrm{Hash}(\mathrm{Hash}^{c-1}(\mathrm{PW}_U))$,如果所得结果等于 $\mathrm{Hash}^c(\mathrm{PW}_U)$,则允许 U 使用自己的服务。

E 的成功之处在于通过修改信道中传输的计数器值,获得 $\mathrm{Hash}^{c-2}(\mathrm{PW}_U)$,利用该值 E 可以在下一次会话时假冒 U 的名义使用主机 H 的服务。E 之所以能够实施这样的攻击,原因在于协议中没有提供 U 对 H 的认证机制用以保证自己收到的信息确实来自 H。

3.7.3　平行会话攻击

所谓平行会话攻击(parallel session attack),指的是在攻击者 E 的操控下,被攻击协议的两个或多个运行并发(concurrently)执行,他可以从其中某次运行中传输的消息得到其他运行中所需要的应答。下面通过对一个协议实施并行攻击体会其攻击思路。

该协议是 Woo 和 Lam 设计的基于可信第三方的实体认证方案,其目的是希望在协议执行结束后,B 接受声明自己是 A 的实体确实为 A。与其他基于可信第三方的认证协议类似,我们假设 A 与 TTP 共享密钥 K_{AT},B 与 TTP 共享密钥 K_{BT},SE 为事先约定的某个对称加密体制,$SE_K(\cdot)$ 表示使用密钥 K 执行对称加密操作。Woo-Lam 实体认证协议描述如下:

① A 将自己的身份 Alice 发送给 B;

② B 选择一个随机数 N_B 返回给 A;

③ A 计算并返回 $SE_{K_{AT}}(N_B)$ 给 B;

④ B 将 $SE_{K_{BT}}(Alice, SE_{K_{AT}}(N_B))$ 提交给 TTP;

⑤ TTP 对 $SE_{K_{BT}}(Alice, SE_{K_{AT}}(N_B))$ 执行解密运算,并进一步对得到的 $SE_{K_{AT}}(N_B)$ 执行解密运算得到 N_B,最后将 $SE_{K_{BT}}(N_B)$ 返回给 B;

⑥ B 收到后,如果能够恢复出自己当初选择的随机数,则接受本次运行。

协议中的信息传输情况如图 3-12 所示。

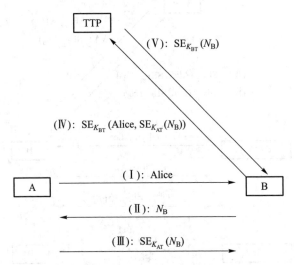

图 3-12　Woo-Lam 实体认证协议的信息传输

从协议描述可以看到,由于 A 和 B 互不认识,所以 A 只能向 TTP 展示其加密能力。TTP 将诚实地恢复 A 所隐藏的随机数 N_B 并告知 B,B 基于 TTP 可信的基础上确认了 A 的身份。

　　但是,如果 B 愿意与多个实体同时会话的话,则这个协议就是可攻击的。具体来说,假设 E 也是系统中的一个实体,且与 TTP 共享密钥 K_{ET},那么就可以实施如下攻击:

　　① 首先,E 假冒 A 向 B 发出身份:Alice;

　　② 随后,E 向 B 发出自己的身份:Eve;

　　③ 收到两个请求后,B 发出两个随机数 N_B 和 N_B' 分别给请求的实体"A"(实际上是 E)和 E;

　　④ E 收到两个随机数后,分别返回 $SE_{K_{ET}}(N_B)$ 和 $SE_{K_{ET}}(N_B)$ 给 B;

　　⑤ B 将 $SE_{K_{BT}}(Alice, SE_{K_{ET}}(N_B))$ 和 $SE_{K_{BT}}(Eve, SE_{K_{ET}}(N_B))$ 提交给 TTP;

　　⑥ TTP 对 $SE_{K_{BT}}(Alice, SE_{K_{ET}}(N_B))$ 解密,进而用 K_{AT} 对 $SE_{K_{ET}}(N_B)$ 执行解密得到乱文 R,计算 $SE_{K_{BT}}(R)$;TTP 对 $SE_{K_{BT}}(Eve, SE_{K_{ET}}(N_B))$ 解密,进而用 K_{ET} 对 $SE_{K_{ET}}(N_B)$ 执行解密得到 N_B,计算 $SE_{K_{BT}}(N_B)$;

　　⑦ TTP 将 $SE_{K_{BT}}(R)$ 和 $SE_{K_{BT}}(N_B)$ 返回给 B;

　　⑧ B 执行解密运算,分别得到 R 和 N_B,将这两个随机数 $\{R, N_B\}$ 与先前自己产生的两个随机数 $\{N_B', N_B\}$ 做比较:由于都有 N_B,所以他接受"A"的运行;由于 $N_B' \neq R$,所以拒绝 E 的运行。

　　在上述平行会话中,信息传递情况如图 3-13 所示。

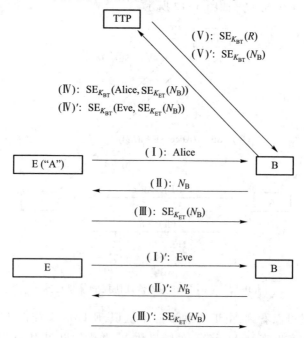

图 3-13　对 Woo-Lam 协议的平行会话攻击信息传递

这里相同的序号表示对应的消息是在几乎相同的时刻传输的。收到消息（Ⅴ）或（Ⅴ）′后，B 只是判断自己解密后得到随机数与先前生成的随机数是否相等，如果相等，就认为（Ⅱ）或（Ⅱ）′中对应的接收者为有效的。由于（Ⅱ）和（Ⅱ）′中真正的接收者均为 E，所以通过这样的交互，B 将接受和"A"（但事实上是 E）的运行，而 A 此时根本不在线。

消息（Ⅲ）和（Ⅲ）′可以相同，也可以不同，这由具体的加密算法细节决定。在这里，E 之所以能够对协议实施这样的攻击，原因在于根据协议的规定，B 对收到的密文不具有区分能力。为了使得 E 的攻击失效，对 Woo-Lam 的协议做如下修正：

① A 将自己的身份 Alice 发送给 B；

② B 选择一个随机数 N_B 返回给 A；

③ A 计算并返回 $SE_{K_{AT}}(N_B)$ 给 B；

④ B 将 $SE_{K_{BT}}(Alice, SE_{K_{AT}}(N_B))$ 提交给 TTP；

⑤ TTP 对 $SE_{K_{BT}}(Alice, SE_{K_{AT}}(N_B))$ 执行解密运算，并进一步对得到的 $SE_{K_{AT}}(N_B)$ 执行解密运算得到 N_B，将 $SE_{K_{BT}}(Alice, N_B)$ 返回给 B；

⑥ B 收到后，如果能够恢复出自己选择的随机数和对应的身份，则接受本次运行。

通过这样的修改，如果 E 仍然执行平行会话攻击的话，就会被 B 检测出来。

3.7.4　反射攻击

所谓反射攻击（reflection attack），指的是当一个诚实的实体 A 给另一个通信方 B 发送消息（从而 B 可以用来完成某些操作）时，攻击者 E 会截获该消息，然后将消息（或是稍做处理后的消息）返回给消息的产生者实体 A，而 A 却不会意识到这个消息是他自己产生的。我们可以使用这种方法对第 3.7.3 节的改进后的 Woo-Lam 协议实施攻击。在攻击过程中，E 既假冒 A，也假冒 TTP。具体攻击过程如下：

① E 假冒 A 向 B 发出身份信息：Alice；

② B 返回一个随机数 N_B；

③ E 直接将 N_B 作为他本应该产生的密文返回；

④ B 计算 $SE_{K_{BT}}(Alice, N_B)$，将所得结果提交给"TTP"（事实上是 E）；

⑤ E 将 $SE_{K_{BT}}(Alice, N_B)$ 直接返回给 B；

⑥ B 解密后，发现恢复出来的 Alice、N_B 是有效的，所以接受本次运行。

这个攻击过程中的消息传输情况如图 3-14 所示。

可以看到，攻击者 E 执行了两次反射操作：当 B 发出消息（Ⅱ）后，E 本应该发出 $SE_{K_{AT}}(N_B)$，但由于他无法计算出这个结果，所以他直接反射消息（Ⅱ）。诚实的实体 B 收到消息（Ⅲ）后，不会主动识别密文的有效性，他所能做的只是将两次收

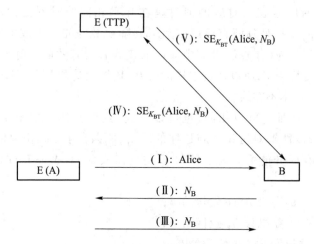

图 3-14 反射攻击过程中的消息传输

到的消息（Ⅰ）和（Ⅲ）联合在一起执行加密操作,发出消息（Ⅳ）。此时,E 假冒可信第三方,再次对收到的消息直接反射。同样地,由于 B 是诚实的主体,他仍然不会检测到有任何不妥,最终得到一个错误的结论:接受本次协议运行有效。攻击者通过这样的反射操作实现了对协议的攻击,而真正的 A 此时根本就没有参与本次协议的交互。

3.7.5 交错攻击

所谓交错攻击(interleaving attack),指的是在 E 的操纵下,某个被攻击协议的两次(或多次)运行按交错的方式执行。以两次运行为例,第一次运行中的通信双方为 A 和 E,第二次运行中的通信双方为 E 和 B。E 可以构造某条消息发给第一次运行中的主体 A,并得到其应答,这个应答可能对于第二次运行中的 E 是有用的;同样地,B 的某个应答可能对于第一次运行中的 E 是有用的。通过这样先后交错的方式,E 有可能实现对协议的攻击。

比如第 3.4.4 节中的 Wiener 攻击就是一种典型的交错攻击:在攻击过程中,E 冒充 B 发起与 A 之间的一次协议运行,得到 A 的应答;利用这个应答,E 发起与 B 之间的一次协议运行,并得到 B 的应答;利用 B 的应答,E 又可以构造第一次运行中的主体 A 正在等待的信息。

从 E 实施攻击的过程可以看出,在交错攻击中,攻击者很好地利用了不同运行中消息的先后顺序,换句话说,交错攻击对于消息交换的顺序是敏感的。这是交错攻击区别于平行攻击或是反射攻击的很重要的一点。此外,在中间人攻击中的协议发起方是通信双方 A 和 B 中的一个,比如 A,然后修改 A 与 B 之间的传输内容。与此不同,交错攻击中攻击者 E 在两次协议运行中均是发起方,交错攻击如图 3-15所示。

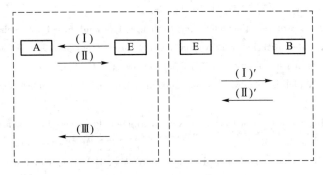

图 3-15　交错攻击

3.7.6　其他攻击

除了上述介绍的几种典型攻击方式之外,还有许多其他方法可以实现对实体认证协议的攻击,比如边信道攻击(side channel attack)等,攻击的种类繁多,不胜枚举。毫不意外地,我们经常在查阅文献时发现,许多协议的构造都是延续了这样的路线:攻击→修复→攻击→修复→攻击→修复→⋯⋯基于这样的现实,我们不禁要问,给定一个认证协议,是否有方法可以直接证明它是安全的而不需要经历这样"修修补补"的过程? 事实上,这也是密码学家、数学家、理论计算机学家们一致关心的问题,他们认为有必要采用形式化(formal)的方法来分析认证协议的安全性。一般来说,常用的形式化分析方法包括计算复杂度意义下证明协议正确性的方法和符号操作观点下判断协议错误的模式检验方法。两者有各自的优势和局限性,如果能够找到它们之间的关系进而协调两者的优势将是一项有意义的研究。

思考题

1. 试阐述对认证协议中"角色"的理解。
2. 试阐述实体认证与密钥交换间的紧密联系。
3. 举例说明实体认证协议中时间戳与序列号使用的优缺点。
4. 举例说明加盐操作的作用。
5. 试解释哈希链的含义与用途。
6. 谈谈交错攻击、平行攻击与反射攻击之间的区别。

参考文献

1. 毛文波. 现代密码学理论与实践[M]. 王继林,等,译. 北京:电子工业出版社,2004:250-261.

2. Bellovin S, Merritt M. Limitations of the Kerberos Authentication System[J]. Computer

Communication Review, 1990, 20(5):119-132.

3. Bellovin S, Merritt M. Encrypted Key Exchange: Password Based Protocols Secure Against Dictionary Attacks. Research in Security and Privacy: proceedings of 1992 IEEE Symposium on Research in Security and Privacy [C]. IEEE Computer Society, 1992:72-84.

4. Boyd C, Mathuria A. Protocols for authentication and key extablishment [M]. Berlin: Springer, 2003.

5. Denning D, Sacco G. Timestamps in Key Distribution Protocols [J]. Communications of the ACM, 1981, 24(8):523-536.

6. Ferguson N, Schneier B. Practical Cryptography [M]. Hoboken: John Wiley & Sons, 2003: 245-260.

7. ISO/IEC 9798-1. Information Technology-Security techniques. Entity Authentication Mechanisms Part 1: General Model, 1997.

8. ISO/IEC 9798-2. Information Technology-Security techniques. Entity Authentication Mechanisms Part 2: Entity Authentication Using Symmetric Techniques, 1999.

9. ISO/IEC 9798-3. Information Technology-Security techniques. Entity Authentication Mechanisms Part 3: Entity Authentication Using a Public Key Algorithm, 1998.

10. ISO/IEC 9798-4. Information Technology-Security techniques. Entity Authentication Mechanisms Part 4: Entity Authentication Using Cryptographic Check Functions, 1999.

11. ISO/IEC 9798-5. Information Technology-Security techniques. Entity Authentication Mechanisms Part 5: Entity Authentication Using Zero Knowledge Techniques, 2004.

12. Moore H. Protocol Failures in Cryptosystems [J]. Proceedings of the IEEE, 1988, 76(5): 594-602.

13. Massey J. An Introduction to Contemporary Cryptology [J]. Proceedings of the IEEE, 1988, 76(5):533-549.

14. Needham R, Schroeder M. Using Encryption for Authentication in Large Networks of Computers [J]. Communications of the ACM, 1978, 21(12):993-999.

15. Needham R, Schroeder M. Authentication Revisited [J]. Operating Systems Review, 1987, 21(7):7-7.

16. Neuman B, Stubblebine S. A Note on the Use of Timestamps as Nonces [J]. Operating Systems Review, 1993, 27(2):10-14.

17. Smith R. Authentication: From Passwords to Public Keys [M]. Boston: Addison Wesley, 2002: 1-37.

18. Snekkenes E. Roles in Cryptographic Protocols. Security and Privacy: proceedings of IEE Symposium on Security and Privacy [C]. IEEE Computer Society Press, 1992:105-120.

19. Woo T, Lam S. Authentication for Distributed Systems [J]. Computer, 1992, 25(1):39-52.

20. Woo T, Lam S. A Lesson on Authentication Protocol Design [J]. Operating Systems Review, 1994:24-37.

第 4 章 比特承诺协议

考虑这样的场景,股票经纪人 A 想要说服客户 B 接受他的股票咨询建议,并按照 A 的方法选择盈利的股票。"市场上有很多像你这样的经纪人,我为什么要选择你呢?"面对 B 的疑问,A 要向 B 证明自己对股票市场的分析和判断能力是超乎寻常的。A 的研究团队正好通过技术分析和宏观经济形势分析得到几只即将处于拉升行情的股票,但是,在 B 还没有成为 A 的客户之前,A 并不想将如此有价值的研究结果直接告诉 B。于是,A 将 5 只股票的代码写在一张纸上,放进一个带锁的保险柜,将保险柜交给 B 并告诉 B:"一个月后我给你钥匙,如果这张纸上 80% 的股票的上涨幅度超过 20%,你就选择我的服务,成为我的客户如何?"B 觉得这样很公平,觉得 A 是可以信任的,于是欣然答应。A 和 B 使用带锁的保险柜解决的问题正是比特承诺(bit commitment)协议要解决的问题:即 A 向 B 承诺一个预测(可以是一个比特),直到一段时间后才揭示 A 的预测,在此期间 A 不能改变自己的预测。

4.1 比特承诺协议概述

比特承诺是 1982 年由 Blum 提出的[1],是构造密码协议的基础协议之一,有很强的应用背景,如投币协议、网上电子投标(拍卖)、彩票方案、网上商业谈判、电子投票、电子货币(又称电子现金)、在线游戏等问题,并可以用作零知识证明、身份认证、多方协议、盲签名的基础协议。

4.1.1 基本概念

抽象起来,比特承诺基本思想是:A 发给 B 一个证明,用来向 B 做出承诺;而承诺的内容是一个比特,即 0 或者 1。但是,一方面,在 A 未打开此承诺之前,B 无法得知 A 承诺的到底是 0 还是 1;另一方面,A 也不能打开一个跟最初的承诺相反的比特。如同股票经纪人的例子一样,一个直观的解决方法是 A 把承诺放在一个箱子里并将它锁住(只有 A 有钥匙)送给 B,等到 A 决定向 B 证实消息时(也称为打开承诺),A 把钥匙给 B,B 能够打开箱子确认 A 的承诺,且 B 确信箱子里的消息在他保管期间没有被篡改。这里,"锁"和"箱子"的隐含语义是:如果没有钥匙,B 是无法知道箱子里的内容的。而"箱子送给 B"的隐含语义是:A 不可能改变箱子里的内容,而且箱子里的内容自身也不可能发生改变,它被锁进去时是什么内容,无论在何时打开箱子进行验证时,还应该是什么内容。称 A 为承诺者,B 为验证者。

　　概括说来,比特承诺包括两个阶段:承诺阶段和打开阶段。

　　• 承诺阶段(commit)　发送方 A 选择一个要承诺的比特 b(b 等于 0 或 1),并把能表示该比特的消息 c 送给 B。

　　• 打开阶段(open)　A 把打开承诺的消息 d 和 b 发送给 B,B 用 d 打开 c 并验证 b 是否是 A 承诺的比特。

　　一个安全的比特承诺方案必须满足两个安全性质:

　　• 隐藏性(hiding)　在协议的第一个阶段结束前,接收方(如前所述的 B)得不到发送方(如前所述的 A)承诺的比特 b 的值;即使一个不诚实的接收方也要满足这个条件。称一个承诺方案是完善隐藏的,是指接收方不能从 c 中获取关于比特 b 的任何有用信息。

　　• 绑定性(binding)　给定第一阶段的交互信息,接收者只能接受一个合法的承诺;即使发送者也不能在打开承诺阶段改变自己承诺的比特。

　　一个比特承诺协议被称为是安全的,当且仅当该协议同时满足隐藏性和绑定性。如果一个比特承诺协议的绑定性(或隐藏性)的成立依赖于某个计算困难性假设,则被称为是计算上绑定的(或计算上隐藏的);否则,如果绑定属性(或者隐藏属性)的成立不依赖于任何计算困难性假设,则被认为是信息论上绑定的(或信息论上隐藏的)。比特承诺方案就是由两方(发送方与接收方)参与的、分为两个阶段(承诺阶段与打开阶段)执行的协议,协议满足隐藏性和绑定性。

4.1.2　关于比特承诺协议的一些注记

　　由比特承诺的定义可以看出比特承诺似乎和公钥签名有一定的相似性,绑定性从某种意义上说是 c 可以验证 b。但是两者的区别也很明显,比特承诺并不是公开可以验证的,必须是承诺者给出一些信息 d,验证者才可以验证承诺是否有效。

　　任何密码协议都有一个初始化过程,在初始化过程中,协议的参与者选择自己的私钥,公布自己的公钥,并且选择一些协议的公共参数。由协议的任何一个参与者来选择协议的参数都可能是不公平的,所以这里不讨论协议的初始化过程,假定协议的初始化过程是在可信第三方的帮助下完成的。

　　比特承诺协议对于验证者是有一点不公平的,因为承诺者对于 b 给出承诺 c 后,验证者只是接受 c,并不知道承诺的内容是什么。要等到承诺者打开承诺,验证者才知道承诺的内容。如果承诺者拒绝打开承诺,则验证者什么也不能得到。对于两个参与者的密码协议来说,这种不公平性是无法避免的,因为某个参与者可以在另一个参与者能够得到协议的输出之前退出协议,而使自己获得稍许的优势。

4.2　常用比特承诺协议

比特承诺是基础密码协议,对其研究已有较长的历史。构造比特承诺协议的方法很多,具有代表性的是使用散列函数的比特承诺、使用对称密码算法的比特承诺等。

4.2.1　使用对称加密函数

比特承诺协议中的一个重要的步骤是计算一个承诺,承诺是一个有特定意义的字符串。如何产生这样的字符串,是否可以利用对称加密算法的密文作为计算的承诺? 使用对称加密算法来构造比特承诺是可行的。协议在初始阶段,参与协议的双方在可信第三方的帮助下选择一个安全的对称加密算法 E 和相应的解密算法 D,‖ 表示将两个字串连接起来。协议执行如下:

① B 产生一个随机比特串 r,并把它发送给 A;

② A 选择想承诺的比特 b,并随机产生一个密钥 K,用随机密钥 K 对消息 $r \parallel b$ 加密,并将 $E_K(r \parallel b)$ 传送给 B;

A 发送给 B 的就是承诺证据。B 不知道随机密钥 K,不能解密消息,因而不知道 A 承诺的比特 b。到了承诺打开阶段,协议继续:

③ A 发送密钥 K 给 B;

④ B 解密消息以揭示比特,同时 B 检验解密结果中包含的随机串是否与自己产生的随机串 r 一致,证实承诺的有效性。

如果消息不包含 B 的随机串,A 就能够秘密地用一系列密钥解密交给 B 的消息,直到找到一个可以伪造承诺比特的密钥为止。由于比特只有两种可能的值,A 只需试几次就能以很大概率找到一个。B 的随机串避免了这种攻击,A 必须能找到一个新的消息,这个消息不仅使他承诺的比特反转,而且准确地产生 B 的随机串。如果加密算法足够安全,A 发现这种消息的机会是极小的,即 A 不能在承诺后改变自己承诺的比特。

4.2.2　使用单向散列函数

Halevi 和 Micali 提出了使用单向散列函数的比特承诺方案[2]。协议在初始阶段,参与协议的双方在可信第三方的帮助下选择一个安全的、无碰撞的单向散列函数 H,然后协议执行如下:

① A 产生两个随机比特串 r_1 和 r_2;

② A 产生消息$(r_1 \| r_2 \| b)$,该消息由随机串和承诺的比特 b(实际上可能是几比特)组成;

③ A 计算消息的散列函数值 $H(r_1 \| r_2 \| b)$,将结果和其中一个随机串 r_1 发送给 B;

A 发送给 B 的就是承诺证据。A 在第三步使用单向散列函数阻止 B 对函数求逆并确定承诺的比特。在承诺打开阶段,协议继续:

④ A 将原消息$(r_1 \| r_2 \| b)$发给 B;

⑤ B 计算消息的单向散列函数值,并将该值及 r_1 与承诺阶段第三步收到的承诺进行比较,如果是一致的,则承诺的比特有效。

这个协议较第 4.2.1 节协议的优点在于 B 不必发送任何消息。A 发送给 B 一个对比特承诺的消息,以及另一消息打开承诺。这里不需要 B 的随机串,因为 A 承诺的结果是对消息进行单向函数变换得到的。A 不可能否认自己的承诺,并找到另一个消息$(r_1 \| r_2' \| b')$,满足:

$$H(r_1 \| r_2 \| b) = H(r_1 \| r_2' \| b')$$

A 将 r_1 发送给 B,但是 A 保持 r_2 是秘密的。如果不是这样,那么 B 能够计算 $H(r_1 \| r_2 \| b)$ 和 $H(r_1 \| r_2 \| b')$,并比较哪一个是自己从 A 那里接收的。

4.2.3　使用伪随机数发生器

Naor 提出使用伪随机数发生器的比特承诺方案[5]。协议在初始阶段,参与协议的双方在可信第三方的帮助下选择伪随机数发生器 G,再选择随机串 R,R 的长度足够大,比如 128 bit。在承诺阶段,协议执行如下:

① A 选择所需的承诺比特 b,并产生随机数 s 作为伪随机数发生器所需的种子;

② A 计算:如果 $b=0$,$c=G(s)$;如果 $b=1$,$c=G(s)\oplus R$。这里 c 即为 A 的承诺,A 将 c 发送给 B;

在承诺打开阶段,协议继续执行:

③ A 将 s 和 b 发送给 B,打开承诺;

④ B 验证 c 的计算是否与收到的承诺一致,如果一致,认为承诺有效,否则无效。

上述协议满足隐藏性,因为 B 在未获知 b 之前,并不能区分 $G(s)$ 和 $G(s)\oplus R$。由于伪随机数发生器的性质,这两个字串对于 B 来说都是随机字串。该协议也具有绑定性,假设 A 开始承诺的 $b=0$,如果 A 在打开承诺阶段希望将承诺改为 $b=1$,A 需要计算寻找 s' 使得 $c=G(s')=G(s)\oplus R$,由伪随机数发生器 G 的性质可知,这样的计算对 A 是困难的。

在实际应用中,需要承诺的字串可能不止 1 bit,例如需要承诺的字串长度是

n。在这样的情况下，可以简单地将上述比特承诺协议执行 n 次即可。但这样做的效率太低，上述协议稍做修改就可以达到承诺长度为 n 的目的。考虑域 $F(2^n)$，域中的元素可以看作是长度为 n 的二进制串。初始阶段，参与协议的双方在可信第三方的帮助下选择伪随机数发生器 $G:\{0,1\}^n \rightarrow \{0,1\}^n$，并选择随机数 $R \in \{0,1\}^n$，即 R 是域 $F(2^n)$ 中的随机元素。承诺阶段协议进行如下操作：

① A 选择所需的承诺字串 $m \in \{0,1\}^n$，并产生随机数 s 作为伪随机数发生器所需的种子；

② A 计算：$c = G(s) \oplus (R \cdot m)$。这里的乘法是域 $F(2^n)$ 中的乘法，c 即为 A 的承诺，A 将 c 发送给 B；

在承诺打开阶段，协议继续执行下列操作：

③ A 将 s 和 m 发送给 B，打开承诺；

④ B 验证 c 的计算是否与收到的承诺一致，如果一致，认为承诺有效，否则无效。

上述承诺字串长度为 n 的协议满足隐藏性，因为 B 在未获知 m 之前，并不能区分 $G(s)$ 和 $G(s) \oplus (R \cdot m)$。由于伪随机数发生器的性质，这两个字串对于 B 来说都是随机字串。该协议也具有绑定性，假设 A 开始承诺的 m，如果 A 在承诺打开阶段希望将承诺改为 $m' \neq m$，A 需要计算寻找 s' 使得 $c = G(s') \oplus (R \cdot m')$，由于伪随机数发生器 G 的性质，这样的计算对 A 是困难的。

4.2.4　使用 Random Oracle

在第 1 章我们提到了 Random Oracle 模型对密码协议的形式化分析非常有帮助。Random Oracle 是一种假设，在实际应用中并不存在。如果 Random Oracle 存在，则设计比特承诺协议将是非常简单的。请读者不妨按照前面所述协议的思路，假设 Random Oracle 存在，设计比特承诺协议。

4.2.5　Pedersen 承诺协议

比特承诺协议也可以利用数论中的一些计算困难的问题，如基于离散对数问题来构造[3,4]，也可以基于分解大整数困难问题来构造[6,7]。Pedersen 承诺协议就是常用的基于离散对数问题的比特承诺协议。

协议在初始阶段，参与协议的双方在可信第三方的帮助下选择大素数 p，g 是 $\mathbb{Z}_p^*$ 的生成元，从群 $\mathbb{Z}_p^*$ 中随机选择元素 $y \in \mathbb{Z}_p^*$。承诺阶段协议执行如下操作：

① A 选择所需的承诺比特 b，并产生随机数 $r \in \mathbb{Z}_p^*$；

② A 计算：$c = g^r y^b \bmod p$，c 即为 A 对 b 的承诺，A 将 c 发送给 B；

在承诺打开阶段，协议继续执行如下操作：

③ A 将 b 和 r 发送给 B，打开承诺；

④ B 验证 c 的计算是否与收到的承诺一致,如果一致,认为承诺有效,否则无效。

Pedersen 承诺协议满足隐藏性,这是因为 r 是随机选择的,所以 $c_0 = g^r \bmod p$ 和 $c_1 = g^r y \bmod p$ 都是 $\mathbb{Z}_p^*$ 中的随机数,B 不能区分 c_0 和 c_1。再考察绑定性,假设 A 开始承诺的 $b = 0$,如果 A 在承诺打开阶段希望将承诺改为 $b = 1$ 的话,则 A 需要计算寻找 r' 使得 $g^r = g^{r'} y$,即 $y = g^{r-r'}$。这就意味着 A 需要计算随机数 y 的离散对数,而这对于 A 来说是计算困难的问题,所以 A 不能更改自己做出的承诺。

Pedersen 承诺协议也可以扩展到承诺多个比特的应用。协议在初始阶段,参与协议的双方在可信第三方的帮助下选择强素数 p,满足 $p = 2q + 1$,其中 q 也是一个素数。选择 g 是 $\mathbb{Z}_p^*$ 中的 q 阶元,g 生成的子群为 G,从群 G 中随机选择元素 $y \in G$。承诺阶段协议的执行情况如下:

① A 选择所需的承诺字串 $m \in \mathbb{Z}_q$,并产生随机数 $r \in \mathbb{Z}_q^*$;

② A 计算:$c = g^r y^m \bmod p$,c 即为 A 对 m 的承诺,A 将 c 发送给 B;

在承诺打开阶段,协议继续执行如下操作:

③ A 将 m 和 r 发送给 B,打开承诺;

④ B 验证 c 的计算是否与收到的承诺一致,如果一致,认为承诺有效,否则无效。

这个协议仍然满足隐藏性,是因为 r 是随机选择的,所以 $g^r y^m \bmod p$ 也是 G 中的随机数。再考察绑定性,假设 A 选择随机数 r_0 和承诺 m_0,如果 A 在承诺打开阶段希望将承诺改为 m_1 的话,则 A 需要计算寻找 r_1 满足:

$$g^{r_0} y^{m_0} = g^{r_1} y^{m_1} \bmod p$$

于是 $g^{r_0 - r_1} = y^{m_1 - m_0} \bmod p$,由于 q 是素数,所以 $(m_1 - m_0)^{-1}$ 存在。又由于 g 和 y 都是 G 中的元素,所以 $g^q = y^q = 1 \bmod p$,于是有:

$$y = g^{(r_0 - r_1) \cdot (m_1 - m_0)^{-1}} \bmod p$$

这就意味着 A 需要计算随机数 y 的离散对数,而这对于 A 来说是计算困难的问题,所以 A 不能更改做出的承诺。

4.3　比特承诺协议的应用

4.3.1　电子拍卖

拍卖是一种常见的经济活动,密封式拍卖是最为广泛的拍卖形式。密封竞价拍卖也叫招标式拍卖,拍卖人事先公布拍卖物品的预估价,然后由竞拍者在规定时间内将应价装入密封标单邮寄至拍卖人,再由拍卖人遵循规定的程序统一开标,一般选择出价最高的竞拍者成交。

　　密封式的电子拍卖协议一般可以分为两个阶段:投标阶段和打开密封阶段。在投标阶段,竞拍者将自己的投标价格以"密封"的形式交给拍卖人,"密封"方法有很多,可以是加密的,也可以是承诺。在打开密封阶段,拍卖人按照一定的竞拍规则打开这些"密封"的投标价格,确定竞拍的赢家。在密封式电子拍卖协议中,竞拍者的投标价格至少在投标阶段应该是保密的,只有竞拍者自己知道。密封式电子拍卖协议应满足以下性质[8]:

　　• 正确性　协议应能正确地确定竞拍者中的赢家,并正确地确定相应的竞拍价格。

　　• 竞拍价格的保密性　除了竞拍者中赢家的身份及最终的竞拍价格之外,其他竞拍者的身份和投标价格都应该保密。

　　• 公开验证性　任何一个竞拍者都可以验证协议是否执行正确。

　　有了比特承诺协议,密封式电子拍卖协议的设计就变得容易了。下面通过一个简单的例子说明比特承诺协议在密封电子拍卖中的应用。假设:b 个竞拍者要购买某个标的物品,$B = \{B_j | j = 1, 2, \cdots, b\}$ 表示 b 个竞拍者的集合。竞拍的最高价是 m(有限价),则竞拍者的出价范围是 $[1, m]$。竞拍者 B_j 的投标价格可以写成二进制比特串的形式 $(v_1, v_2, \cdots, v_m)_j$,其中 $v_j \in \{0, 1\}$;如果 $v_k \in \{0, 1\}$,则表示 B_j 的投标价格为 k。在初始化阶段,竞拍者一起商定使用的比特承诺协议,并且选择承诺协议所需的参数。

　　在投标阶段,每个竞拍者执行如下步骤:

　　① 竞拍者 B_j 首先确定自己的投标价格 price_j,将投标价格表示为二进制比特串的形式 $(v_1, v_2, \cdots, v_m)_j$。然后,竞拍者 B_j 为每一个比特 v_k 计算承诺,C_{kj} 表示竞拍者 B_j 对第 k 个比特 v_k 的承诺。

　　② 每个竞拍者 B_j 将自己的所有承诺 $(C_{1j}, \cdots, C_{mj})$ 公开。

　　在打开密封阶段,所有的竞拍者一起协作打开竞拍者的投标。不失一般性,假设最终的竞拍价格(胜出价格)是所有投标价格中的最高价。为了确定最终的胜出价格,所有的竞拍者要一起协作进行最多 m 轮的打开密封的操作。在第 l 轮打开密封的操作中,那些承诺在投标价格的第 l 位上的承诺会被打开。胜出价格是所有投标价格的最高价的情况下,首先打开的是投标价格的最高位,即 l 从 m 开始,每打开密封一次后减 1,直到 $l = 1$。在第 l 轮打开密封的操作中,那些在投标价格的 l 位上的承诺为 1 的竞拍者将是胜出者,如果没有竞拍者在 l 位上的承诺为 1,则参与第 l 轮的所有竞拍者都将是第 l 轮的胜出者。只有在第 l 轮打开密封中的胜出者才能进入下一轮,即只有本一轮的胜出者的承诺在下一轮才会被打开。这样,最多经历 m 轮的打开密封的步骤,胜出价格才能够被最终确定。

　　为了确定最终的胜出价格(最高价格),所有的竞拍者执行如下的步骤:

　　① 初始化胜出者集合为所有竞拍者的集合,即 $W = B$。

② 从 $l=m$ 到 1 执行如下操作：

• 每个竞拍者 B_j 公布自己打开承诺 C_{lj} 所需的信息。

• 每个竞拍者验证,是否有正确承诺为 1 的竞拍者。如果有,该竞拍者就是拍卖的胜者,协议结束。如果没有,每个竞拍者将 l 减 1,再循环执行下一次打开密封的操作。

协议的正确性是比较明显的。按照协议描述的打开密封的方法,所得到的最终胜出的价格就是最高的(或者是最低的)投标价格,而且由于竞拍者对投标进行了承诺,所以一旦这个承诺被打开之后,竞拍者是无法抵赖的。在打开密封阶段,打开竞拍者承诺的顺序是从投标价格的高位到低位,投标不会完全被打开,低于胜出价格的投标都是保密的。在打开密封阶段,协议的参与者都可以检验承诺的正确性,从而检验协议的进行是否正确。

这个简单的电子拍卖协议使用了比特承诺的承诺协议,竞拍者对每一个可能的投标价格都需要计算一个承诺,显然效率是比较低的。可以选择更好的比特承诺协议,设计更为合理的密封打开协议以提高效率[9,10]。

4.3.2 其他应用

公平的抛硬币协议也可以通过比特承诺协议来实现。考虑这样的情况,A 和 B 两个人商量周末安排,A 希望看电影,B 希望看球赛,他们谁也不能说服另外一个人。为打破僵局,选择抛硬币的方法来决定周末究竟干什么。如果在两人互不见面的情况下,就需要设计一个公平的抛硬币协议来模拟物理的抛硬币过程。让 A 或者 B 来选择表示抛硬币结果的比特都是不合适的,因为 A 和 B 都有选择自己偏好比特的倾向,所以协议必须交互进行,以保证抛硬币结果的公平性。一个简单的解决办法,首先让 A 和 B 各自选择一个随机比特,然后各自对自己选择的比特作出承诺,最后一起打开自己的承诺,抛硬币的结果是 A 和 B 选择的随机比特的异或。

零知识证明允许 A 向 B 证明 A 的确拥有某种知识,但是证明过程不会向 B 透露这种知识到底是什么。零知识证明协议与比特承诺协议有一定的关系(本章并不讨论零知识证明的具体细节,第 6 章将讨论这个问题),这两种协议都允许协议的参与者可以对某种知识或者某个声明作出承诺或者证明,但是不会透露该声明或者知识的任何信息。和比特承诺协议一样,零知识证明协议也是密码协议重要的构造基础。

思考题

1. 使用 Random Oracle 构造比特承诺协议。

2. 想一想生活中能用到比特承诺的地方,扩展比特承诺协议的应用范围。

3. 将使用对称加密算法的比特承诺协议扩展为一次可以承诺多个比特的协议。

4. 使用比特承诺协议构造公平抛硬币协议,协议应该满足抛硬币结果的随机性和公平性。

参考文献

1. Blum M. Coin flipping by telephone[C]. Proc IEEE Sprint COMPCOM.New York:IEEE Press 1982:133-137.

2. Halevi S, Micali S. Proactical and provably-secure commitment schemes from collision-free hashing[C]. Proc Crypto'96.Heidelberg:Springer-Verlag,1996:22-44.

3. Chaum D, Heijst E, Pfitzmann B. Cryptographically strong undeniable signatures unconditionally secure for the signer[C]. Proceedings of Crypto'91. Heidelberg:Springer-Verlag, 1992(576):470-484.

4. Pedersen T. Non-interactive and information theoretic secure vierifiable secret sharing[C]. Proc. Crypto'91. Heidelberg:Springer-Verlag,1992(576):129-140.

5. Naor M. Bit commitment using pseudo-randomness[C]. Advances in Cryptology-CRYPTO'89. Heidelberg:Springer-Verlag, 1990:128-136.

6. Goldreich S, Micali S, Rivest R. A digital signature scheme secure against adaptive chosen-message attacks[J]. SIAM J. Computing, 1988:281-308.

7. Halevi S. Efficient commitment with bounded sender and unbounded receiver[C].Proc. Crypto'95. Heidelberg:Springer-Verlag, 1995(963):84-96.

8. Abe M, Suzuki K. Receipt-free sealed-bid auction[C]. Proceedings of ISC 2002. Heidelberg: Springer-Verlag, 2002:191-199.

9. Sako K. Universally verifiable auction protocol which hides losing bids[C].Proceedings of Public Key Cryptography 2000. Heidelberg:Springer-Verlag,2000:35-39.

10. Franklin M, Reiter M. The design and implementation of a secure auction service[J]. IEEE Transactions on Software Engineering, 1996,22(5):302-312.

高级密码协议

第5章 高级签名协议

本章介绍几种具有特殊性质的数字签名,包括盲签名、群签名、环签名和基于身份的数字签名。

5.1 概述

电子文档包括在计算机上生成或存储的一切文件,如电子邮件、作品、合同、图像等。数字签名(也称电子签名,digital signature)是给电子文档进行签名的一种电子方法,是对现实中手写签名的数字模拟。目前,许多国家都制定或在制定有关数字签名的标准和法律。美国国家标准和技术研究所(NIST)将数字签名定义为:在电子通信中鉴别发送者的身份及该通信中数据完整性的一种密码学方法。现实中,使用最广泛的电子签名依赖于公钥密码学(即公/私钥加密)架构,图 5-1 给出了数字签名方案的组成。一般地,一个数字签名体制包括:密钥生成(keygen)、签名(sign)和验证(verify)。对普通数字签名体制的安全性需求是,攻击者即使知道签名人的公钥和若干个签名对的有效消息也无法伪造该签名人的有效签名。

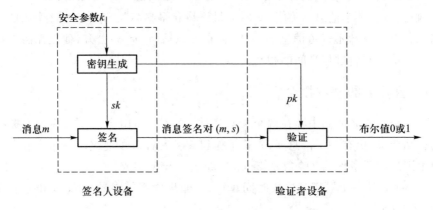

图 5-1 数字签名

由于数字签名技术能够提供认证性、完整性和不可否认性等安全服务,因而是信息安全的核心技术之一,也是安全电子商务和安全电子政务的关键技术之一。

但是随着对数字签名研究的不断深入,以及电子商务、电子政务的快速发展,简单模拟手写签名的一般数字签名已不能完全满足现实中的应用需要,研究具有特殊性质或特殊功能的数字签名成为数字签名研究的主要方向。目前,人们已经设计出许许多多不同种类、适用于特定应用场景的数字签名,如 1982 年 Chaum 引入了名为盲签名(blind signature)的数字签名,Chaum 和 Heyst 在 1991 年提出的群签名(group signature),Rivest 等人在 2001 年设计的环签名等。此外,Shamir 于 1984 年提出基于身份(id-based)的密码系统和基于身份的数字签名概念,而且 Joux 在 2000 年做出突破性的工作,把本来用于密码攻击的双线性对(bilinear pairing)成功用于构造基于身份的密码系统之后,许多基于身份的签名方案也被相继提出,形成了数字签名中一个相当重要的研究方向。

另外,在密码学的研究中还有许多学者提出了其他具有特定性质的数字签名,比如多重数字签名(multisignature)、具有消息自动恢复特性的数字签名(signature with message recovery)、不可否认签名(undeniable signature)、指定验证者签名(designated-verifier signature),等等。这些不同种类的数字签名均具有不同的特性,适用于特定的应用场合。

正是由于数字签名种类繁多,本章只选择其中一部分,即盲签名、群签名、环签名和基于身份的数字签名进行简要介绍。对其他种类数字签名感兴趣的读者可以查询相关文献。

5.2 盲签名

通常来说,一个盲签名体制是用户和签名人之间的一个交互协议。如果协议正确执行,持有某个消息 m 的用户 User 最终将获得签名人 Signer 对消息 m 的数字签名 s;但 Signer 却不知道消息 m 的内容,即便以后将(m,s)公开,他也无法追踪消息与自己执行签名过程之间的相互关系。

5.2.1 盲签名的基本概念

在一个盲签名体制中存在两个参与实体:签名人和用户,其中,签名人拥有自己的公私钥,用户有一个消息 m,并希望得到签名人对 m 的签名。一个盲签名方案一般由满足如下条件的 3 个算法 Setup、Sign 和 Verify 构成:

• Setup 是一个概率多项式时间算法,其输出为系统参数 params 和签名人的公/私钥对(pk,sk)。

• Sign 是一个概率多项式时间的交互协议,公共输入是系统参数和签名人的公钥 pk,签名人的秘密输入为自己的私钥 sk,用户的秘密输入为待签名消息 m,双方交互执行签名协议,在多项式时间内停止,停止时用户输出签名 s。

• Verify 是一个多项式时间算法,其输入为系统公开参数 params、签名人的公钥 pk 和待验证的消息签名对(m,s),其输出为 1(表示签名有效)或 0(表示签名无效),记作 1 或 $0 \leftarrow \text{Verify}(\text{params}, pk, m, s)$。

5.2.2　盲签名的安全性需求

通俗地说,我们称一个盲签名体制是安全的,它至少需要满足下面 3 个性质:

• 正确性(也称完备性或一致性)　如果 s 是 Sign 算法正确执行后输出的对于消息 m 的签名,则总有 $\text{Verify}(\text{params}, pk, m, s) = 1$。

• 不可伪造性　任意不知道签名人私钥 sk 的人,无法有效地计算出一个能够通过签名验证方程的消息签名对(m^*, s^*)。

• 盲性　除请求签名的用户外,任何人(包括签名人)都无法将交互协议 Sign 产生的会话信息(签名人与用户在公共信道上交互的信息的集合)与最终的盲签名正确匹配起来。如果签名人能将其会话信息与最终所得的签名正确匹配,他就能够跟踪签名。

5.2.3　盲签名的基本设计思路

假设用户有一个消息 m,并希望得到签名人对该消息的签名。一种比较典型的设计盲签名体制的方法:

① 在发送消息给签名人之前,用户先引入盲化因子,由消息 m 计算出数据 m',发送 m' 给签名人,这个过程称为盲化;

② 签名人对 m' 执行签名操作得到签名 s',发回给用户;

③ 用户从 s' 中计算出消息 m 的签名 s,这个过程称为去盲。

在签名过程中,签名人不知道消息 m 是什么;在签名过后,如果把签名 s 交给签名人,他不知道这是什么时候签的,也不知道是签给谁的。盲签名的这些良好特性使得它在如电子货币、电子拍卖、电子选举等诸多同时需要匿名性和认证性的应用场合起关键作用,比如可以用来实现不可跟踪电子货币或无记名选举。正是基于这些良好的应用背景,盲签名体制自提出以来得到了广泛研究。与通常的数字签名一样,盲签名也可以分为基于离散对数问题的盲签名和基于 RSA 问题的盲签名。

5.2.4　基于 RSA 问题的盲签名

Chaum 在 1982 年提出盲签名概念的同时,利用 RSA 方法设计了一个盲签名体制。本节描述算法时使用电子选举的语言,方案适用于其他应用。选举委员会发布候选人名单,投票人在选票上标记自己的意向候选人。为使得选票有效,该选票需要经过选举委员会签名确认。既要得到选举委员会对选票的签名,又不能泄露选票的内容,此时投票人可以和选举委员会交互执行盲签名协议。

1. Setup

假设选举委员会(Signer)选定 p、q、d 是私钥,$n=pq$ 和 e 是公钥。

2. Sign

投票人(User)和选举委员会依照下面的步骤完成盲签名过程,基于 RSA 的盲签名如图 5-2 所示。

① 盲化:投票人依据选票公开格式选定候选人(即消息 m),再任选一随机数 k,计算 $m'=k^e m \bmod n$,将 m' 发送给选举委员会;

② 签名:选举委员会计算 $s'=m'^d \bmod n$,将结果发送给投票人;

③ 去盲:投票人计算 $s=k^{-1}s' \bmod n$,输出消息签名对 (m,s)。

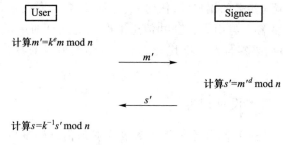

图 5-2　基于 RSA 的盲签名

3. Verify

给定选举委员会的公钥 (n,e) 和消息签名对 (m,s),如果 $s^e \bmod n=m$,则签名验证者相信这是选举委员会产生的有效签名,即选票有效。

显然,如果投票人和选举委员会都正确执行了 Sign 算法的话,任意验证者都可以对投票人产生的消息签名对 (m,s) 执行验证算法以确定 s 是选举委员会产生的对选票 m 的有效签名,即该选票是合法的。在盲签名过程中,由于投票人使用了随机数对选票 m 执行了盲化操作,所以选举委员会在签名时并不知道对应的候选人 m。在公布 (m,s) 后,选举委员会也无法找出 (m,s) 与 (m',s') 之间的关系,从而实现了匿名投票。注意到,如果选举委员会能够确定两者之间的关系,就破坏了投票的匿名性(投票人可能由此遭到打击报复)。

5.2.5　基于离散对数的盲签名

设 G 是一个阶为素数 p 的乘法循环群,其上的 CDH(computational Diffie-Hellman)问题和 DDH(decisional Diffie-Hellman)分别定义如下。

- CDH　给定 G 中的 3 个随机元素 (g,u,v),计算 $h=g^{\log_g u \log_g v}$。

- DDH　给定 G 中的 4 个元素 (g,u,v,h),要么是①G 中的随机元素,要么是②满足等式 $\log_g u=\log_v h$,且两种情况概率相等。如果是第一种情况则输出 0,如果是第二种情况则输出 1。判断 (g,u,v,h) 属于哪种情况。

给定一个素数阶群 G,如果存在一个有效的算法 $V_{DDH}(\cdot)$ 能够求解其上的 DDH 问题,但不存在有效算法求解其上的 CDH 问题,则将这样的群称为 GDH(gap Diffie-Hellman)群。在 2001 年,斯坦福大学的 3 位学者 Boneh、Lynn 和 Shacham 利用 GDH 群设计了一个短签名方案,以下称之为 BLS 体制,该方案是这样工作的:G 为 GDH 群,$|G|=p$,$H:\{0,1\}^* \rightarrow G^*$ 为一个哈希函数,签名人选择 $x \leftarrow_R \mathbb{Z}_p^*$ 作为自己的私钥,将 $y \leftarrow g^x$ 公开作为自己的公钥;对于任意消息 m,其数字签名为 $s=H(m)^x$;给定消息签名对 (m,s),如果 $V_{DDH}(g,y,H(m),s)=1$,则验证者接受该签名有效,否则拒绝。

利用 BLS 体制,容易得到一个 GDH 群上的盲签名方案。这个工作是由 Boldyreva 在 2002 年完成的,其设计遵循了我们在第 5.2.3 节中描述的思路。

1. Setup

设 G 为一个阶为素数 p 的 GDH 群,g 为它的任一生成元,$H:\{0,1\}^* \rightarrow G^*$ 为哈希函数,签名人 Signer 的公私钥为 $(y=g^x,x)$。

2. Sign

持有消息 m 的用户 User 为了获得签名人的签名,他与 Signer 执行如下交互,基于离散对数的盲签名如图 5-3 所示。

① 盲化:User 任选一随机数 r,计算 $m'=g^r H(m)$,将 m' 发送给 Signer;

② 签名:Signer 计算 $s'=m'^x$,将结果返回给 User;

③ 去盲:User 计算 $s=s'y^{-r}$,输出消息签名对 (m,s)。

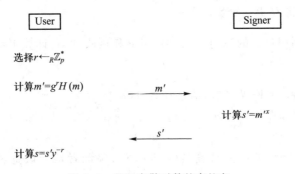

图 5-3　基于离散对数的盲签名

3. Verify

给定 Signer 的公钥 y 和消息签名对 (m,s),如果 $V_{DDH}(g,y,H(m),s)=1$,则签名验证者相信这是 Signer 产生的有效签名。

5.2.6　部分盲签名

普通的盲签名体制中,被签名的消息完全由用户控制,签名人对此一无所知,也不知道关于最终签名的任何信息,这有可能造成签名被非法使用等问题。

　　基于盲签名潜在的问题,Abe 和 Fujisaki 在 1996 年提出部分盲签名(partially blind signature)的概念。在一个部分盲签名方案中,签名人可以在签名中嵌入一个和用户事先约定好的公共信息。比如,在电子货币系统中银行可以将有效期作为公共信息嵌入电子货币,有效期过后所有电子货币均失效。自从 Abe 和 Fujisaki 提出部分盲签名以来,学者们已构造了许多不同形式的部分盲签名方案。本节以 Zhang 等人利用双线性对设计的部分盲签名为例,介绍部分盲签名体制的设计思路。与盲签名一样,一个部分盲签名体制也包含系统初始化算法 Setup、签名生成算法 Sign 和签名验证算法 Verify。

　　1. Setup

　　令 q 为一大素数,点 P 为 q 阶加法循环群 G_1 的生成元,G_2 为同阶的乘法循环群,双线性映射 $e:G_1\times G_1\to G_2$,$H:\{0,1\}^*\to\mathbb{Z}_q^*$ 和 $H_0:\{0,1\}^*\to G_1$ 为哈希函数,分别将任意比特串映射为 $\mathbb{Z}_q^*$ 中的整数和群 G_1 中的点。签名人 Signer 选择 $x\leftarrow_R\mathbb{Z}_q^*$ 作为自己的私钥,将 $P_{pub}\leftarrow xP$ 公开作为自己的公钥。

　　2. Sign

　　如果下述交互过程能够正确执行,则持有消息 m 的用户 User 可以获得签名人对 m 的部分盲签名:

　　① User 和 Signer 约定一个公共信息 c;

　　② User 选择一个随机数 r,计算 $U\leftarrow H_0(m\parallel c)+r(H(c)P+P_{pub})$,其中"$\parallel$"表示比特串级联,将 U 提交给签名人;

　　③ Signer 利用自己的私钥 x、公共信息 c 和接收的 U,计算 $V=\dfrac{1}{H(c)+x}U$,将结果返回给 User;

　　④ User 计算 $S=V-rP$,输出消息签名对 $(m\parallel c,S)$。

　　部分盲签名如图 5-4 所示。

　　3. Verify

　　给定一个待验证的部分盲签名 $(m\parallel c,S)$,验证者接受该签名当且仅当下式成立:

$$e(H(c)P+P_{pub},S)=e(P,H_0(m\parallel c))$$

利用双线性对的性质,我们可以比较容易地证明方案的正确性:

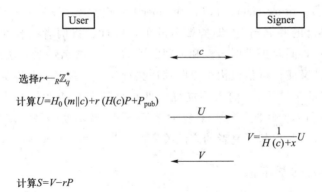

图 5-4　部分盲签名

$$e(H(c)P+P_{\mathrm{pub}},S)$$
$$= e((H(c)+x)P,V-rP)$$
$$= e((H(c)+x)P,(H(c)+x)^{-1}U-rP)$$
$$= e((H(c)+x)P,(H(c)+x)^{-1}U)e((H(c)+x)P,-rP)$$
$$= e(P,H_0(m\parallel c)+r(H(c)P+P_{\mathrm{pub}}))e(H(c)P+P_{\mathrm{pub}},-rP)$$
$$= e(P,H_0(m\parallel c))e(P,r(H(c)P+P_{\mathrm{pub}}))e(H(c)P+P_{\mathrm{pub}},-rP)$$
$$= e(P,H_0(m\parallel c))$$

一方面在产生 U 的过程中,由于 User 使用了随机数 r,所以由此计算出的 U 是群 G_1 中的一个随机元素,签名者 Signer 无法从 U 和公共信息 c 得到关于消息 m 的任何信息。

另一方面,给定一个有效的消息签名对 $(m\parallel c,S)$,用户也无法私自将公共信息改成对自己有利的其他数据。对此,签名者可以拥有足够的自信。这是因为,如果 User 能够将 $(m\parallel c,S)$ 改为 $(m\parallel c',S)$ 的话,则下面两个式子应同时成立:
$$e(H(c)P+P_{\mathrm{pub}},S)=e(P,H_0(m\parallel c))$$
$$e(H(c')P+P_{\mathrm{pub}},S)=e(P,H_0(m\parallel c'))$$
从而,可以得到 $e((H(c')-H(c))P,S)=e(P,H_0(m\parallel c')-H_0(m\parallel c))$,即 $(H(c')-H(c))S=H_0(m\parallel c')-H_0(m\parallel c)$。但由于 $H(\cdot)$ 和 $H_0(\cdot)$ 都是哈希函数,这是计算上不可能的。因此,Signer 可以确定用户无法修改公共信息。

5.3　群签名

在一个群签名体制中,群体(group)中的成员(member)可代表整个群体进行匿名签名。一方面,验证者只能确定签名是由群体中的某个成员产生的,但不能确定是哪个成员,即群签名的匿名性;另一方面,在必要的时候(比如发生争执的情况下)群管理者(group manager)可以打开(open)签名来揭示签名人的身份,使得签名人不能否认自己的签名行为,即群签名的可追踪性。将两者结合在一起,就可以说,群签名是一种同时提供匿名性和可跟踪性的技术,匿名性为合法用户提供匿名保护,可跟踪性又使得可信机构可以跟踪违法行为。群签名还具有无关联性,即在不打开群签名的条件下,任何人不能确定两个群签名是否为同一个成员产生的。可撤销匿名性和无关联性使得群签名在管理、军事、政治及经济等多个方面有着广泛的应用前景,因此引起研究者的广泛关注。

5.3.1 群签名的基本概念

在一个群签名方案中,一般包含一个群管理员和若干群成员,这些成员构成的集合称为群。群管理者负责产生系统参数、群公钥、群私钥,同时要为群成员产生签名私钥或是群成员身份证书。群成员用自己掌握的签名私钥代表整个群执行签名操作。在发生争端的情况下,群管理者能够从给定的群签名中识别出产生该签名的成员身份。有的群签名体制中,存在两个群管理者:一个负责为群成员颁发群成员私钥或群成员证书,另一个执行追踪功能。通常,一个群签名体制由下列算法组成:

- 系统初始化算法　产生群公钥、群成员的公钥和私钥,以及群管理员用于打开签名的打开私钥。
- 成员加入　一个新用户通过和群管理员的交互协议请求加入,协议执行结束后,合法的新成员完成身份注册并获得一个密钥(有的方案中还会包含一个成员资格证书)。
- 签名　群签名产生算法,用群成员的私钥和成员资格证书对消息 m 进行签名。
- 验证　验证消息 m 的签名是否是一个合法的群签名。
- 打开　群管理员输入消息、消息的签名和自己的私钥,运行打开算法以揭示签名者的真实身份。

5.3.2 群签名的安全性需求

Chaum 和 Heyst 提出群签名概念时规定关于群签名的安全性包括:给定一个群签名,签名验证者不能由此识别出产生该签名的签名人身份,即匿名性问题;群管理者可以追踪产生该签名成员的身份,即可追踪性问题。随着对群签名研究的不断深入,要求群签名体制满足的性质逐渐增多。总的来说,一个安全的群签名方案应具有下面的性质:

- 正确性　一个合法的群成员按照签名产生算法产生的群签名一定能够通过签名验证算法。

- 不可伪造性(unforgeability)　非群成员要产生一个通过验证算法的群签名在计算上是不可行的。
- 匿名性(anonymity)　除群管理员之外,任何人要确定一个给定群签名的实际签名人在计算上是不可行的。
- 无关联性(unlinkability)　在不打开签名的情况下,确定两个不同的群签名是否为同一个签名人所签是不可能的。
- 可跟踪性(traceability)　一个正确的签名可以由群管理员揭示签名者的真实身份。
- 防陷害性(exculpability)　包括群管理员在内的任何成员都不能以其他群成员的名义产生合法的群签名。
- 抗联合攻击(coalition-resistance)　任意多个群成员勾结或与群管理员勾结都不能伪造其他群成员的签名。

5.3.3　一个简单的群签名方案

Chaum 和 Heyst 在提出群签名概念的同时也描述了几个群签名体制,本节简单介绍其中的一个,目的是让读者对群签名有一个直观的认识。假设有 n 个人构成一个群,GM 是该群的群管理者。

1. 系统初始化算法

在这个算法里,群管理者 GM 为群中的每个成员分发一张秘密的密钥表,这些表是互不相交的。GM 将各个成员拥有的私钥汇总在一起,将这些私钥对应的公钥以一种随机的次序排成一张公钥表,并将这张公钥表公开。

2. 签名

每个群成员每次从自己的私钥表中选取一个没有使用过的私钥,利用这个密钥对消息产生签名。

3. 签名验证

如果接收者要对某个群成员产生的群签名执行签名验证操作,他就用公钥表中的每个公钥去验证,只要发现有一个公钥使得签名验证通过,就说明这个签名是该群的合法签名。

4. 打开

在发生争端的情况下,由于群管理者知道所有群成员的私钥和公钥之间的对应关系,从而可以根据签名、公钥恢复出签名人的身份。

在这个简单的方案里面,我们假设群成员都是在系统初始化时固定加入的,不讨论群成员的动态加入问题。此外,每个群成员的任一私钥只能使用一次;否则的话,如果某个群成员使用自己的某个私钥 x_i 同时对消息 m_1 和 m_2 执行签名操作,则验证者可以利用 x_i 对应的公钥 y_i 验证这两个签名有效,同时验证者可以确定这两个签名是由该群中的同一个成员产生的,将导致方案丧失不可关联性。

在这个方案中,由于群管理者知道每个群成员的私钥,所以他能够以任一群成员的名义产生有效群签名。不过,如果我们假设群管理者总是可信的,则可以认为 GM 不会试图假冒群成员伪造群签名。

5.3.4　另一个简单的群签名体制

正如分析的那样,在第 5.3.3 节的群签名体制中,GM 知道每个群成员的私钥从而可以伪造群签名。我们可以采取一些机制使得 GM 不知道群成员的私钥,下面的群签名体制做到了这一点。设 p 是一个大素数,在 $\mathbb{Z}_p$ 上计算离散对数是不可行的,g 是 $\mathbb{Z}_p$ 的一个生成元。假设有 n 个人构成了一个群,他们的密钥分别为 s_1,$\cdots$,s_n,对应的公钥是 $y_i = g^{s_i} \bmod p$, $1 \leqslant i \leqslant n$。

1. 系统初始化算法

群管理者 GM 有一张群成员的名字与他们的公钥相对应的表。GM 为群成员 i 选取随机数 $r_i \in_R \mathbb{Z}_p^*$ $(1 \leqslant i \leqslant n)$,发送 r_i 给对应的群成员,另将 $y_i^{r_i}(1 \leqslant i \leqslant n)$ 以一种随机的次序排成一张"公钥表",并将此表公开。

2. 签名

每个群成员将 $r_i s_i \bmod (p-1)$ 作为私钥,利用 ElGamal 型数字签名算法对消息产生群签名。

3. 签名验证

如果接收者要对某个群成员产生的群签名执行签名验证操作,他用"公钥表"中的每个"公钥"去验证,只要发现有一个"公钥"使得签名验证通过,就说明这个签名是该群的合法签名。

4. 打开

在发生争端的情况下,由于群管理者知道 $r_i \in \mathbb{Z}_p^*$ $(1 \leqslant i \leqslant n)$,也知道所有群成员的公钥 y_i 和名字之间的对应关系,从而可以根据签名、"公钥"恢复出签名人的身份。

可以看到,在这个方案中,每个群成员的签名私钥只有一个,即 $r_i s_i \bmod (p-1)$,且群管理者不再拥有群成员执行群签名时所使用的这个签名私钥。此外,群管理者可以定期更新颁发给每个群成员的 $r_i \in \mathbb{Z}_p^*$ $(1 \leqslant i \leqslant n)$,以使方案具有更大的灵活性。这个方案的一个明显缺点是如果有新的群成员加入,所有的群成员都不得不改变自己的密钥,否则接收者能将旧的群成员和新的群成员区别开来。

5.3.5　短的群签名方案

在前面介绍的群签名方案中,群公钥的长度是群成员个数 n 的线性函数,而且每个群成员使用当前的私钥执行签名操作时所能签名的次数都是固定的。因此,

前述方案虽然简单,但并不有效。另外,一个群签名的长度依赖其所使用的签名算法。比如,如果第 5.3.4 节的方案中签名者使用的是 $\mathbb{Z}_p(|p|=1\,024)$ 上的 ElGamal 数字签名,则最终的签名长度为 2 048 bit,这样的签名长度对某些应用是不合适的。Boneh 等人在 2004 年的美国密码学会上提出了一个基于双线性对短的群签名体制(short group signature)。该方案假设系统中存在两个群管理者:其中一个被称为 issuer,负责为群成员颁发用于执行群签名操作所需的私钥;另一个群管理者被称为 opener,负责在发生争端的情况下打开群成员身份。

1. 系统初始化算法

令 p 为一大素数,点 P 为 p 阶加法循环群 G_1 的生成元,H 为 G_1 中的任意非单位元的点,G_2 为同阶的乘法循环群,$e:G_1\times G_1\rightarrow G_2$ 为双线性映射,Hash:$\{0,1\}^*\rightarrow \mathbb{Z}_p$ 为哈希函数,$\xi_1,\xi_2,\gamma\in_R\mathbb{Z}_p^*$,令 $U,V\in G_1$ 使得 $\xi_1 U=\xi_2 V=H$,置 $W=\gamma P$。将群公钥 $gpk \stackrel{\Delta}{=} (P,H,U,V,W)$ 公开,而 $gmsk \stackrel{\Delta}{=} (\xi_1,\xi_2)$ 由群管理者 opener 作为群私钥保密收藏,用于追踪给定群签名的签名人身份,γ 由群管理者 issuer 持有。

2. 加入

假设系统中有 n 个群成员,群管理员 issuer 为第 i 个群成员选取 $x_i\in_R\mathbb{Z}_p^*(1\leqslant i\leqslant n)$,计算 $A_i=\dfrac{1}{\gamma+x_i}P$,第 i 个群成员的私钥就是 (A_i,x_i)。此外,为便于 opener 执行追踪操作,每个群成员将自己的 A_i 也交给 opener,这样 opener 知道群成员的 A_i 与该群成员身份之间的对应关系。

3. 签名

给定群公钥 $gpk=(P,H,U,V,W)$,某群成员的私钥 (A_i,x_i),以及待签名的消息 $m\in\{0,1\}^*$,持有该私钥的群成员执行下述操作:

① 选择 $\alpha,\beta\in_R\mathbb{Z}_p^*$;

② 计算 $\delta_1=x_i\alpha,\delta_2=x_i\beta;T_1=\alpha U,T_2=\beta V,T_3=A_i+(\alpha+\beta)H$;

③ 选择 $r_\alpha,r_\beta,r_x,r_{\delta_1},r_{\delta_2}\in_R\mathbb{Z}_p^*$;

④ 计算 $R_1=r_\alpha U$, $R_2=r_\beta V$, $R_3=e(T_3,P)^{r_x}e(H,W)^{-r_\alpha-r_\beta}e(H,P)^{-r_{\delta_1}-r_{\delta_2}}$, $R_4=r_x T_1-r_{\delta_1}U$, $R_5=r_x T_2-r_{\delta_2}V$;

⑤ 计算 $c=H(m,T_1,T_2,T_3,R_1,R_2,R_3,R_4,R_5)$;

⑥ 计算 $s_\alpha=r_\alpha+c\alpha$,$s_\beta=r_\beta+c\beta$,$s_x=r_x+cx_i$,$s_{\delta_1}=r_{\delta_1}+c\delta_1$,$s_{\delta_2}=r_{\delta_2}+c\delta_2$;

⑦ 输出 $(T_1,T_2,T_3,c,s_\alpha,s_\beta,s_x,s_{\delta_1},s_{\delta_2})$ 作为群成员代表该群对消息 m 产生的群签名。

4. 签名验证

给定群公钥 $gpk=(P,H,U,V,W)$、消息 m 和待验证的签名 $(T_1,T_2,T_3,c,s_\alpha,s_\beta,s_x,s_{\delta_1},s_{\delta_2})$,任意接收者通过执行以下操作来检验该签名是否为合法签名。

① 计算 $R_1' = s_\alpha U - cT_1, R_2' = s_\beta V - cT_2, R_3' = e(T_3, P)^{s_x} e(H, W)^{-s_\alpha - s_\beta} e(H, P)^{-s_{\delta_1} - s_{\delta_2}} \cdot \left(\dfrac{e(T_3, W)}{e(P, P)}\right)^c, R_4' = s_x T_1 - s_{\delta_1} U, R_5' = s_x T_2 - s_{\delta_2} V;$

② 接受该签名为有效群签名,当且仅当 $c = H(m, T_1, T_2, T_3, R_1', R_2', R_3', R_4', R_5')$。

这里,方案的正确性成立。$R_1 = R_1', R_2 = R_2', R_4 = R_4', R_5 = R_5'$ 均容易说明,下面主要说明 $R_3 = R_3'$。

事实上,

$$R_3 = e(T_3, P)^{r_x} e(H, W)^{-r_\alpha - r_\beta} e(H, P)^{-r_{\delta_1} - r_{\delta_2}}$$
$$= e(T_3, P)^{s_x - cx_i} e(H, W)^{-s_\alpha - s_\beta + c\alpha + c\beta} e(H, P)^{-s_{\delta_1} - s_{\delta_2} + c\delta_1 + c\delta_2}$$
$$= e(T_3, P)^{s_x} e(H, W)^{-s_\alpha - s_\beta} e(H, P)^{-s_{\delta_1} - s_{\delta_2}} e(T_3, P)^{-cx_i} e(H, W)^{c\alpha + c\beta} e(H, P)^{c\delta_1 + c\delta_2}$$

由此,要证明 $R_3 = R_3'$,只需要说明 $e(T_3, P)^{-cx_i} e(H, W)^{c\alpha + c\beta} e(H, P)^{c\delta_1 + c\delta_2} = \left(\dfrac{e(T_3, W)}{e(P, P)}\right)^c$。由下面的计算过程可以得到:

$$e(T_3, P)^{-cx_i} e(H, W)^{c\alpha + c\beta} e(H, P)^{c\delta_1 + c\delta_2}$$
$$= \frac{e(H, W)^{c\alpha + c\beta} e(H, P)^{c\delta_1 + c\delta_2}}{e(T_3, P)^{cx_i}} = \frac{e((\alpha + \beta)H, W)^c e(H, P)^{c\delta_1 + c\delta_2}}{e(T_3, P)^{cx_i}}$$
$$= \frac{e(T_3 - A_i, W)^c e(H, P)^{c\delta_1 + c\delta_2}}{e(T_3, P)^{cx_i}} = \frac{e(T_3, W)^c e(-A_i, W)^c e(H, P)^{c\delta_1 + c\delta_2}}{e(T_3, P)^{cx_i}}$$
$$= e(T_3, W)^c \frac{e(H, P)^{c\delta_1 + c\delta_2}}{e(A_i, W)^c e(T_3, P)^{cx_i}} = e(T_3, W)^c \frac{e(H, P)^{cx_i(\alpha + \beta)}}{e(A_i, W)^c e(T_3, P)^{cx_i}}$$
$$= e(T_3, W)^c \frac{e((\alpha + \beta)H, P)^{cx_i}}{e(A_i, W)^c e(T_3, P)^{cx_i}} = e(T_3, W)^c \frac{e((\alpha + \beta)H - T_3, P)^{cx_i}}{e(A_i, W)^c}$$
$$= e(T_3, W)^c \frac{e(-A_i, P)^{cx_i}}{e(A_i, W)^c} = e(T_3, W)^c e(A_i, x_i P + W)^{-c} = e(T_3, W)^c e(P, P)^{-c}$$

证毕。

5. 打开

给定群公钥 $gpk = (P, H, U, V, W)$,消息 m 和待追踪的签名 $(T_1, T_2, T_3, c, s_\alpha, s_\beta, s_x, s_{\delta_1}, s_{\delta_2})$,持有群私钥 $gmsk = (\xi_1, \xi_2)$ 的群管理者 opener 执行下述操作即可追踪出产生该签名的群成员的身份。

① 执行签名验证算法,确保该签名是对消息 m 的有效群签名;

② 计算 $A = T_3 - (\xi_1 T_1 + \xi_2 T_2)$;

③ 检查自己拥有的 A_i 与群成员身份的对应关系表,从而确定产生该签名的群成员的身份。

　　至此,我们完整描述了 Boneh 等人的短的群签名体制。如同这个体制的名字所揭示的那样,这个方案的最大优点是每个群成员产生的群签名都是固定长度的,而与群成员的个数无关。更进一步,每个群签名由 3 个群 G_1 中的元素和 6 个 $\mathbb{Z}_p$ 中的元素构成,以 p 为 170 bit 的素数、G_1 中的每个元素为 171 bit 为例,群签名的长度即为 1 533 bit,或说 192 B。该方案产生的签名之所以能够达到这个长度,很重要一点就是利用了椭圆曲线群上点的压缩存储技术。

　　注意到方案中许多量,比如 $e(H,W)$、$e(H,P)$、$e(P,P)$,都可以预先计算出来,以便执行签名操作或者签名验证操作时直接调用。此外,每个群成员都可以预先计算 $e(A_i,P)$,从而在执行签名操作时无须执行双线性配对就可以得到 $e(T_3,P)$ 的值。总的来说,每产生一个群签名需要计算 8 个指数(或多指数,multi-exponentiation),而不涉及任何双线性对运算。由于 $e(T_3,P)^{s_x} e(T_3,W)^c = e(T_3, cW+s_xP)$,在执行签名验证操作时,验证者只需要执行 6 个多指数运算和 1 个双线性对运算。

5.3.6　成员撤销

　　任何一个实用的群签名体制必须考虑群成员动态流动问题,即群成员不仅可以加入,还可以离开或在任何时间被群管理者取消签名权限,后者就是群签名体制中的群成员撤销问题。所谓安全有效地撤销群成员,是指一种机制,使得某个群成员被撤销后,他拥有的私钥和成员证书不能再用于产生有效的群签名。

　　群成员撤销问题是群签名研究中的一个重要方向,目前研究者们已提出了多种群成员撤销机制。其中一类常用的成员撤销方法是群管理者发布一个身份撤销列表(revocation list)给所有群成员和群签名验证者。对于第 5.3.5 节短的群签名体制,可以给出下面的成员撤销方法。

　　注意到,方案中的群公钥为 $gpk=(P,H,U,V,W)$,其中 H、U、V 为群 G_1 中的随机元素,$W=\gamma P,\gamma \in_R \mathbb{Z}_p^*$。群成员的私钥形如 (A_i,x_i),其中 $A_i=\dfrac{1}{\gamma+x_i}P$。假设在不影响其他群成员签名能力的前提下撤销群成员 $1,\cdots,r$ 的签名能力,群管理者公布一个撤销列表 RL,这个列表由所有被撤销成员的私钥构成,即 RL $=\{(A_1,x_1),\cdots,(A_r,x_r)\}$。群管理者将撤销列表发送给所有群成员和系统中的所有群签名验证者,这些人可以根据该列表更新群公钥或签名私钥。

　　不失一般性,假设第一次撤销群成员 1。撤销群成员 1 后的群公钥构造方法为:首先,任何人都可以计算 $P_1'=A_1,W'=P-x_1A_1$;然后,将 $gpk'=(P',H,U,V,W')$ 作为新的群公钥。容易检查,$W'=P-x_1A_1=P-x_1\dfrac{1}{\gamma+x_1}P=\gamma\cdot\dfrac{1}{\gamma+x_1}P=\gamma P'$,即 $gpk'=(P',H,U,V,W')$ 满足群公钥需要具备的形式。这个过程重复 r 次,即可得到撤销

群成员 $1, \cdots, r$ 后的群公钥。

对于群成员 $r+1, \cdots, n$，他们按照下述方法更新自己的私钥。假设第一次撤销群成员 1，某个合法成员私钥为 (A, x)，他计算 $A' = \dfrac{1}{x-x_1}A_1 - \dfrac{1}{x-x_1}A$，置 (A', x) 为自己新的私钥。此时，$(\gamma+x)A' = (\gamma+x)\dfrac{1}{x-x_1}A_1 - (\gamma+x)\dfrac{1}{x-x_1}A = \dfrac{\gamma+x}{x-x_1}\dfrac{1}{\gamma+x_1}P - \dfrac{\gamma+x}{x-x_1}\dfrac{1}{\gamma+x}P = \dfrac{1}{\gamma+x_1}P$，即所得的 (A', x) 满足作为群成员私钥应具备的形式。这个过程重复 r 次，即可得到撤销群成员 $1, \cdots, r$ 后的该合法群成员新的私钥。

容易看到，在这个撤销方法中，每当撤销一个群成员的签名能力，群公钥和剩余群成员的私钥需要相应作出更新。根据有成员加入或退出时群公钥或群成员私钥是否变化，可以将群签名方案分为动态（dynamic）群签名和静态（static）群签名两种。当一个成员加入或撤销时，需要更新群公钥或群成员的私钥，则称这样的群签名体制为静态群签名；否则，称为动态群签名。

5.4　环签名

环签名（ring signature）的概念是 Rivest 等人在 2001 年的亚洲密码学年会上提出的。在一个环签名体制中，签名人可以随意挑选 $n-1$ 个人，这些人连同他自身构成一个含 n 个人的集合，该集合被称为环。签名人可以用自己的私钥和其他 $n-1$ 个人的公钥一起对某个消息 m 执行环签名操作，产生签名 σ。收到消息签名对 (m, σ) 后，任一验证者执行环签名验证算法，如果签名有效则可以确信该签名是由这个环中某个签名人产生的，但他无法识别该签名人的身份。由此可见，环签名体制能够提供签名人匿名性。与群签名提供的匿名性不同，在环签名体制中不存在一个具有撤销匿名性的管理者，因此，环签名体制提供的是一种不可撤销的匿名性。给定一个环签名，除了签名人自己外，任何人均无法获知产生该签名的签名人身份。

环签名的这个性质对某些场合是适用的。比如，某个国家的内阁成员 B，他知道一条关于首相的丑闻，并想将这个丑闻透露给报刊记者。B 自然不能对这个丑闻使用普通数字签名，因为这样会暴露自己的身份。B 也不能随便让一个其他人去告诉记者，因为这样的检举不具有可信性。此时，B 可以选择所有内阁成员，连同自己一起构成一个环，然后使用环签名体制，对该消息产生环签名，将产生的消息签名环发送给记者。记者接到后执行环签名验证算法，确信消息是由内阁中的某个成员发送的，从而具有很大的可信性；但同时记者无从获知检举人的身份，B 被猜中的机会只是 $\dfrac{1}{n}$，从而 B 实现了匿名检举的目的。

5.4.1　环签名的基本概念

给定一个环 $U = \{U_1, U_2, \cdots, U_n\}$，环中每个用户的公钥-私钥对为 (pk_i, sk_i)，$i = 1, \cdots, n$。不失一般性，假设 $U_k (1 \leqslant k \leqslant n)$ 是签名人。除密钥生成算法外，一个环签名体制还包含环签名产生算法 ring-sign 和环签名验证算法 ring-verify。

1. ring-sign

环签名产生算法的输入是待签名的消息 m、环中所有成员的公钥 $pk_i (1 \leqslant i \leqslant n)$、真正签名人的私钥 sk_k；算法的输出是 U_k 对消息 m 的环签名 σ，记作 $\sigma \leftarrow$ ring-sign$(m, pk_1, \cdots, pk_n, sk_k)$。

2. ring-verify

环签名验证算法的输入是待验证的消息签名对 (m, σ)、环中所有成员的公钥；算法的输出为 1 或 0,1 表示接受该签名为有效,0 表示签名无效,通常记作 1 或 0 $\leftarrow$ ring-verify$(m, \sigma, pk_1, \cdots, pk_n)$。

5.4.2　环签名的安全性需求

我们说一个环签名体制是安全的,是指它至少满足下面的性质:

- 正确性(consistency)　环中的任一成员执行环签名产生算法后输出的签名都能通过该体制中的签名验证算法。

- 匿名性(anonymity)　给定一个环签名,则任一验证者不会以大于 $\dfrac{1}{n}$ 的概率识别产生该签名的真正签名人,其中 n 为环中成员个数。

- 不可伪造性(unforgeability)　任一不在环 $U = \{U_1, \cdots, U_n\}$ 中的用户不能有效地产生一个消息签名对 (m, σ) 使得 ring-verify$(m, \sigma, pk_1, \cdots, pk_n) = 1$。

如果一个环签名体制满足上述 3 个性质,我们就称该体制是安全的。自从该概念被提出后,环签名的研究获得了长足的进展,目前已有许许多多的环签名体制被设计出来。随着研究的深入,一些学者进一步提出具有特殊性质的环签名,比如可链接(linkable)的环签名。

- 可链接性(linkability)　如果环 $U = \{U_1, \cdots, U_n\}$ 中的某个签名人产生了两个消息签名对 (m_1, σ_1) 和 (m_2, σ_2),则存在有效算法使得签名验证者可以确定这两个消息是由环中同一个签名人产生的(但他仍然不知道这个签名人的身份)。

提供可链接性的环签名体制被称为可链接的环签名。具有可链接性的环签名体制除了包含签名产生算法和签名验证算法外,还有一个签名链接算法 link:其输入是环 $U = \{U_1, \cdots, U_n\}$ 的两个签名 σ_1 和 σ_2,输出为 1 或 0,1 表示签名 σ_1 和 σ_2 是由同一个环成员产生,0 表示 σ_1 和 σ_2 不是由同一个环成员产生的,记作 1 或 0 $\leftarrow$ link(σ_1, σ_2)。

在某些场合,可链接性是一个很重要的性质。比如某个机构要在本机构成员中做一个自愿的、匿名问卷调查,只有本机构的成员才能参与,而且每个成员最多只能提交一份问卷调查结果。使用一般环签名可以满足这种调查的部分要求:一般环签名可以保证提交有效问卷调查结果的用户都是本机构成员,也能够为成员提供匿名性,但不能检查某两个结果是否是同一个成员提交的。如果使用可链接环签名,则这几个需求都可以得到满足。下面我们分别举例说明不具有可链接性的环签名和具有可链接性的环签名体制。

5.4.3　不具有可链接性的环签名

Boneh 等人在 2003 年的欧洲密码学会议上提出了一个不具有可链接性的环签名体制。令 q 为一大素数,点 P 为 q 阶加法循环群 G_1 的生成元,G_2 为同阶的乘法循环群,双线性映射 $e:G_1 \times G_1 \to G_2$,$H:\{0,1\}^* \to G_1$ 为哈希函数,将任意比特串映射为群 G_1 中的一个点。不妨设环中有 n 个用户,$U = \{U_1, \cdots, U_n\}$,他们的私钥为 $x_i \in_R \mathbb{Z}_q$,公钥为 $Y_i = x_i P, 1 \leq i \leq n$,若成员 $U_k (1 \leq k \leq n)$ 要对某消息 m 产生环签名,则环签名的产生算法和验证算法如下。

1. ring-sign

通过执行下面的步骤,U_k 可以产生消息 m 的环签名。

① 计算 $H = H(m)$;

② 选择随机数 $a_i \in_R \mathbb{Z}_q (i = 1, \cdots, k-1, k+1, \cdots, n)$;

③ 计算 $\sigma_i = a_i P (i = 1, \cdots, k-1, k+1, \cdots, n)$;

④ 计算 $\sigma_k = \dfrac{1}{x_k} \left(H - \displaystyle\sum_{j \neq k} a_j Y_j \right)$;

⑤ 输出 $(\sigma_1, \sigma_2, \cdots, \sigma_{k-1}, \sigma_k, \sigma_{k+1}, \cdots, \sigma_n)$ 作为对消息 m 的签名。

2. ring-verify

给定一个环 $U = \{U_1, \cdots, U_n\}$、消息 m 和待验证的环签名 $(\sigma_1, \sigma_2, \cdots, \sigma_{k-1}, \sigma_k, \sigma_{k+1}, \cdots, \sigma_n)$,任一验证者首先计算 $H = H(m)$,然后判断下面等式是否成立:

$$e(H, P) = \prod_{i=1}^{n} e(Y_i, \sigma_i)$$

如果等式成立,则接受该签名有效;否则,拒绝该签名。

注意到:

$$\prod_{i=1}^{n} e(Y_i, \sigma_i)$$
$$= e(x_k P, \sigma_k) \prod_{i \neq k} e(x_i P, a_i P)$$
$$= e(x_k P, \sigma_k) \prod_{i \neq k} e(x_i a_i P, P)$$

$$= e(P, x_k \sigma_k) e(\sum_{i \neq k} x_i a_i P, P)$$

$$= e(P, x_k \sigma_k + \sum_{i \neq k} x_i a_i P)$$

$$= e(P, H)$$

所以,上述体制的正确性显然成立。此外,还可以从可证明安全的角度说明该体制也具有匿名性和不可伪造性,也就是说,这是一个安全的环签名体制。但如果给定环 $U = \{U_1, \cdots, U_n\}$ 的两个不同的环签名 $(\sigma_1, \sigma_2, \cdots, \sigma_n)$ 和 $(\sigma_1', \sigma_2', \cdots, \sigma_n')$,我们无法判断这两个签名究竟是环中同一个成员产生的,还是环中不同成员产生的,即这是一个不可链接的环签名体制。

5.4.4　具有可链接性的环签名

设 q 为素数,G 为 q 阶循环群,其上的离散对数问题是困难的。函数 H_1: $\{0,1\}^* \to \mathbb{Z}_q$ 和函数 $H_2: \{0,1\}^* \to G$ 是两个哈希函数。不失一般性,假设环中有 n 个用户,即 $U = \{U_1, \cdots, U_n\}$,每个用户 $U_i (i = 1, \cdots, n)$ 选择随机数 $x_i \in_R \mathbb{Z}_q$ 作为自己的私钥,计算并发布 $y_i = g^{x_i}$ 作为自己的公钥。设签名人为 $U_k (1 \leq k \leq n)$,环签名产生和验证过程如下。

1. ring-sign

给定消息 $m \in \{0,1\}^*$,U_k 执行下述步骤,最终产生对消息 m 的环签名 $(t, s, c_1, \cdots, c_n)$。

① 计算 $h = H_2(y_1, y_2, \cdots, y_n)$,$t = h^{x_k}$;

② 选择随机数 $r, s_i, c_i \in_R \mathbb{Z}_q, 1 \leq i \leq n, i \neq k$;

③ 计算 $u_i = g^{s_i} y_i^{c_i}, v_i = h^{s_i} t^{c_i} (i = 1, \cdots, k-1, k+1, \cdots, n)$;

④ 计算 $u_k = g^r, v_k = h^r$;

⑤ 计算 $c_k = H_1(m, t, u_1, \cdots, u_n, v_1, \cdots, v_n) - \sum_{i \neq k} c_i, s_k = r - c_k x_k$;

⑥ 输出 $(t, s_1, \cdots, s_n, c_1, \cdots, c_n)$。

2. ring-verify

给定环 $U = \{U_1, \cdots, U_n\}$,消息 $m \in \{0,1\}^*$,待验证的签名 $(t, s_1, \cdots, s_n, c_1, \cdots, c_n)$,任意验证者首先计算 $h = H_2(y_1, \cdots, y_n)$,$u_i = g^{s_i} y_i^{c_i}, v_i = h^{s_i} t^{c_i} (i = 1, \cdots, n)$,然后检查下述等式是否成立:

$$\sum_{i=1}^n c_i = H_1(m, t, u_1, \cdots, u_n, v_1, \cdots, v_n)$$

如果等式成立,则输出 1;否则,输出 0。

注意到,$s_k = r - c_k x_k$,从而有 $u_k = g^r = g^{s_k + c_k x_k} = g^{s_k} y_k^{c_k}$,$v_k = h^r = h^{s_k + c_k x_k} = h^{s_k} t^{c_k}$,因此算法 ring-sign 产生的签名一定可以通过签名验证算法 ring-verify。

3. link

给定环 $U = \{U_1, \cdots, U_n\}$，环的两个签名 $(t, s_1, \cdots, s_n, c_1, \cdots, c_n)$ 和 $(t', s_1', \cdots, s_n',$ $c_1', \cdots, c_n')$，签名接收者首先执行签名验证算法以确保这两个签名都是有效的，然后从两个签名中提取元素 t 和 t'，并检查它们是否相等：$t \overset{?}{=} t'$。如果相等，则输出 1；否则，输出 0。

容易看出，如果同一个环 $U = \{U_1, \cdots, U_n\}$ 上的两个有效环签名是由同一个签名人产生的话，那么签名的第一个元素一定是利用该签名人的私钥 x_k 作为指数计算而来的。反之，如果不是同一个签名人产生的，那么这个指数（从而两个签名中对应的第一个元素）必定不相等。这正是上述 link 算法的思想。

在复杂度意义下可以证明，本节所描述的方案是安全的，即该体制提供匿名性、不可伪造性和可链接性。

5.5　基于身份的数字签名

为简化传统公钥密码系统的密钥管理问题，Shamir 在 1984 年提出基于身份密码的思想：将用户的公开身份信息（如电子邮件、名字等）作为用户公钥，或是可以由该身份信息通过一个公开的算法计算出该用户的公钥；用户的私钥由一个被称为密钥生成器（private key generator, PKG）的可信第三方生成，并安全地发送给用户。在基于身份的系统中，交互双方 A 和 B 可以直接根据对方的身份信息执行加密或是签名验证等密码操作。相对于传统的公钥基础设施（PKI）技术，基于身份的系统无须复杂的公钥证书与认证，在应用中可以带来极大的便利。因此，自从这个概念被提出以来，人们对设计安全高效的基于身份的密码构件（primitive）产生了极大的兴趣，并取得了广泛的成果，其中也包括基于身份的数字签名（identity based signature, IBS）方面的研究成果。

与理论和技术上的研究进展相呼应，基于身份的密码技术也展开了标准化进程。国际标准化组织 ISO 在 2006 年出台了相关标准 ISO 14888-3，IEEE 也组织了专门的基于身份密码工作组（IEEE P1363.3），IETF 的 SMIME 工作组则进行了基于身份密码技术应用在电子邮件中的标准化工作。随着基于身份密码技术的日趋成熟，在要求高效的密钥管理和中等安全性强度的应用中，基于身份的密码系统可以替代传统的公钥系统，成为构建信息安全体系的一个新选择。

5.5.1　基于身份的数字签名体制的定义

基于身份的数字签名体制的研究是基于身份密码研究的重要组成部分。在 Shamir 关于基于身份密码的原创性论文中就已经利用大整数分解问题提出了一个基于身份的数字签名体制。一般来说,一个基于身份的数字签名 IBS 体制由 4 个算法构成:IBS = (Setup,Extract,Sign,Verify)

1. Setup

系统初始化算法由 PKG 完成,输出系统的主密钥(master key) s 和系统参数 param。PKG 将系统参数公开发布,主密钥秘密保存。

2. Extract

私钥提取算法由 PKG 执行。算法的输入是系统中用户的身份信息 ID $\in \{0, 1\}^*$,PKG 利用自己的主密钥和系统参数,计算出对应 ID 的私钥 d_{ID} ,再将私钥秘密发送给该用户。图 5-5 描述了用户请求私钥和 PKG 返回私钥的过程。

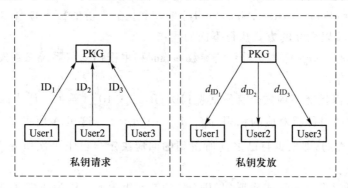

图 5-5　私钥请求与私钥分发

3. Sign

签名产生算法由签名人完成。算法的输入是系统参数 param、签名者私钥 d_{ID} 和待签名的消息 m ,输出为签名人对该消息的签名 σ ,记作 $\sigma \leftarrow \text{Sign}(\text{param}, d_{ID}, m)$ 。

4. Verify

签名验证算法由任一验证者完成。算法的输入是系统参数 param、签名人的身份信息 ID 和待验证的消息签名对 (m, σ) ;输出 1 或 0,前者表示接受该签名有效,后者表示拒绝该签名,记作 1 或 $0 \leftarrow \text{Verify}(\text{param}, \text{ID}, m, \sigma)$ 。

图 5-6 描述了用户 A 与用户 B 之间基于身份的数字签名产生和验证过程。

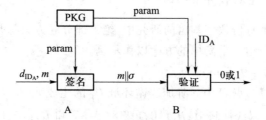

图 5-6　基于身份的数字签名产生与验证

5.5.2　基于身份的数字签名的安全性需求

与普通数字签名的安全性定义类似,可以给出基于身份的数字签名体制的安全性描述。一般地,我们说数字签名体制是安全的,是指它具有在适应性选择消息攻击下的不可伪造性(existentially unforgeability against adaptive chosen message attack)。对应地,我们说一个基于身份的数字签名体制是安全的,是指它具有在适应性选择消息和选择身份攻击下的不可伪造性(existentially unforgeability against adaptive chosen message and identity attack)。更严格地说,我们有下面的形式化定义。

设 IBS=(Setup,Extract,Sign,Verify)是一个基于身份的数字签名体制,挑战者 C 和攻击者 A 以交互的方式执行下面的操作。

① C 运行 Setup 算法获得系统参数 param 和主密钥 s,将系统参数发送给 A,主密钥自己保存;

② A 可以提交多项式个身份信息 $\{ID_1, ID_2, \cdots, ID_{q_E}\}$ 给 C。作为回应,C 必须返回 A 询问的身份所对应的私钥 $\{d_{ID_1}, d_{ID_2}, \cdots, d_{ID_{q_E}}\}$。这里 A 所提交的身份信息可以是适应性的,即根据自己之前所得到的回应决定自己下一次所要询问的身份信息;

③ A 可以提交多项式次形如 $\langle ID, m\rangle$ 的二元组给 C。作为回应,C 必须返回用私钥 d_{ID} 对消息 m 执行 Sign 算法后的结果。这里 A 所提交的二元组可以是适应性的,即根据自己之前所得到的回应决定自己下一次所要询问的二元组;

④ A 输出一个三元组 $\langle ID^*, m^*, \sigma^*\rangle$,其中 ID^* 是一个身份信息,m^* 是一个消息,σ^* 是一个签名,而且 A 没有询问过 ID^* 的私钥,也没有询问过 $\langle ID^*, m^*\rangle$ 的数字签名。如果 Verify$(param, ID^*, m^*, \sigma^*)=1$,则称 A 获胜。

如果不存在多项式时间的攻击者能够以不可忽略的概率在上述操作中获胜,则称基于身份的数字签名体制 IBS 在适应性选择消息和选择身份攻击下是不可伪造的。

5.5.3　使用双线性对技术的 IBS

目前,关于基于身份数字签名的研究中,绝大部分的方案都采用了双线性对技术设计的,本节介绍一个简单的方案以作示例。

1. 系统初始化算法 Setup

令 q 为一大素数,点 P 为 q 阶加法循环群 G_1 的生成元,G_2 为同阶的乘法循环群,$e: G_1 \times G_1 \to G_2$ 为双线性映射,$H_1: \{0,1\}^* \times G_1 \to \mathbb{Z}_q$ 和 $H_2: \{0,1\}^* \to G_1$ 为两个哈希函数,选取随机数 $s \in \mathbb{Z}_q$,令 $P_{pub}=sP$。s 作为主密钥由 PKG 保密收藏,系统参数 param=$\{q, G_1, G_2, P, e, H_1, H_2, P_{pub}\}$。

2. 私钥提取算法 Extract

给定一个身份信息 ID,PKG 计算 $d_{ID} = sH_2(ID)$,并将 d_{ID} 秘密发送给身份信息为 ID 的用户作为其私钥。注意到,这里 $Q_{ID} = H_2(ID)$ 可以看作是该用户的公钥。

3. 签名产生算法 Sign

给定消息 m,持有私钥 d_{ID} 的签名人首先选取一个随机数 $r \in \mathbb{Z}_q$,然后计算 $U = rQ_{ID}, h = H_1(m, U), V = (r+h)d_{ID}$,最后输出 $\sigma = (U, V)$ 作为对消息 m 的签名。

4. 签名验证算法 Verify

给定身份信息为 ID 的用户对 m 的签名 $\sigma = (U, V)$,任一验证者可以计算 $h = H_1(m, U)$,并检查下述等式是否成立:

$$e(P, V) = e(P_{pub}, U+hQ_{ID})$$

如果成立,则输出 1;否则,输出 0。

注意到,由于

$$\begin{aligned}
e(P, V) &= e(P, (r+h)d_{ID}) \\
&= e(P, (r+h)sQ_{ID}) \\
&= e(sP, (r+h)Q_{ID}) \\
&= e(P_{pub}, rQ_{ID}+hQ_{ID}) \\
&= e(P_{pub}, U+hQ_{ID})
\end{aligned}$$

所以有 Verify(param, ID, m, Sign(param, d_{ID}, m)) = 1,即算法的正确性成立。此外,该体制的不可伪造性依赖于 CDH 问题的求解困难性。

5.5.4　不使用双线性对的 IBS

尽管双线性对技术是目前设计基于身份密码系统的主要方法,但仍有不使用双线性对就可以实现基于身份密码构件的研究成果。事实上,在 1984 年 Shamir 提出基于身份密码的原创性论文中就使用 RSA 方法设计了一个 IBS 方案,该方案同样由 4 个算法构成:Setup、Extract、Sign 和 Verify。

1. Setup

Setup 是系统初始化算法。PKG 选取两个大素数 p、q,计算 $N = pq$,任选一个满足条件 $\gcd(e, \phi(N)) = 1$ 的整数 e(其中 $\phi(N)$ 为 N 的欧拉函数值),计算一个整数 d 满足条件 $ed \equiv 1 \bmod \phi(N)$。$H: \{0,1\}^* \to \mathbb{Z}_{\phi(N)}$ 为哈希函数,系统参数 param = (N, e, H),主密钥为 d。p、q 在系统建立后可以销毁。

2. Extract

Extract 为私钥提取算法。给定用户身份信息 ID,PKG 计算 $g = ID^d (\bmod N)$,并将结果秘密发送给该用户作为其私钥。

3. Sign

Sign 为签名生成算法。给定消息 m,持有私钥 g 的签名人首先选取随机数

$r \in_R \mathbb{Z}_N^*$，然后计算 $t = r^e \pmod{N}$，$s = gr^{H(t \| m)} \pmod{N}$，最后输出 (t, s) 作为其对消息 m 的数字签名。

4. Verify

Verify 为签名验证算法。给定身份信息为 ID 的签名人对消息 m 的数字签名 (t, s)，任一验证者检查下述等式是否成立：

$$s^e \equiv \mathrm{ID}t^{H(t \| m)} \pmod{N}$$

如果成立，则输出 1；否则，输出 0。

注意到，由于：

$$s^e \equiv (gr^{H(t \| m)})^e \equiv g^e (r^e)^{H(t \| m)} \equiv \mathrm{ID}t^{H(t \| m)} \pmod{N}$$

所以有 Verify($param$, ID, m, Sign($param$, d_{ID}, m)) = 1，即算法的正确性成立。

另外直观上可以看到，任何人都可以任选一个随机数 $r \in_R \mathbb{Z}_N^*$，进而构造出 $\mathrm{ID}t^{H(t \| m)}$，但要计算 $\mathrm{ID}t^{H(t \| m)}$ 的 e 次方根 s（在 mod N 意义下）是困难的，除非知道 ID 所对应的私钥。而这个唯一的私钥由 PKG 秘密发送给身份信息为 ID 的签名人，因此，如果一个数字签名 (t, s) 通过了算法 Verify 的验证，我们就可以相信这个签名是身份信息为 ID 的签名人产生的。

思考题

1. 试使用盲签名设计一个电子选举系统。
2. 试使用部分盲签名设计一个电子支付系统。
3. 试阐述动态群签名的内涵。
4. 举例说明可链接环签名的用途。
5. 考虑基于身份的数字签名的安全性，能否给出比第 5.5.2 节更强的定义？

参考文献

1. 毛文波.现代密码学理论与实践[M].王继林，等，译.北京:电子工业出版社，2004.

2. Abe M, Fujisaki E. How to Date Blind Signatures. Advances in cryptology: proceedings of Asiacrypt 1996[C]. Heidelberg:Springer-Verlag，1996:244-251.

3. Boldyreva A. Threshold Signatures, Multisignatures and Blind Signatures Based on the Gap-Diffie-Hellman-Group Signature Scheme. Theory and practice of public key cryptology: proceedings of PKC 2003[C]. Heidelberg:Springer-Verlag，2003:31-46.

4. Boneh D.,Boyen X.,Shacham H. Short Group Signatures. Advances in cryptology:proceedings of Crypto 2004[C]. Heidelberg:Springer-Verlag，2004:41-55.

5. Boneh D, Gentry C, Lynn B, Shacham H. Aggregate and Verifiably Encrypted Signatures from Bilinear Maps. Advances in cryptology: proceedings of Eurocrypt 2003[C]. Heidelberg: Springer-Verlag,2003:416-432.

6. Boneh D, Lynn B, Shacham H. Short Signatures from the Weil Pairing. Advances in cryptology: proceedings of Asiacrypt 2001[C]. Heidelberg: Springer-Verlag, 2001:514-532.

7. Cha J, Cheon J. An Identity-Based Signature from Gap Diffiee-Hellman Groups. Theory and practice of public key cryptology: proceedings of PKC 2003[C].2003:18-30.

8. Chaum D. Blind Signature for Untraceable Payments. Advances in cryptology: proceedings of Crypto 1982[C]. Heidelberg: Springer-Verlag, 1983:199-203.

9. Chaum D, Heyst E. Group Signtures. Advances in cryptology: proceedings of Eurocrypt 1991 [C]. Heidelberg: Springer-Verlag, 1991:257-265.

10. Chen L, Pedersen T. New Group Signature Schemes. Advances in cryptology: proceedings of Eurocrypt 1994[C]. Heidelberg: Springer-Verlag, 1995:171-181.

11. Joux A. An One Round Protocol for Tripartite Diffie-Hellman. Algorithmic Number Theory: proceedings of ANTS 4[C]. Heidelberg: Springer-Verlag, 2000:385-394.

12. Liu J, Wei V, Wong D. Linkable and Anonymous Signature for ad hoc Groups. Information security and privacy: proceedings of ACISP 2004[C]. Heidelberg: Springer-Verlag, 2004:325-335.

13. Liu J, Wong D. Linkable Ring Signatures: Security Models and New Schemes. Computational Science and Its Applications: proceedings of ICCSA 2005[C]. Heidelberg: Springer-Verlag, 2005:614-623.

14. Rivest R, Shamir A, Tauman Y. How to Leak a Secret. Advances in cryptology: proceedings of Asiacrypt 2001[C]. Heidelberg: Springer-Verlag, 2001:552-565.

15. Shamir A. Identity-based Cryptosystems and Signature Schemes. Advances in cryptology: proceedings of Crypto 1984[C]. Heidelberg: Springer-Verlag, 1984:47-53.

16. Zhang F, Safavi-Naini R, Susilo W. Efficient Verifiably Encrypted Signature and Partially Blind Signature from Bilinear Pairings. Progress in Cryptology: proceedings of Indocrypt 2003 [C]. Heidelberg: Springer-Verlag, 2003:71-84.

第6章　零知识证明

通俗地讲,零知识证明(zero knowledge proof)的含义是实体 A 向实体 B 证明其拥有解决某困难问题的知识(例如 A 向 B 说:"我知道核弹发射系统的启动口令。"),证明过程完成后 B 确信 A 有此能力,但 B 只能验证 A 给出的证明有效,并不能从证明的交互过程中获得任何解决该困难问题的知识(B 相信 A 知道核弹发射系统的启动口令,但 B 无法取得口令的任何相关信息)。上述证明过程在形式化后被称为零知识证明系统(zero knowledge proof system)。零知识证明系统在许多信息安全实践中有着非常重要的应用,从最基本的密钥协商、身份鉴别、安全多方计算到电子商务与电子政务领域中的各种应用都显式或隐式地依赖零知识证明系统。本章将首先介绍零知识证明的基本概念,简单评述一下现有零知识证明系统设计与分析的基本方法。由于零知识证明系统十分复杂,在本章中将首先给出秘密分享当中最常见的比特承诺协议,随后分别给出两个针对 NP 问题和 NPC 问题的零知识证明协议的实例,通过这些实例的分析使读者对交互式零知识证明系统(interactive zero knowledge proof system)的基本概念和安全性分析有更直观的理解。对于非交互式零知识证明系统(non-interactive zero knowledge proof system),将相应给出公钥加密和数字签名的实例进行介绍。

6.1　零知识证明基本概念

在现实中的复杂网络多用户环境下,广泛存在着一个非常典型的密码学问题——如何在互不信任的多方之间传递相互可信的信息?该问题的复杂性在于证明信息的可信性需要用户的秘密信息参与,但由于用户之间相互并不信任,所以参与各方均希望能最小限度地暴露自己的秘密信息,但又与通信方建立可信性。为了使上述问题更加通俗易懂,我们给出如图 6-1 所示的一个有代表性的例子。

假定在某一系统中所有的用户会使用个人私钥将本地文件加密,然后上传备份服务器(backup server)进行保存。备份服务器能被系统中的所有用户公开访问。同时 A 和 B 为系统中的用户,现在 A 需要发送本地文件 File_A 给 B,在双方

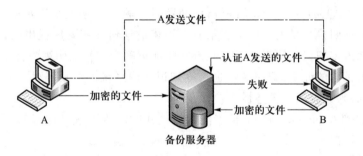

图 6-1　零知识证明协议应用实例

互相信任的情况下,A 只需直接发送 File_A 的明文给 B,但如果加上 A 和 B 并无信任关系的前提假设,该问题立刻变得复杂起来。首先,B 必须确信文件的发送者是 A;其次,B 必须确信该文件确实属于 A。上述需求无法通过普通的文件传输协议加以完成,必须设计某种密码学协议才能满足上述需求。从系统的角度来看,问题的关键在于 A 能否使 B 相信文件的有效性,同时不暴露任何关于 A 个人私钥的"知识"(knowledge)。

　　从本章开篇对零知识证明系统的简要定义来看,如果存在零知识证明系统,上述问题就可以通过构造对应上述问题的零知识证明系统加以解决。但如何构造这样一个零知识证明系统呢? 如何证明构造好的系统确实满足零知识的性质? 在进一步说明之前,我们首先给出零知识证明系统当中涉及的重要名词、实体和性质的基本定义。由于零知识证明系统具有很强的形式化性质,因而读者务必掌握系统基本定义,否则在协议的设计与分析当中容易犯根本性的错误。

　　从数学意义上来说,证明(proof)是指一段有限长度的声明,该声明或能自证为公理,或能(链式)归约到已有可归约到公理的声明。由于公理是无须再证明和普遍接受的,归约到公理的证明可看作是正确无误的。形式化证明具有以下两种重要性质:

- 证明是有限长度的。
- 证明至少与所得出的结论等价,如结论为定理、引理等。

从现实意义说,证明是动态验证某声明是否合理的过程。例如在法庭辩论中,原告律师提出证据证明被告有罪,而被告律师提出证据指出原告律师的证明是错误的。原、被告均有可能伪造对自己有利的证据,同时抵赖或销毁对自己不利的证据。可以看出,数学意义上的证明是静态的,而现实意义上的证明是动态的。在零知识证明系统当中,由于系统中的实体具有自适应性,后者显然更加符合模型的定义。所以不能将零知识证明等同于数学方式的证明,而要充分考虑证明过程的复杂性。

　　在零知识证明系统中必然存在参与实体,参与实体被分别定义为证明者(prover)和验证者(verifier)。证明者向验证者展示自己具有解答某个困难问题的能力(例如数学上的 NP、NPC 问题),该问题对于验证者来说是困难的,但验证证明者出示的证明是容易的。验证者本质上不相信任何证明者所提出的证明(如果相信也就无需零知识证明系统了),只有在验证正确后才将证明视为合法。证明者确定能给出正确的证明,即完备性也是零知识证明系统的必要条件。对于零知识证明系统,必须具有以下 3 条性质:

- 合法性(soundness)　验证者能在多项式时间内发现证明者对于声明给出的证明是否错误。
- 完备性(completeness)　证明者能在多项式时间内提供验证者关于声明正确性的证明过程。
- 零知识特性(zeroknowledge)　证明过程不会泄露证明者所拥有的知识。

零知识证明是一种协议。有关协议的定义和相关理论可参见本书第 1 章的内容。

上面只是对零知识证明系统给出了定义上的说明,在随后的小节中,还将针对某个困难问题(NP 问题或 NPC 问题)来构造零知识证明系统,既能让验证者确信证明者拥有某个具体困难问题的答案,同时又保护证明者对于该答案的保密性。根据零知识证明过程中证明者和验证者交互次数,零知识证明系统可分为交互式和非交互式两大类。下面分别给出交互式零知识证明系统与非交互零知识证明系统中的若干实例及其安全性分析,使读者能对零知识证明系统有更加直观的了解。

6.2　交换式零知识证明

在本节中,将给出交互式零知识证明的定义,并基于一个实例(基于图同态问题的交互式零知识证明)加以详细描述,有关零知识证明定义方面更多的信息可以参考文献[3,6]。

6.2.1　交换式零知识证明定义

我们先给出交互式证明的定义。一个交互式证明系统(interactive proof system)由两个独立的计算性任务构成:证明者 P 给出验证者 V 所提问题的证明;验证者 V 验证该证明是否正确。如果上述证明过程中证明者 P 与验证者 V 需要进行一系列(更严格的定义是两次或两次以上)的交互,无论是单向的(unidirectional)还是双向的(bidirectional),那么将这类证明方式称之为交互式证明。基于零知识证明系统的定义,一个交互式零知识证明系统满足下列条件:

- 由证明者 P 和验证者 V 交互式证明某个提问 L。
- 所有验证者 V 通过与证明者 P 交互所获得的关于证明者有效证据 x 的知识,也能由 V 通过证据 x 直接获得(无须与 P 交互)。

上述交互式零知识证明的描述比较抽象化,出于可证明安全性的考虑,下面给出交互式零知识证明系统必须满足的形式化的安全性定义。

定义 6.1 (交互式零知识证明) 假定图灵机 (P,V) 交互式证明困难问题 L,我们认定 (P,V) 直接的交互式证明过程满足零知识证明性质,如果对于任意的概率多项式时间图灵机 V^*,对应地有概率多项式时间算法 M^* 使得如下两个集合实体(ensembles),

$$\{(P,V^*)(x)\} : P, V^* 针对输入 x \in L 的交互后输出$$

$$\{M^*(x)\} : 算法针对输入 x \in L 的独立输出$$

对于多项式时间区分算法 D 可区分的概率为可忽略值 ε(negligible),

$$|\Pr(D(\{(P,V^*)(x)\}) = 1) - \Pr(D(\{M^*(x)\}) = 1)| < 1/\text{poly}(|x|) < \varepsilon$$

如果上述两个分布是完全相同的,则称为完善零知识证明(perfect zero-knowledge);如果是统计不可区分,则称为统计零知识证明(statistical zero-knowledge);若为计算不可区分,则称为计算零知识证明(computational complexity theory)[3,7,8]。在现实中,绝大部分实用的零知识证明系统均是基于计算复杂性零知识证明的。在上述交互式零知识证明系统基本定义之上,我们通过给出对应若干 NP 问题的零知识证明协议来说明交互式零知识证明系统是如何来解决实际当中的问题。

6.2.2 比特承诺协议

比特承诺协议(bit commitment protocol)是许多密码学协议的基本组成部分。简单地说,该协议可以使协议的某参与方(假定为发送者 S)对某一数值给出承诺,但又保持其他参与方(假定为接收者 R)从承诺中无法获知任何有关该数值的信息,例如该数值的大小、奇偶性等,在发送者 S 公开数值之后,接收者 R 能通过承诺确认公开数值的一致性。比特承诺协议可被形象地比喻为数字化的盖有发送者 S 签印的保密信封,信封内包含有 S 的秘密信息。该数字化信封在没有 S 的协助下无法开启,从而保持信封内信息的隐秘性。但接收者 R 在信封开启后可通过签印来验证所获得的信息没有被发送者 S 或其他恶意第三方篡改。更详细的有关比特承诺的定义和相关内容可参见本书第 4 章。

定义 6.2 (比特承诺协议) 一个比特承诺协议由一对概率多项式时间内的交互式图灵机(发送者 S 与接收者 R)完成对于数值 v 的承诺和验证功能(如图 6-2 所示),并满足条件:

• 保密性(secrecy) 接收者 R 无法通过发送者 S 给出的承诺获得任何与 v 相关的知识。

• 无歧义性(unambiguity) 发送者公开数值 v 后,接收者 R 能通过承诺 c 验证该数值确实是发送者之前承诺过的。

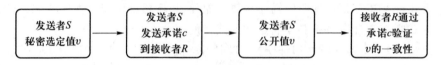

图 6-2 比特承诺协议流程

上述定义给出了比特承诺协议必须满足的条件,在实际中,可以基于公钥加密(public-key encryption)、单向置换函数(one-way permutation)等密码学基本构件(primitives)来构造比特承诺协议。公钥加密协议可看作是单向函数的一类特例,被称为单向置换函数。不失一般性,下面通过一种可基于任意单向置换函数的比特承诺协议的构造和证明方法,让读者能进一步了解比特承诺协议。该通用协议的存在意味着只要存在单向置换函数,就存在比特承诺协议。虽然目前并没有确切的证据表明单向函数的存在,但该假设在密码学基础理论中通常被看作最弱的假设,基于单向函数扩展出其他密码学协议或作为密码协议的基本组成部分被广泛接受。

构造 6.1(基于单向置换的通用比特承诺协议) 假定函数 $f:\{0,1\}^* \to \{0,1\}^*$ 为单向置换函数,函数 $b:\{0,1\}^* \to \{0,1\}$ 为谓词(predicate)函数。选定协议安全参数 n,比特承诺协议如下:

• 承诺操作 为了给出选定值 $v \in \{0,1\}$,发送者 S 随机选择 $s \in \{0,1\}^n$,随后将一对值 $(f(s), b(s) \oplus v)$ 发送给接收者 R 作为对于 v 值的承诺。

• 证明操作 为了证明对于 v 值给出的承诺 (c_1, c_2),发送者公开 s,接收者通过验证 $c_1 = f(s)$ 且 $c_2 = b(s) \oplus v$ 来确信 v 值及其承诺的有效性。

下面给出上述比特承诺协议的安全性证明,该证明将协议的安全性归约到协议所基于的单向置换函数的安全性是否成立。

定理 6.1(基于单向置换的通用比特承诺协议的安全性) 如果函数 $f:\{0,1\}^* \to \{0,1\}^*$ 为单向置换函数,函数 $b:\{0,1\}^* \to \{0,1\}$ 为谓词函数。那么构造 6.1 给出的基于单向置换的通用比特承诺协议的安全性可归约到单向置换函数 f 的安全性。

证明:由于 $v \in \{0,1\}$,且函数 $b:\{0,1\}^* \to \{0,1\}$ 为谓词函数,值 $b(s) \oplus v$ 在 $\{0,1\}$ 上必然随机均匀分布。假设恶意发送者 S' 能以大于 $1/2$ 的概率在已知承诺 $(f(s), b(s) \oplus v)$ 的基础上给出新的对应值 v' 合法的承诺,那么 S' 要么能以大于 $1/2$ 的概率给出谓词函数 $b(s)$ 的值,要么能以不可忽略的概率猜测出 $f(s)$ 所对应的原像值。上述两类情况均与前提相矛盾,因而假设错误,定理成立。

显而易见,很容易将上述通用比特承诺协议扩展到发送者能对选定字符串进行承诺的协议,而不仅仅是一个比特长度的消息。数字签名协议可看作是扩展后的特殊比特承诺协议,签名人对某个消息 m 给出数字签名 s,实质上签名 s 即为对应于消息 m 的承诺,所有人能使用签名人的公钥来验证该承诺的有效性。但签名人如果不公开实际签名消息 m,那么其他人也无法对承诺的有效性和一致性进行验证。如对签名人或验证者加以实际环境中的限制,如盲签名、代理签名、门限签名等应用协议,便使得具体协议的构造更加复杂多样。但归根到底,数字签名协议的核心仍然是比特承诺协议。如果能发现某种比特承诺协议存在漏洞,那么基于该类型的比特承诺协议所构造的数字签名协议或其他密码学协议的安全性均存在同样的漏洞。因此在密码分析学上,对于比特承诺协议和零知识证明系统的安全性进行深入研究也是十分有必要的。比特承诺协议的零知识性很容易理解,就是在给出可验证的承诺的同时,对于证据本身加以保护。但如果零知识证明的对象是某个困难问题,问题的答案具有某种动态性,因而导致验证者不能只通过承诺的方式确信证明者的完备性。

6.2.3 图同态问题证明协议

在计算复杂性理论中存在一类困难问题,这类困难问题在多项式时间内没有有效算法能给出问题的解答,被称作 NP 问题。假设某证明者知道某个 NP 问题的解答,但验证者需要证明者给出证据来确信证明者确实拥有该 NP 问题的解答,这样就面临着一个两难局面,一方面证明者需要提供证据证明该 NP 问题,另一方面证明者又不希望验证者可以根据自己给出的证据也获得该 NP 问题的证明能力。使用交互式零知识证明协议能解决上述问题。在本节中,将给出著名的 NP 问题——图同态问题(graph isomorphism)的交互式零知识证明协议[12]。

定义 6.3(图同态问题) 给定一对简单图 $G_1 = (V_1, E_1)$ 和 $G_2 = (V_2, E_2)$,如果图 G_1 与图 G_2 同态,那么便存在双射函数 $\varphi: E_1 \leftrightarrow E_2$,对于图 G_1 中所有的边 $(u, v) \in E_1$,均有对应边 $\varphi(u, v) \in E_2$。

从定义中我们可以看出,证明图同态问题的关键在于证明者必须让验证者确信双射函数 $\varphi: E_1 \leftrightarrow E_2$ 的存在性,但又不能泄露该双射函数的任何信息。图同态问题如图 6-3 所示。构造 6.2 给出了对于该问题零知识证明协议的描述。

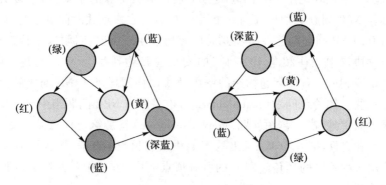

图 6-3 图同态问题实例

构造 6.2(图同态问题的交互式零知识证明协议) 给定简单图 $G_1 = (V_1, E_1)$

和 $G_2 = (V_2, E_2)$，验证者 V 与证明者 P 对于图 G_1 和图 G_2 的交互式零知识证明过程如下：

① 证明者 P 随机选择双射函数 $\pi : E_2 \leftrightarrow E_2'$，计算出图 $G_2 = (V_2, E_2)$ 的同态图 $G_2' = (V_2, E_2')$

$$E_2' = \{ (\pi(u), \pi(v)) : u, v \in V_2; (u, v) \in E_2 \}$$

证明者 P 将同态图 $G_2' = (V_2, E_2')$ 传输给验证者 V。如果 G_1 与 G_2 同态，那么 G_2' 与 G_1、G_2 均同态；否则 G_2' 与 G_1、G_2 均不同态。

② 验证者 V 从证明者 P 处收到图 $G_2' = (V_2, E_2')$ 之后，随机选择参数 $\sigma \in \{1, 2\}$。随后验证者 V 要求证明者 P 说明图 G_σ 与图 G_2' 是否同态。

③ 证明者 P 收到验证者 V 发送的参数 σ 之后，当 $\sigma = 2$ 时，证明者 P 返回双射函数 π，验证者可通过函数 π 验证图 G_2 与图 G_2' 具有同态性；当 $\sigma = 1$ 时，证明者 P 返回双射函数 $\pi \times \varphi$，显而易见，验证者可通过双射函数 $\pi \times \varphi$ 验证图 G_1 与图 G_2' 具有同态性。

④ 如果图 G_σ 与图 G_2' 同态，验证者 V 输出 1，否则输出 0。

由于证明者通过随机选择的双射函数 $\pi : E_2 \leftrightarrow E_2'$ 来使验证者确信图 G_1 与图 G_2 之间的同态性，验证者无法获得任何关于图 G_1 与图 G_2 之间直接的双射函数 $\varphi : E_1 \leftrightarrow E_2$（可以将双射函数 $\pi \times \varphi$ 看作使用双射函数 π 对函数 φ 进行一次一密的加密操作）。由于图同态问题作为一个非常有代表性的 NP 问题，其交互式零知识证明协议具有非常好的指导意义。其他类似 NP 问题也能通过适当修改上述交互式零知识证明协议加以实现。在下面的小节中，将进一步介绍一类特殊 NP 问题的交互式零知识证明协议。

6.2.4　图着色问题证明协议

在计算复杂性理论中，NP 问题集合中包含一类特殊的子集，属于该类子集的问题被称作 NPC 问题。如果任何一个 NPC 问题存在多项式时间算法可解，那么可推导出所有的 NP 问题均能在多项式时间可解。由于 NPC 问题这一特殊性质，因而在密码学协议中往往倾向于将协议的安全性归约到某个 NPC 问题的困难性。从理论上来说，基于 NPC 问题构造的密码学协议比同样基于 NP 问题的协议安全性要更好一些。图着色问题（graph coloring）也是所有 NPC 问题当中具有代表性的一个问题。简单地说，三色图问题（graph 3-coloring）就是给定任意简单图（顶点不存在平行边和自回路）$G = (V, E)$，V 为图 G 中所有顶点的集合，E 为图 G 中所有边的集合。用 3 种不同的颜色给图 G 的所有顶点上色，图 G 中任意相邻的顶点不能采用相同的颜色。

当简单图 G 顶点较少的时候还能通过状态空间搜索的方法来查询着色问题的答案。著名的四色地图问题也是图着色问题的一个特例。在电子计算机的帮助下,是否能用四种颜色给世界地图上所有的国家着色,同时相邻两国家所用颜色不同这一猜想得到了自动化证明。但该证明方法并不是从理论上的推导,而仅仅是搜索所有可能组合的方式来找寻可能的解答。采用图着色问题这样的 NPC 问题来构造零知识证明协议具有很好的启发性,同时如果证明过程破坏了零知识特性也能较直观地显现出来。在给出三色图问题的零知识证明协议之前,我们先给出协议必须满足条件的形式化定义。为了便于分析,通过对偶图的方式将图着色问题转换为等价的点着色问题,如图 6-4 所示。

定义 6.4(三色图问题) 给定简单图 $G=(V,E)$,如果图 G 是三色图,那么存在映射 $\varphi:V\rightarrow\{1,2,3\}$,对于图 G 中所有的边 $(u,v)\in E$,均有 $\varphi(u)\neq\varphi(v)$。

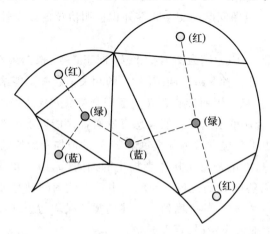

图 6-4　三色图问题转化的直观实例

三色图问题零知识证明协议的构造思路是发送者 S 将问题的证明分成许多个采取固定模式的子问题的证明,每个子问题的证明将会是多项式时间的三色图问题的证明。所有子问题的证明聚集在一起只能让接收者 R 确信发送者具有解决图着色问题知识,但并不能让接收者获得任何三色图问题的知识。下面给出三色图问题交互式零知识证明的形式化描述。

构造 6.3(三色图问题的交互式零知识证明协议) 给定简单图 $G=(V,E)$,发送者 S 与接收者 R 对于图 G 的三色图问题的交互式零知识证明过程如下:

① 发送者 S 首先将图 G 转化为三色图,该三色置换表示为 $\psi:V\rightarrow\{1,2,3\}$。同时 S 选择随机置换 π,计算出同态图 $\pi(G)$ 的三色置换 $\varphi(v)=\psi(\pi(v))$,其中 $v\in V$。发送者 S 将每个 $\varphi(v)$ 的值加密后传输给接收者 R。

② 接收者 R 随机选择边 $(u,v)\in E$,提交给发送者 S。

③ 发送者 S 提供解密 $\varphi(u)$ 和 $\varphi(v)$ 的密钥给接收者 R;接收者 R 解密 $\varphi(u)$ 和 $\varphi(v)$,判断是否有 $\varphi(u)\neq\varphi(v)$,等式成立返回 true,否则返回 false。

接收者 R 重复上述交互式证明步骤安全参数 n 次,如果 n 次证明均成功,失败

概率为

$$\Pr(R^n=\text{false})<1-1/\text{poly}(n)\approx 1$$

从而确信发送者 S 确实具有解决图 $G=(V,E)$ 三色图问题的能力。

下面我们给出上述三色图问题的交互式零知识证明协议的安全性证明,该证明将协议的安全性归约到协议发送者 S 所使用的加密函数的安全性是否成立。详细证明由下述定理给出。

定理 6.2（三色图问题的交互式零知识证明协议的安全性） 如果函数 $\pi:G\to G^*$ 为图 $G=(V,E)$ 同态置换,函数 $\psi,\varphi:V\to\{1,2,3\}$ 为两种不同的三色置换。发送者 S 所使用的加密函数为 $f:\{1,2,3\}^v\to C$,其中 $v\in V$,C 为加密函数 f 的密文空间。那么构造 6.3 给出的三色图问题的交互式零知识证明协议的安全性可归约到加密函数 f 的安全性。

证明:由于函数 $\pi:G\to G^*$ 为图 $G=(V,E)$ 同态置换,根据第 6.2.3 节关于图同态问题的定义可知,发送者 S 给出同态图 G^* 的相关信息并不能给接收者 R 泄露任何与原图 G 相关的信息。因而接收者 R 交互安全参数 n 次获得的三色图信息并不能用来伪装成一个合法的发送者。假设恶意发送者 S' 能以不可忽略的概率给出三色图问题的答案,由于合法发送者 S 将每个 $\varphi(v)$ 的值加密后传输给接收者 R,S' 要么能以不可忽略的概率解密每次接收者提出的询问 $(u,v)\in E$ 的对应值 $\varphi(u)$ 和 $\varphi(v)$,要么能直接解答图 G 的三色图问题。由于三色图问题是公认的 NPC 问题,因而只需给出 $\varphi(u)$ 和 $\varphi(v)$ 的解密值。上述两类情况均与公理和加密函数 f 的安全性前提相矛盾,因而假设错误,定理成立。

在三色图问题的交互式零知识证明协议当中,无法观察出其在现实中的实际应用,但三色图的交互式零知识证明系统有着更深层次的意义。在计算复杂性理论中,由于三色图问题是 NPC 问题,其他的 NPC 问题如背包问题、欧拉图问题等均可以与三色图问题等价。根据构造 6.3 给出的零知识证明协议,可以很容易地推导出其他 NPC 问题类似的交互式零知识证明协议。

6.2.5　Schnorr 身份鉴别协议

本节将证明基于离散对数困难问题的 Schnorr 身份鉴别协议[4]实际是一个非常有代表性的交互式零知识证明协议,在诸多高级应用协议(例如电子货币、群签名等)中有广泛用途,因此将其作为本章的重点内容进行介绍。

在 Schnorr 零知识身份鉴别协议中,无论诚实验证者(honest-verifier)或者恶意验证者(cheating-verifier)均无法获取有关证明者拥有秘密值(在协议中,该秘密值通常为一个离散对数)的任何有用信息。诚实验证者能够通过鉴别协议确信证明者拥有正确的秘密值。证明 Schnorr 身份鉴别协议为零知识的思路可根据定义 6.1 进行,简单概括为:如果验证者与证明者在协议交换过程中所获得的协议副本能够在即使证明者没有参与的情况下也能模拟出来,那么我们就可以断定验证者通过该协议获取不了任何有关证明者所拥有的秘密,该协议即为零知识证明协议。

图 6-5 描述了一轮 Schnorr 身份鉴别协议的情形,其中 $G = \langle g \rangle$ 是阶为 n(大的素数)的群;$x \in_R \mathbb{Z}_n$ 为证明者拥有的秘密离散对数值,$y = g^x$ 为公钥,函数 H 代表安全密码学散列函数;a、c、r 可以分别看成是承诺、挑战和应答信息。

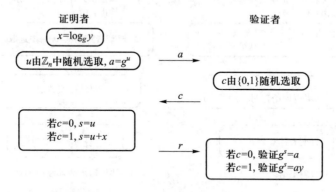

图 6-5 Schnorr 身份鉴别协议

1. 协议完备性(completeness)

Schnorr 身份鉴别协议的完备性可由下列签名验证公式给出:

$$g^s = g^{u+cx} = g^u g^{cx} = \begin{cases} g^u = a, & c = 0 \\ g^u g^x = ay, & c = 1 \end{cases}$$

2. 协议合法性(soundness)

若证明者不知道秘密值 x,假设证明者能预测挑战 c 的值,那么对于 $c = 0$,可以令 $a = g^u$,并将 $r = u$ 作为应答信息,则 $g^s = a$ 成立;对于 $c = 1$,令 $a = g^u/y, r = u$,则 $g^s = ay$ 成立。因此,只要恶意验证者能猜测 c 的值,就总可以成功地让验证者相信其知道 x 的值。但如果证明者无法准确预测 c 的值,那么其无法分别对于 $c = 0$ 和 $c = 1$ 的情况准备正确的应答。可以从如下推导得出结论:假设恶意证明者可以分别准备不同的证明值 (s, r, c) 和 (s', r, c'),则有:

$$g^s = g^r y^c, \quad g^{s'} = g^r y^{c'} \rightarrow g^{s-s'} = g^{c-c'}, \quad y = g^{\frac{s-s'}{c-c'}}$$

这就意味着,证明者已经知道秘密值 $x = (s-s'/c-c')$,这样 Schnorr 身份鉴别协议的合法性即得到证明。

从上述分析可知,不知道秘密值的恶意验证者在一轮 Schnorr 协议中欺骗成功的概率为 $1/2$。因此,可以让协议执行 k 轮,欺骗成功的概率就降低至 $1/2^k$,当 k 取值很大的时候,欺骗成功的概率可以忽略不计。

3. 零知识

下面进一步说明 Schnorr 身份鉴别协议对于诚实验证者和恶意验证者来讲均为零知识证明协议。

（1）诚实验证者

对于诚实验证者来讲,意味着 c 的取值是随机均匀地从 $\{0,1\}$ 中挑选。可以根据如图 6-6 所示描述的流程来模拟协议的过程。

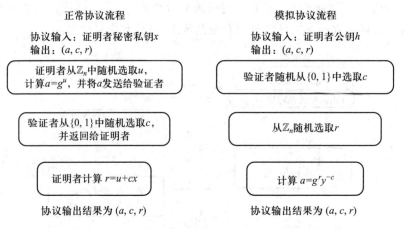

图 6-6　诚实验证者模拟协议流程

从图 6-6 可以看出,在正常协议和模拟协议中,c、r、u 均为随机选取,因此两者中的 a 的计算结果也是随机的,两个流程的输出结果分别为:

诚意验证者 $\{(a,c,r) \mid u \in \mathbb{Z}_n, c \in \{0,1\}; a=g^u, r=u+cx\}$

恶意验证者 $\{(a,c,r) \mid r \in \mathbb{Z}_n, c \in \{0,1\}; a=g^r y^{-c}\}$

不仅均满足 Schnorr 协议中的验证方程,它们的概率分布也完全相同。这说明在没有证明者参与的情况下,仅仅通过证明者的公开密钥也能通过模拟协议得到相同的输出。因此,在离散对数困难问题假设下,正常协议流程不会泄露任何有关证明者秘密值 x 的信息,Schnorr 身份鉴别协议在诚实验证者情形下为零知识证明协议。

（2）恶意验证者

恶意验证者与诚意验证者之间最大的区别是恶意验证者在正常协议过程中对于 c 的选取有可能不是随机的,这样模拟的过程中如果随机选取 c,那么两者的输出中 c 的分布便不同。因此在模拟协议流程中,必须根据恶意验证者返回的挑战信息进行输出的调整,如图 6-7 所示。

从上述过程可以看出,由于 c 是从 $\{0,1\}$ 中取值,$c \neq c_v$ 的概率至多为 $1/2$,这也意味着模拟协议只要平均执行两次就能模拟得到在没有证明者参与情况下与正常协议分布完全相同的输出 $\{a,c,r\}$。因此,Schnorr 身份鉴别协议在恶意验证者的情形下也为零知识证明协议。

协议过程中由于 u 随机选取,所以 r 也是随机的。基于 Schnorr 算法的身份鉴别和签名,大部分计算都可在预处理阶段完成,效率较高,安全性基于计算离散对

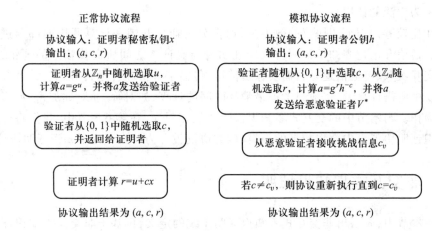

图 6-7　恶意验证者模拟协议流程

数的困难性。同时基于 Schnorr 身份鉴别协议,并加以一定形式的变形,能获得具有某些特殊性质的数字签名协议,如盲签名、群签名等。在后续小节中,将基于 Schnorr 身份鉴别协议介绍具有特殊性质的零知识证明协议。

4. 实用型 Schnorr 协议 V-Schnorr

从前面分析可知,要提高 Schnorr 身份鉴别协议的安全性,协议需要执行 k 轮,使得恶意验证者在不知道秘密值的情况下伪装诚实验证者成功的概率仅为 $1/2^k$,在 k 值比较大的情况下,攻击成功的概率可以忽略不计。

因此,进行 k 轮协议的迭代可以保证 Schonrr 身份鉴别协议的安全性,但也带来了效率方面的问题。因为要提高安全性,k 必须选取较大的整数,这样由于每一轮都需要进行一些模幂运算,使得协议的计算复杂度大大增加,实用性大打折扣。下面首先讨论将 c 的取值放大到任意整数的情况,然后再讨论协议的安全性和计算复杂度。可以将这种变形的 Schnorr 身份鉴别协议记作 V-Schnorr。

在 V-Schnorr 协议中 c 的取值范围不再是 $\{0,1\}$,而是 $\mathbb{Z}_n$。V-Schnorr 协议的完备性和合法性证明与 Schnorr 协议类似,这里不再赘述。对于不知道秘密离散对数值的恶意验证者来说,在第一条消息给出承诺之后,至多能对一条挑战信息作出正确的应答,因此攻击成功的概率至多为 $1/n$,在 n 值较大的情况下,成功的概率可以忽略不计。

从上述分析可以看出,变形后的 V-Schnorr 协议计算复杂度得到了很大程度的降低,仅仅需要进行一轮模幂计算,同时还满足完备性和合法性。但变形后的 V-Schnorr 是否仍然满足零知识证明的性质呢?答案是否定的,但 V-Schnorr 对于诚实验证者来说仍然是零知识证明协议,原因留给读者思考。

虽然 V-Schnorr 不完全满足零知识证明的性质,但到目前为止,仍然没有发现对它比较有效的攻击方法,并且由于其在效率上的优势,作为身份鉴别协议仍然得到了较为广泛的使用。

　　在比较零知识证明协议的效率上，通常分为通信开销和计算开销两部分进行考虑。通信开销是零知识证明协议中证明者与验证者之间所需传输上的开销，一般将交互次数、传输信道是否需要保密信道、传输字节量综合进行考虑。计算开销是协议中所需计算量，一般只考虑最消耗时间的计算，如对称/非对称加密、数字签名等操作。与本节中的交互式零知识证明协议相对应，在第 6.3 节中，我们将介绍零知识证明协议当中效率较高的一类，该类协议被称为非交互式零知识证明协议。

6.3　非交互式零知识证明

　　在本节中，先给出非交互式零知识证明系统的定义，再基于非交互零知识证明系统在实际中的典型应用，如公钥加密协议，对其进行详细描述。

6.3.1　非交换式零知识证明系统定义

　　非交互式零知识证明系统指的是证明者和验证者之间交互次数至多只有一次的零知识证明协议，换句话说，证明者仅需发送一条消息给验证者，就能使其确信证明者拥有解决某个困难问题的知识。

　　为了达到最小化交互次数的目的，证明者和验证者被赋予访问一个事先确定的、随机性的可信第三方（函数或预言机）的权利。在现实中，该可信第三方（函数或预言机）往往是一个密码散列函数，如 SHA–1，RIPE-MD 和 MDC2 等。与理论性很强的交互式零知识证明协议相比，非交互式零知识证明协议有着更强的实际意义。现实当中广泛使用的公钥加密协议和数字签名协议都可看作是非交互式零知识证明协议的实例。

　　定义 6.5（非交互式零知识证明系统）　假定图灵机 (P, V) 非交互式（P 至多只发送一个消息给 V）证明困难问题 L，(P, V) 均能访问随机变量 $R \in \{0, 1\}^{1/\text{poly}(|x|)}$。对于给定困难问题 L，我们认定 (P, V) 直接的非交互式证明过程满足零知识证明性质，如果对于任意的概率多项式时间图灵机 V^*，对应地有概率多项式时间算法 M^* 使得如下两个集合实体（ensembles），

　　$\{(P, V^*)(x, R)\}$：P, V^* 针对输入 $x \in L$ 的交互后输出

　　$\{M^*(x, R)\}$：算法针对输入 $x \in L$ 的独立输出

对于多项式时间区分算法 D 可区分的概率为可忽略值 ε（negligible），

　　$$\left| \Pr(D(\{(P, V^*)(x)\}) = 1) - \Pr(D(\{M^*(x)\}) = 1) \right| < 1/\text{poly}(|x|) < \varepsilon$$

　　在上述非交互式零知识证明系统基本定义之上，我们通过给出非交互零知识证明协议中的 RSA 签名协议和 Schnorr 数字签名协议来说明非交互式零知识证明系统是如何来解决实际问题。

6.3.2 RSA 签名协议

RSA 算法是第一个能同时用于加密和数字签名的算法,易于理解和操作,也是被研究得最广泛的公钥算法,从提出到现在已有 40 余年,经历了各种攻击的考验,逐渐为人们所接受,被普遍认为是目前最优秀的公钥方案之一。RSA 算法的安全性依赖于大数的因子分解,公钥和私钥都是两个大素数,从现有大整数分解算法来看,其长度必须大于 1 024 bit 才被视作安全。从一个密钥和密文推断出明文的难度等同于分解两个大素数的积。基于 RSA 的公钥加密、签名协议的公/私钥产生算法如下:

① 密钥的产生。选择两个大素数 p 和 q,计算 $n = p * q$。

② 随机选择加密密钥 e,要求 e 和 $(p-1) \times (q-1)$ 互质。利用 Euclid 算法计算解密密钥 d,满足 $e \times d = 1(\mod(p-1) \times (q-1))$,其中 n 和 d 也要互质。数 e 和 n 是公钥,d 是私钥。此时,两个素数 p 和 q 不再需要,应该严格保密或完全擦除。

③ 证明者 P 对信息 m(二进制表示)进行签名操作时,通过密码学散列函数 $H( )$ 计算 m 所对应的散列值。由此消息 m 对应的签名为:

$$s = (H(m))^d \mod n$$

④ 给定签名 (m,s),验证者 V 使用证明者 P 的公开密钥 e 来验证其合法性:

$$H(m) = s^d \mod n = (H(m))^{ed} \mod n$$

由于 RSA 加密算法和签名算法的互逆性,从上述 RSA 签名过程中可知,如果有伪造者能以不可忽略的概率伪造一个合法的签名,那么很容易基于该成功伪造者构造出一个概率不可忽略的破解 RSA 加密的算法,由此证明了 RSA 签名协议具有完备性。虽然现有证明还无法将其与大整数分解问题完全等价,但一般将 RSA 问题的困难性与大整数分解问题视作具有一致性。由于 RSA 签名协议具备了零知识证明系统的合法性和完备性,同时证明者与验证者也只需交互一次,因而符合非交互零知识证明协议的定义。

6.4 零知识证明中的 Σ 协议

在第 6.3 节中根据证明过程交互复杂程度,分别介绍了交互式和非交互式零知识证明协议的相关定义和若干实例。基于零知识证明协议的定义,如果对协议所必须满足的完备性和合法性做出某种进一步的特殊限制,能得到零知识证明协议集合当中一类具有特殊性质的协议。在本节中,首先给出该特殊限制下零知识证明协议的定义,随后对该类特殊性质零知识证明协议的实例进行描述。

6.4.1 Σ 协议

Σ 协议又称为特殊诚实验证者(special honest verifier)的零知识证明,是对类似于 Schnorr[4] 和 Okamato[11] 协议的一般化表示形式,能够用来很好地证明基于离散对数的表示问题。Σ协议作为一种非常强大的密码工具,已经被广泛应用于群签名、匿名签名等密码系统的设计中。

在介绍Σ协议定义之前,先引入关联的概念:$R = \{(y;x)\}$ 表示一个二元关联,其中 y 为证明者和验证者均知的公开信息,x 表示证据(witness),为证明者拥有的秘密值或私钥;$L_R = \{y \mid \exists x:(y;x) \in R\}$ 表示关联语言或关联的集合。

定义 6.6(Σ协议) 假设 (x,y) 属于某种二元关系 R,从 y 推导出关于 x 的任何信息属于困难问题。假定图灵机 (P,V) 具有公开输入 y,x 作为 P 的秘密输入,如果 P 与 V 之间对于证据 x 的零知识证明协议(如图 6-8 所示)具有如下性质:

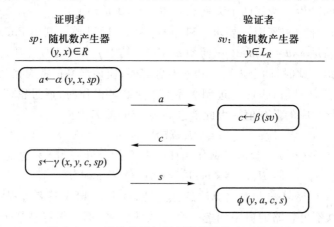

图 6-8　一种特殊零知识证明协议的交互流程图

图中,α、β、γ、ϕ 均为概率多项式时间(PPT)算法。

- **特殊合法性(special soundness)** 对于任意 $y \in L_R$,验证者能在多项式时间内发现证明者给出的证明是否错误,同时如果证明者能给出两组 (a,c,s) 和 (a,c',s'),其中 $c \neq c'$,那么任何人能从 y、(a,c,s) 和 (a,c',s') 计算出证明者所拥有的证据 x,满足 $(y;x) \in R$。

- **完备性(completeness)** 如果严格执行协议,证明者能在多项式时间内使验证者确信其拥有证据 x,其中 $(y;x) \in R$。

- **特殊诚实验证者零知识** 如果对于任意的概率多项式时间图灵机 V^*(诚意验证者),对应的有概率多项式时间算法 M^* 使得如下两个集合实体,

$\{P(x,y),V^*(y)\}$:P,V^* 针对输入 $(y;x) \in R$ 的交互后输出

$\{M^*(y)\}$:算法针对输入 $y \in L_R$ 的独立输出

对于多项式时间区分算法 D 可区分的概率为可忽略值 ε,

$$|\Pr(D(\{P(x,y),V^*(x,y)\}) = 1) - \Pr(D(\{M^*(y)\}) = 1)| < 1/\mathrm{poly}(|x|) < \varepsilon$$

换一种更容易的说法是,对于诚实验证者情形,存在 PPT 模拟器,对于任意的

$y \in L_R$ 和附加输入 c,能够模拟产生与正常诚实证明者和诚实验证者协议交互输出相同概率分布的 (a, c, s)。

那么满足上述性质的零知识证明系统被称作 Σ 协议(Σ-protocols)。特殊合法性保证了对于恶意证明者来讲,在不知道秘密值 x 的情况下,能够证明成功的概率不会超过 $1/n$,其中 n 为协议中挑战空间的大小。Σ 协议尽管仅仅要求在诚实验证者情形下为零知识证明,但是它的应用却非常广泛。

上面只是对 Σ 协议给出了定义上的说明,由第 6.3 节中的分析证明可知,Schnorr 数字签名协议属于典型的 Σ 协议。基于 Σ 协议的特殊性质,可将某个 Σ 协议(如 Schnorr 签名协议)按照一定的形式组合起来,用于证明离散对数的表示问题,使给定的 Σ 协议具有特殊的性质(例如,将 Schnorr 签名拓展为群签名、盲签名、代理签名,或者应用到电子货币、电子拍卖,等等)。在随后的小节中,我们将讨论如何针对类似 Schnorr 的 Σ 协议来组合构造具有特殊性质的零知识证明系统。

6.4.2 Σ 协议的各种组合形式

与一般零知识证明协议相比,Σ 协议的特殊性在于其具有组合性,能组合演化出各种新的具有特殊性质的 Σ 协议。本节将基于 Schnorr 签名协议这一典型的 Σ 协议,分别介绍 Σ 协议组合形式的 4 种类型:平行组合(parallel composition)、AND 组合、EQ 组合和 OR 组合。虽然 Oded Goldreich 在文献[10]中指出,各种并行或串行的零知识组合不满足一般意义上的零知识定义[3],但接下来介绍的组合模式均能满足 Σ 协议的定义并可在各类密码协议中应用。

1. 平行组合

顾名思义,平行组合指的是两个 Σ 协议的实例平行运行,平行得出结论。为了便于读者理解平行组合,下面以 Schnorr 签名协议为例,说明平行组合是如何实现的,平行组合后的 Σ 协议是否仍然保持 Σ 协议所特有的性质。图 6-9 描述了两个平行的 Schnorr 签名协议,协议均基于证据 $x = \log_g y$。

由于协议随机参数 (r_1, c_1) 和 (r_2, c_2) 均独立随机选取,因而从 Schnorr 签名协议的平行组合模式中可以看出,平行组合后的 Schnorr 签名协议仍然能使用第 6.2.5 节中对于单个 Schnorr 签名协议的证明,从而推导出平行组合后的 Schnorr 签名协议仍然满足 Σ 协议。由于该证明过程比较简单,留作本章习题供读者练习。

在实际中,平行组合对于 Σ 协议的意义在于针对某个给定的 Σ 协议,平行组合后能使协议支持更长的挑战 c,从而使协议能够提供更长的承诺空间。以 Schnorr 签名协议为例,平行组合前证明者与验证者能对长度为 n 的消息 m 进行非交互式证明($C = H(m)$,无须传输);在平行组合后,证明者与验证者能对长度为 $2n$ 的消息 m' 进行非交互式证明。同时,平行组合前恶意证明者攻击成功的概率为 $1/n$,在平

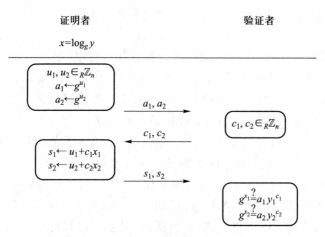

图 6-9 Schnorr 签名协议的平行组合模式

行组合后,挑战空间为之前的两倍,该攻击成功的概率降低至 $1/2n$。

2. AND 组合

给定两组不同的二元关系 $R_1 = \{(y_1; x_1)\}$ 和 $R_2 = \{(y_2; x_2)\}$,如何使用 Σ 协议来证明两组二元关系的交集 $R_1 \cap R_2 = \{(y_1, y_2)\;;(x_1, x_2) \mid (y_1; x_1) \in R_1, (y_2; x_2) \in R_2\}$?通常的方法是使用平行组合的 Σ 协议,用两个平行的 Σ 协议分别来证明两组不同的二元关系。另外一种可行的方法是使用 AND 组合的 Σ 协议,在两组不同二元关系的零知识证明过程中使用同一个挑战 c,而不是像平行组合中分别使用不同的挑战 c_1、c_2。图 6-10 描述了基于 AND 组合的 Schnorr 身份鉴别协议,协议均基于证据 $x_1 = \log_g y_1$ 和 $x_2 = \log_g y_2$。

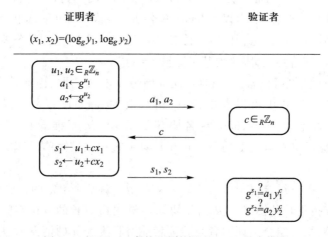

图 6-10 Schnorr 身份鉴别协议的 AND 组合模式

在实际中,AND 组合对于 Σ 协议的意义在于针对两个或两个以上二元关系的证明,AND 组合后能使 Σ 协议使用一致的挑战 c,并且保持 Σ 协议的安全性。这里有一个问题值得讨论,为什么在平行组合中使用不同的挑战,而在 AND 组合中要使用一致的挑战 c? 这是因为在平行组合中使用不同的挑战,无论对于 $c_1 \neq c_1'$ 或者 $c_2 \neq c_2'$ 都能够计算出 $x = (s_1 - s_1')/(c_1 - c_1')$ 或 $x = (s_2 - s_2')/(c_2 - c_2')$,而在 AND 组合模式中,如果使用不同的挑战 c_1、c_2,则在 $c_1 \neq c_1'$ 时,能计算 $x_1 = (s_1 - s_1')/(c_1 - c_1')$,当 $c_2 \neq c_2'$ 时,$x_2 = (s_2 - s_2')/(c_2 - c_2')$。也就是仅仅只有 $c_1 \neq c_1'$ 且 $c_2 \neq c_2'$ 时,能够计算出 x_1、x_2 的值,这不满足特殊合法性的性质,因此将不是 Σ 协议。

3. EQ 组合

如果我们将 AND 组合的方式稍加变化,便能得到 Σ 协议中非常重要的一种组合方式——EQ 组合,只使用同一个随机参数 u 和挑战 c,能使验证者确信 (x, y_1),(x, y_2) 满足 $\{(y_1, y_2); x) \mid (y_1; x) \in R, (y_2; x) \in R_2\}$,即 $\{(g_1, y_1, g_2, y_2; x) \mid y_1 = g_1^x, y_2 = g_2^x\}$。图 6-11 描述了基于 EQ 组合的 Schnorr 身份鉴别协议,该组合能够很方便地推广到针对一个基于一对多关系 $(x, y_1, y_2, \cdots)$ 的零知识证明协议。

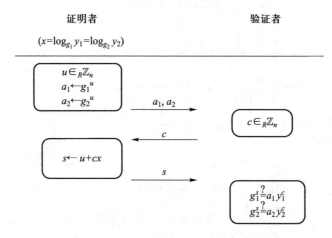

图 6-11 Schnorr 签名协议的 EQ 组合模式

EQ 组合模式的完备性和特殊合法性根据之前的方法很容易得到验证,下面讨论它的特殊诚实验证者零知识特性。对于正常的协议交换所得到的输出 (a_1, a_2, c, s) 及在诚实验证者情况下模拟的输出分别为:

$$\{(a_1, a_2, c, s) \mid u, c \in_R \mathbb{Z}_n; \quad a_1 = g_1^u; \quad a_2 = g_2^u; s = u + cx\}$$

$$\{(a_1, a_2, c, s) \mid c, s \in_R \mathbb{Z}_n; \quad a_1 = g_1^s h_1^{-c}; \quad a_2 = g_2^s h_2^{-c}\}$$

由于 (u, c) 和 (c, s) 均为随机选取(在诚实验证者情形下,模拟过程中的 c 可看成是随机选取的,这是与恶意验证者的最主要区别),这两者的概率分布是相同的,因此 EQ 组合模式满足特殊诚实验证者零知识特性,为 Σ 协议。

4. OR 组合

基于 Σ 协议的 OR 组合是非常有趣和有效的,特别是应用于构造那些具备不可区分性质的实例时。从理论上来说,不论其基本的 Σ 协议如何运行,我们都能构造有效的 OR 组合,使组合后的协议仍然保持 Σ 协议的特性。

图 6-12 描述的是对于关联关系 $R_1 \cup R_2 = \{(y_1, y_2) ; (x_1, x_2) \mid (y_1; x_1) \in R_1 \cup (y_2; x_2) \in R_2\}$,即 $\{(g_1, y_1, g_2, y_2; x_1, x_2) \mid y_1 = g_1^x \cup y_2 = g_2^x\}$ 所创建的 Σ 协议。OR 组合的思想是若证明者知道秘密值的其中一个,那么对于证明者所知的秘密值可以通过一个 Schnorr Σ 协议来实现零知识证明,而对于另外一个自己所不知道的秘密值,则通过特殊诚实验证者零知识特性进行模拟,最终的结果是验证者能确信证明者知道其中一个秘密值,但无法确定证明者拥有的是哪个秘密值。由于很容易将 OR 组合推广到有若干个秘密值的情形,因此,可以利用这个组合来构建群签名系统,在本章的剩余部分我们将通过 OR 组合来构建一个简单的群签名方案。

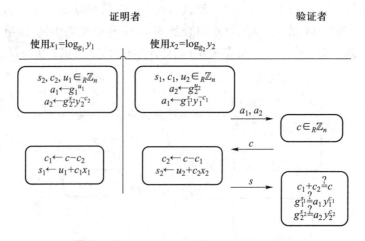

图 6-12　Schnorr 签名协议的 OR 组合模式

下面我们假定证明者拥有的秘密值为 x_1 来证明 OR 组合仍然是一个 Σ 协议,证明者拥有秘密值 x_2 的证明过程与之类似。

• 完备性　由图 6-12 所示流程可以看出,首先 $c_1 + c_2 = c - c_2 + c_2 = c$;其次,$g_1^{s_1} = g_1^{u_1 + c_1 x_1} = a_1 y_1^{c_1}, g_2^{s_2} = a_2 y_2^{c_2}$ 完备性即得到证明。

• 特殊合法性　若 $(a_1, a_2, c, c_1, c_2, s_1, s_2)$ 和 $(a_1, a_2, c', c_1', c_2', s_1', s_2')$ 为恶意证明者(在给出承诺 a_1, a_2 之后对不同的挑战 $(c \neq c')$ 给出的两个正确的应答),则 $c_1 \neq c_1'$ 或 $c_2 \neq c_2'$,或 $c_1 \neq c_1'$ 且 $c_2 \neq c_2'$,由 $g_1^{s_1} = a_1 y_1^{c_1}, g_2^{s_2} = a_2 y_2^{c_2}, g_1^{s_1'} = a_1 y_1^{c_1'}, g_2^{s_2'} = a_2 y_2^{c_2'}$,有 $g_1^{s_1 - s_1'} = y_1^{c_1 - c_1'}$,即 $x_1 = s_1 - s_1'/c_1 - c_1', g_2^{s_2 - s_2'} = y_2^{c_2 - c_2'}$,即 $x_2 = s_2 - s_2'/c_2 - c_2'$,若 $c_1 \neq c_1'$,可以得到出 x_1 的值;同理,若 $c_2 \neq c_2'$,可以得到出 x_2 的值,无论哪种情况,都能得到其中一个秘密值,特殊合法性即证。

• 特殊诚实验证者零知识　对于 OR 组合,正常的协议交换所得到的输出及在诚实验证者情况下模拟的输出分别为:

$$\{(a_1,a_2,c_1,c_2,s_1,s_2)\mid u_1,s_2,c_2,c\in_R\mathbb{Z}_n;\quad a_1=g_1^{u_1};$$

$$a_2=g_2^{s_2}y_2^{-c_2};\quad c_1=c-c_2;\quad s_1=u_1+c_1\,x_1\}$$

$$\{(a_1,a_2,c_1,c_2,s_1,s_2)\mid s_1,s_2,c_1,c\in_R\mathbb{Z}_n;\quad a_1=g_1^{s_1}y_1^{-c_1};$$

$$a_2=g_2^{u_2};\quad c_2=c-c_1;\quad s_2=u_2+c_2\,x_2\}$$

由于验证者是诚实的,所以 c 的选取是随机的,因此,两者的概率分布相同,也就意味着 OR 组合满足特殊诚实验证者零知识特性,上述过程为 Σ 协议。

6.5　将 Σ 协议转化为非交互式的数字签名

如果将哈希函数 $H(\cdot):\{0,1\}^*\to\{0,1\}^k$ 视为随机预言机(random oralce),那么能够很方便地将 Σ 协议转化为非交互式的零知识证明(为了方便起见,我们将非交互式 Σ 协议记作 N-Σ 协议),并像数字签名一样能够被其他多个实体进行验证。若将消息 m 嵌入哈希函数,N-Σ 协议即能够转换为高效的数字签名。下面以 Schnorr 身份鉴别协议(如图 6-5 所示,c 的取值为随机从 $\mathbb{Z}_n$ 中选取)为例来说明如何进行转化。

假定待签名的消息为 m,c 的取值不再是由验证者从 $\mathbb{Z}_n$ 中随机选取,而是由证明者自己产生 $c=H(a,m)$。如果将哈希函数看成是随机预言机,那么 c 的值等同于随机选取的。这样,对消息 m 的 Schnorr 签名结果即为 (c,s),验证者只需确认方程 $c=H(g^sy^{-c},m)$ 是否成立即可完成对签名的检验。

完整的 schnorr 签名方案如图 6-13 所示,其中群 $G=\langle g\rangle$ 的阶为大的素数 n。$\{0,1,\cdots,2^{k-1}\}\subseteq\mathbb{Z}_n$。

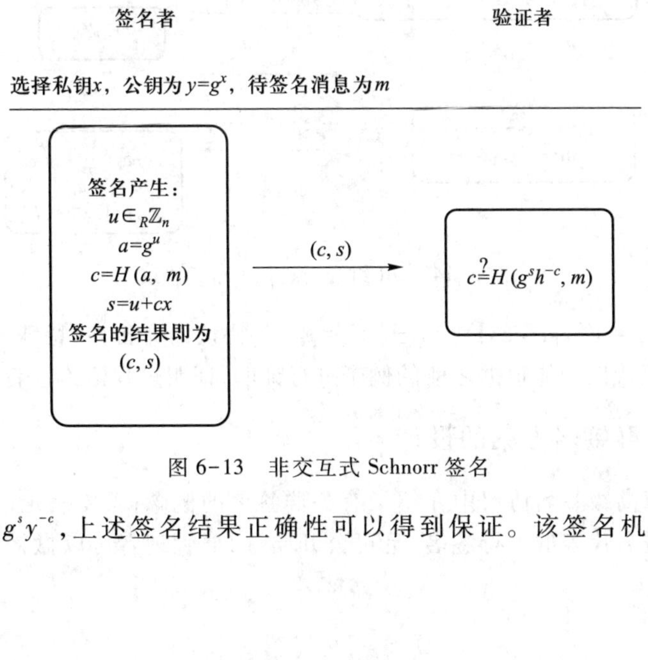

图 6-13　非交互式 Schnorr 签名

由于 $a=g^sy^{-c}$,上述签名结果正确性可以得到保证。该签名机制效率很高,

$a = g^u$可以事先计算得到,大大减少了签名的时间,签名长度为 $2k$,若哈希函数选择 SHA-1,则签名长度仅为 320 bit。在很多存储资源受限的场合,例如移动电子商务终端、无线环境等,存储量的减少使得在类似的平台建立安全机制的可能性更加可行。上述签名在随机预言模型下是安全的。

6.6　利用 Σ 协议组合模型设计密码协议范例

本节介绍如何利用 Σ 协议的组合模型来设计密码协议,将利用 OR 组合模型构建简单的群签名。

6.6.1　OR 模型的一般化过程

在设计简单的群签名之前,先引入关联 $R_{(1,l)} = \{(y_1, \cdots, y_l); x \mid \exists_{i=1}^{l} y_i = g^x\}$,这是 OR 组合的一般化模型,群 $G = \langle g \rangle$,$y_1, \cdots, y_l$ 为群中的元素。证明者知道其中一个群元素的离散对数值,不失一般性,假设证明者知道的是 $y_1 = g^{x_1}$。一般化的 OR 组合的 Σ 协议设计思路是利用 Schnorr 协议证明自己所获知的那个秘密值,其他的利用模拟的方式来完成最终的证明,协议如图 6-14 所示。

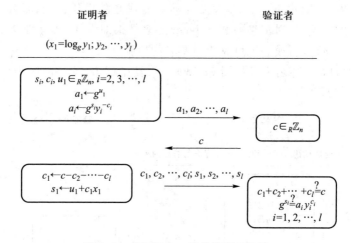

图 6-14　OR 组合一般化模型 Σ 协议

关联 $R_{(1,l)} = \{(y_1, \cdots, y_l); x \mid \exists_{i=1}^{l} y_i = g^x\}$ Σ 协议的完备性、特殊合法性和诚实验证者零知识特性均能根据之前的例子进行证明,证明过程留给读者进行思考。

6.6.2　简单群签名方案的设计

在第 5 章高级签名协议中介绍了有关群签名的概念,需要满足的基本条件为群成员可以匿名代表群进行签名,且可公开验证,群管理者可以撤销匿名,恢复签名者的身份。

第 6.4 节中 OR 组合的一般化模型能够让证明者证明若干秘密中自己所拥有其中一个,而且从证明的结果无法获知证明者拥有秘密值的情况。这一特性正好可以用来设计群签名协议,具体思路是:将 OR 组合的一般化模型转换为非交互的数字签名机制;每个群成员拥有自己的私钥和公钥,每次群成员进行群签名相当于一次 OR 组合的一般化模型转换而来的数字签名;引入群管理者的角色,每一次群成员在签名时,将自己的公钥信息用群管理者的公钥加密(使用 ElGamal 加密体制 [ElGamal]),这样群管理者就可以用自己的私钥解开加密值获得签名者的公钥信息,也就相当于获得了签名者的身份信息;群成员在签名过程中还须用 Σ 协议证明自己确实将自己公钥信息用群管理者的公钥进行了加密。

1. 基于 OR 组合的群签名协议设计

(1) 系统参数

$G = \langle g \rangle$,具有大的素数阶 n,有 l 个群成员 $M_1, \cdots, M_l$,每一个群成员 M_i 在群管理者 M 处注册获取私钥 x_i,对应的公钥为 $y_i = g^{x_i}$(注意:在完善的群签名机制中,需要更好地设计注册过程,使得群管理者无法获知群签名的私钥,也就无法伪造群成员进行签名)。群管理者的私钥、公钥分别为 x_0 和 $y_0 = g^{x_0}$,群公钥为 $y = (y_0, y_1, \cdots, y_l)$。

(2) 签名产生和验证

不失一般性,假定群成员 M_1 将自己的公钥信息 y_1 用群管理者的公钥 y_0 进行 ElGamal 加密:随机选取 $r \in \mathbb{Z}_n$,计算 $(a, b) = (g^r, y_0^r g^{x_1})$。

接下来 M_1 通过非交互的方式证明在签名中确实含有自己公钥 y_1 的加密信息,并且拥有该公钥对应的秘密私钥信息,即证明如图 6-15 中所示的关联:

$$R'(1, l) = \{(a, b, y_1, y_2, \cdots, y_l; r, x) \mid a = g^r, b = y_1^r g^{x_1}, \exists_{i=1}^l y_i = g^{x_1}\}$$

图 6-15 描述了基于 OR 组合一般化模型的群签名协议的签名和验证过程。

(3) 匿名撤销

将签名结果 (a, b) 发送给群管理者,群管理者计算 b/a^{x_0},其结果即为群成员的公钥,这样就能将签名者的身份识别出来。

2. 所设计群签名的 Σ 协议性质证明

上述设计的协议具备了群签名的基本性质,例如群成员可以代表群进行匿名签名,签名的结果可由任何人利用群公钥进行验证。群管理者可以在特殊情况下撤销签名的匿名特性,恢复签名者的群成员身份。

下面将证明上述群签名协议为一个 Σ 协议,具备完备性、特殊合法性和特殊诚实验证者零知识特性。

(1) 完备性

从图 6-15 可知,显然有:

$$c = c_1 + c_2 + \cdots + c_l$$

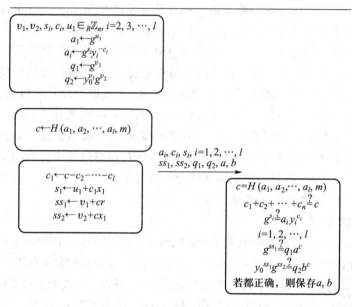

证明者　　　　　　　　　　　　　　　验证者

$v_1, v_2, s_i, c_i, u_1 \in_R \mathbb{Z}_n,\ i=2,3,\cdots,l$
$a_1 \leftarrow g^{u_1}$
$a_i \leftarrow g^{s_i} y_i^{-c_i}$
$q_1 \leftarrow g^{v_1}$
$q_2 \leftarrow y_0^{v_1} g^{v_2}$

$c \leftarrow H(a_1, a_2, \cdots, a_l, m)$

$a_i, c_i, s_i,\ i=1,2,\cdots,l$
$ss_1, ss_2, q_1, q_2, a, b$

$c_1 \leftarrow c - c_2 - \cdots - c_l$
$s_1 \leftarrow u_1 + c_1 x_1$
$ss_1 \leftarrow v_1 + cr$
$ss_2 \leftarrow v_2 + cx_1$

$c = H(a_1, a_2, \cdots, a_l, m)$
$c_1 + c_2 + \cdots + c_n \overset{?}{=} c$
$g^{s_i} \overset{?}{=} a_i y_i^{c_i}$
$i = 1, 2, \cdots, l$
$g^{ss_1} \overset{?}{=} q_1 a^c$
$y_0^{ss_1} g^{ss_2} \overset{?}{=} q_2 b^c$
若都正确，则保存 a, b

图 6-15　基于 OR 组合一般化模型的群签名

$$g^{s_1} = g^{u_1 + c_1 x_1} = a_1 y_1^{c_1}$$

$$a_i y_i^{c_i} = g^{s_i} y_i^{-c_i} = g^{s_i}, \quad i = 2, 3, \cdots, l$$

$$g^{ss_1} = g^{v_1 + cr} = q_1 a^c$$

$$y_0^{ss_1} g^{ss_2} = y_0^{v_1 + cr} g^{v_2 + cx_1} = y_0^{v_1} g^{v_2} \left(y_0^r g^{x_1} \right)^c = q_2 b^c$$

因此完备性即证。

（2）特殊合法性

由于该群签名协议中含有 Schnorr 作为其中一部分，所以合法性可由 Schnorr 协议继承得到。

（3）特殊诚实验证者零知识特性

正常协议过程输出和模拟输出分别如下：

$$\{ (a_1, \cdots, a_l, q_1, q_2, c, c_1, \cdots, c_l, s_1, \cdots, s_l, ss_1, ss_2) \mid u_1, s_2, \cdots, s_l, c_2, \cdots, c_l, v_1, v_2 \in_R \mathbb{Z}_n \};$$

$a_1 \leftarrow g^{u_1}; a_i = g^{s_i} y_i^{-c_i}, i = 2, 3, \cdots, l; c_1 \leftarrow c - c_2 - \cdots - c_l; s_1 \leftarrow u_1 + c_1 x_1; q_1 = g^{v_1}; q_2 = y_0^{v_1} g^{v_2}; ss_1 \leftarrow v_1 + cr; ss_2 \leftarrow v_2 + cx_1$

$$\{ (a_1, \cdots, a_l, q_1, q_2, c, c_1, \cdots, c_l, s_1, \cdots, s_l, ss_1, ss_2) \mid s_1, s_2, \cdots, s_l, c_1, c_2, \cdots, c_l, ss_1, ss_2 \in_R \mathbb{Z}_n \};$$

$a_i = g^{s_i} y_i^{-c_i}, i = 1, 2, \cdots, l; c \leftarrow c_1 + c_2 + \cdots + c_l; q_1 = g^{ss_1} a^{-c}; q_2 = y_0^{ss_1} g^{ss_2} b^{-c};$

能够很容易分析得出，这两组式子的概率分布相同，特殊诚实验证者零知识特性即得到证明。

　　上面的例子仅仅用来说明利用零知识和 Σ 协议来设计密码协议的思路,设计的协议仅仅是简单的具有群签名概念的方案,计算复杂度比较高,而且无法保证能够阻止群管理者伪造群成员进行签名等违规行为,但为读者自行设计更完善的密码协议提供了一定的思路。

6.7　零知识证明系统研究进展

　　前面所讨论的零知识证明系统均为最简单的独立运行模式,对于平行组合零知识证明系统,相关研究证明其无法确定保持零知识证明的性质[10]。关于协议并行化运行后安全性问题不单单只是针对零知识证明系统,对于所有的协议,并行化之后由于状态空间的扩展,其安全性均无法简单归约到独立运行的协议本身。对于串行化组合(sequential composition)的零知识证明系统,如 AND、OR 及 EQ 组合的零知识证明系统,其安全性仍然能归约到独立运行的协议本身。关于零知识证明系统组合的安全性问题的进一步讨论,读者可参考文献[1]。近年来对并发的零知识(concurrent zero-knowledge)的研究取得了一些进展,有兴趣的读者可阅读参考文献[9]。

　　不经意传输(oblivious transfer)作为一种特殊类型的比特承诺协议,发送者对一系列值给出承诺,接收者在收到发送者给出的承诺后选中其中之一作为确认,但发送者并不知道接收者选中的承诺对应的是哪一个值。不经意传输协议作为密码学的基础协议,在实际生活中有很多应用,例如个人信息的恢复,不经意抽样,公平的电子合同签订,等等。一个效率高的不经意传输协议,在现实应用中可以减少通信双方的计算量,是一种十分重要的零知识证明协议应用形式。关于更多不经意传输协议的定义和相关理论介绍可参见本书第 7 章的内容。

　　近年来,零知识证明系统在许多信息安全实践中有着非常重要的应用,从最基本的密钥协商、安全多方计算到电子商务与电子政务领域中的各种应用都离不开零知识证明系统。本章首先介绍了零知识证明系统的基本概念,简单评述现有的零知识证明系统的设计与分析方法。然后通过介绍交互式与非交互式零知识证明系统,使读者对于零知识证明系统有初步的了解。由于零知识证明系统十分复杂,本章对交互式和非交互式零知识证明系统均给出若干有代表性、实用性、基于 NP 问题(NPC 问题)的零知识证明系统的实例,通过实例分析使读者对零知识证明系统的工作模式有更进一步的理解,并能掌握如何证明某系统是否满足零知识证明特性的安全性分析方法。最后,本章列出一些深入研究零知识证明系统的相关问题,可供对零知识证明系统有兴趣深入研究的读者参考。

思考题

　　1. 何谓零知识？一个零知识证明系统至少需要哪些参与者，并必须满足哪些必要条件才能被称为零知识证明系统？

　　2. 根据不同条件，零知识证明系统可分为交互式零知识证明和非交互零知识证明，请描述两者有何不同，并分别至少给出一个相应的实例来说明两者的工作模式。

　　3. 为什么说 V-Schnorr 协议不再是零知识证明协议？对于诚实验证者仍然满足零知识证明的性质给出证明过程。

　　4. 基于第 6.2.5 节 Schnorr 身份鉴别协议的零知识证明性质分析，证明平行组合后的 Schnorr 签名协议仍然满足零知识证明性质，并且仍然属于 Σ 协议。

　　5. 基于 ElGamal、DSA 签名协议，使用 EQ 组合的方法将其改造为相应的群签名协议，并且证明其仍然属于 Σ 协议。

　　6. 基于 ElGamal、DSA 签名协议，使用 OR 组合的方法将其改造为相应的盲签名、部分盲签名协议，并且证明其仍然属于 Σ 协议。

　　7. 根据章节中的证明过程，证明图 6-14 中 OR 组合的一般化模型 $R_{(1,n)} = \{(y_1, y_2, \cdots, y_n);$ $x \mid \exists_{i=1}^{n} y_i = g^x\}$ 为 Σ 协议。

参考文献

　　1. Goldreich Oded. Foundation of cryptology[M].Cambridge：Cambridge university press，2001：127-245.

　　2. Schneier Bruce. Applied cryptography：protocols, algorithms, and source code in C [M]. Hoboken：John Wiley&Sons,1994.

　　3. Goldwasser S,Micali S,Rackoff C. The Knowledge Complexity of Interactive Proof Systems[J]. Siam J. on Computing,1989,Vol 18(1):186-208.

　　4. Schnorr C P. Efficient Identification and Signature for Smart Cards [C]. Advances in Cryptology-Crypto'89,LNCS 435,Springer Verlag,1990:239-252.

　　5. Bellare Mihir,Goldreich Oded. On Defining Proofs of Knowledge[C]. Advances in Crypotolgy-CRYTPO'92,Springer Verlag,1992:390-420.

　　6. Goldreich O,Oren Y. Definitions and Properties of Zero-knowledge Proof Systems[J]. Journal of Cryptology,1994,Vol 7(1):1-32.

　　7. Fortow Lance. The Complexity of Perfect Zero-Knowledge [C]. Advances in Computing Research. JAC Press,1989,Vol 5:327-343.

　　8. Coldwasser Shafi,Micali Silvio. Probabilistic Encryption[J]. Journal of Computer and System Sciences,1984,Vol 28(2):270-299.

　　9. Rosen Alon. Concurrent zero-knowledge[M]. New York：Springer,2006.

　　10. Goldreich O,Drawczyk H. On the composition of zero-knowledge proof systems[J]. SIAM

Journal on Computing, 1996, 25(1):169-192.

　　11. ElGamal T. A public key cryptosystem and a signature scheme based on discrete logarithms [J]. IEEE Trans Infor Theory, 1985, IT-31(4):469-472.

　　12. Goldwasser S, Micali S, Rackoff C. On the Knowledge Complexity of Interactive Proof Systems [C]. In Proceedings of the 17th ACM Symposium on the Theory of Computing STOC. ACM Press, 1985:291-304.

第 7 章　不经意传输协议

考虑这样的安全需求,用户 B 从用户 A 那里接收消息,但出于隐私考虑,用户 B 不希望用户 A 知道他到底接收的是哪条消息。比如:网上订购,消费者可能不愿意暴露其购买过某种商品(如某些特殊药品);在线付费浏览,用户可能不希望暴露自己选择过某些敏感的频道;证券、股票交易中,买家、卖家都不希望交易记录暴露给第三方。

不经意传输(oblivious transfer,OT)协议是一种可保护隐私的双方通信协议,能使通信双方以一种选择模糊化的方式传送消息。该协议既可直接应用于电子商务、内容保护等领域,又可作为基本组件构造其他安全协议,例如本书第 4 章介绍的比特承诺、第 6 章的零知识证明、第 10 章的安全多方计算和第 14 章介绍的电子支付等协议。

7.1　不经意传输协议概述

不经意传输协议是密码学中的一个基本协议,它使得服务接收方以不经意的方式得到服务发送方输入的某些消息,这样可以保护接收者的隐私不被发送者所知。

7.1.1　基本概念

不经意传输协议是一个由发送方 A 和接收方 B 参与的双方通信协议,其基本思路为:发送方 A 发出 n 条消息 $m_1, m_2, \cdots, m_n$,执行协议后接收方 B 将得到其中的一条或几条消息。发送方 A 不能控制接收方 B 的选择,也不知道接收方 B 收到的是哪些消息;而接收方 B 不能得到其选择之外的信息。

以双锁密码系统为例介绍不经意传输协议的构造方法:发送方 A 将 n 个秘密消息用同样的锁分别锁在 n 个外表相同的箱子里,把这些箱子依次交给接收方 B。B 获得箱子后,根据自己的选择取出其中 k 个箱子再加上锁,把这些箱子以随机的顺序再返回给 A。A 解开自己的锁,再把箱子按顺序交给 B,B 解开锁就可以获得其中的 k 个秘密消息。A 不会知道 B 选择了哪 k 个箱子,因为这些箱子看起来是一样的;B 也不能打开其余 $n-k$ 个箱子获得里面的秘密,因为这些箱子上还加着 A 的锁。

因此,不经意传输协议在设计时需要考虑的因素有:

• 协议的参与者　协议的参与方是发送方 A 与接收方 B。如果一个参与方按步骤执行协议,但试图从接收的消息计算出额外的信息,则称其为半可信的(被动的);如果一个参与方任意背离协议以获得额外信息,则称其为恶意的(或主动的)。

• 正确性　若发送方 A 与接收方 B 正确执行协议,则 B 可得到其所选择的消息。

• 不经意性(接收者的隐私性)　接收方 B 的不同选择所对应的传送副本,对于发送方 A 是不可区分的,A 无法得知 B 到底选择了哪些消息。

• 安全性(发送者的隐私性)　接收方 B 不能得到他没有选择的消息,除所选择的消息对应密文外,其余密文与随机数据对 B 是不可解的。

7.1.2　常见的不经意传输形式

不经意传输协议最早是由 Rabin 于 1981 年提出的[1]。在该协议中,有两个参与者,假设其中一方为发送方 A,另一方为接收方 B。A 输入 1 个位 $b \in \{0,1\}$,A 和 B 通过一定的方式交互之后,B 只能以 1/2 的概率接收位 b(对 A 的隐私性);A 无法知道 B 是否得到了位 b(对 B 的隐私性);B 可以确信自己是否得到了位 b(正确性)。在 Rabin 提出不经意传输概念之后,不经意传输又出现多种形式:

• 1-out-of-2 不经意传输(OT_2^1)　A 有两个消息 m_1 与 m_2,协议执行后 B 得到其中的一个消息(对 A 的隐私性),A 不知道 B 选择的是哪一个消息(对 B 的隐私性),B 可以确信自己得到了想要的消息(正确性)。

• 1-out-of-n 不经意传输(OT_n^1)　A 有 n 个消息 $m_1, m_2, \cdots, m_n$,协议执行后 B 得到其中的一个消息(对 A 的隐私性),A 不知道 B 选择的是哪一个消息(对 B 的隐私性),B 可以确信自己得到了想要的消息(正确性)。

• k-out-of-n 不经意传输(OT_n^k),A 有 n 个消息 $m_1, m_2, \cdots, m_n$,协议执行后 B 得到其中的 $k(k<n)$ 个消息(对 A 的隐私性),A 不知道 B 选择的是哪些消息(对 B 的隐私性),B 可以确信自己得到了想要的消息(正确性)。

根据不经意传输协议的实施方法,可分为如下几种形式:

• 非适应性不经意传输　接收者 B 事先确定自己将要得到的秘密,在协议的中途不能改变选择,主要用于一般的安全多方计算协议设计。

• 适应性不经意传输　接收者 B 在线确定自己将要获得的秘密,而发送者 A 事先确定将要发送的秘密,主要用于保护隐私的数据库搜索。

• 分布式不经意传输　将 A 的职能分布到多个服务器上,发送方 A 和接收方

B 之间没有直接交互,他们都分别与这组服务器分享,实现信息传递。

- 可公开验证的不经意传输 在一些安全性要求高的协议中,需要让任何人都能够验证 B 获得了应该得到的秘密,而且没有获得更多的秘密。在这样的验证中,通信双方都不希望泄露各自的秘密及秘密选择。
- 完全不经意传输 发送者 A 和接受者 B 都不知道 B 收到了哪些秘密。

7.2 不经意传输协议的设计方法

大多数不经意传输协议的实现都是基于一定的密码学假设来设计效率高、适应性好的基础不经意传输协议,或者是具有特定应用功能的实用不经意传输协议。

7.2.1 不经意传输协议的设计模型

如果不使用物理方法而基于计算复杂性理论,假设攻击者的计算能力局限于概率多项式时间,那么不经意传输协议可以在一系列密码学假设下实现。基于文献[2]的范例,如果存在两个不可分辨的串,一个是公钥而另一个是随机的,那么很容易利用公钥密码体制实现不经意传输协议。例如,假设接收方 B 拥有 n 个公钥,但只有 k 个私钥(B 需要提供足够的证据表明他至多知道 k 个私钥但不泄露他知道的是哪 k 个私钥)。利用这样的公钥方案可以直接实现简单的 n 选 k 不经意传输协议设计:发送方 A 依次用 B 的 n 个公钥加密自己的 n 个秘密,B 利用所知道的 k 个私钥可以解密出其中的 k 个秘密,其余秘密仍然隐藏在密文中,A 也不知道 B 获得了哪 k 个秘密,而且协议总共只需要进行一轮通信。

目前大多数不经意传输协议的实现都是利用计算复杂性理论的数学难解问题,如:大整数分解的困难性、Diffie-Hellman 问题(离散对数问题的难解性)、椭圆曲线离散对数问题,以及关于单向陷门函数的一般抽象假设[3]等。这类算法的安全性是在计算复杂度意义下的,即安全性由限制参与双方的计算能力而获得的。这种密码学假设的需要实际上是任何两方协议(或两方安全计算模型)所特有的本质属性,因为对两方协议来说,要保证任何一方不能欺骗对方,他们各自的私有信息就必须由他们相互间的通信唯一确定。

另外,也有基于其他安全假设的不经意传输协议设计。例如基于有噪信道的不经意传输[4,5]和基于存储受限模型的不经意传输[6,7],它们主要采用信息论的方法,具有一定的理论意义。依赖量子信道的存在,可实现基于量子理论的不经意传输[8,9]。1997 年,Lo 证明量子位承诺协议是不可能的[10],说明基于量子位承诺的量子不经意传输[9]也是不安全的。因此,目前具有实际应用价值的还是基于经典计算性假设的不经意传输。

7.2.2　OT_2^1 的设计方法

经典的 Even $OT_2^1(S,R,m_0,m_1)$ 协议[11]：发送方 A 有两个消息 m_0 和 m_1，通过信息交互接收方 B 可得到其中之一，但 A 不知道 B 选择的是哪一个消息。该方案利用了公钥加密方法传递会话密钥，而公钥系统和 OT_2^1 所用参数由 A 选取。

① 发送方 A 选择公钥系统 (E_x,D_x)，并选择两个随机数 $c_0,c_1 \in_R \mu_x$（μ_x 是上述公钥系统的消息空间）。A 把公钥 E_x 和随机数 c_0、c_1 传送给 B；

② B 选择随机数 $r \in_R \{0,1\}$，以及会话密钥 $k \in_R \mu_x$。B 用 A 的公钥加密会话密钥 k，同时用 A 给的两个随机数之一盲化密文，即 $q = E_x(k) \oplus c_r$，最后将 q 发送给 A；

③ A 用私钥 D_x 解密 q，对于 $i=0,1$，A 分别计算 $k_i' = D_x(q \oplus c_i)$，得到两个结果，一个是真正的会话密钥 k，而另一个是无意义的随机数，但 A 无法区分；

④ A 分别使用在步骤③产生的两个密钥（一个真的会话密钥和一个假的会话密钥），加密自己的两份消息 m_0 和 m_1，并把两份消息都发送给 B；

⑤ B 收到一份用正确的会话密钥加密的消息及一份用假的会话密钥加密的消息。当 B 用自己的会话密钥解密每一份消息时，只能读其中之一，另一份对他毫无意义。

分析：由 A 选取公钥系统及两个随机数发送给 B，B 选择会话密钥 k 并用 A 的公钥加密，同时用 A 给的两个随机数之一盲化该密文，这样 B 所选的加密密钥具有不经意性。A 去掉盲化再解密得到两个加密用的密钥，只有其中之一是 B 所选的会话密钥 k，如此保证了 A 的安全性。

7.2.3　OT_n^1 的设计方法

Tzeng 在 2004 年提出的 OT_n^1 协议[12]是基于 DDH 假设（decision Diffie-Hellman）的具有代表性的 OT_n^1 不经意传输协议：系统参数 (g,h,G)，其中 G 是一个 q 阶循环群，g、h 是 G 的两个生成元，$\log_g^h$ 保密。

① 发送者 A 的输入 $m_1,m_2,\cdots,m_n \in G$，接收者 B 的选择 $a,1 \leqslant a \leqslant n$；

② B 发送 $y = g^r h^a$，$r \in_R \mathbb{Z}_q$；

③ A 发送 $c_i = (g^{k_i}, m_i(y/h^i)^{k_i})$，$k_i \in_R \mathbb{Z}_q$，$1 \leqslant i \leqslant n$；

④ B 由 $c_a = (a,b)$，计算 $m_a = b/a^r$。

分析：Tzeng OT_n^1 的主要思想在于 B 对其选择的序号使用了 Pedersen 承诺[13]，这样序号就具有隐蔽性；同时 Pedersen 承诺的制约性使得 B 不能以非选择的序号打开承诺。A 将此承诺用所有序号作指数的幂去除再对其加密得到加密密钥。该系统只需要一个循环群的两个生成元，同时要求两个生成元之间的离散对数保密。如果采用证书中心（CA）的公钥作为生成元之一来设计可保护隐私授权的 OT_n^1 就可大大减少系统的复杂度。

7.2.4　OT_n^k 的设计方法

Ogata OT_n^k 协议[14]提出了不经意密钥搜索(oblivious keyword search,OKS)的概念。假设 W 是所有密钥集合,在承诺阶段,发送方 A 首先承诺 n 个数据;在后来的每一个交互过程中,用户 B 在 A 未知其选择的前提下,可以自适应地选择一个密钥 $\omega \in W$。

* 承诺阶段　发送 A 产生 RSA 公钥 (N,e) 和私钥 d,并公开 (N,e)。A 产生 n 个数据 $B_1,B_2,\cdots,B_n,B_i=(\omega_i,c_i)$,其中密钥 $\omega_i \in W,c_i$ 是内容。对于 $1 \le i \le n$,A 计算 $K_i=(H(\omega_i))^d \bmod N,E_i=G(\omega_i \| K_i \| i) \oplus (0^l \| c_i)$,其中 H 是安全 Hash 函数,G 是随机离散发生器。A 把 $E_1,\cdots,E_n$ 发送给 B。

* 交互过程　对于每一个交互过程 $j(1 \le j \le k)$,

① B 选择密钥 ω_j^* 及随机元素 r,计算 $Y=r^e H(\omega_j^*) \bmod N$,将 Y 发送给 A;

② A 计算 $K'=Y^d \bmod N$,把它发送给 B;

③ B 计算 $K=K'/r=H(\omega_j^*)^d \bmod N$;

④ 对于 $i=1,2,\cdots,n$,B 依次计算 $(a_i \| b_i)=E_i \oplus G(\omega_j^* \| K \| i)$,若某个 $a_i=0^l$,则 B 得到其选择的消息。

k 轮交互过程结束,B 就可以从 A 发出的 n 个加密信息中得到其中的 k 个消息。

分析:Ogata OT_n^k 协议的设计利用了盲签名的思想。该协议中序号由 Hash 函数映射成随机的群元素,A 用私钥对其签名,再由签名产生加密密钥,这样可以预先加密待发消息。B 将自己的选择盲化,A 对此盲化消息签名,B 去盲后便可计算加密密钥。由于 A 首先将自己的待发消息全部加密并承诺,B 依次询问 k 次,A 予以应答,B 可以依据以前各次询问决定下一次如何询问。因此,这种 OT_n^k 协议又被称为自适应 OT_n^k 协议。

7.2.5　OT_2^1、OT_n^1 与 OT_n^k 的关系

从信息论的角度来看 OT_2^1、OT_n^1 与 OT_n^k 三者是等价的[2],但就设计具体的协议来说,因为要考虑效率、适应性等问题,三者的差别就很大。OT_n^1 协议除了依据密码假设直接设计以外,还可调用 OT_2^1 进行设计;OT_n^k 协议也可调用 OT_2^1 或 OT_n^1 协议来实现。例如,一个直观的实现 OT_n^k 的方法是将 OT_n^1 独立地运行 k 次,但这需要 k 倍于 OT_n^1 的负担。因此对于此类算法的主要研究任务是:设计通信负担小、计算代价低的协议,通过优化设计降低通信复杂度。

7.3 不经意传输扩展：多不经意传输协议实例并行化的优化技术

不经意传输(OT)协议是很多密码协议实现的基础,例如安全多方计算中乘法三元组的预生成、混淆电路等。由于这些场景下会大量使用 OT 协议,并且运行的实例之间相互独立,所以可以采用并行化的模式来执行这些 OT 协议实例。可以简单地从实现上进行优化,但是这种优化并没有节约时间、空间、通信等资源。当并行化的实例数量达到百万级别甚至更多时,资源的消耗会使得上层应用不可用。如何从算法和协议层面降低 OT 协议实例并行化时的资源消耗,OT 扩展是一种实际有效并且理论安全的方法。

Beaver 于 1996 年最先在 OT 扩展方面进行尝试并获得到相关结论[25],其给出的结论是:在单向函数存在的条件下,将少量的 OT 实例扩展成大量的 OT 实例是具有可行性的。但是,Beaver 的扩展方法很低效。Ishai 等人给出了在随机预言模型下抵抗半诚实接收者的高效 OT 扩展协议[26]。Asharov 等人给出了标准模型下的 OT 扩展协议[27]。

1. 协议内容

以下用 $OT_n^k\text{-}l$ 表示一个消息长度为 l 的 n 选 k 型 OT 协议,$(OT_n^k\text{-}l)\times m$ 表示消息长度为 l 的 n 选 k 型 OT 协议的 m 次并行执行。以下详细介绍 Ishai 等人给出的 OT 扩展协议,即基于 $(OT_2^1\text{-}m)\times k$ 构造出 $(OT_2^1\text{-}l)\times m$。可以看出,OT 扩展的意义是充分利用并行的每一个 OT 实例中的消息长度,用消息长度来换取 OT 并行实例的个数。

系统参数:安全参数 k,$OT_2^1\text{-}m$ 实现,随机预言机 $H:\{1,2,\cdots,m\}\times\{0,1\}^k\rightarrow\{0,1\}^l$。

输入:发送方 A 输入 m 对长度为 l 的比特消息 $\{(x_{j,0},x_{j,1})\}_{j=1}^m$,接收方 B 输入 m 个选择 $\{r_j\}_{j=1}^m$,记为列向量 $\boldsymbol{r}=(r_1,r_2,\cdots,r_m)^T$;

① 发送方 A 选择 k 维随机比特行向量 $\boldsymbol{s}=(s_1,s_2,\cdots,s_k)\in\{0,1\}^k$,接收方 B 随机选择 $m\times k$ 比特矩阵 $\boldsymbol{T}$(写成列向量形式 $\boldsymbol{T}=(\boldsymbol{t}^1,\boldsymbol{t}^2,\cdots,\boldsymbol{t}^k)$);

② A 和 B 双方调用 k 次 $OT_2^1\text{-}m$ 实例,对于每一个运行实例 $i(1\leqslant i\leqslant k)$,A 作为接收方身份,输入为 s_i;B 作为发送方身份,输入为 $(\boldsymbol{t}^i,\boldsymbol{t}^i\oplus\boldsymbol{r})$;

③ A 收到 k 个 m 长度的比特列向量 $\boldsymbol{q}^i(1\leqslant i\leqslant k)$,记为 $m\times k$ 矩阵 $\boldsymbol{Q}=(\boldsymbol{q}^1,\boldsymbol{q}^2,\cdots\boldsymbol{q}^k)$。对于每一个 $1\leqslant j\leqslant m$,A 取 $\boldsymbol{Q}$ 矩阵的每个行向量,记为 $\boldsymbol{q}_j=\boldsymbol{Q}[j]$,计算密文对 $y_{j,0}=x_{j,0}\oplus H(j,\boldsymbol{q}_j)$,$y_{j,1}=x_{j,1}\oplus H(j,\boldsymbol{q}_j\oplus\boldsymbol{s})$,并将 m 个消息对 $\{(y_{j,0},y_{j,1})\}_{j=1}^m$ 发送给 B;

④ B 计算并输出 $z_j=y_{j,r_j}\oplus H(j,\boldsymbol{t}_j)(1\leqslant j\leqslant m)$。

2. 协议分析

（1）正确性

在步骤③中，A 收到的每个列向量 q^i（$1 \leq i \leq k$）满足 $q^i = t^i \oplus (r \cdot s_i)$，组成矩阵 Q 之后，从行向量的视角来看，行向量 $q_j = t_j \oplus (r_j \cdot s)$。消息对（$y_{j,0}, y_{j,1}$）可统一表示成 $y_{j,r_j} = x_{j,r_j} \oplus H(j, q_j \oplus (r_j \cdot s))$，所以有 $y_{j,r_j} = x_{j,r_j} \oplus H(j, t_j)$，$z_j = y_{j,r_j} \oplus H(j, t_j) = x_{j,r_j}$，即 B 可以获得其想得到的消息 $\{x_{j,r_j}\}_{j=1}^m$，正确性得以验证。

（2）安全性

在步骤③中，用于加密消息对的随机"密钥"对是 $H(j, q_j)$ 和 $H(j, q_j \oplus s)$，其中 q_j 和 $q_j \oplus s$ 是最关键的秘密信息，从接收者 B 的视角看，二者的值分别是 $t_j \oplus (r_j \cdot s)$ 和 $t_j \oplus ((1-r_j) \cdot s)$。B 只能获得到其中之一，其值等于 t_j；另一个值是 $t_j \oplus s$，由于由发送方选择的随机向量 s 保护和随机预言机保护，B 无法获知，所以无法获取另一条消息的密钥，所以无法解密另一密文。

（3）性能

该协议共调用了 k 次 $\mathrm{OT}_2^1 - m$ 协议，发送方调用了 $2m$ 次随机预言机，接收方调用了 m 次随机预言机。从协议整体来看，这个 OT 扩展协议的优化思想是通过增加对称密码部分的操作、减少非对称密码部分的操作来提高效率。具体地说，OT 实例执行内部的对称密码部分确实是有所增加，因为 k 次 OT 实例的执行，需要传递长度 m 的消息，这部分可以用对称密码来配合非对称密码模块来实现，例如分组密码+公钥加密。OT 实例从 m 次降低到 k 次，大大降低了非对称密码的操作次数。

7.4　不经意传输协议实例分析

不经意传输的应用主要可分为 3 个方面，第一个用途是作为组件构造其他密码高级协议，例如：利用 OT_2^1 可以构造安全计算协议[3,15]、公平的盲签名[16]、电子拍卖协议[17]，使用 OT_n^1 构造匿名指纹方案[18]等。密码学领域的重要设计原则是：首先设计一个密码学协议在参与者是半可信的情况下是安全的，然后通过迫使每个参与者证明自己的行为是半可信的，将协议转换成可以抵抗恶意对手攻击的协议。因此在利用不经意传输协议构造其他密码协议时，可以将不经意传输协议作为基本协议原语，通过比特承诺协议和零知识证明协议保证协议的正确性和参与者本地数据的私有性。不经意传输协议的第二个用途是直接用于电子商务、内容保护等领域以保护参与者的隐私[19,20]；第三个用途是应用于保护隐私的数据库检索系统，例如自适应不经意传输协议[14]。下面以两个实例来分析不经意传输协议的应用实施。

7.4.1　不经意的基于签名的电子信封

现有的大多数不经意传输协议都没有考虑对协议进行接入控制的问题,即任何与消息发送者通信的用户在执行完协议后都可以得到想要的消息,这为攻击者窃取消息创造了条件。Li 等人提出了不经意的基于签名的电子信封方案(OSBE)[21]。OSBE 能够使发送者在不确定接收者权限的情形下发送加密消息,而只有经过授权者授权的接收者才可以恢复想要得到的消息,该方案解决了传统接入控制方案不能处理好循环依赖的缺点。

1. OSBE 的模型

OSBE 方案以一个签名方案的参数作为系统参数,发送方发给接收方一个包含加密消息的信封,当且仅当接收方拥有一个第三方(如 CA)对双方认可的消息签名时才能打开信封。OSBE 方案包括一个发送者 A 和两个接收者 B1 和 B2。接收者 B1 持有 CA 的消息签名,接收者 B2 不持有该签名。使用 OSBE 的授权不需要预先认证用户的身份,OSBE 中信任关系直接来源于对签发消息(属性)者公钥的信任。因此,可以将签发属性特征的权威中心仍称为 CA。一个 OSBE 方案包括以下 3 个阶段。

● 系统建立　系统参数包括用于产生签名的 CA 的私钥 sk 和公钥 pk,以及两条消息 m(含有可识别身份的假名及属性特征)和 SM(秘密消息,以加密状态传输)。m 和 pk 发布给参与协议的所有三方,即 A、B1 和 B2。发送者 A 有秘密消息 SM,接收者 B1 有对外保密的签名 $\sigma(m)$,公钥 pk 可以验证签名 $\sigma(m)$ 是对消息 m 的签名。

● 信息交互　选择 B1 和 B2 中的任意一个作为 B,但 A 不知道 B 是其中的哪一个。A 与 B 执行一个交互式的协议。

● 打开信封　如果 B=B1,也就是在交互阶段选择 B1,就可以打开加密消息 SM(因为 B1 知道签名 $\sigma(m)$)。否则,若 B=B2,就不能够打开加密消息 SM。

OSBE 方案必须满足以下定义的 3 个特征:

● 正确性　在打开信封阶段 B1 能够以占优势的概率输出消息 SM,即 B1 不能输出消息 SM 的概率是可以忽略的。

● 不经意性　执行完协议后发送者 A 不能确定接收者是 B1 还是 B2。

● 对于接收者的语义安全性　B2 不能获取消息 SM。

下面以一个具体的例子来说明 OSBE 方案的构造方法。

2. 基于 Schnorr 签名的 OSBE 方案[22]

(1) 方案概述

系统参数:p 和 q 是两个大素数,g 是一个阶为 q 的生成元,x 是私钥($x \in \mathbb{Z}_q^*$),$y = g^x \bmod p$ 是公钥,$h:\{0,1\}^* \to \mathbb{Z}_q$ 是一个安全的哈希函数。

签名:m 是待签名的消息,签名者首先从 $\mathbb{Z}_q$ 中选择一个随机数 k(简记为 $k \in_R \mathbb{Z}_q$),然后计算 $e = h(m \parallel r)$,$r = g^k \bmod p$,$s = k - xh(m \parallel r) \bmod q$。那么,数对 (e,s) 是对消息 m 的签名。

验证:签名接收者计算 $r' = g^s y^e \bmod p$。当且仅当方程 $e = h(m \parallel r')$ 成立时,(e,s) 是对于消息 m 的有效签名。

(2)具体过程

● 系统建立　输入一个安全参数 t_0,运行 Schnorr 签名生成算法,输出 Schnorr 签名的公开参数 (p,q,g,y),并且产生两个与 t_0 同阶的安全参数 t_1 和 t_2(实际采用 $t_1 = t_2 = 128$ 可满足安全需求)。给定待秘密传送的消息 SM 和用于对称加密的哈希函数 $h':\mathbb{Z}_p^* \to \{0,1\}^*$。接收者 B1 知道 (p,q,g,y)、m 及 Schnorr 签名 (e,s),接收者 B2 知道 (p,q,g,y) 和 m,发送者 A 知道 (p,q,g,y)、m 及秘密消息 SM。

● 信息交互:

① B1 给 A 发送数对 (r',s'),其中 $r' = (g^s y^e \bmod p)$,$s' = ((t+s) \bmod q)$,$t \in_R [1,2,\cdots,2^{t_1}q]$;B2 给 A 发送数对 (r',s'),其中 $r' = (g^{k'} \bmod p)$,$s' = (t' \bmod q)$,$k' \in_R \mathbb{Z}_q$,$t' \in_R [1,2,\cdots,2^{t_1}q]$。

② 收到 (r',s') 后,A 检查是否有 $r' \in \mathbb{Z}_p^*$,$s' \in \mathbb{Z}_q$。若有,则 A 首先取 $t'' \in_R [1,2,\cdots,2^{t_2}q]$,计算 $u = ((g^{s'} y^{h(m \parallel r')} \cdot r'^{-1})^{t''} \bmod p)$,$v = (g^{t''} \bmod p)$,然后给 B 发送数对 (v,C),这里 $C = E_{h'(u)}[SM]$(E 表示密钥为 $h'(u)$ 的对称加密算法)。

● 打开信封　B 收到 (v,C) 后计算 $u' = v^t \bmod p$,用 $h'(u')$ 解密 C 以得到秘密消息 SM。B1 持有 Schnorr 签名 (e,s),可得到 $r' = r = (g^s y^e) \bmod p$。由于以下方程成立:

$$
\begin{aligned}
u &= ((g^{s'} y^{h(m \parallel r')} \cdot r'^{-1})^{t''} \bmod p) = (g^{t+s} y^{h(m \parallel r)} r^{-1})^{t''} \bmod p \\
&= g^{t+k-xh(m \parallel r)} y^{h(m \parallel r)} r^{-1})^{t''} \bmod p \\
&= g^{t+k-xh(m \parallel r)} g^{xh(m \parallel r)} g^{-k})^{t''} \bmod p \\
&= g^{tt''} \bmod p = (v^t \bmod p) \\
&= u'
\end{aligned}
$$

因此,B1 可以解密 $C = E_{h'(u)}[SM]$ 获得秘密消息 SM。

(3)方案分析

OSBE 可应用于不经意的访问控制。发送者 A 的访问控制策略在密文中已强制执行,只有满足 A 设定的属性特征的接收者才可打开密文,这样实现了对接收者 B 的授权。由于安全性依赖于对 CA 公钥的信任,这种授权不需要预先对 B 认证。B 不暴露签名,A 不能确定 B 是否可打开密文。这种授权是不经意的,在一定程度上保护了 B 的隐私。

7.4.2　具有隐私保护的数字产品网上交易方案

数字产品网上交易的隐私保护问题是指,用户在购买数字产品(如电子图书、电子期刊、音像制品等)时,往往不希望商家知道他(她)是何时购买的何种商品,因为这样会暴露用户的兴趣、购买习惯等个人隐私信息。毛剑等人在 2005 年提出了一个基于不经意多项式估值(oblivious polynomial evaluation, OPE)[23]的数字产品网上交易方案[24],方案保证诚实用户在进行正确付费后,能够得到且仅能得到自己所需的商品;而商家无法得到用户的具体购买信息。

1. 模型

问题:设商家有 n 种商品待售,表示为 $M_1, M_2, \cdots, M_n$。用户要购买第 i 种商品,且不希望商家知道自己所购买的是何种商品。

2. 参数定义

$M_1, M_2, \cdots, M_n$:n 种待售商品。

$p_1, p_2, \cdots, p_n$:分别对应商品 $M_1, M_2, \cdots, M_n$ 的价格。

k_v:商家的签字密钥。

k_b:银行签字密钥。

k_u:用户签字密钥。

$H(\cdot)$:哈希函数。

E:经典的对称加密体制,如 AES、DES,其加解密可分别表示为

加密　$C = E(k, M)$;解密　$M = E^{-1}(k, C)$

Sig:经典的数字签名体制,如 RSA、EIGamal,其签字及验证可表示为

签字　$S = \mathrm{Sig}_k(M)$;验证　$V = \mathrm{Ver}(S) = $ "Yes" or "No"

$\mathrm{OPE}(P(x), x_*)$:不经意多项式估值,协议参与双方 A 拥有一个域 F 上的多项式 $P(x)$;B 拥有输入 $x_* \in F$。对于 $\forall x_*$,$P(x)$ 和 B 均可计算出 $P(x_*)$ 的值(协议正确性);A 无法区分来自 B 的信息是 x_*,还是其他 x(协议的不经意性);B 无法区分 A 的消息是多项式 $P(x)$ 的计算结果,还是另一个多项式 $P'(x)$ 满足 $P'(x_*) = P(x_*)$ 的计算结果(协议的安全性)。

3. 具体方案

(1) 商家(Vendor)初始化

① 商家将 n 种商品 $M_1, M_2, \cdots, M_n$ 编号,并将产品序号 i 与对应商品 M_i 的品名公开;

② 对 $\forall i, 1 \leq i \leq n$,商家随机选取 $k_i \in F$ 并计算:

$$C_i = E(k_i, M_i); \quad H_i = H(k_i); \quad S_i = \mathrm{Sig}_{k_V}(i, C_i, H(k_i))$$

③ 商家向公共目录(public directory)公布 $(i, C_i, H_i, S_i)(1 \leq i \leq n)$;

④ 商家将商品报价单 $(1, p_1), (2, p_2), \cdots, (n, p_n)$ 发送给银行,银行对 $p_i(1 \leq i \leq n)$ 进行签字 $S_{p_i} = \mathrm{Sig}_{k_b}(H(H(i) \parallel p_i))$,并将 $(p_i, S_{p_i})(1 \leq i \leq n)$ 返还商家;

⑤ 商家选取随机数 $S_{P_0}, k_0 \in F$;

⑥ 商家利用 Lagrange 插值多项式构造经过点 $(S_{P_0}, k_0), (S_{P_1}, k_1), \cdots, (S_{P_n}, k_n)$

的曲线方程 $P(x)$ 。

（2）用户（A）下载付费

① A 在公开目录中匿名下载与 M_i 对应的 (i, C_i, H_i, S_i) ；

② A 采用匿名支付手段向银行支付所要的商品 M_i 的金额 p_i 并提交 $H(i)$ ；支付成功后，银行对 p_i 计算 $S_{p_i} = \text{Sig}_{k_b}(H(H(i) \parallel p_i))$ 给 A。

（3）获得产品

① 商家拥有多项式 $P(x)$ ，用户拥有多项式的一个输入 S_{P_i} ，通过不经意多项式估计 $\text{OPE}(P(x), S_{P_i})$ ，可在商家不知 S_{P_i} 的情形下使用户 A 获得其所要购买商品的解密密钥 $k_i = P(S_{P_i})$ ；

② A 通过 $H(i)$ 验证计算所得 k_i 的正确性；

③ A 计算 $M_i = E^{-1}(k_i, C_i)$ 。

4. 方案分析

● 假设安全的不经意多项式估计 $\text{OPE}(P(x), S_{P_i})$ 存在，付费用户可以顺利地从商家得到其所购买的商品，且商家无法从交易过程中得知任何有关用户所购买的商品信息；用户也无法获得他们所付费的商品以外的商品。

● 通过引入商家对公开信息和交易信息的签字承诺，能够有效地阻止商家通过以次充好、偷梁换柱的手段来欺瞒客户情形的出现；通过对商品下载版本下载率的统计，依然可以保证商家有效地统计其产品的销售情况。

● 方案有效地防止了用户妄图仅通过一次付费获得两个相同价格产品的欺诈行为，同时也防止了用户意图通过低价付费获得高价商品的欺诈行为。

思考题

1. 掌握不经意传输协议的应用范围，思考新的应用途径。
2. 构造一个基于椭圆曲线离散对数难题的不经意传输协议。
3. 将一个 2 取 1 不经意传输协议扩展为 n 取 1 不经意传输协议，分析其计算复杂度的变化。
4. 试构造一个具有隐私保护的数字产品网上交易方案。

参考文献

1. Rabin M. How to exchange secrets by oblivious transfer[R]. Technical Report, TR-81, Aiken computation Laboratory, Harvard University, 1981.

2. Brassard G, Crepeau C, Robert J. Information theoretic reduction among disclosure problems[C]. Proceedings of the 27th IEEE Symposium on Foundations of Computer Science(FOCS), 1986: 168-173.

3. Goldreich O, Micali S, Wigderson A. How to play any mental game[C]. Proceedings of the

Nineteenth Annual ACM Symposium on Theory of Computing,1987:218-229.

4. Crepeau C. Efficient cryptographic protocols based on noisy channels[C]. Proceedings of EUROCRYPT'97,1997,1233:306-317.

5. Damgard I,Fehr S,Morozov K. Unfair noisy channels and oblivious transfer[C]. Theory of Cryptography Conference,2004(2951):355-373.

6. Cachin C,Crepeau C,Marcil J. Oblivious transfer with a memory-bounded receiver[C]. Proceedings of 39th IEEE Symposium on Foundations of Computer Science,1998:493-502.

7. Ding Y. Oblivious transfer in the bounded storage model[C]. Proceedings of the 21st Annual International Cryptology Conference on Advances in Cryptology,2001(2139):155-170.

8. Bennett C,Brassard G,Crepeau C. Practical quantum oblivious transfer[C]. Proceedings of the 11th Annual International Cryptology Conference on Advances in Cryptology,1991(576):351-366.

9. Crepeau C. Quantum oblivious transfer[J]. Journal of Modern Optics,1994,41(12):2455-2466.

10. Lo H. Insecurity of quantum secure computations[J]. Physical Review A,1997(56):1154-1162.

11. Even S, Goldreich O, Lempel A. A randomized protocol for signing contracts [J]. Communications of the ACM,1985,28(6):637-647.

12. Tzeng W. Efficient 1-out-of-n oblivious transfer schemes with universally usable parameters [J]. IEEE Trans. on Computers,2004,53(2):232-240.

13. Pedersen T. Non-interactive and information theoretic secure verifiable secret sharing[C]. Proceedings of the 11th Annual International Cryptology Conference on Advances in Cryptology,1991 (576):129-140.

14. Ogata W, Kurosawa K. Oblivious keyword search [J]. Journal of Complexity, 2004, 20 (2-3):356-371.

15. Naor M,Pinkas B. Oblivious transfer and polynomial evaluation[C]. Proceedings of the 31st annual ACM Symposium on Theory of Computing,1999:245-254.

16. Stadler M,Piveteau J,Camenisch J. Fair blind signatures[C]. Proceedings of EUROCRYPT'95, 1995(921):209-219.

17. Naor M, Pinkas B, Sumner R. Privacy preserving auctions and mechanism design [C]. Proceedings of the 1st ACM conference on Electronic Commerce,1999:129-139.

18. Josep D. Anonymous fingerprinting based on committed oblivious transfer[C]. Proceedings of the Second International Workshop on Practice and Theory in Public Key Cryptography, 1999, 1560:43-52.

19. Aiello B, Ishai Y, Reingold O. Priced oblivious transfer:how to sell digital goods [C]. Proceedings of EUROCRYPT 2001,2001(2045):119-135.

20. Matsuo S,Ogata W. A method for exchanging valuable data:how to realize matching oblivious transfer[C]. Proceedings of the 22nd ACM Symposium on Principles of Distributed Computing,2003: 201-205.

21. Li N,Du W,Boneh D. Oblivious signature-based envelope[J]. Distributed Computing,2005, 17(4):293-302.

22. 赵春明,葛建华,李新国. 一种不经意的基于数字签名的电子信封[J]. 华中科技大学学报(自然科学版),2005,33(4):17-19.

23. Kiayias A,Yung M. Breaking and repairing asymmetric public-key traitor tracing[C]. ACM Workshop on Digital Rights Management,2003,2696:32-50.

24. 毛剑,杨波,王育民. 保护隐私的数字产品网上交易方案[J]. 电子学报,2005,33(6): 1053-1055.

25. Beaver,D. Correlated pseudorandomness and the complexity of private computations[C]. In Proceedings of the twenty-eighth annual ACM symposium on Theory of computing,1996:479-488.

26. Ishai Y, Kilian J, Nissim K, et al. Extending oblivious transfers efficiently. In Annual International Cryptology Conference [C]. 2003:145-161.

27. Asharov G,Lindell Y,Schneider T,et al. More efficient oblivious transfer and extensions for faster secure computation[C]. In Proceedings of the 2013 ACM SIGSAC conference on Computer & communications security,2013:535-548.

第8章   秘密分享与门限密码

本章主要讲述各种秘密分享体制及其在密码学中的应用,内容包括简单秘密分享、参与者可验证秘密分享、公开可验证秘密分享、门限加密和门限签名。

8.1   概述

在许多实际应用中,我们都希望对于具有重要价值物件的访问权限不能只由一个人掌握。比如,要打开银行中的一个保险柜就需要同时使用两把钥匙,其中一把由保险柜的拥有者保管,另外一把则由银行保管。

在密码学体制中也有类似的考虑。不论哪种密码方案,解密密钥(或签名密钥)都是需要严格保密的。有可能是一个密钥控制多个重要文件,也可能是一个主密钥控制着存储在系统中的所有密钥。一旦该密钥丢失,或者持有密钥的人出于某种原因无法提供密钥,或者存有该密钥的计算机被损坏,或者存储该密钥的记忆设备被擦除等,都会造成多个重要文件不能打开,或是多个文件被窃取(多个密钥被窃取)。解决这些问题的一种方法是创建该密钥的多个备份并将这些备份分发给不同的人或保存在多个不同的地方。但是这种方法并不理想,原因在于创建的备份数目越多,密钥泄露的可能性就越大。所以,如何管理密钥就成为一个重要的研究课题。秘密共(分)享(secret sharing)技术提供了一种在不增加风险的前提下提高可靠性的解决办法。

(k,n) 秘密分享的概念是由 Shamir 在 1979 年提出的,基本思想是将秘密分解为多个碎片(piece),也称份额(share)或影子(shadow),并将这些碎片分发给不同的人掌管;在秘密丢失的情况下,这些人中的某些特定子集可以通过将他们的碎片凑在一起恢复整个秘密。这种方案使得诸如在签署文件或支票及打开银行保险箱等关键活动中分散信任、共享控制变得更加容易。

秘密分享构成了门限密码学(threshold cryptography)的基础。门限密码学是指将基本的密码体制分布于若干个参与者中的技术。比如,普通数字签名的门限版本,即门限签名(threshold signature),就是使用某种秘密分享方法将签名私钥在一些参与者 $P = \{P_1, P_2, \cdots, P_n\}$ 中分享,使得 P 的适当子集中的参与者可以联合发布签名,而不合格的子集则无法产生有效签名。

8.2　秘密分享的基本概念

8.2.1　秘密分享的基本概念

一般地,一个由秘密分发者 D 和参与者 $P_1, P_2, \cdots, P_n$ 构成的 (t, n) 秘密分享体制包含下面两个协议:

● 秘密分发协议　在这个协议中,秘密分发者 D 在 n 个参与者中分享秘密 s,每个参与者 P_i 获得一个碎片 $s_i, i = 1, 2, \cdots, n$。

● 秘密重构协议　在这个协议中,任意不少于 t 个参与者一起合作,以自己的碎片为输入,重构原秘密 s。

我们经常将这种碎片与原秘密之间的关系记为: $(s_1, s_2, \cdots, s_n) \xleftrightarrow{(t,n)} s$。一个安全的 (t, n) 秘密分享体制必须同时具有下面两个性质:一方面,任意 t 个参与者通过提供自己的碎片能够协作地恢复出原秘密 s;另一方面,任意少于 t 个的参与者即便拥有自己的碎片也无法计算关于原秘密 s 的任何信息。一般称这里的 t 为门限值。

8.2.2　一个直观但不安全的"秘密分享"

给定一个秘密 s,现欲在 n 个参与者中分享该秘密。一个很直观的做法是将 s 分割为 n 段: $s = s_1 \parallel s_2 \parallel s_3 \parallel \cdots \parallel s_n$,每个参与者获得一段。那么,这种做法是否安全呢?为简单起见,以 $n = 2$ 为例进行说明。

考虑模为 m、加密指数 $e = 3$ 的 RSA 密码系统,$\gcd(e, \phi(m)) = 1, d = e^{-1} \bmod \phi(m), d$ 为要在 P_1 和 P_2 中分享的秘密。将解密指数 d 分割为前后两半 $d = d_1 \parallel d_2$,并将 d_1 发送给参与者 P_1,将 d_2 发送给参与者 P_2。这样做的目的是,两个参与者中的任一个要想恢复出该私钥,就必须和另一方一起执行连接运算" $\parallel$ "。但事实真是这样吗?

假设 $m = pq$,其中,p、$q(>3)$ 为长度相等的不同素数。由于 $d = e^{-1} \bmod \phi(m)$,因此,存在一个整数 l 使得:

$$3d = 1 + l\phi(m)$$

注意到:

$$0 < d < \phi(m)$$

从而有: $l = 1$ 或 $l = 2$。

由于 3 不能整除 p,也不能整除 q,从而 $\phi(m) = (p-1)(q-1) \neq 2 \bmod 3$(事实上,$\phi(m) = 0 \bmod 3$ 或 $\phi(m) = 1 \bmod 3$)。因此,$l = 2, d = \dfrac{1 + 2\phi(m)}{3}$。

进一步,不失一般性,假设 $\sqrt{\dfrac{m}{2}}<p<\sqrt{m}<q<\sqrt{2m}$,计算 $\hat{d}=\left\lfloor\dfrac{1+2(m-2\sqrt{m}+1)}{3}\right\rfloor$,该值与解密指数之间的误差为:

$$|d-\hat{d}|=\left|\frac{1+2\phi(m)}{3}-\left\lfloor\frac{1+2(m-2\sqrt{m}+1)}{3}\right\rfloor\right|$$

$$=\left|\left\lceil\frac{2}{3}(\sqrt{m}-p-q)\right\rceil\right|$$

$$<\sqrt{m}$$

这就意味着, d 的比特串表示中的左半部分和 $\hat{d}$ 的比特串表示中的左半部分是相同的,从而拥有 d 的比特串表示中的右半部分的人可以构造出 d 的完整二进制比特串,这显然与最初的设计动机背道而驰。

8.3　Shamir 秘密分享体制

1979 年,Shamir 在提出秘密分享思想的同时,利用 Lagrange 插值多项式理论设计了一个具体的 (t,n) 秘密分享方案。该方案简单、灵活,是许多密码算法的基础,在门限密码学、安全多方计算等方面有广泛应用。本节给出该方案的详细描述。

1. 系统参数

n 为全部参与者的人数, t 为门限值, F_q 是 q 阶有限域,其中 $q>n$。为简单起见,令 $q=p$ 为素数。此时,可以直接将 $F_q=\mathbb{Z}_p$ 中的元素看作 mod p 整数。设欲分享的秘密为 $s\in\mathbb{Z}_p$。

2. 秘密分发

秘密分发者 D 选择一个 t 阶随机多项式 $a(x)\in_R\mathbb{Z}_p[x]$,满足条件 $a(0)=s$。D 将 $s_i=a(i)$ 发送给参与者 $P_i,i=1,2,\cdots,n$。

3. 秘密重构

任意 t 个参与者可以利用自己掌握的碎片重构秘密。不妨设欲重构秘密的 t 个参与者为 $P_i,i=1,2,\cdots,t$,令 $A=\{1,2,\cdots,t\}$,首先计算:

$$\lambda_i=\prod_{j\in A\setminus\{i\}}\frac{j}{j-i}$$

然后,可以按下面的公式恢复出原秘密:

$$s=\sum_{i\in A}s_i\lambda_i$$

事实上,注意到 $a(x)$ 是经过点 $(i,s_i),i\in A$ 且次数 $<t$ 的唯一多项式,其 Lagrange 插值公式为:

$$a(x) = \sum_{i \in A} s_i \prod_{j \in A \setminus \{i\}} \frac{x-j}{i-j}$$

由于我们只关心常数项 $s = a(0)$，所以在上式中以 0 替换 x 即得结果。

下面说明为什么任意少于 t 个的参与者不能计算出 s。不妨设 $P_i, i \in \tilde{A} \overset{\Delta}{=} \{1, 2, \cdots, t-1\}$ 试图一起恢复原秘密。给定一个 D 使用的秘密 $\tilde{s} \in \mathbb{Z}_p$，根据 Lagrange 插值知道，存在唯一一个经过点 $(0, \tilde{s}), (i, s_i), i \in \tilde{A}$ 且次数 $<t$ 的多项式。换句话说，给定碎片 $s_i, i \in \tilde{A}$，任意 $\tilde{s} \in \mathbb{Z}_p$ 是 D 真正分发的秘密的可能性是相等的。也就说明，从 $s_i, i \in \tilde{A}$ 的信息中不会得到关于所分发秘密的任何信息。由此可以说，Shamir 设计的方法确实实现了门限秘密分享。

从方案的秘密分发过程容易看到，在原有参与者的秘密碎片保持不变的情况下，分发者 D 可以增加新的秘密参与者。比如，D 可以计算 $s_{n+1} = a(n+1)$ 并将结果发送给新的参与者 P_{n+1}，从而得到一个 $(t, n+1)$ 门限秘密分享方案。此外，D 可以分发给各参与者不等个数的秘密碎片，以体现参与者重要性的不同。

Shamir 的秘密分享方案只能抵抗被动攻击，也就是说，其安全性依赖于方案中的各方都是诚实地执行协议预定的操作。但实际情况是分发者可能是不诚实的，在秘密分发协议中，他可以使分发的碎片不是要分享秘密的组成部分，从而使碎片的持有者即使全都汇集在一起也无法恢复秘密。事实上，即使 D 发给参与者 P_i 的碎片 s_i 是不正确的，P_i 也无法察觉出来。同样地，在秘密重构协议中，如果参与者 P_i 没有使用正确的碎片 s_i，而是使用一个随机值 $\tilde{s}_i \in_R \mathbb{Z}_p$，那么最终重构出来的 $\tilde{s}$ 将没有任何意义。如果在这个重构过程中，P_i 是唯一一个没有使用正确碎片的参与者，那么他就能够使用其他 $t-1$ 个参与者的正确碎片计算出被分享的真正秘密。正是由于存在上述主动攻击风险，需要设计更强的秘密分享体制以抵抗潜在的攻击，可验证的秘密分享体制（verifiable secret sharing, VSS）应运而生。

8.4　可验证的秘密分享体制

可验证秘密分享方案是对传统秘密分享方案的修正，主要用于解决不诚实的分发者问题。可验证秘密分享方案是在通常的秘密分享方案基础上附加验证操作而构成的。在 VSS 方案中，分发者不但分发秘密的碎片，而且广播对秘密碎片的承诺，当各参与者收到碎片时，要验证碎片是否正确；在秘密重构阶段，每个参与者也采用同样的方法来验证其他成员秘密碎片的正确性。由此可见，VSS 能够抵抗以下两种主动攻击：

- 分发者在秘密分发协议中发送错误碎片给部分或全部参与者。
- 协议的参与者在秘密重构协议中提交错误碎片。

在 VSS 的研究成果中，Feldman 和 Pedersen 各自设计的方案是最常用的。

8.4.1　Feldman 的 VSS 方案

Feldman 的 (t,n) 秘密分享方案可以视为 Shamir 方案的推广。设 p 为一大素数,令 $\langle g\rangle$ 为 p 阶循环群,$s\in\mathbb{Z}_p$ 为要分享的秘密。

1. 秘密分发

分发者 D 首先选取一个形如 $a(x)=s+\alpha_1 x+\alpha_2 x^2+\cdots+\alpha_{t-1}x^{t-1}$,$\alpha_j\in_R\mathbb{Z}_p$,$j=1,\cdots,t-1$ 的随机多项式,然后将 $s_i=a(i)$ 秘密发送给参与者 P_i,$i=1,2,\cdots,n$。令 $\alpha_0=s$,D 计算并广播承诺 $B_j=g^{\alpha_j}$,$0\leq j<t$。

参与者 P_i 收到自己的碎片 s_i 后,判断下面等式是否成立:

$$g^{s_i}=\prod_{j=0}^{t-1}B_j^{i^j}$$

如果成立,则接受该碎片为有效;否则,请求 D 重新发送正确的碎片。

事实上,如果 D 向 P_i 传送了正确碎片 s_i 的话,则有:

$$g^{s_i}=g^{a(i)}=g^{s+\alpha_1 i+\alpha_2 i^2+\alpha_3 i^3+\cdots+\alpha_{t-1}i^{t-1}}$$
$$=g^s g^{\alpha_1 i}g^{\alpha_2 i^2}g^{\alpha_3 i^3}\cdots g^{\alpha_{t-1}i^{t-1}}$$
$$=B_0 B_1^i B_2^{i^2}B_3^{i^3}\cdots B_{t-1}^{i^{t-1}}$$
$$=\prod_{j=0}^{t-1}B_j^{i^j}$$

正是通过这样的验证过程,每个参与者能够检查出分发者是否诚实。

2. 秘密重构

假设每个参与者都收到正确的碎片,他们中的任意 t 个可以执行 Shamir 门限秘密分享方案中的重构算法恢复出原秘密,即 P_i 向参与重构的其他成员秘密广播自己的碎片,这样每个参与重构的成员均可验证收到碎片的有效性,使用 Lagrange 插值公式计算出秘密 s。

容易看到,在秘密重构过程中,如果有参与者是不诚实的,那么他必定会被检查出来。

要说明 Feldman 的上述 VSS 方案是安全的,我们还必须证明:任意 $t-1$ 个参与者不能恢复原秘密。为此,反设存在一个 Feldman 方案的实例,在该实例中参与者 $P_1,P_2,\cdots,P_{t-1}$ 能够计算出原来分享的秘密。设 $h\in_R\langle g\rangle$,秘密分发者置 $B_0=h$,并随机选取 $s_1,s_2,\cdots,s_{t-1}\in_R\mathbb{Z}_p$,计算 $B_j=\prod_{k=1}^{t-1}\left(\dfrac{g^{s_k}}{h}\right)^{\gamma_{jk}}$,其中 $(\gamma_{jk})_{(t-1)\times(t-1)}$ 是下述 Vandermonde 矩阵的逆:

$$(\lambda_{jk}):=(j^k)=\begin{pmatrix}1&1&\cdots&1\\2&2^2&\cdots&2^{t-1}\\\vdots&\vdots&&\vdots\\t-1&(t-1)^2&\cdots&(t-1)^{t-1}\end{pmatrix}$$

由于：

$$\prod_{j=1}^{t-1} B_j^{i^j} = \prod_{j=1}^{t-1} \prod_{k=1}^{t-1} \left(\frac{g^{s_k}}{h}\right)^{\gamma_{jk}\lambda_{ij}}$$

$$= \left(\frac{g^{s_1}}{h}\right)^{\lambda_{i1}\gamma_{11}} \left(\frac{g^{s_2}}{h}\right)^{\lambda_{i1}\gamma_{12}} \left(\frac{g^{s_3}}{h}\right)^{\lambda_{i1}\gamma_{13}} \cdots \left(\frac{g^{s_{t-1}}}{h}\right)^{\lambda_{i1}\gamma_{1(t-1)}}$$

$$\times \left(\frac{g^{s_1}}{h}\right)^{\lambda_{i2}\gamma_{21}} \left(\frac{g^{s_2}}{h}\right)^{\lambda_{i2}\gamma_{22}} \left(\frac{g^{s_3}}{h}\right)^{\lambda_{i2}\gamma_{23}} \cdots \left(\frac{g^{s_{t-1}}}{h}\right)^{\lambda_{i2}\gamma_{2(t-1)}}$$

$$\cdots\cdots$$

$$\times \left(\frac{g^{s_1}}{h}\right)^{\lambda_{i(t-1)}\gamma_{(t-1)1}} \left(\frac{g^{s_2}}{h}\right)^{\lambda_{i(t-1)}\gamma_{(t-1)2}} \left(\frac{g^{s_3}}{h}\right)^{\lambda_{i(t-1)}\gamma_{(t-1)3}} \cdots \left(\frac{g^{s_{t-1}}}{h}\right)^{\lambda_{i(t-1)}\gamma_{(t-1)(t-1)}}$$

$$= \left(\frac{g^{s_1}}{h}\right)^{\lambda_{i1}\gamma_{11}+\lambda_{i2}\gamma_{21}+\cdots+\lambda_{i(t-1)}\gamma_{(t-1)1}} \left(\frac{g^{s_2}}{h}\right)^{\lambda_{i1}\gamma_{12}+\lambda_{i2}\gamma_{22}+\cdots+\lambda_{i(t-1)}\gamma_{(t-1)2}}$$

$$\times \left(\frac{g^{s_3}}{h}\right)^{\lambda_{i1}\gamma_{13}+\lambda_{i2}\gamma_{23}+\cdots+\lambda_{i(t-1)}\gamma_{(t-1)3}} \cdots \left(\frac{g^{s_{t-1}}}{h}\right)^{\lambda_{i1}\gamma_{1(t-1)}+\lambda_{i2}\gamma_{2(t-1)}+\cdots+\lambda_{i(t-1)}\gamma_{(t-1)(t-1)}}$$

$$= \frac{g^{s_i}}{h}$$

所以，这样计算出的 $B_j, j=0,1,\cdots,t-1$ 一定能够通过参与者 $P_1, P_2, \cdots, P_{t-1}$ 的检查。而且，在这个秘密分发过程中，参与者 $P_1, \cdots, P_{t-1}$ 所看到的数据与他们在正常运行 Feldman 的 VSS 方案时所能够看到数据的分布完全相同，因此，如果 $P_1, P_2, \cdots, P_{t-1}$ 能够重构原始秘密的话，就意味着 $s = \log_g h$ 被成功求解。换句话说，在离散对数问题是困难的假设下，少于 t 个参与者不能够计算出原始秘密。可以看到，与 Shamir 的秘密分享方案中相应的分析不同，这里是一种计算复杂度意义下的安全性。

8.4.2　Pedersen 的 VSS 方案

在 Feldman 的方案中，秘密分发者不能欺骗参与者。但由于分发者在广播承诺时将 g^s 也作为一个承诺发出，所以方案最终只能是计算安全的。Pedersen 扩展了 Feldman 的方案，他将 Shamir 的秘密共享方案与承诺方案相结合，构造出了一个高效、安全的非交互式可验证秘密分享体制。该方案的优点是验证信息不会直接泄露秘密 s，所以和 Feldman 的方案相比，Pedersen 的方案是信息论安全的。

令 $\langle g \rangle$ 为素数 p 阶循环群，$h \in_R \langle g \rangle \setminus \{1\}$ 为该群中的随机元素，从而各方均不知道离散对数 $\log_g h$。设 $s \in \mathbb{Z}_p$ 为欲分享的秘密，Pedersen 的方案由如下协议构成。

1. 秘密分发协议

秘密分发者 D 选取两个随机多项式 $a(x)$ 和 $b(x)$：

$$a(x) = \alpha_0 + \alpha_1 x + \alpha_2 x^2 + \cdots + \alpha_{t-1} x^{t-1}, \quad \alpha_j \in_R \mathbb{Z}_p, j = 1, 2, \cdots, t-1$$

$$b(x) = \beta_0 + \beta_1 x + \beta_2 x^2 + \cdots + \beta_{t-1} x^{t-1}, \quad \beta_j \in_R \mathbb{Z}_p, j = 1, 2, \cdots, t-1$$

满足条件 $\alpha_0 = s$。分发者 D 将碎片 $s_i := (s_{i1}, s_{i2}) = (a(i), b(i))$ 秘密地发送给参与者 $P_i, i = 1, 2, \cdots, n$。此外,D 广播承诺值 $C_j = g^{\alpha_j} h^{\beta_j}, j = 0, 1, \cdots, t-1$。

参与者收到自己的碎片 $s_i = (s_{i1}, s_{i2})$ 后,P_i 检查下面的等式是否成立以判断该碎片的有效性:

$$g^{s_{i1}} h^{s_{i2}} = \prod_{j=0}^{t-1} C_j^{i^j}$$

如果等式成立,则接受该碎片为有效;否则,P_i 向 D 请求正确的碎片。

2. 秘密重构协议

假设所有参与者均收到有效的碎片。他们中的任意 t 个,比如 $P_1, P_2, \cdots, P_t$,可以执行 Shamir 的门限秘密分享方案中的秘密重构算法以恢复出原秘密 s。

注意到在方案中,D 广播的承诺中与秘密 s 相关的信息仅为 $C_0 = g^s h^{\beta_0}$。而对于任意的 $\tilde{s} \in \mathbb{Z}_p$,都存在唯一的 $\tilde{\beta} \in \mathbb{Z}_p$ 使得 $C_0 = g^{\tilde{s}} h^{\tilde{\beta}}$,即 C_0 没有泄露关于 s 的任何信息。于是,可以确定 Pedersen 的 VSS 方案与 Feldman 的方案相比是信息论安全的。

8.5　公开可验证秘密分享体制

无论是 Feldman 的方案还是 Pedersen 的方案,协议的参与者都只能验证自己秘密碎片的有效性。Stadler 首次提出了公开可验证秘密分享(publicly verifiable secret sharing,PVSS)的概念。在一个 PVSS 体制中,对秘密碎片分发过程正确性进行验证的能力不再局限于参与者,而是任何人都可以执行这样的操作。目前关于公开可验证秘密分享方案研究的一个较好结果是由 Schoenmakers 于 1999 年提出的[8]。

8.5.1　PVSS 的基本模型

在一个 (t, n)-PVSS 方案中,秘密分发者 D 要将一个秘密 s 分发给 n 个接收者 $P_1, P_2, \cdots, P_n$,使得这些参与者中的任意 t 个可以恢复出该秘密,而任意少于 t 个的参与者则不具备这样的能力。一个 (t, n)-PVSS 方案通常包含下面 3 个协议。

1. 系统初始化协议

在这个阶段需要生成系统参数。另外,每个参与者 P_i 都注册一个在某个加密算法 E_i 中使用的公钥。

2. 秘密分发协议

与 VSS 方案类似,这个协议包含两个步骤。

① 碎片分发:在这个步骤中,D 完成对秘密 s 的分发过程。D 首先为每个参与者

P_i 生成各自的碎片 s_i 并发布对应的加密 $E_i(s_i)(i=1,2,\cdots,n)$,然后公开一个字符串 PROOF_D 以证明每个 $E_i(s_i)$ 确实是 s_i 的加密,这个字符串是 D 对发布秘密 s 的承诺。

② 碎片验证:任何人都可以对字符串 PROOF_D 执行验证以确认 $E_i(s_i)$ 是对 P_i 的碎片 s_i 的正确加密。

3. 秘密重构协议

这个协议也由两个步骤组成。

① 碎片解密:P_i 从 $E_i(s_i)$ 中解密出自己的碎片 s_i,同时需要提供一个字符串 PROOF_{P_i} 以证明解密出的碎片是正确的。

② 秘密重构:利用字符串 PROOF_{P_i} 排除不诚实的参与者,原秘密可以由诚实的参与者提供的碎片恢复出来。

8.5.2 Schoenmakers 的 PVSS 方案

PVSS 应用非常广泛,可用于设计密钥托管系统、可撤销匿名性的电子支付协议及门限绑定 ElGamal 等。与一般的秘密分享方案不同的是,Schoenmakers 设计的 (t,n)-PVSS 方案不是直接分享某个秘密值 s,而是分享形如 G^s 的元素。

1. 系统初始化

令 G_p 是一个素数阶循环群,其上的离散对数问题是困难的。$g,G\in_R G_p$ 为该群的两个随机选取的生成元,从而没有人能够计算离散对数 $\log_g G$。每一个参与者 P_i 选取 $x_i\in_R \mathbb{Z}_p$ 作为自己的私钥,并注册 $y_i=G^{x_i}$ 作为对应的公钥。秘密分发者 D 选取随机数 $s\in_R \mathbb{Z}_p$,计算 $S=G^s$,这个元素将作为 D 在 $P_1,P_2,\cdots,P_n$ 中分发的秘密。

2. 秘密分发协议

(1) 秘密分发

以下各步均由分发者 D 完成:

① 选取一个形如 $p(x)=s+\alpha_1 x+\alpha_2 x^2+\cdots+\alpha_{t-1}x^{t-1}$,$\alpha_j\in_R \mathbb{Z}_p$,$j=1,2,\cdots,t-1$ 的 $t-1$ 次随机多项式,令 $\alpha_0=s$;

② 将这个多项式秘密保存,公布自己的承诺 $C_j=g^{\alpha_j}$,$j=0,1,\cdots,t-1$;

③ 计算 $p(i)$,使用参与者的公钥计算并公开 $Y_i=y_i^{p(i)}$,$i=1,2,\cdots,n$(注意到 P_i 的碎片并不是 $p(i)$,而是 $G^{p(i)}$);

④ 令 $X_i=\prod_{j=0}^{t-1}C_j^{i^j}$,$i=1,2,\cdots,n$,生成一个关于 $p(i)$ 的证明 PROOF_D,说明 $p(i)$ 满足:$X_i=g^{p(i)}$,$Y_i=y_i^{p(i)}$,$i=1,2,\cdots,n$。为此,D 选取 $w_i\in_R \mathbb{Z}_p$,计算 $a_{1i}=g^{w_i}$,$a_{2i}=y_i^{w_i}$,$c=H(X_1,X_2,\cdots,X_n,Y_1,Y_2,\cdots,Y_n,a_{11},\cdots,a_{1n},a_{21},\cdots,a_{2n})$,$r_i=w_i-p(i)c$,$i=1,2,\cdots,n$。

⑤ 令 $\mathrm{PROOF}_D:=(c,r_1,r_2,\cdots,r_n)$,D 的公开输出为 $(C_0,C_1,\cdots,C_{t-1},Y_1,Y_2,\cdots,Y_n,\mathrm{PROOF}_D)$。

（2）碎片验证

收到 D 的输出$(C_0, C_1, \cdots, C_{t-1}, Y_1, Y_2, \cdots, Y_n, \text{PROOF}_D)$后，任何人都可以计算

$X_i = \prod\limits_{j=0}^{t-1} C_j^{\,i^j}$，以及：

$$a_{1i} = g^{r_i} X_i^c, \quad a_{2i} = y_i^{r_i} Y_i^c, \quad i = 1, 2, \cdots, n$$

如果 $c = H(X_1, X_2, \cdots, X_n, Y_1, Y_2, \cdots, Y_n, a_{11}, \cdots, a_{1n}, a_{21}, \cdots, a_{2n})$，则接受 D 的所有输出为有效，即 Y_i 是对 $p(i)$ 的正确加密，$i = 1, 2, \cdots, n$。

3. 秘密重构

（1）碎片解密

假设 D 的输出$(C_0, C_1, \cdots, C_{t-1}, Y_1, Y_2, \cdots, Y_n, \text{PROOF}_D)$经验证后为有效，则 P_i 计算 $S_i = Y_i^{x_i^{-1}}$ 得到自己的碎片 $S_i = G^{p(i)}$。此外，P_i 需要公布一个证据 PROOF_{P_i} 证明 x_i 同时满足：

$$y_i = G^{x_i}, \quad Y_i = S_i^{x_i}$$

即 P_i 保证自己确实使用了私钥 x_i 对 Y_i 执行了解密运算。PROOF_{P_i} 的计算和 PROOF_D 完全类似，具体略。P_i 的输出为$(S_i, \text{PROOF}_{P_i})$，$i = 1, 2, \cdots, n$。

（2）秘密重构

假设参与者 $P_1, P_2, \cdots, P_t$ 均输出了正确的碎片 S_i，$i = 1, 2, \cdots, t$，他们可以使用 Lagrange 插值公式重构秘密 G^s：

$$\prod_{i=1}^{t} S_i^{\lambda_i} = \prod_{i=1}^{t} (G^{p(i)})^{\lambda_i} = G^{\sum\limits_{i=1}^{t} \lambda_i p(i)} = G^{p(0)} = G^s$$

其中，$\lambda_i = \prod\limits_{j \neq i} \dfrac{j}{j - i}$ 为 Lagrange 插值系数。

注意到在上述 PVSS 协议中，为重构秘密 G^s，参与者 P_i 只需要使用 $S_i = G^{p(i)}$，既不需要也不能够计算指数 $p(i)$。另外，在碎片解密和秘密重构中，P_i 也不会泄露自己的私钥 x_i。关于该方案的安全性，Schoenmakers 证明了下面的结论：在 DDH 假设下，（Ⅰ）任意 t 个参与者能够执行秘密重构协议恢复原秘密；（Ⅱ）任意少于 t 个参与者不能计算关于原秘密的任何信息。

8.6　动态秘密分享

如前所述，可以利用各种秘密分享方案来强化密钥管理，保护密钥的机密性和完整性。但是对于敏感的、长期有效的密钥（如银行对电子货币签名的密钥等），前面介绍的秘密分享方案是不够的。这是因为密钥会受到攻击者长期、渐进的攻击，攻击者可能用很长时间来攻破多个成员，从而得到密钥。为了解决这个问题，Herzberg 等人[5]提出了动态秘密分享（proactive secret sharing）的概念。在一个

(t,n) 动态秘密分享方案中,秘密/密钥存在的有效期被分为多个时间段,在每个时间段开始时密钥的碎片都将被更新。这种更新不会改变分享的密钥,即使用更新后的碎片仍可以重构原来被分享的密钥。攻击者得到的某个时间段的碎片在进入下一时间段后没有任何价值,因为更新周期一般是一个比较短的时间,所以攻击者必须在一个较短的时间段,攻破不少于 t 个成员,才能获得原秘密。如果密钥几年有效,而更新周期为一周,攻击者面临的问题是,用一周的时间完成需要几年时间完成的攻击,这将大大提高系统的安全性。

Herzberg 等人在提出动态秘密共享概念的同时,也给出了一个具体的方案。下面给出该方案的简化描述,以体会其动态更新碎片的思想。

初始时,使用 Shamir 的 (t,n) 门限秘密分享方案将某个秘密 $s \in \mathbb{Z}_p$ (p 为素数) 编码成 n 个碎片 $s_1 = f(1), \cdots, s_n = f(n) \in \mathbb{Z}_p$,并分别由参与者 $P_1, P_2, \cdots, P_n$ 掌握,这里 $f(\cdot)$ 是 $\mathbb{Z}_p$ 上的一个 $t-1$ 次多项式,满足 $f(0) = s$。

记 $s_i^{(0)} := s_i, f^{(0)}(\cdot) := f(\cdot)$。在时间段 $T = 1, 2, \cdots$ 时,各个参与者 P_i 的碎片记为 $s_i^{(T)}, i = 1, 2, \cdots, n$,对应这些碎片的多项式记为 $f^{(T)}(\cdot)$。

已经掌握碎片 $s_i^{(T-1)}$ 的参与者 P_i 在 T 时间段开始时,执行下面的步骤以更新自己的碎片为 $s_i^{(T)}$:

① 选择 $t-1$ 个随机数 $\delta_{i1}, \delta_{i2}, \cdots, \delta_{i(t-1)} \in_R \mathbb{Z}_p$,定义多项式 $\delta_i(x) = \delta_{i1}x + \delta_{i2}x^2 + \cdots + \delta_{i(t-1)}x^{t-1}$,易见 $\delta_i(0) = 0$;

② 计算 $u_{ij} = \delta_i(j)$,将 u_{ij} 秘密地发送给参与者 $P_j, j = 1, 2, \cdots, n, j \neq i$;

③ 在收到所有其他参与者发来的 $u_{ji} = \delta_j(i), j = 1, 2, \cdots, n, j \neq i$ 后,按照下面的公式更新自己的碎片:

$$s_i^{(T)} = s_i^{(T-1)} + (u_{1i} + u_{2i} + \cdots + u_{ni})$$

④ 除保留新碎片 $s_i^{(T)}$ 外,销毁所有其他量。

事实上,按照这样的更新步骤,所有参与者都能够得到自己的新碎片,而且他们中的任意 t 个,不妨设为 $P_1, P_2, \cdots, P_t$,都可以使用自己的新碎片运行 Shamir 门限秘密分享方案中的秘密重构协议恢复原秘密 s。下面的公式证明了这一点:

$$\begin{aligned}
\sum_{i=1}^{t} \lambda_i s_i^{(t)} &= \sum_{i=1}^{t} \lambda_i \left(s_i^{(t-1)} + \sum_{j=1}^{n} \delta_j(i) \right) \\
&= \sum_{i=1}^{t} \lambda_i s_i^{(t-1)} + \sum_{j=1}^{n} \sum_{i=1}^{t} \lambda_i \delta_j(i) \\
&= s + \sum_{j=1}^{n} \delta_j(0) \\
&= s
\end{aligned}$$

其中,$\lambda_i = \prod_{j \neq i} \dfrac{j}{j-i}$ 为 Lagrange 插值系数。

由于上述做法是基于 Shamir 的门限秘密分享体制设计的,因此同样只能抵抗被动攻击。一个控制某个参与者 P_i 的主动攻击者可能在碎片更新时不使用满足条件 $\delta_i(0)=0$ 的多项式 $\delta_i(\cdot)$ 或者发送错误的 $u_{ij}=\delta_i(j)$，导致其他参与者无法正确更新碎片。为了抵抗这种可能的主动攻击方式，可以在更新过程中引入检查操作。这样，已经掌握碎片 $s_i^{(T-1)}$ 的参与者 P_i 在 T 时间段开始时，执行下面的操作以更新自己的碎片为 $s_i^{(T)}$，令 $\langle g \rangle$ 为素数 p 阶循环群，$s \in \mathbb{Z}_p$ 为分享的秘密。

① 选择 $t-1$ 个随机数 $\delta_{i1},\delta_{i2},\cdots,\delta_{i(t-1)} \in_R \mathbb{Z}_p$，定义多项式 $\delta_i(x)=\delta_{i1}x+\delta_{i2}x^2+\cdots+\delta_{i(t-1)}x^{t-1}$，易见 $\delta_i(0)=0$；

② 计算并广播 $B_{ij}=g^{\delta_{ij}}$，$1 \leqslant j < t$；

③ 计算 $u_{ij}=\delta_i(j)$，将 u_{ij} 秘密地发送给参与者 P_j，$j=1,2,\cdots,n,j \neq i$；

④ 收到其他参与者发来的 u_{ji} 后，参与者 P_i 判断下面等式是否成立：

$$g^{u_{ji}}=(B_{j1})^i (B_{j2})^{i^2} (B_{j3})^{i^3} \cdots (B_{j(t-1)})^{i^{t-1}}, \quad j=1,2,\cdots,n,j \neq i$$

注意到这个等式只有在 $\delta_j(0)=0$ 的前提下才会成立，如果等式成立，说明 P_j 发送过来的 u_{ji} 是正确的；否则，要求 P_j 重新发送正确的承诺；

⑤ 假设所有的参与者从其他参与者处收到的 u_{ji}，$i,j=1,2,\cdots,n,i \neq j$ 都是正确的，则 P_i 按照下面的公式更新自己的碎片：

$$s_i^{(T)}=s_i^{(T-1)}+(u_{1i}+u_{2i}+\cdots+u_{ni})$$

⑥ 除保留新碎片 $s_i^{(T)}$ 外，销毁所有其他量。

容易看到，这里使用和第 8.4.1 节中同样的方法，确保在碎片更新过程中每个参与者提供的更新数据都是正确的，这些更新数据都是可验证的。

8.7　几种特殊的秘密分享体制

前面几节介绍的秘密分享体制均具有这样的形式：一个秘密分发者 D 和若干个参与者 $P_1,P_2,\cdots,P_n$，这个分发者随机生成一个秘密 s，体制的最终目的是使得参与者能够掌握该秘密的碎片 $s_1,s_2,\cdots,s_n$。我们现在要提出的问题是：

• 能否设计一个秘密分享体制，不需要秘密分发者，而参与者 $P_1,P_2,\cdots,P_n$ 仍然能够得到某个秘密 s 的碎片 $s_1,s_2,\cdots,s_n$？

• 能否设计一个秘密分享体制，不需要秘密分发者，参与者 $P_1,P_2,\cdots,P_n$ 掌握秘密 u 和秘密 v 的碎片，这些参与者能够合作计算 uv 的秘密分享？

• 能否设计一个秘密分享体制，不需要秘密分发者，参与者 $P_1,P_2,\cdots,P_n$ 掌握秘密 k 的碎片 $k_1,k_2,\cdots,k_n$，这些参与者能够合作计算秘密 k^{-1} 的碎片？

本节就来介绍这样几种秘密分享体制的设计。这些秘密分享体制在密码学中也有重要应用，经常被用来设计门限密码、门限签名等协议。

8.7.1　无分发者的随机秘密分享

所谓无分发者的随机秘密分享,是指该体制中不存在秘密分发者,仅有参与者 $P_1, P_2, \cdots, P_n$,他们以交互的方式协商出一个随机秘密 s,并各自得到该秘密的一个碎片 s_i,但每个参与者 P_i 都不知道这个随机秘密的具体值,除非他们愿意公布自己的碎片并重构该秘密。下面基于 Shamir 的秘密分享体制介绍一个无秘密分发者的 (t, n) 秘密分享体制,称之为 Joint-Shamir-RSS 体制(joint Shamir random secret sharing)。

① 每个参与者 P_i 选择一个 $t-1$ 次随机多项式 $a_i(x) \in_R \mathbb{Z}_p[x]$,以 $a_i = a_i(0)$ 作为自己要让 $P_1, P_2, \cdots, P_n$ 分享的秘密(P_i 既是秘密分发者,也是其中一个参与者);

② P_i 计算并秘密发送 $s_{ij} = a_i(j)$ 给参与者 $P_j, j = 1, 2, \cdots, n$;

③ 收到其他参与者的值 $s_{ji} = a_j(i), j = 1, 2, \cdots, n$ 后,P_i 计算 $s_i = \sum_{j=1}^{n} s_{ji}$ 作为自己最终分享秘密的碎片。

从协议中可以看出,如果令 $a(x) := \sum_{j=1}^{n} a_j(x)$,则:

- $a(i) = \sum_{j=1}^{n} a_j(i) = \sum_{j=1}^{n} s_{ji}$,即参与者 P_i 的最终分享秘密的碎片为 $s_i = a(i)$。

- $a(0) = \sum_{j=1}^{n} a_j(0) = \sum_{j=1}^{n} a_j$,为 n 个参与者 $P_1, P_2, \cdots, P_n$ 最终分享的秘密。

也就是说,仿佛有一个“分发者”选取了一个随机多项式 $a(x)$,置 $a(0)$ 为秘密,赋予 $P_1, P_2, \cdots, P_n$ 相应的碎片 $a(1), a(2), \cdots, a(n)$,只不过这个“分发者”的功能是由 $P_1, P_2, \cdots, P_n$ 一起合作完成的。如果参与者想知道自己分享的秘密究竟是什么,只需任意 t 个参与者使用自己拥有的秘密碎片 s_i 执行 Shamir 秘密分享体制的秘密重构协议即可。

8.7.2　无分发者的“零”秘密分享

所谓“零”秘密分享协议,指的是 $P_1, P_2, \cdots, P_n$ 协作执行协议,最终他们各自得到一个“秘密”的碎片,只不过这个“秘密”的值为 0。无秘密分发者的“零”秘密分享协议设计与无分发者的随机秘密分享协议类似,只不过规定每个参与者选取常数项为 0 的多项式即可。将基于 Shamir 秘密分享体制给出无秘密分发者的“零”秘密分享协议,称之为 Joint-Shamir-ZSS 体制(joint Shamir zero secret sharing),该协议与 Joint-Shamir-RSS 的唯一区别在于步骤①:

① 每个参与者 P_i 选择常数项为 0 的 $t-1$ 次随机多项式 $a_i(x) \in_R \mathbb{Z}_p[x]$,以 $a_i = a_i(0) = 0$ 作为自己要让 $P_1, P_2, \cdots, P_n$ 分享的秘密(P_i 既是秘密分发者,也是其中一个参与者);

② P_i 计算并秘密地发送 $s_{ij}=a_i(j)$ 给参与者 P_j, $j=1,2,\cdots,n$。

③ 收到其他参与者的值 $s_{ji}=a_j(i)$, $j=1,2,\cdots,n$ 后, P_i 计算 $s_i=\sum_{j=1}^{n}s_{ji}$ 作为自己最终分享秘密的碎片。

8.7.3　计算两个秘密的乘积的分享

已知两个秘密 u 和 v 均由 P_i, $i=1,2,\cdots,n$ 实现 $(t+1,n)$ 分享,如何在不泄露 u 和 v 的前提下计算乘积 uv 的分享? 在回答这个问题之前,可以先进行如下分析。

假设使用某个随机多项式 $c(x):=\sum_{j=1}^{2t}c_jx^j+uv$ 来实现 uv 的 $(2t+1,n)$ 分享,如果存在多项式分解形式:

$$c(x)=(a_tx^t+a_{t-1}x^{t-1}+\cdots+a_1x+u)(b_tx^t+b_{t-1}x^{t-1}+\cdots+b_1x+v)$$

则记多项式 $a(x):=a_tx^t+a_{t-1}x^{t-1}+\cdots+a_1x+u$, $b(x):=b_tx^t+b_{t-1}x^{t-1}+\cdots+b_1x+v$。注意到,对于任意 $i=1,2,3,\cdots$, $c(i)=a(i)b(i)$, $c(0)=a(0)b(0)=uv$。因此,我们只需要在 P_i, $i=1,2,\cdots,n$ 中使用多项式 $a(x)$ 对 u 实现 $(t+1,n)$ 分享,每个参与者得到碎片 u_i, $i=1,2,\cdots,n$;使用多项式 $b(x)$ 对 v 实现 $(t+1,n)$ 分享,每个参与者得到碎片 v_i, $i=1,2,\cdots,n$;最后,每个参与者 P_i 将自己的碎片 u_i、v_i 相乘就得到 uv 的一个碎片,任意 $2t+1$ 个参与者可以重构 uv 值。

上述分析似乎已经回答了本节开头提出的问题,不过这个回答是不完整的,因为并不是每个 $2t$ 次多项式都可以分解为两个 t 次多项式的乘积! 比如,在 $\mathbb{Z}_p$ 上的多项式不存在这样的分解:

$$x^2+1\neq(a_1x+a_0)(b_1x+b_0)$$

但是,我们知道任意 $2t$ 次多项式都可以表示为两个 t 次多项式的乘积加上一个常数项为 0、次数至多为 $2t$ 的多项式的形式:

$$c_{2t}x^{2t}+c_{2t-1}x^{2t-1}+\cdots+c_1x+uv$$
$$=(a_tx^t+a_{t-1}x^{t-1}+\cdots+a_1x+u)(b_tx^t+b_{t-1}x^{t-1}+\cdots b_1x+v)+d_{2t}x^{2t}+d_{2t-1}x^{2t-1}+\cdots+d_1x$$

比如,在 $\mathbb{Z}_p$ 上的多项式 x^2+1 可以表示为:

$$x^2+1=(x+1)(x+1)-2x$$

将上述的分析结合在一起就得到了下面的协议:参与者为 P_i, $i=1,2,\cdots,n$,他们已经实现了 u 的 $(t+1,n)$ 分享和 v 的 $(t+1,n)$ 分享,对应地,拥有碎片 u_i 和 v_i, $i=1,2,\cdots,n$。该协议用于在不泄露 u 和 v 的前提下计算乘积 uv 的分享:

- 以一个常数项为 0 的 $2t$ 次多项式运行 Joint-Shamir-ZSS 体制,将其输出(即碎片)记做 o_i, $i=1,2,\cdots,n$;
- 计算 $u_iv_i+o_i$。

容易验证, $u_iv_i+o_i$, $i=1,2,\cdots,n$ 是 uv 的 $(2t+1,n)$ 分享。

8.7.4 无分发者的逆元秘密分享

令 q 为一大素数,$k \in \mathbb{Z}_q^*$,下面的所有运算均是 mod p 意义下的。已知 $P_i, i = 1, 2, \cdots, n$ 实现了对秘密 k 的 (t, n) 分享,即他们均拥有该秘密的一个碎片 k_i。现在要设计一个协议:通过该协议的执行,这些参与者不需要重构秘密 k 和 k^{-1}(即 $kk^{-1} \equiv 1 \bmod q$)就可以得到 k^{-1} 的碎片。协议的基本思想是:参与者以协作的方式生成某个随机秘密 a,从而可以公布 ka 的同时又不会泄露秘密 k 的信息,最后计算 $(ka)^{-1}$ 并由此生成 k^{-1} 的碎片。

① 运行 Joint-Shamir-RSS 体制实现对某个秘密 a 的 (t, n) 分享,生成碎片 a_i,$i = 1, 2, \cdots, n$;

② 运行第 8.7.3 节的协议实现对 ka 的 $(2t-1, n)$ 分享,生成 ka 的碎片;

③ 公布 ka 的碎片并重构出 ka 的值;

④ 计算 $u_i = (ka)^{-1} a_i$;

⑤ 输出 $u_i, i = 1, 2, \cdots, n$ 作为 k^{-1} 的碎片。

得到 u_i 后,$P_i, i = 1, 2, \cdots, n$ 中的任意 t 个,比如 $P_1, P_2, \cdots, P_t$,可以重构 k^{-1}。事实上,

$$\sum_{i=1}^{t} \lambda_i u_i = \sum_{i=1}^{t} \lambda_i (ka)^{-1} a_i = (ka)^{-1} \sum_{i=1}^{t} \lambda_i a_i = (ka)^{-1} a = k^{-1}$$

其中,$\lambda_i = \prod_{j \neq i} \dfrac{j}{j-i}$ 为 Lagrange 插值系数。

8.7.5 计算 $g^{k^{-1}} \bmod p \bmod q$

给定大素数 p、q,其中 $q \mid p-1$,g 为 $\mathbb{Z}_p^*$ 中阶为 q 的元素,$k \in_R \mathbb{Z}_q^*$。已知 $P_i, i = 1, 2, \cdots, n$ 实现了对秘密 k 的 (t, n) 分享,即他们均拥有该秘密的一个碎片 k_i。现在要设计一个协议,通过该协议的执行,这些参与者不需要重构秘密 k(和 k^{-1})就可以计算 $g^{k^{-1}} \bmod p \bmod q$。可以对第 8.7.4 节的协议稍做修改,得到下面的协议:

① 运行 Joint-Shamir-RSS 体制实现对某个秘密 $a \in \mathbb{Z}_q$ 的 (t, n) 分享,各参与者分别得到碎片 $a_i \in \mathbb{Z}_q, i = 1, 2, \cdots, n$;

② 运行第 8.7.3 节的协议实现对 ka 的 $(2t-1, n)$ 分享,生成 ka 的碎片;

③ 公布 ka 的碎片并重构出 ka 的值;

④ 广播 $g^{a_i} \bmod p, i = 1, 2, \cdots, n$;

⑤ 计算 $g^a = \prod_{i=1}^{t} (g^{a_i})^{\lambda_i} \bmod p$,其中,$\lambda_i = \prod_{i,j \in \{1, \cdots, t\}, j \neq i} \dfrac{j}{j-i}$ 为 Lagrange 插值系数;

⑥ 计算 $r = (g^a)^{(ka)^{-1}} = g^{k^{-1}} \bmod p \bmod q$。

8.8　门限密码

一般来说,一个发送方 S 要将一条消息 m 秘密地发送给接收方 R,S 要使用接收方的公钥对 m 执行加密操作后再将密文发出。R 收到密文后使用自己的私钥执行解密运算,恢复出对应的明文。在一个 (t,n) 门限密码(threshold cryptosystem)中,解密密钥分散在 n 个用户 $P_1,P_2,\cdots,P_n$ 中,为了从密文中正确恢复明文,至少需要 $P_1,P_2,\cdots,P_n$ 中的 t 个参与解密操作。设计 (t,n) 门限密码系统时,需要使用 (t,n) 秘密分享技术。

8.8.1　门限密码的定义

秘密分享技术是门限密码的基础,但不能简单地认为将秘密分享和公钥密码组合在一起就是门限密码了,我们看下面的例子。

我们知道 ElGamal 密码体制由密钥生成算法 KeyGen、加密算法 Enc 和解密算法 Dec 构成。有人可能会将 ElGamal 加密和秘密分享简单地组合在一起,得到这样的“门限 ElGamal 密码体制”:一个秘密分发者首先运行 KeyGen 算法生成私钥 x 和对应的公钥 y,然后使用 x 作为秘密以运行某个 (t,n) 秘密分享体制,使得用户 P_i 得到关于私钥 x 的碎片 $x_i,i=1,2,\cdots,n$;加密算法保持不变;假设使用公钥 y 产生了一条密文 C,为了对 C 执行解密运算,$P_i,i=1,2,\cdots,n$ 中的任意 t 首先执行秘密重构协议恢复解密密钥 x,然后使用恢复出的解密密钥执行解密运算。

然而,这样的简单组合至少有两个缺点:一方面,秘密的分发者知道解密密钥 x,因此系统中的用户必须信任这个分发者,相信他不会去执行解密运算;另一方面,在解密过程中,解密密钥是被重构出来的,必须相信参与重构(从而知道解密密钥 x)的用户自己不会去执行解密操作。

为避免出现这样的问题,我们给出如下门限密码的定义。关于参与者 $P_i,i=1,2,\cdots,n$ 的 (t,n) 门限密码系统由分布式密钥生成算法、加密算法及门限解密算法 3 个算法构成:

* 分布式密钥生成算法　一个由 $P_i,i=1,2,\cdots,n$ 运行的生成公钥 h 的协议,在协议运行结束后,每个参与者将获得一个关于私钥 x 的碎片 x_i、对应该碎片的公开验证密钥 h_i,以及与私钥 x 相对应的公钥 h。

* 加密算法　该算法的输入为公钥 h 和待加密的消息 m,输出为在公钥 h 下明文 m 对应的密文 c。

* 门限解密算法　一个由任意 t 个参与者 $P_{i_1},P_{i_2},\cdots,P_{i_t}$ 运行的协议,对于给定输入密文 c,t 个公开验证密钥 $h_{i_1},h_{i_2},\cdots,h_{i_t}$,以及 t 个碎片 $x_{i_1},x_{i_2},\cdots,x_{i_t}$,协议运行结束后将输出密文 c 对应的明文 m。

注意到,在分布式密钥生成算法中,所有参与者 $P_i, i=1,2,\cdots,n$ 的地位都是对称的。换句话说,该协议不依赖于任何特殊的可信方。类似地,门限解密协议也不依赖于任何可信方,各参与者地位是对称的。关于 (t,n) 门限密码系统安全性的一个基本要求是:私钥 x 总是保密的,除非不少于 t 个参与者泄露了自己的秘密碎片。

8.8.2　门限 ElGamal 密码

设 p 为一个大素数,令 $\langle g \rangle$ 为 p 阶循环群。我们知道,在 ElGamal 加密体制中公钥均形如 $h=g^x, x \in_R \mathbb{Z}_p$。与此类似,在 (t,n) 门限 ElGamal 密码中,用于加密操作的公钥形如 $h=g^{a(0)}$,其中 $a(x) \in \mathbb{Z}_p[x]$ 是一个 $t-1$ 次随机多项式。分布式密钥生成协议结束后,每个用户 P_i 得到的密钥碎片为 $x_i=a(i)$,相应的验证公钥为 $h_i=g^{x_i}, i=1,2,\cdots,n$,多项式 $a(x)$ 经过点 $(1,x_1),\cdots,(n,x_n)$。

1. 分布式密钥生成

此协议的目标是由参与者 $P_1, P_2, \cdots, P_n$ 共同生成一个随机多项式 $a(x)$。协议由下述步骤组成:

① 每个参与者 P_i 选择 $t-1$ 次的随机多项式 $a_i(x) \in_R \mathbb{Z}_p[x]$,并广播值 g^{s_i} 给其他参与者,其中 $s_i=a_i(0)$;

② 收到其他参与者的值 $g^{s_j}, j=1,2,\cdots,n$ 后,每个参与者 P_i 计算 $h=g^{\sum_{i=1}^{n} s_i}$ 作为公钥;

③ 每个参与者 P_i 以秘密分发者的身份执行 Feldman 的 VSS 方案,在 $P_1, P_2, \cdots, P_n$ 中分享秘密 s_i(P_i 既是秘密分发者,也是其中一个参与者),设 P_j 得到的关于 s_i 的秘密碎片为 $s_{ij}=a_i(j), j=1,2,\cdots,n$。

④ 每个参与者 P_i 将自己收到的所有秘密碎片相加就得到自己掌握的关于私钥 x 的秘密碎片 x_i: $x_i = \sum_{j=1}^{n} s_{ji}$,其验证公钥为 $h_i=g^{x_i}=g^{\sum_{j=1}^{n} s_{ji}}$。

显然,这个协议与 Joint-Shamir-RSS 体制非常相似,是对 Joint-Shamir-RSS 体制的推广。从协议中可以看出,如果令 $a(x) := \sum_{j=1}^{n} a_j(x)$,则:

- $a(i) = \sum_{j=1}^{n} a_j(i) = \sum_{j=1}^{n} s_{ji}$,即参与者 P_i 的碎片 $x_i=a(i)$。

- $a(0) = \sum_{j=1}^{n} a_j(0) = \sum_{j=1}^{n} s_j$,为 n 个参与者 $P_1, P_2, \cdots, P_n$ 分享的私钥 x。

看起来仿佛有一个"分发者"选取了一个随机多项式 $a(x)$,置 $a(0)$ 为秘密,赋予 $P_1, P_2, \cdots, P_n$ 相应的碎片 $a(1), a(2), \cdots, a(n)$,只不过分发者的功能是由 $P_1, P_2, \cdots, P_n$ 一起合作完成的。

2. 加密

此算法和 ElGamal 加密算法一样,即给定一个明文 m、公钥 h,选取随机数

$k \in_R \mathbb{Z}_p$，计算 $a = g^k$，$b = mh^k$，输出 (a, b) 作为 h 对明文 m 的加密。

3. 门限解密

令 (a, b) 为公钥 h 产生的密文，任意 t 个用户，比如 $P_1, P_2, \cdots, P_t$，执行下面的步骤可以恢复明文：

① 每个参与者 P_i 计算并输出 $d_i = a^{x_i}$；

② P_i 输出一个字符串 PROOF_{P_i} 以证明 d_i 是自己正确使用了 x_i 计算的结果，即 x_i 使得 $h_i = g^{x_i}$ 和 $d_i = a^{x_i}$ 同时成立，PROOF_{P_i} 的产生方法和第 8.5.2 节的 PROOF_D 完全类似，不再赘述。

③ 使用 PROOF_{P_j} 验证 P_j 输出了正确的 d_j，$j = 1, 2, \cdots, t, j \neq i$。假设所有的 d_j 通过验证，参与者 P_i 计算下式即可恢复出原来的明文：

$$m = \frac{b}{\prod\limits_{i=1}^{t} d_i^{\lambda_i}}$$

$\lambda_i = \prod\limits_{j \neq i} \dfrac{j}{j-i}$ 为 Lagrange 插值系数。

注意到 $\prod\limits_{i=1}^{t} d_i^{\lambda_i} = \prod\limits_{i=1}^{t} a^{x_i \lambda_i} = a^{\sum\limits_{i=1}^{t} x_i \lambda_i} = a^x$，因此上式成立。

在解密过程中，参与者 $P_1, P_2, \cdots, P_t$ 并不是通过先重构解密密钥，再使用密钥去完成解密操作的方式执行协议（这样做的话，他们自己的秘密碎片将会泄露，进而每个人都知道解密密钥的值）。相反地，他们中的任何人都不知道解密密钥 x，而是使用自己的碎片 x_i 计算中间结果，再利用所有的中间结果经过简单计算即完成解密操作。这样的过程完全符合门限密码的定义。

8.9　门限签名

一个数字签名体制由密钥生成算法 KeyGen、数字签名产生算法 Sign 和数字签名验证算法 Verify 构成。其中，算法 KeyGen 生成用户的公钥私钥对 (y, x)；持有私钥 x 的签名人执行算法 Sign 得到对某个消息 m 的数字签名 σ；任意验证者可以利用签名人的公钥 y，验证 (m, σ) 是否为有效的消息签名对。如果将签名私钥作为一个秘密由 $P_1, P_2, \cdots, P_n$ 分享，他们中的 t 个一起协作可以产生某消息的数字签名，任意验证者可以验证该签名的有效性，少于 t 个成员则不能产生有效签名，这样的数字签名系统就是 (t, n) 门限签名（threshold signature）。与 (t, n) 门限密码系统一样，设计 (t, n) 门限签名系统时，需要使用 (t, n) 秘密分享技术。

8.9.1　门限签名的定义

回顾数字签名体制的定义可以知道，一个数字签名体制 $S = (\text{KeyGen}, \text{Sign},$

Verify)指的是:算法 KeyGen 生成用户的公钥私钥对(y,x);给定消息 m、私钥 x,算法 Sign 输出对 m 的数字签名 $\sigma=\mathrm{Sign}(m,x)$;给定公钥 y、消息签名对(m,σ),算法 Verify 输出 1 或 0,表示该签名有效或无效。

给定一个数字签名体制 $S=(\mathrm{KeyGen},\mathrm{Sign},\mathrm{Verify})$,其对应的门限签名体制 TS 也由 3 个算法构成,$TS=(\mathrm{TKeyGen},\mathrm{TSign},\mathrm{Verify})$。

1. 分布式密钥生成协议 TKeyGen

在这个协议中,参与者 $P_1,P_2,\cdots,P_n$ 一起协作生成一个公钥私钥对(y,x)。协议运行结束时,每个参与者 P_i 的秘密输出是 x_i。($x_1,x_2,\cdots,x_n$)构成了私钥 x 的 (t,n)秘密分享,公钥 y 为协议的公开输出。

2. 分布式签名生成协议 TSign

协议中各参与者的私有输入为各自的秘密碎片,协议的公开输入为待签名消息 m 和公钥 y。协议输出为消息 m 在私钥 x 下的数字签名 $\sigma=\mathrm{Sign}(m,x)$。

3. 签名验证算法 Verify

这个算法与普通数字签名体制 S 中的签名验证算法完全相同。

通俗地说,如果 $P_1,P_2,\cdots,P_n$ 中的任意 t 个参与者能够一起对给定消息 m 产生通过签名验证算法的数字签名,而任意少于 t 个参与者无法做到这一点,则称一个(t,n)门限签名体制是安全的。

8.9.2　门限 DSS 签名体制

下面将基于数字签名标准(digital signature standard,DSS)构造一个门限签名方案。对于给定大素数 p 和 q,其中 $q\mid p-1$,g 为 $\mathbb{Z}_p^*$ 中阶为 q 的元素,DSS 主要由以下内容构成。

- 密钥生成算法　用户选取随机数 $x\in_R\mathbb{Z}_q^*$ 作为私钥,计算 $y=g^x\bmod p$ 作为自己的公钥。

- 签名生成算法　给定消息 $m\in_R\mathbb{Z}_q^*$、签名私钥 x,按如下步骤产生数字签名 (r,s):

① 选取随机数 $k\in_R\mathbb{Z}_q^*$;

② $r=g^{k^{-1}}\bmod p\bmod q$;

③ $s=k(m+xr)\bmod q$。

- 签名验证算法　给定 m、签名验证公钥 y 及待验证签名(r,s),如果等式 $g^r=(g^{ms^{-1}}y^{rs^{-1}}\bmod p)\bmod q$ 成立,则接受该签名有效;否则拒绝该签名。

由 DSS 体制的签名生成算法可以看出,要实现其数字签名的门限产生方式,必须解决两个问题:一是参与者如何在不泄露 k 的情况下计算 $r=g^{k^{-1}}\bmod p\bmod q$;二是参与者如何在 k、x(从而 $m+xr$)未知的情况下计算 $s=k(m+xr)\bmod q$。基于第 8.8

节的工作,可以比较方便地设计门限 DSS 数字签名体制。给定大素数 p 和 q,其中 $q \mid p-1$,g 为 $\mathbb{Z}_p^*$ 中阶为 q 的元素。门限 DSS 数字签名体制由下面的 3 个算法构成。

1. 分布式密钥生成协议 TKeyGen

在这个协议中,参与者 $P_1, P_2, \cdots, P_n$ 先一起运行 Joint-Shamir-RSS 体制,生成某个秘密 x 的 (t,n) 分享:$(x_1, x_2, \cdots, x_n) \xleftarrow{(t,n)} x$。然后参与者广播 $g^{x_i} \bmod p$,从而每个参与者都可以计算 $y = g^x$。最后,由 (y,x) 构成公钥私钥对。

2. 分布式签名生成协议 TSign

协议中各参与者 $P_1, P_2, \cdots, P_n$ 的私有输入为各自的秘密碎片,协议的公开输入为待签名消息 m 和公钥 y。如果下面的步骤均成功执行,将输出对消息 m 的门限数字签名 (r,s)。

① 生成 k:各参与者 $P_1, P_2, \cdots, P_n$ 执行 Joint-Shamir-RSS 体制得到对某个随机数 $k \in_R \mathbb{Z}_q^*$ 的 (t,n) 分享 $(k_1, k_2, \cdots, k_n) \xleftarrow{(t,n)} k$。

② 生成 0 秘密分享:参与者 $P_1, P_2, \cdots, P_n$ 利用一个次数为 $2t-2$、常数项为 0 的随机多项式执行 Joint-Shamir-ZSS 体制,得到碎片 $b_1, b_2, \cdots, b_n$;利用另一个次数为 $2t-2$、常数项为 0 的随机多项式执行 Joint-Shamir-ZSS 体制,得到碎片 $c_1, c_2, \cdots, c_n$。

③ 计算 $r = g^{k^{-1}} \bmod p \bmod q$:首先,参与者 $P_1, P_2, \cdots, P_n$ 执行 Joint-Shamir-RSS 体制,得到对某个随机数 $a \in_R \mathbb{Z}_q^*$ 的 (t,n) 分享 $(a_1, a_2, \cdots, a_n) \xleftarrow{(t,n)} a$;然后,参与者 P_i 计算并广播 $v_i = k_i a_i + b_i \bmod q$,$w_i = g^{a_i} \bmod p$,$i = 1, 2, \cdots, n$(注意到,$(v_1, v_2, \cdots, v_n) \xleftarrow{(2t-1,n)} ka \bmod q$);最后,参与者 P_i 计算 $\mu = ka \bmod q$,$\beta = g^a \bmod p$,$r = \beta^{\mu^{-1}} = g^{k^{-1}} \bmod p \bmod q$。

④ 生成 $s = k(m+xr) \bmod q$:参与者 P_i 先计算并广播 $s_i = k_i(m+x_i r) + c_i \bmod q$,$i = 1, 2, \cdots, n$(这里,读者可以注意到,$(m+x_1 r, \cdots, m+x_n r) \xleftarrow{(t,n)} m+xr$,$(s_1, s_2, \cdots, s_n) \xleftarrow{(2t-1,n)} k(m+xr) \bmod q$);参与者 P_i 再计算 $s = k(m+xr) \bmod q$。

⑤ 输出 (r,s) 为消息 m 的签名。

3. 签名验证算法 Verify

该算法与 DSS 中的签名验证算法完全相同。

以上就是门限 DSS 数字签名体制的完整描述。由于该体制的许多关键步骤都是基于 Shamir 的秘密分享设计的,而 Shamir 的秘密分享不能抵抗主动攻击者,所以这个门限 DSS 数字签名体制只具有抵抗被动攻击的安全性。读者可以遵循上述建立门限数字签名体制的思路,设计一个能够抵抗主动攻击的门限 DSS 数字签名体制。

思考题

1. Shamir 的秘密分享体制是利用多项式实现的,试设计一个不基于多项式的秘密分享方案。

2. 利用 Feldman 的可验证秘密分享体制设计无秘密分发者的随机秘密分享和无秘密分发者的"零"秘密分享方法。

3. 利用 Pedersen 的可验证秘密分享体制设计无秘密分发者的随机秘密分享和无秘密分发者的"零"秘密分享方法。

4. 列举数个 Schoenmakers 的 PVSS 用途。

5. 试设计一个能够抵抗主动攻击的门限 DSS 数字签名体制。

6. 试构造基于 RSA 的门限签名体制。

参考文献

1. Boldyreva A. Threshold Signatures, Multisignatures and Blind Signatures Based on the Gap-Diffie-Hellman-Group Signature Scheme[C]. International workshop on theory and practice in public key cryptology:(PKC) 2003, Heidelberg:Springer-Verlag, LNCS, 2567:31-46.

2. Desmedt Y, Frankel Y. Threshold Cryptosystems[C]. Advances in cryptology:proceedings of Crypto 1989, Heidelberg:Springer-Verlag, 1989:307-315.

3. Feldman P. A Practical Scheme for Non-interactive Verifiable Secret Sharing[C]. Proceedings of the 28th IEEE Symposium on the Foundations of Computer Science, IEEE Press, 1987:427-437.

4. Gennaro R, Jarecki S, Krawczyk H, Rabin T. Robust Threshold DSS Signatures. Advances in cryptology[C]. Proceedings of Eurocrypt 1996, Heidelberg:Springer-Verlag, 1996:354-371.

5. Herzberg A, Jarecki S, Krawczyk H, Yung M. Proactive secret Sharing or How to Cope with Perpetual Leakage[C]. Proceedings of Crypto 1995, Heidelberg:Springer-Verlag, 1995:339-352.

6. Pedersen T. Non-interactive and Information-theoretic Secure Verifiable Secret Sharing[C]. Proceedings of Crypto 1991[C]. Heidelberg:Springer-Verlag, 1992:129-140.

7. Rabin T. Robust Sharing of Secrets When the Dealer is Honest or Cheating[J]. Journal of the ACM, 1994(41):1089-1109.

8. Schoenmakers B. A Simple Publicly Verifiable Secret Sharing Scheme and its Application to Electronic Voting[C]. Proceedings of Crypto 1999, Heidelberg:Springer-Verlag, 1999:148-164.

9. Shamir A. How to Share a Secret[J]. In Communications of the ACM, 1979(22):612-613.

10. Shoup V. Practical Threshold Signatures[C]. Proceedings of Eurocrypt 2000, Heidelberg:Springer-Verlag, 2000:207-220.

11. Stadler M. Publicly Verifiable Secret Sharing[C]. Proceedings of Eurocrypt 1996, Heidelberg:Springer-Verlag, 1996:190-199.

第 9 章　同态加密

本章首先介绍同态加密的研究背景,分析几种经典密码算法的同态特性;接下来阐述全同态加密的定义及性质,并对 Brakerski-Gentry-Vaikuntanathan 方案和 Gentry-Sahai-Waters 方案做简要描述;最后列举常见的开源同态加密库。

9.1　同态加密简介

云计算的快速发展提供了一种新兴服务模式,信息系统可以借助云平台的海量存储能力和强大计算能力来处理数据,然而数据外包也伴随着隐私泄露风险。由此引出一个问题:能否在委托其他机构处理数据时,不必为其提供访问原始数据的权限? 即在密文上处理数据以保护隐私信息。

同态加密(homomorphic encryption,HE)为解决这一问题提供了新途径。具体而言,是在事先确定转换规则的前提下,所有参与运算的明文数据使用该规则转换为密文,在密文空间中进行特定形式的代数运算并得到结果,密文运算结果再通过相应的规则转换为明文,该结果与明文运算结果一致。以 m_1、m_2、pk 和 sk 分别表示两个明文消息、公钥和私钥,$+_c$ 和 $\times_c$ 表示密文上的加法同态和乘法同态操作,ε_{pk} 和 D_{sk} 表示加密算法和解密算法,同态加密方案的同态特性可用以下等式表示:

$$D_{sk}\left(\varepsilon_{pk}\left(m_1\right)+_c\varepsilon_{pk}\left(m_2\right)\right)=m_1+m_2$$
$$D_{sk}\left(\varepsilon_{pk}\left(m_1\right)\times_c\varepsilon_{pk}\left(m_2\right)\right)=m_1\times m_2$$

同态加密可分为部分同态加密(partial homomorphic encryption,PHE)和全同态加密(fully homomorphic encryption,FHE),其中部分同态加密支持对密文执行任意次、单一类型(例如同态加法或者同态乘法)的同态操作,全同态加密支持对密文执行任意次复杂计算。需要注意的是,部分同态加密与有点同态加密(somewhat homomorphic encryption,SWHE)并不相同。PHE 仅能支持任意次、单一类型的同态操作,而 SWHE 能够对密文执行复杂计算(同时满足加法同态和乘法同态),但由于噪声限制只能支持有限次的同态运算。部分学者将 SWHE 列为同态加密的一个分类,称其为类同态加密。

1978 年,Rivest、Adleman 和 Dertouzos 在 *On data banks and privacy homomorphisms*

一文中首次提出"数据银行(data bank)"和"隐私同态"概念[1],数据拥有者将原始数据加密后存储在数据银行中,数据银行可以对密文进行有意义的计算,并将结果以密文形式返回给数据拥有者。数据银行无法获取原始明文数据,而数据拥有者无须解密计算即可从数据银行处获取结果。Rivest 等人为这一类特定密文计算需求提出了一个理论上的解决方案,但无法对加密数据进行任意复杂计算,并由此提出两个问题:① 隐私同态能否应用于实践之中? ② 哪些代数系统具备实用的隐私同态性质? 自此之后,众多密码学者开始关注同态加密研究,并在随后的 30 多年相继设计出多种具备部分同态性质的密码算法,但都无法实现对任意(可计算)函数的同态操作。例如常见的公钥密码算法 RSA[2] 和 ElGamal[3] 支持任意次乘法同态操作,BGN[4] 方案支持任意次加法同态和一次乘法同态操作,Paillier[5] 和文献[6-8]中的方案支持任意次加法同态操作。这些算法无法同时支持任意次的加法和乘法同态操作,与理想的全同态加密算法还有一定差距。

2009 年,Gentry[9] 基于理想格提出了第一个全同态加密方案,支持任意多项式的同态操作,并且可证明安全。该方案具有里程碑式的意义,解决了现代密码学领域的公开难题,吸引了众多学者投入全同态加密的研究。Gentry 在博士论文中详细阐述了构造全同态加密方案的思路:首先设计一个有点同态加密(SWHE)方案,只支持有限次的同态操作;然后通过改造解密算法使其能支持对自身密文的解密操作,用公钥对同态加密的私钥进行加密处理,并将对应的密文公开为计算密钥,通过同态解密运算将不支持同态操作的密文刷新成一个支持同态操作的新密文。虽然该方案中的密文膨胀过快、自举(bootstrapping)计算开销过大,但为研究者们指明了构造全同态加密方案的思路和方向,掀起了国内外密码学者的研究热潮。接下来将以经典方案为例,简要介绍全同态加密研究的 3 个阶段。

第一代全同态加密方案以 Gentry 2009[9] 为基础,这一方案的安全性建立在理想格上的理想陪集问题(ideal coset problem,ICP)和稀疏子集和问题(sparse subset sum problem,SSSP)的困难性假设上,而不是基于一般格上的最坏情况困难问题。2010 年,Gentry[10] 提出了一个基于格上最困难问题的同态加密方案。同年,Van Dijk 等人[11] 应用简单的代数结构提出一种基于整数的全同态加密方案,可以看作 Gentry 2009 方案在特殊理想格上的实例化,与 Gentry 基于理想格密码的方案相比,基于整数的全同态加密方案更易理解。2011 年,Gentry 和 Halevi[12] 提出一个不经过压缩(squashing)就能支持密文同态解密操作的方案,其安全性不再依赖于 SSSP 假设。以上方案的安全性都是基于理想格上的困难问题。

第二代全同态加密方案的安全性是基于格上的带误差学习(learning with errors,LWE)假设。2011 年,Brakerski 和 Vaikuntanathan[13] 在 LWE 假设下构造出第一个基于标准假设(一般格上最困难问题)的全同态加密方案,提出维数约化(dimension reduction)和模切换(modulus switching)技术。之后,Brakerski、Gentry 和

Vaikuntanathan[14]利用维数约化和模切换,进一步设计了一个不使用自举技术的全同态加密方案(简称 BGV 方案),在一定程度上降低了同态操作的计算开销。

第三代全同态加密方案以 Gentry-Sahai-Waters 方案[15]为代表。2013 年,Gentry 等人[15]利用近似特征向量提出一种无须同态计算密钥(evaluation key)的全同态加密方案(简称 GSW 方案),进而设计了基于身份和基于属性的全同态加密方案。由于 GSW 方案中的密文是矩阵形式,加法和乘法同态操作即为相应矩阵的加法和乘法,不会出现维数膨胀,所以在密文计算时无须同态计算密钥,但其仍需要通过自举技术才能实现任意次的密文同态操作。文献[16]提出了一种更简单的对称 GSW 方案,设计了一个快速自举算法,Gama 等人[17]在此基础上提出了一种更高效的自举算法,使得运行一次自举算法累积的噪声上限是线性的。

与公钥同态加密(public-key homomorphic encryption)方案相比,对称密钥同态加密(private-key homomorphic encryption)方案更简洁、更容易理解,Rothblum[18]介绍了对称密钥同态加密方案和公钥同态加密方案的通用转换方法,使得研究人员可以重点关注对称密钥同态加密方案的设计。除了上述方案以外,还有学者关注多密钥全同态加密方案[19-21]。文献[22]基于 NTRU[23]提出了第一个多密钥全同态加密方案,并设计了一个安全多方计算协议。Brakerski 等人[24]提出了完全动态的多密钥全同态加密方案。大部分同态加密方案都要求解密结果与明文完全一致,与此不同的是,Cheon 等人[25]提出了可用于近似密文计算的同态加密方案(即 CKKS 方案),支持对密文消息做近似加法和乘法运算,使用重缩放(rescaling)来控制噪声,保持近似计算之后的消息精度。

自 Gentry 提出第一个全同态加密方案以来,越来越多的密码学者提出改进技术和新的设计方案,极大地推动了全同态加密技术的发展,业界也诞生了多个试点应用。然而从目前的研究成果看,全同态加密的实践应用还面临诸多障碍,如果能解决其效率问题,将为隐私保护计算提供新的安全保障技术。

9.2　部分同态加密

虽然全同态加密的研究历程相对较短,但许多密码算法都具有某种同态加密特性,有些满足加法同态性质,有些支持乘法同态操作。本节将选取几种常见的密码算法分析其同态特性。

9.2.1　加法同态加密

本节以公钥密码算法 Paillier[5]为例分析其加法同态性质。

1999 年,Paillier 等人基于 DCRA(decisional composite residuosity assumption)提出一种概率加密算法,该算法具有部分同态特性,支持任意多次加法同态操作,广泛应用于加密信号处理、匿名投票、云计算、医疗计量等多个领域。

1. Paillier 算法描述

（1）密钥生成

① 随机选取两个大素数 p 和 q，使其满足 $\gcd(pq,(p-1)(q-1))=1$，其中 $\gcd$ 表示两个参数的最大公约数；

② 计算 $n=pq,\lambda=\mathrm{lcm}(p-1,q-1)$，其中 lcm 为两个参数的最小公倍数；

③ 随机选取整数 $g,g\in\mathbb{Z}_{n^2}^*$（$\mathbb{Z}_{n^2}^*$ 表示模 n^2 的乘法群），确保满足以下条件的 μ 存在，使得 n 能整除 g 的阶：

$$\mu=(L(g^\lambda(\mathrm{mod}\ n^2)))^{-1}(\mathrm{mod}\ n)$$

其中，函数 $L(x)$ 定义如下：

$$L(x)=\frac{x-1}{n}$$

选取 (n,g) 为公钥 pk，(λ,μ) 为私钥 sk。

（2）加密

对于任意明文 $m,m\in\mathbb{Z}_n$（$\mathbb{Z}_n$ 表示模 n 的加法群），选取随机数 $r,r\in\mathbb{Z}_n^*$（$\mathbb{Z}_n^*$ 表示模 n 的乘法群），则密文 c 为：

$$c=E(m)=g^m\cdot r^n(\mathrm{mod}\ n^2)$$

（3）解密

对于密文 c，解密得到明文 m 的过程如下：

$$m=D(c)=L(c^\lambda(\mathrm{mod}\ n^2))\cdot\mu(\mathrm{mod}\ n)=\frac{L(c^\lambda(\mathrm{mod}\ n^2))}{L(g^\lambda(\mathrm{mod}\ n^2))}\mathrm{mod}\ n$$

2. Paillier 算法的同态性分析

对于两个明文 m_1 和 m_2，分别对其加密得到密文 $E(m_1)=g^{m_1}\cdot r_1^n(\mathrm{mod}\ n^2)$ 和 $E(m_2)=g^{m_2}\cdot r_2^n(\mathrm{mod}\ n^2)$，其中 r_1 和 r_2 从 $\mathbb{Z}_n^*$ 中随机选择，计算：

$$\begin{aligned}E(m_1)\cdot E(m_2)&=(g^{m_1}r_1^n)(g^{m_2}r_2^n)(\mathrm{mod}\ n^2)\\&=g^{m_1+m_2}(r_1r_2)^n(\mathrm{mod}\ n^2)\\&=E(m_1+m_2)\end{aligned}$$

即：

$$D(E(m_1)\cdot E(m_2))=m_1+m_2$$

由上式可知，Paillier 算法满足加法同态特性。此外，Paillier 算法还具备一些特殊同态性质：

- $$\begin{aligned}E(m_1)^{m_2}&=(g^{m_1}r_1^n)^{m_2}(\mathrm{mod}\ n^2)\\&=g^{m_1m_2}(r_1^{m_2})^n(\mathrm{mod}\ n^2)\\&=E(m_1m_2)\end{aligned}$$

即：

$$D(E(m_1)^{m_2}(\bmod\ n^2)) = m_1 m_2(\bmod\ n)$$

- 对于常数 k，

$$\begin{aligned} E(m_1)^k &= (g^{m_1} r_1^n)^k(\bmod\ n^2) \\ &= g^{km_1}(r_1^k)^n(\bmod\ n^2) \\ &= E(km_1) \end{aligned}$$

即：

$$D(E(m_1)^k(\bmod\ n^2)) = km_1(\bmod\ n)$$

- $$\begin{aligned} E(m_1)\cdot g^{m_2} &= (g^{m_1} r_1^n)g^{m_2}(\bmod\ n^2) \\ &= g^{m_1+m_2}r_1^n(\bmod\ n^2) \\ &= E(m_1+m_2) \end{aligned}$$

即：

$$D(E(m_1)\cdot g^{m_2}(\bmod\ n^2)) = m_1+m_2(\bmod\ n)$$

通过以上几种同态性质，可以分析基于密文数据的计算操作对明文数据所产生的影响。

9.2.2　乘法同态加密

本节以经典公钥密码算法 RSA 和 ElGamal 为例，分析其乘法同态特性。

9.2.2.1　RSA 算法

1978 年，美国麻省理工学院的 3 位学者 Rivest、Shamir 和 Adleman 基于大整数分解困难问题提出了一种公钥密码算法，简称 RSA。RSA 是第一个实用的公钥密码算法，至今仍广泛应用于数据加密和数字签名领域，已被 ISO 推荐为公钥数据加密标准。

1. RSA 算法描述

（1）密钥生成

① 随机选取两个不同的大素数 p 和 q，且 p 和 q 保密；

② 计算 $n=pq$，将 n 公开；

③ 计算 $\phi(n)=\phi(p)\phi(q)=(p-1)(q-1)$，其中 ϕ 为 Euler 函数；

④ 选择一个整数 e，满足 $1<e<\phi(n)$，且 $\gcd(e,\phi(n))=1$，其中 $\gcd$ 表示两个参数的最大公约数，将 e 公开；

⑤ 在模 $\phi(n)$ 下，根据 $ed\equiv 1(\bmod\ \phi(n))$，计算 e 的逆元 $d\equiv e^{-1}(\bmod\ \phi(n))$，$d$ 保密；取公钥 pk 为 (n,e)，私钥 sk 为 (n,d)；p、q 和 $\phi(n)$ 可用于计算 d，也需保密。

（2）加密

将明文信息转换为整数，对于明文 m，$0<m<n$，利用公钥 pk 加密得到密文：

$$c=E(m)=m^e(\bmod\ n)$$

（3）解密

利用私钥 sk,可通过以下计算将密文 c 转换为相应的明文 m:

$$m = D(c) = c^d (\bmod\ n)$$

2. RSA 算法同态性分析

对于明文 m_1 和 m_2,加密运算后得到:

$$E(m_1) = m_1^e (\bmod\ n), \quad E(m_2) = m_2^e (\bmod\ n)$$

对密文做同态乘法:

$$E(m_1) \cdot E(m_2) = m_1^e \cdot m_2^e (\bmod\ n)$$
$$= (m_1 \cdot m_2)^e (\bmod\ n)$$
$$= E(m_1 m_2)$$

即:

$$D(E(m_1) \cdot E(m_2)) = m_1 \cdot m_2$$

从上式可知,RSA 算法具备乘法同态特性。

9.2.2.2 ElGamal 算法

ElGamal 是继 RSA 之后另一个具有代表性的公钥密码算法,其安全性是基于离散对数困难问题。离散对数困难问题因其较好的单向性,广泛应用于公钥密码学。Diffie-Hellman 密钥交换协议和数字签名算法 DSA 都是基于离散对数困难问题,我国拥有自主知识产权的国密算法 SM2 则是基于椭圆曲线离散对数困难问题所构造的。

1. ElGamal 算法描述

(1) 密钥生成

① 随机选择一个大素数 p,且要求 $p-1$ 有大素数因子;

② 选择一个模 p 的本原元 g,$g \in \mathbb{Z}_p^*$($\mathbb{Z}_p^*$ 是模 p 的乘法群),将 p 和 g 公开;

③ 随机生成一个整数 x,满足 $1 \leqslant x \leqslant p-2$,计算:

$$y = g^x (\bmod\ p)$$

取 (p, g, y) 为公钥 pk,x 为私钥 sk。由公钥 pk 计算私钥 x 相当困难,其安全性依赖于离散对数困难问题。

(2) 加密

① 随机选取一个整数 r,满足 $1 \leqslant r \leqslant p-2$;

② 对于明文 m,分别进行以下计算:

$$c_1 = g^r (\bmod\ p), \quad c_2 = my^r (\bmod\ p)$$

取 $c = (c_1, c_2)$ 作为相应的密文。为了提升安全性,可以对每条信息都生成一个新的整数 r,r 也被称为临时密钥。

(3) 解密

对于密文 $c = (c_1, c_2)$,可利用私钥 x 通过以下计算得到明文 m:

$$m = D(c) = \frac{c_2}{c_1^x} (\bmod\ p)$$

$$= c_2 \cdot (c_1^x)^{-1} (\bmod p)$$

解密运算的正确性如下：

$$c_2 \cdot (c_1^x)^{-1} (\bmod p) = my^r \cdot ((g^r)^x)^{-1} (\bmod p)$$

$$= m \cdot g^{xr} \cdot (g^{xr})^{-1} (\bmod p)$$

$$= m (\bmod p)$$

2. ElGamal 算法的同态性分析

给定两个明文 m_1、m_2，对应的密文分别为 $E(m_1) = (c_{11}, c_{12})$ 和 $E(m_2) = (c_{21}, c_{22})$，其中：

$$(c_{11}, c_{12}) = (g^{r_1}, m_1 y^{r_1})$$

$$(c_{21}, c_{22}) = (g^{r_2}, m_2 y^{r_2})$$

对密文做同态乘法：

$$E(m_1) \cdot E(m_2) = (c_{11}, c_{12}) \cdot (c_{21}, c_{22})$$

$$= (c_{11} c_{21}, c_{12} c_{22})$$

$$= (g^{r_1} g^{r_2}, (m_1 y^{r_1})(m_2 y^{r_2}))$$

$$= (g^{r_1 + r_2}, (m_1 m_2) y^{r_1 + r_2})$$

$$= E(m_1 m_2)$$

即：

$$D(E(m_1) \cdot E(m_2)) = m_1 \cdot m_2$$

由上式可知，ElGamal 算法满足乘法同态特性。

9.2.3　Boneh-Goh-Nissim 算法

2005 年，Boneh、Goh 和 Nissim 提出了第一个同时支持任意多次加法同态和一次乘法同态操作的密码算法，简称 BGN[4]。BGN 算法加密效率较高，且具有语义安全性。

1. BGN 算法介绍

（1）密钥生成

① 给定安全参数 $\lambda \in \mathbb{Z}^+$，生成一组参数 (q_1, q_2, G, G_1, e)，其中 q_1 和 q_2 是两个不同的大素数，令 $N = q_1 \cdot q_2$；G 和 G_1 是两个阶为 N 的乘法循环群，e 是一个双线性映射 $e: G \times G \to G_1$；

② 随机选取 G 的两个生成元 g 和 u，令 $h = u^{q_2}$，则 h 是群 G 的 q_1 阶子群的随机生成元。

输出公钥 $pk = (N, G, G_1, e, g, h)$，私钥 $sk = q_1$。

（2）加密

假设明文空间为整数集 $\{0, 1, 2, \cdots, T\}$，$T < q_2$。对于明文 m，随机选取 $r \xleftarrow{R} \{0, 1, 2, \cdots, N-1\}$，利用公钥 pk 计算并输出密文：

$$c = E(m) = g^m h^r \in G$$

（3）解密

对于密文 c，利用私钥 sk 计算：

$$c^{q_1} = (g^m h^r)^{q_1} = (g^{q_1})^m$$

令 $g' = g^{q_1}$，根据上式可知，可以通过以下计算恢复明文 m：

$$m = D(c) = \log_{g'}^{c^{q_1}}$$

2. BGN 算法同态特征分析

BGN 算法因其特殊的同态性质，可用于多领域的隐私保护，下面分析其加法和乘法同态特性。

（1）加法同态

给定两个明文 $m_1, m_2 \in \{0, 1, 2, \cdots, T\}$，对应的密文分别为：

$$E(m_1) = c_1 = g^{m_1} h^{r_1} \in G$$

$$E(m_2) = c_2 = g^{m_2} h^{r_2} \in G$$

随机选取 $r \xleftarrow{R} \{0, 1, 2, \cdots, N-1\}$，可以通过下列计算获得 $m_1 + m_2 (\mathrm{mod}\ N)$ 的密文：

$$
\begin{aligned}
C &= c_1 \cdot c_2 \cdot h^r \\
&= (g^{m_1} h^{r_1}) \cdot (g^{m_2} h^{r_2}) \cdot h^r \\
&= g^{m_1 + m_2} h^{r_1 + r_2 + r} \\
&= E(m_1 + m_2)
\end{aligned}
$$

即：

$$D(E(m_1) \cdot E(m_2) \cdot h^r) = m_1 + m_2$$

由上述运算可知，BGN 算法满足加法同态性质。

（2）乘法同态

通过对两个密文进行线性映射，可以计算得到相应明文的乘积。具体过程如下：

令 $g_1 = e(g, g)$，$h_1 = e(g, h)$，则 g_1 的阶为 N，h_1 的阶为 q_1。存在未知数 $\alpha \in \mathbb{Z}$，使得 $h = g^{\alpha q_2}$。

给定两个明文 $m_1, m_2 \in \{0, 1, 2, \cdots, T\}$，对应的密文分别为：

$$E(m_1) = c_1 = g^{m_1} h^{r_1} \in G$$

$$E(m_2) = c_2 = g^{m_2} h^{r_2} \in G$$

随机选取 $r \in \mathbb{Z}_N$，通过计算 $C = e(c_1, c_2) h_1^r \in G_1$ 可以获得 $m_1 \cdot m_2 (\mathrm{mod}\ N)$ 在另一个群 G_1 中的密文：

$$
\begin{aligned}
C &= e(c_1, c_2) h_1^r \\
&= e(g^{m_1} h^{r_1}, g^{m_2} h^{r_2}) h_1^r \\
&= e(g^{m_1} g^{\alpha q_2 r_1}, g^{m_2} g^{\alpha q_2 r_2}) h_1^r
\end{aligned}
$$

$$= e\left(g^{m_1+\alpha q_2 r_1}, g^{m_2+\alpha q_2 r_2}\right) h_1^r$$

$$= e(g,g)^{(m_1+\alpha q_2 r_1)(m_2+\alpha q_2 r_2)} h_1^r$$

$$= e(g,g)^{m_1 m_2+\alpha q_2(r_1 m_2+r_2 m_1+\alpha q_2 r_1 r_2)} h_1^r$$

$$= e(g,g)^{m_1 m_2} h_1^{r+r_1 m_2+r_2 m_1+\alpha q_2 r_1 r_2}$$

$$= g_1^{m_1 m_2} h_1^{r+r_1 m_2+r_2 m_1+\alpha q_2 r_1 r_2}$$

$$= g_1^{m_1 m_2} h_1^{\tilde r} \in G_1$$

其中 $\tilde r = r+r_1 m_2+r_2 m_1+\alpha q_2 r_1 r_2$ 在 $\mathbb{Z}_N$ 中均匀分布,由上述运算可知新的密文 C 也是均匀分布,可以从 C 中正确恢复明文 $m_1 \cdot m_2 (\mathrm{mod}\ N)$,但新的密文 C 是在群 G_1 中而不是群 G 中,因此 BGN 算法仅支持一次乘法同态操作。

BGN 算法因其同时具备加法和乘法同态特性,为研究人员提供了一种新的同态加密方案构造思路。

9.3　全同态加密

本节介绍全同态加密的定义,分析其性质,并简单介绍两个经典全同态加密算法。

9.3.1　全同态加密的定义和性质

公钥密码方案通常包括 3 个算法:密钥生成算法、加密算法和解密算法,同态加密方案除了上述 3 个算法以外,还包含一个同态操作算法,用于密文域上的运算。一个同态加密方案 $\Pi = (\mathrm{KeyGen}, \mathrm{Enc}, \mathrm{Dec}, \mathrm{Eval})$ 包含以下 4 个概率多项式时间(probabilistic polynomial time,PPT)的算法。

(1)密钥生成算法 $\mathrm{KeyGen}(1^k)$

输入安全参数 k,输出加密密钥 pk、解密密钥 sk 及同态计算密钥 ek。

(2)加密算法 $\mathrm{Enc}(pk, m)$

输入加密密钥 pk 和明文消息 m,输出密文 c,即 $c \leftarrow \mathrm{Enc}(pk, m)$。

(3)解密算法 $\mathrm{Dec}(sk, c)$

输入解密密钥 sk 和密文 c,输出明文 m,即 $m \leftarrow \mathrm{Dec}(sk, c)$。

(4)同态操作算法 $\mathrm{Eval}(pk, ek, f, c)$

输入加密密钥 pk、同态计算密钥 ek、电路 f 及密文 c,输出密文计算结果 c_f。

如果对于 $\mathrm{KeyGen}(1^k)$ 生成的任意密钥对 (pk, sk, ek),电路族 F 中的任意电路 f,明文域 M 中的任意明文向量 $\boldsymbol{m} = (m_1, m_2, \cdots, m_t)$,以及相应的密文向量 $\boldsymbol{c} = (c_1, c_2, \cdots, c_t)$,其中 $c_i = \mathrm{Enc}(pk, m_i)$,都有以下等式成立:

$$f(\boldsymbol{m}) = \mathrm{Dec}(sk, \mathrm{Eval}(pk, ek, f, c))$$

则称同态加密方案 Π 对于电路族 F 是正确的。

如果同态加密方案 Π 对于电路族 F 是正确的,且存在一个关于安全参数 k 的多项式 $\mathrm{poly}(k)$,使得解密算法 $\mathrm{Dec}(sk,c)$ 可以表示为 $\mathrm{poly}(k)$ 大小的电路,则称加密方案 Π 对于电路族 F 是同态的。如果加密方案 Π 对于任意电路都同态,则称其为全同态加密方案。

下面定义全同态加密方案的选择明文安全性。对于全同态加密方案 $\Pi =$ $(\mathrm{KeyGen},\mathrm{Enc},\mathrm{Dec},\mathrm{Eval})$ 和敌手 A,考虑如下实验:

$$\mathrm{Exp}_{\Pi,\mathrm{A}}^{\mathrm{IND\text{-}CPA}}(1^k)$$

- $(pk,sk,ek) \leftarrow \mathrm{KeyGen}(1^k)$
- $(m_0,m_1) \leftarrow \mathrm{A}^{o(\cdot)}(pk,ek)$
- $b \leftarrow \{0,1\}, c^* \leftarrow \mathrm{Enc}(pk,m_b)$
- $b' \leftarrow \mathrm{A}^{o(\cdot)}(pk,ek,m_b)$
- 若 $b=b'$ 输出 1;否则,输出 0

定义敌手 A 在实验中的优势为:

$$\mathrm{Adv}_{\Pi,\mathrm{A}}^{\mathrm{IND\text{-}CPA}}(k) = \left| \Pr[\mathrm{Exp}_{\Pi,\mathrm{A}}^{\mathrm{IND\text{-}CPA}}(1^k)=1] - \frac{1}{2} \right|$$

如果对于任意概率多项式时间(PPT)的敌手 A,在实验 $\mathrm{Exp}_{\Pi,\mathrm{A}}^{\mathrm{IND\text{-}CPA}}(1^k)$ 中猜对 b 的概率不超过 $1/2+\mathrm{negl}(k)$,即敌手 A 的优势 $\mathrm{Adv}_{\Pi,\mathrm{A}}^{\mathrm{IND\text{-}CPA}}(k)$ 在安全参数 k 上是可忽略的,则全同态加密方案 Π 在选择明文攻击下满足密文不可区分性(indistinguishability under chosen plaintext attack,IND-CPA)。

针对自适应选择密文攻击(adaptive chosen ciphertext attack,CCA2),给定同态计算密钥,敌手可以有针对性地选择密文进行解密,并利用其同态特性破解某一个密文,因此全同态加密方案不具备 IND-CCA2 安全性。

9.3.2　Brakerski-Gentry-Vaikuntanathan 方案

2009 年,Gentry 基于理想格提出第一个全同态加密方案,但受效率所限,仍不能满足实际需求,许多学者致力于提高全同态加密方案的效率和安全性,相继提出一系列新方案。2012 年,Brakerski、Gentry 和 Vaikuntanathan 在文献[14]中提出一个不使用自举技术的层次型全同态加密方案,从而在一定程度上降低了同态操作的计算开销,简称 BGV 方案。BGV 方案基于 Ring-LWE(简称 RLWE)困难问题先构造一个支持有限次同态操作的 SWHE 算法,再采用密钥切换(key switch)技术解决密文维数膨胀问题,将膨胀的密文转换为一个维数与原密文相同的全新密文,最后利用模切换(modulus switch)技术管理噪声。

9.3.2.1　GLWE 假设

在介绍 BGV 方案之前,先对 LWE 假设和 RLWE 假设做简要描述。

定义 9.1(LWE 假设)　对于安全参数 λ,设 $n=n(\lambda)$ 是一个正整数,整数 $q=$

$q(\lambda) \geqslant 2$，令 $\mathcal{X} = \mathcal{X}(\lambda)$ 是 $\mathbb{Z}$ 上的高斯分布，$LWE_{n,q,\mathcal{X}}$ 假设是指以下两个分布在计算上不可区分：

- 随机均匀地从 $\mathbb{Z}_q^{n+1}$ 中选取 $(\boldsymbol{a}_i, b_i)$。
- 随机均匀地从 $\mathbb{Z}_q^n$ 中选取 $\boldsymbol{s}$、$\boldsymbol{a}_i$，即 $\boldsymbol{s} \leftarrow \mathbb{Z}_q^n$，$\boldsymbol{a}_i \leftarrow \mathbb{Z}_q^n$，从 $\mathcal{X}$ 中随机采样得到 e_i，即 $e_i \leftarrow \mathcal{X}$，计算 $b_i = \langle \boldsymbol{a}_i, \boldsymbol{s} \rangle + e_i$，得到 $(\boldsymbol{a}_i, b_i)$。

定义 9.2（RLWE 假设）　对于安全参数 λ，设 $f(x) = x^d + 1$，其中 $d = d(\lambda)$ 是 2 的幂次方，整数 $q = q(\lambda) \geqslant 2$，令 $R = \mathbb{Z}[x]/(f(x))$，$R_q = R/qR$，$\mathcal{X} = \mathcal{X}(\lambda)$ 是 R 上的高斯分布，$RLWE_{d,q,\mathcal{X}}$ 假设是指以下两个分布在计算上不可区分：

- 随机均匀地从 R_q^2 中选取 (a_i, b_i)。
- 随机均匀地从 R_q 中选取 s、a_i，即 $s \leftarrow R_q$，$a_i \leftarrow R_q$，从 $\mathcal{X}$ 中随机采样得到 e_i，即 $e_i \leftarrow \mathcal{X}$，计算 $b_i = a_i \cdot s + e_i$，得到 (a_i, b_i)。

基于 LWE 和 RLWE 假设，BGV 方案提出 GLWE（general learning with errors）假设。

定义 9.3（GLWE 假设）　对于安全参数 λ，令 $n = n(\lambda)$ 是一个正整数，设 $f(x) = x^d + 1$，其中 $d = d(\lambda)$ 是 2 的幂次方。素数 $q = q(\lambda) \geqslant 2$，令 $R = \mathbb{Z}[x]/(f(x))$，$R_q = R/qR$，$\mathcal{X} = \mathcal{X}(\lambda)$ 是 R 上的高斯分布。$GLWE_{n,f,q,\mathcal{X}}$ 假设是指以下两个分布在计算上不可区分：

- 随机均匀地从 R_q^{n+1} 中选取 $(\boldsymbol{a}_i, b_i)$。
- 随机均匀地从 R_q^n 中选取 $\boldsymbol{s}$、$\boldsymbol{a}_i$，即 $\boldsymbol{s} \leftarrow R_q^n$，$\boldsymbol{a}_i \leftarrow R_q^n$，从 $\mathcal{X}$ 中随机采样得到 e_i，即 $e_i \leftarrow \mathcal{X}$，计算 $b_i = \langle \boldsymbol{a}_i, \boldsymbol{s} \rangle + e_i$，得到 $(\boldsymbol{a}_i, b_i)$。

9.3.2.2　基于 GLWE 的加密方案

基于 GLWE 构造一个不包含同态操作的加密方案，包括 5 个算法。

1. 参数设置 E.Setup(1^λ, 1^μ, b)

比特 b 的取值决定加密方案是基于 LWE 问题（即 $d=1$）还是基于 RLWE 问题（即 $n=1$），$b \in \{0,1\}$。选择合适的参数，确保该方案可以实现 2^λ 的安全性来抵抗已知攻击，这些参数包括：一个 μ 比特的模数 q，$d = d(\lambda, \mu, b)$，$n = n(\lambda, \mu, b)$，以及 $\mathcal{X} = \mathcal{X}(\lambda, \mu, b)$。令 $R = \mathbb{Z}[x]/(x^d + 1)$，$N = n \cdot \mathrm{polylog}(q)$，$\mathrm{params} = (q, d, n, N, \mathcal{X})$。

2. 私钥生成 E.SecKeyGen(params)

随机选取向量 $\boldsymbol{s}' \leftarrow \mathcal{X}^n$，取私钥 $sk = \boldsymbol{s} \leftarrow (1, \boldsymbol{s}'[1], \boldsymbol{s}'[2], \cdots, \boldsymbol{s}'[n]) \in R_q^{n+1}$。

3. 公钥生成 E.PubKeyGen(params, sk)

输入参数 params、$\boldsymbol{s}' \in R_q^n$ 及私钥 $sk = \boldsymbol{s} \leftarrow (1, \boldsymbol{s}')$（其中 $\boldsymbol{s}[0] = 1$），随机均匀生成矩阵 $\boldsymbol{B}$：$\boldsymbol{B} \leftarrow R_q^{N \times n}$ 和向量 $\boldsymbol{e}$：$\boldsymbol{e} \leftarrow \mathcal{X}^N$，令 $\boldsymbol{b} = \boldsymbol{B}\boldsymbol{s}' + 2\boldsymbol{e}$。设 $\boldsymbol{A}$ 是一个 $(n+1)$ 列的矩阵，其中第一列为向量 $\boldsymbol{b}$，矩阵 $-\boldsymbol{B}$ 为后续 n 列。将 $\boldsymbol{A}$ 设置为公钥 pk，观察发现 $\boldsymbol{A} \cdot \boldsymbol{s} = 2\boldsymbol{e}$。

4. 加密 E.Enc(params, **pk**, m)

加密明文 m(m ∈ R_2),设 m' = (m, 0, ⋯, 0) ∈ R_q^{n+1},随机选取 **r** : **r** ← R_2^N,输出密文 **c** : **c** = **m**' + **A**^T **r** ∈ R_q^{n+1}。

5. 解密 E.Dec(params, **sk**, **c**)

输出明文 m : m = [[⟨**c**, **s**⟩]_q]_2。

解密正确性如下:

$$[[⟨\boldsymbol{c}, \boldsymbol{s}⟩]_q]_2[[⟨\boldsymbol{c}, \boldsymbol{s}⟩]_q]_2$$
$$= [[(\boldsymbol{m}'^T + \boldsymbol{r}^T \boldsymbol{A}) \cdot \boldsymbol{s}]_q]_2$$
$$= [[m + 2\boldsymbol{r}^T \boldsymbol{e}]_q]_2$$
$$= [m + 2\boldsymbol{r}^T \boldsymbol{e}]_2$$
$$= m$$

9.3.2.3　密钥切换和模切换

1. 密钥切换

基于 LWE 的全同态加密方案中密文和密钥都是向量,密文乘法定义为向量积形式,因此密文经过乘法运算后维数将快速膨胀,通过密钥切换技术降低密文维数膨胀的具体操作为:用密钥转换矩阵 **M** 和密文 **c**_1 相乘得到新密文 **c**_2,其中 **M** 的行数是密钥 **s**_1 的维数,列数是密钥 **s**_2 的维数(**s**_1 的维数大于 **s**_2)。通过密钥切换将原密文 **c**_1(对应密钥 **s**_1)转换为新密文 **c**_2(对应密钥 **s**_2),**c**_2 的维数缩减为原始维数,达到降维目的。

密钥切换包含两个过程:第一步是 SwitchKeyGen(**s**_1, **s**_2, n_1, n_2, q),它将两个私钥 **s**_1 和 **s**_2、各自对应的向量维度 n_1 和 n_2、模 q 作为输入,输出用于密钥切换的辅助信息 **τ**_{s_1 → s_2},作为将私钥 **s**_1 转换为私钥 **s**_2 的辅助矩阵;第二步是 SwitchKey(**τ**_{s_1 → s_2}, **c**_1, n_1, n_2, q_j),它将辅助信息 **τ**_{s_1 → s_2}、用私钥 **s**_1 加密的密文 **c**_1 作为输入,输出用私钥 **s**_2 加密的维数降低的新密文 **c**_2,**c**_2 与 **c**_1 对应相同的明文消息。下文描述中省略附加参数 n_1、n_2 和 q。

在详细描述密钥切换技术之前,首先介绍比特分解的两个常用函数:

• BitDecomp(x ∈ R_q^n, q):将 x 分解成按位表示,即对所有的 u_j ∈ R_2^n, x = $\sum_{j=0}^{\lfloor \log q \rfloor} 2^j \cdot u_j$,输出 (u_0, u_1, ⋯, u_{\lfloor \log q \rfloor}) ∈ R_2^{n \cdot \lceil \log q \rceil}。

• Powersof2(x ∈ R_q^n, q):输出 (x, 2x, ⋯, 2^{\lfloor \log q \rfloor} \cdot x) ∈ R_q^{n \cdot \lceil \log q \rceil}。

对于相同长度的向量 **c** 和 **s**,⟨BitDecomp(**c**, q), Powersof2(**s**, q)⟩ = ⟨**c**, **s**⟩ mod q。

密钥切换技术的算法描述如下:

(1) SwitchKeyGen(**s**_1 ∈ R_q^{n_1}, **s**_2 ∈ R_q^{n_2})

① 执行 **A** ← E.PubKeyGen(**s**_2, N),其中 N = n_1 · ⌈log q⌉;

② 令 $\boldsymbol{B'} \leftarrow \boldsymbol{A} + \mathrm{Powersof2}(\boldsymbol{s}_1)$，将 $\mathrm{Powersof2}(\boldsymbol{s}_1) \in R_q^N$ 添加至 $\boldsymbol{A}$ 的第一列，输出 $\boldsymbol{\tau}_{s_1 \to s_2} = \boldsymbol{B'}$。

（2）$\mathrm{SwitchKey}(\boldsymbol{\tau}_{s_1 \to s_2}, \boldsymbol{c}_1)$

输出密文 $\boldsymbol{c}_2 = \mathrm{BitDecomp}(\boldsymbol{c}_1)^{\mathrm{T}}$，其中 $\boldsymbol{B'} \in R_q^{n_2}$。

2. 模切换

假设两个模 q 的密文噪声为 x，密文相乘后噪声增长为 x^2，取 $q \approx x^k$，则密文经过 $\log_2^k$ 次乘法运算后，噪声将达到上限导致密文无法被正确解密，从而限制同态乘法操作的运算次数。模切换技术的思想是：在密文相乘后将其噪声除以 x，新密文的噪声即可从 x^2 缩减为 x，模降为 $q/x = x^{k-1}$。以此类推，依次选择递减的模 $q_i \approx q/x^i (i<k)$，始终将噪声控制在 x，可以在噪声达到上限前对密文执行 k 次乘法，而不仅仅是未使用模切换技术时的 $\log_2^k$ 次乘法，从而有效提升密文乘法的运算次数。

BGV 方案的模切换技术用到一个重要方法 Scale：对于整数向量 $\boldsymbol{x}$ 和整数 $q>p>m$，定义 $\boldsymbol{x'} \leftarrow \mathrm{Scale}(\boldsymbol{x}, q, p, r)$ 为最接近 $\left(\dfrac{p}{q} \right) \cdot \boldsymbol{x}$ 且满足 $\boldsymbol{x'} = \boldsymbol{x} \bmod r$ 的向量 $\boldsymbol{x'}$。

9.3.2.4　全同态加密方案 BGV

基于第 9.3.2.2 节所述不包含同态操作的加密方案，可利用密钥切换和模切换技术构造不使用 Bootstrapping 技术的层次型全同态加密方案 BGV，包括以下 7 个算法。

1. 参数设置 $\mathrm{BGV.Setup}(1^\lambda, 1^L, b)$

输入安全参数 λ、电路层数 L 和比特 $b, b \in \{0,1\}$ 作为参数用于决定方案是基于 LWE($d=1$) 还是基于 RLWE($n=1$)。令 $\mu = \mu(\lambda, L, b) = \theta(\log \lambda + \log L)$，$j = (L \to 0)$，其中 L 是输入电路层数，0 为输出电路层数。运行 $\mathrm{params}_j \leftarrow \mathrm{E.Setup}(1^\lambda, 1^{(j+1) \cdot u}, b)$ 得到一组参数，包括阶梯递减的模 q，取值为 $q_L((L+1) \cdot \mu \ bits)$ 到 $q_0(\mu \ bits)$。

2. 密钥生成 $\mathrm{BGV.KeyGen}(\{\mathrm{params}_j\})$

对于 $j = L, \cdots, 0$，进行如下操作：

① 执行 $\boldsymbol{s}_j \leftarrow \mathrm{E.SecKeyGen}(\mathrm{params}_j)$ 和 $\boldsymbol{A}_j \leftarrow \mathrm{E.PubKeyGen}(\mathrm{params}_j, \boldsymbol{s}_j)$，生成 $\boldsymbol{s}_j$ 和 $\boldsymbol{A}_j$；

② 令 $\boldsymbol{s}_j' = \boldsymbol{s}_j \otimes \boldsymbol{s}_j$，即 $\boldsymbol{s}_j'$ 是 $\boldsymbol{s}_j$ 与自身的张量积；

③ 执行 $\boldsymbol{\tau}_{s_{j+1}' \to s_j} \leftarrow \mathrm{SwitchKeyGen}(\boldsymbol{s}_{j+1}', \boldsymbol{s}_j)$，当 $j=L$ 时，可以忽略此步；

④ 输出私钥集合 $\boldsymbol{sk} = \{\boldsymbol{s}_j\}$，公钥集合 $\boldsymbol{pk} = \{\boldsymbol{A}_j, \boldsymbol{\tau}_{s_{j+1}' \to s_j}\}$。

3. 加密 $\mathrm{BGV.Enc}(\mathrm{params}, \boldsymbol{pk}, m)$

输入明文消息 $m \in R_2$，执行 $\mathrm{E.Enc}(\mathrm{params}_L, \boldsymbol{A}_L, m)$，其中 L 表示密文 $\boldsymbol{c}$ 所处的电路层。

4. 解密 BGV.Dec(params , *sk* , *c*)

假设密文 *c* 对应的私钥为 s_j ,执行 E.Dec($params_j$, s_j , *c*) 。

5. 同态加法 BGV.Add(*pk* , c_1 , c_2)

输入密文 c_1 和 c_2 ,两者对应相同的私钥 s_j (必要时可通过执行 BGV.Refresh 确保上述条件成立) 。令 $c_3 = (c_1 + c_2) \bmod q_j$, c_3 对应私钥 s'_j , $s'_j = s_j \otimes s_j$ 。

输出 $c_4 \leftarrow$ BGV.Refresh(c_3 , $\tau_{s'_j \to s_{j-1}}$, q_j , q_{j-1}) 。

6. 同态乘法 BGV.Mult(*pk* , c_1 , c_2)

输入对应相同私钥 s_j 的两个密文 c_1 和 c_2 (必要时可通过执行 BGV.Refresh 确保上述条件成立) ,对其做乘法得到对应私钥 s'_j ($s'_j = s_j \otimes s_j$) 的新密文 c_3 , c_3 是线性方程 $L^{long}_{c_1, c_2}(x \otimes x)$ 的系数向量。

输出 $c_4 \leftarrow$ BGV.Refresh(c_3 , $\tau_{s'_j \to s_{j-1}}$, q_j , q_{j-1}) 。

7. 密文更新 BGV.Refresh(c_3 , $\tau_{s'_j \to s_{j-1}}$, q_j , q_{j-1})

取对应私钥 s'_j 的密文 *c* ,辅助信息 $\tau_{s'_j \to s_{j-1}}$ 用于密钥切换,当前和下一个模数分别为 q_j 和 q_{j-1} ,执行以下操作。

① 密钥切换:令 $c_1 \leftarrow$ SwitchKey($\tau_{s'_j \to s_{j-1}}$, *c* , q_j ,) , c_1 是对应私钥 s_{j-1} 、模数为 q_j 的密文;

② 模切换:令 $c_2 \leftarrow$ Scale(c_1 , q_j , q_{j-1} , 2) , c_2 是对应私钥 s_{j-1} 、模数为 q_{j-1} 的密文。

BGV 方案中电路起始层为 L ,最后一层为 0 ,每次密文同态计算后,利用密钥切换将计算结果转换到下一层电路。每次同态计算要求输入的密文对应相同的密钥,即两个密文处于同一电路层,如不满足此条件,需要用 BGV.Refresh 算法做密钥切换和模切换,将高层密文转换到电路的下一层。

9.3.3　Gentry-Sahai-Waters 方案

2013 年,Gentry、Sahai 和 Waters 提出一个利用近似特征向量设计的全同态加密方案,称为 GSW 方案[15]。该方案基于 LWE 困难问题,不需要同态计算密钥即可实现同态操作,是全同态加密发展到第三阶段的代表性方案。GSW 方案的密文是矩阵形式,对密文做加法和乘法运算就是矩阵的加法和乘法,因此密文乘积不会造成维数膨胀,无须使用密钥切换技术进行维数约减。

在详细描述 GSW 方案之前,先介绍以下几种运算。

1. 比特分解 BitDecomp(*a*)

a 是 $\mathbb{Z}_q$ 上的 k 维向量,BitDecomp(*a*) 将 *a* 的每个元素都按二进制位分解。令 $\ell = \lfloor \log_2 q \rfloor + 1$, $N = k \cdot \ell$,则 N 维向量 $BitDecomp(a) = (a_{1,0}, a_{1,1}, \cdots, a_{1,\ell-1}, \cdots, a_{k,0}, \cdots, a_{k,\ell-1})$,其中 $(a_{i,0}, a_{i,1}, \cdots, a_{i,\ell-1})$ 是 a_i 按二进制位分解,即 $a_i = \sum_{j=0}^{\ell-1} a_{i,j} 2^j$ 。对于 $a' = (a_{1,0}, a_{1,1}, \cdots, a_{1,\ell-1}, \cdots, a_{k,0}, \cdots, a_{k,\ell-1})$,令 $BitDecomp^{-1}(a') = (\sum 2^j \cdot a_{1,j}, \cdots,$

$\sum 2^j \cdot a_{k,j}$)表示 BitDecomp 的逆运算。

2. Flatten($\boldsymbol{a}'$)

对于 N 维向量 $\boldsymbol{a}'$,Flatten($\boldsymbol{a}'$) = BitDecomp(BitDecomp^{-1}($\boldsymbol{a}'$)),Flatten 输出系数在 $\{0,1\}$ 中的 N 维向量。

3. Powersof2($\boldsymbol{b}$)

假设 $\boldsymbol{b}$ 是 $\mathbb{Z}_q$ 上的 k 维向量,Powersof2($\boldsymbol{b}$) = ($b_1, 2b_1, \cdots, 2^{\ell-1}b_1, \cdots, b_k, 2b_k, \cdots,$ $2^{\ell-1}b_k$)是一个 N 维向量,其中 $\ell = \lfloor \log_2 q \rfloor + 1$,$N = k \cdot \ell$。

如果以矩阵 $\boldsymbol{A}$ 作为输入执行上述几种操作,是指对矩阵 $\boldsymbol{A}$ 的每一行单独执行相应的运算。由上述 3 种运算的定义可知其具备以下两个性质:

- $\langle$ BitDecomp($\boldsymbol{a}$), Powersof2($\boldsymbol{b}$)$\rangle = \langle \boldsymbol{a}, \boldsymbol{b} \rangle$
- 对于任意 N 维向量 $\boldsymbol{a}'$,有:

$\langle \boldsymbol{a}', \text{Powersof2}(\boldsymbol{b}) \rangle = \langle \text{BitDecomp}^{-1}(\boldsymbol{a}'), \boldsymbol{b} \rangle = \langle \text{Flatten}(\boldsymbol{a}'), \text{Powersof2}(\boldsymbol{b}) \rangle$

9.3.3.1 算法描述

GSW 方案包括以下 5 个算法。

1. 初始化 GSW.Setup($1^\lambda, 1^L$)

输入安全参数 λ 和电路层(也称电路深度)L,选取 $\kappa = \kappa(\lambda, L)$ 比特的模 q,参数 $n = n(\lambda, L)$ 表示格的维数,噪声分布 $\chi = \chi(\lambda, L)$,使得 $\text{LWE}_{n,q,\chi}$ 对已知攻击至少达到 2^λ 的安全性。选取参数 $m = m(\lambda, L) = O(n \cdot \log q)$,令 $\ell = \lceil \log q \rceil + 1$,$N = (n+1) \cdot \ell$,输出 params = (n, q, χ, m)。

2. 私钥生成 GSW.SecKeyGen(params)

从 $\mathbb{Z}_q^n$ 中采样向量 $\boldsymbol{\tau}$,输出私钥 $sk = \boldsymbol{s} \leftarrow (1, -\tau_1, \cdots, -\tau_n) \in \mathbb{Z}_q^{n+1}$,令 $\boldsymbol{v} = \text{Powersof2}(\boldsymbol{s})$。

3. 公钥生成 GSW.PubKeyGen(params, sk)

随机均匀生成矩阵 $\boldsymbol{B} \leftarrow \mathbb{Z}_q^{m \times n}$ 和向量 $\boldsymbol{e} \leftarrow \chi^m$,计算 $\boldsymbol{b} = \boldsymbol{B} \cdot \boldsymbol{\tau} + \boldsymbol{e}$,令 $\boldsymbol{A}$ 为 $(n+1)$ 列的矩阵,由向量 $\boldsymbol{b}$ 和矩阵 $\boldsymbol{B}$ 组成,即 $\boldsymbol{A} \leftarrow [\boldsymbol{b} \mid \boldsymbol{B}]$。显然可知 $\boldsymbol{A} \cdot \boldsymbol{s} = \boldsymbol{e}$,输出公钥 $pk = \boldsymbol{A}$。

4. 加密 GSW.Enc(params, $pk, \boldsymbol{\mu}$)

输入明文消息 $\boldsymbol{\mu} \in \mathbb{Z}_q$,随机均匀生成矩阵 $\boldsymbol{R} \in \{0,1\}^{N \times m}$,输出密文 $\boldsymbol{C}$,其中 $\boldsymbol{I}_N$ 为 $N \times N$ 的单位矩阵。

$$\boldsymbol{C} = \text{Flatten}(\boldsymbol{\mu} \cdot \boldsymbol{I}_N + \text{BitDecomp}(\boldsymbol{R} \cdot \boldsymbol{A})) \in \mathbb{Z}_q^{N \times N}$$

5. 解密 GSW.Dec(params, sk, c)

向量 $\boldsymbol{v}$ 的前 ℓ 个系数分别是 $1, 2, \cdots, 2^{\ell-1}$。令 $v_i = 2^i \in (q/4, q/2]$,c_i 是密文 $\boldsymbol{C}$ 的第 i 行,计算 $x_i \leftarrow \langle c_i, \boldsymbol{v} \rangle$,输出 $\boldsymbol{\mu}' = \lfloor x_i/v_i \rceil$。

9.3.3.2 同态运算

GSW 方案支持 4 种同态操作方式,分别是对密文做常量乘法(GSW.MultConst)、加法(GSW.Add)、乘法(GSW.Mult)和非操作(GSW.NAND)。

1. GSW.MultConst(C,α)

对于密文 $C \in \mathbb{Z}_q^{N \times N}$ 和已知常量 $\alpha \in \mathbb{Z}_q$，令 $M_\alpha \leftarrow$ Flatten($\alpha \cdot I_N$)，输出 Flatten($M_\alpha \cdot C$)，其解密正确性分析如下：

$$\begin{aligned}
\text{GSW.MultConst}(C,\alpha) \cdot v &= M_\alpha \cdot C \cdot v \\
&= M_\alpha \cdot (\mu \cdot v + e) \\
&= \mu \cdot (M_\alpha \cdot v) + M_\alpha \cdot e \\
&= \alpha \cdot \mu \cdot v + M_\alpha \cdot e
\end{aligned}$$

不论 α 的大小如何取值，常量乘法的噪声至多增长 N 倍。

2. GSW.Add(C_1,C_2)

输入密文 $C_1,C_2 \in \mathbb{Z}_q^{N \times N}$，输出 Flatten($C_1 + C_2$)，解密正确性显而易见。

3. GSW.Mult(C_1,C_2)

输入密文 $C_1,C_2 \in \mathbb{Z}_q^{N \times N}$，输出 Flatten($C_1 \cdot C_2$)，解密正确性分析如下：

$$\begin{aligned}
\text{GSW.Mult}(C_1,C_2) \cdot v &= C_1 \cdot C_2 \cdot v \\
&= C_1 \cdot (\mu_2 \cdot v + e_2) \\
&= \mu_2 \cdot (\mu_1 \cdot v + e_1) + C_1 \cdot e_2 \\
&= \mu_1 \cdot \mu_2 \cdot v + \mu_2 \cdot e_1 + C_1 \cdot e_2
\end{aligned}$$

经过密文乘法运算之后，新的噪声取决于原噪声、密文 C_1 和明文消息 μ_2。由于原噪声的影响无法消除，而密文 C_1 对新噪声的影响也有限，至多增长 N 倍，因此明文消息 μ_2 是最主要的影响因素。限制明文空间可以解决这一问题，即使用较小的明文消息进行运算，例如仅使用 NAND 操作的布尔电路，将明文空间限制为 $\{0,1\}$。

4. GSW.NAND(C_1,C_2)

输入密文 $C_1,C_2 \in \mathbb{Z}_q^{N \times N}$，其对应的明文分别为 $\mu_1,\mu_2 \in \{0,1\}$，输出 Flatten($I_N - C_1 \cdot C_2$)，解密正确性分析如下：

$$\begin{aligned}
\text{GSW.NAND}(C_1,C_2) \cdot v &= (I_N - C_1 \cdot C_2) \cdot v \\
&= (1 - \mu_1 \cdot \mu_2) \cdot v - \mu_2 \cdot e_1 - C_1 \cdot e_2
\end{aligned}$$

由于 $\mu_2 \in \{0,1\}$，噪声最多增长 $(N+1)$ 倍。

9.4　同态加密库

随着全同态加密研究的不断深入，除了算法改进以外，实践化研究也进展迅速，目前已经有多种同态加密算法库。表 9-1 列举了几种同态加密库及其所支持的加密方案，本节将简要介绍两种常用的开源同态加密库：HElib 和 Microsoft SEAL。表 9-1 中第一列的 FHEW 和 TFHE 是同态加密库，而第一行的 FHEW[27] 和 TFHE[28] 是同态加密方案。

表 9-1　几种同态加密库

同态加密库	加密方案				
	BGV[14]	BFV[26]	FHEW[27]	TFHE[28]	CKKS[25]
HElib	√				√
Microsoft SEAL	√	√			√
PALISADE	√	√	√	√	√
FHEW			√		
TFHE				√	
HeaAn					√

9.4.1　HElib

2013 年,Halevi 和 Shoup 基于 BGV 方案开发了 HElib 同态加密库[29,30],随后实现了自举算法[31],在打包情形下,对约 300 bit 的消息实施自举,一次自举算法大约耗费 5 min,1 bit 的自举大约需要 1 s。2018 年,Halevi 和 Shoup 发布了对 HElib 加密库的改进算法[32],优化之后速度可提升 30~75 倍。自 2018 年以来,HElib 一直在对可靠性、鲁棒性,以及最重要的可用性等方面进行代码重构,以便于同态加密领域的研究人员和开发人员使用。目前,HElib 库已经实现 BGV 和 CKKS 方案,并采用 Smart-Vercauteren 密文打包技术[33] 和 Gentry-Halevi-Smart 优化技术[34]进行了多处改进,以加快同态计算操作的运行速度,提升方案效率。

HElib 是基于 C++语言的开源软件库,引入 C++14 的新特性,依赖 NTL 数论库,包含详细的设计文档和 API 文档。HElib 同态加密库可分为 4 层:底层模块主要用于实现数学结构和各种其他应用程序,第二层实现多项式的 Double-CRT 表示形式,第三层实现密码系统本身(包含本原明文空间的二进制多项式),顶层提供使用密码系统来操作明文数组的接口。下面两层为数学层(math layers),上面两层为加密层(cyrpto layers),如图 9-1 所示为 HElib 同态加密库的框架图。从图 9-1 可以看出,模块 Bluestein、PAlgebra、NumbTh、Timing、Cmodulus、PAlgebraMod、IndexSet 和 IndexMap 属于底层,DoubleCRT 和 FHEcontext 位于第二层,KeySwitching、FHE 和 Ctxt 属于第三层,EncryptedArray 处于顶层。HElib 设计文档[29]对上述模块的功能做了详细介绍,此处不再赘述。

HElib 库的顶层提供了一些接口允许应用程序做同态操作,使用 PAlgebraMod 提供的编码/解码功能将数组转换为明文多项式,之后利用加密层提供的低层级接口实现加密和同态操作。

自 HElib 发布以来,研究人员不断探索全同态加密的改进方案,相继公开多个同态加密库。文献[30,31]中 HElib 的自举/刷新过程大约需要 6 min。针对效率

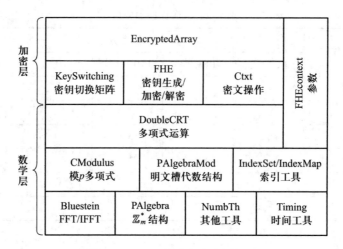

图 9-1 HElib 同态加密库框架图

瓶颈,Ducas 等人[27]提出一种名为 FHEW 的新方案,可对简单位操作进行同态计算,将包含同态 NAND 计算和同态解密/自举的总体运行时间降至 1 s 以内,其中自举运行时间约 0.69 s。Chillotti 等人[28]在 FHEW 的基础上提出 TFHE 方案,进一步改进自举技术,将其速度提升 12 倍,自举运行时间低于 0.052 s,并在保证相同安全强度的情况下,将自举密钥大小从 1 GB 减小至 24 MB。

9.4.2 Microsoft SEAL

2012 年,Fan 等人[26]对 BGV 方案做了进一步优化,提出 BFV 方案。2016 年,Bajard 等人[35]设计了一种 BFV 方案的 RNS(residue number systems)变体,以提升解密和乘法运算速度。Microsoft 于 2015 年推出 SEAL(simple encrypted arithmetic library),旨在为密码学家和初学者提供便于使用的同态加密库,SEAL 采用 C++语言编写,不依赖外部代码库,可用于 Windows、Linux、macOS、iOS 和 Android 等多种平台。2017 年 11 月,Microsoft 发布同态加密库 SEAL v2.3.0,实现了 Bajard 等人提出的 Full RNS 变体,并对 SEAL 库做了大量改进。2018 年 10 月发布的 Microsoft SEAL 3.0 版增加对 CKKS 方案的支持,实现了对整数和实数的密文运算。自 2018 年 12 月开源发布以来,SEAL 已成为全球最受欢迎的同态加密库之一,被研究隐私保护的学术界和工业界人员广泛采用。2019 年 2 月发布的 Microsoft SEAL 3.2.0 提供对.NET 开发的完整支持,并提供一个场景示例,演示如何将 SEAL 用于开发应用程序,并执行矩阵乘法、加法等多种操作,为.NET 开发人员编写同态加密应用程序提供了极大便利。自 2015 年首次发布之后,SEAL 一直在不断优化和完善。截至 2022 年 10 月 15 日,SEAL 在 GitHub 上共发布 35 个版本,最新版为 v4.0.0,采用 C++17开发,包含部分 C#组件,其中 SEAL v4.0.0 新增了 BGV 方案。

SEAL 包含两类不同性质的同态加密方案,其中 BFV 和 BGV 方案允许对加密整数执行模运算,CKKS 方案允许对加密的实数或者复数做加法和乘法运算,但只能输出近似结果,因此需要根据不同应用场景的实际需求选择方案。例如,在对加密实数求和、加密数据上的机器学习及计算加密位置之间的距离等应用中,CKKS 是迄今为止的最佳选择,而对于需要精准数值的场景,则更适合选用 BFV 和 BGV 方案。

全同态加密经历了十多年发展和改进,尽管目前距离实践应用尚存在一定距离,但因其在云计算和其他诸多领域的广阔应用前景,仍然吸引着学术界和产业界的广泛关注,相关组织正在研讨标准化文件[36]。2018 年 3 月 12 日发布了第一版同态加密安全标准,同年 11 月 21 日发布了第二版,该文档仍在不断更新中,网站还对现有的几种开源同态加密库做了详细介绍。

思考题

1. 从 BGV 方案和 GSW 方案中任选一个,分析其 IND-CPA 安全性。
2. 分析同态加密方案不具备 IND-CCA2 安全性的原因。
3. 试调试使用 HElib 库。
4. 试调试使用 SEAL 库。

参考文献

1. Rivest R L, Adleman L, Dertouzos M L. On data banks and privacy homomorphisms[J]. Foundations of Secure Computation, 1978, 4(11):169-180.

2. Rivest R L, Shamir A, Adleman L. A method for obtaining digital signatures and public-key cryptosystems[J]. Communications of the ACM, 1978, 21(2):120-126.

3. ElGamal T. A public key cryptosystem and a signature scheme based on discrete logarithms[J]. IEEE Transactions on Information Theory, 1985, 31(4):469-472.

4. Boneh D, Goh E J, Nissim K. Evaluating 2-DNF formulas on ciphertexts[C]. Proceedings of Theory of Cryptography Conference. Heidelberg: Springer, 2005:325-341.

5. Paillier P. Public-key cryptosystems based on composite degree residuosity classes[C]. Proceedings of International Conference on the Theory and Applications of Cryptographic Techniques. Heidelberg: Springer, 1999:223-238.

6. Damgård I, Jurik M. A length-flexible threshold cryptosystem with applications[C]. Proceedings of Australasian Conference on Information Security and Privacy. Heidelberg: Springer, 2003:350-364.

7. Naccache D, Stern J. A new public key cryptosystem based on higher residues[C]. Proceedings of the 5th ACM Conference on Computer and Communications Security. 1998:59-66.

8. Okamoto T, Uchiyama S. A new public-key cryptosystem as secure as factoring [C].

Proceedings of International Conference on the Theory and Applications of Cryptographic Techniques. Heidelberg:Springer,1998:308-318.

9. Gentry C.Fully homomorphic encryption using ideal lattices[C].Proceedings of the 41st Annual ACM Symposium on Theory of Computing. 2009:169-178.

10. Gentry C. Toward basing fully homomorphic encryption on worst-case hardness [C]. Proceedings of Annual International Cryptology Conference. Heidelberg:Springer,2010:116-137.

11. Van Dijk M,Gentry C,Halevi S,et al. Fully homomorphic encryption over the integers[C]. Proceedings of Annual International Conference on the Theory and Applications of Cryptographic Techniques. Heidelberg:Springer,2010:24-43.

12. Gentry C,Halevi S. Fully homomorphic encryption without squashing using depth-3 arithmetic circuits[C]. Proceedings of IEEE 52nd Annual Symposium on Foundations of Computer Science. IEEE,2011:107-109.

13. Brakerski Z,Vaikuntanathan V. Efficient fully homomorphic encryption from (standard) LWE [C]. Proceedings of IEEE 52nd Annual Symposium on Foundations of Computer Science. IEEE,2011: 97-106.

14. Brakerski Z,Gentry C,Vaikuntanathan V. (Leveled) fully homomorphic encryption without bootstrapping[C]. Proceedings of the 3rd Innovations in Theoretical Computer Science Conference. 2012:309-325.

15. Gentry C,Sahai A,Waters B.Homomorphic encryption from learning with errors:Conceptually-simpler,asymptotically-faster,attribute-based[C]. Proceedings of Advances in Cryptology (CRYPTO). Heidelberg:Springer,2013:75-92.

16. Alperin-Sheriff J,Peikert C.Faster bootstrapping with polynomial error[C].Proceedings of Annual International Cryptology Conference. Heidelberg:Springer,2014:297-314.

17. Gama N,Izabachène M,Nguyen P Q,et al. Structural lattice reduction:generalized worst-case to average-case reductions and homomorphic cryptosystems[C]. Proceedings of Annual International Conference on the Theory and Applications of Cryptographic Techniques. Heidelberg:Springer,2016: 528-558.

18. Rothblum R.Homomorphic encryption:From private-key to public-key[C]. Proceedings of Theory of Cryptography Conference. Heidelberg:Springer,2011:219-234.

19. Mukherjee P, Wichs D. Two round multiparty computation via multi-key FHE [C]. Proceedings of Annual International Conference on the Theory and Applications of Cryptographic Techniques. Heidelberg:Springer,2016:735-763.

20. Peikert C,Shiehian S. Multi-key FHE from LWE,revisited[C]. Proceedings of Theory of Cryptography Conference. Heidelberg:Springer,2016:217-238.

21. Clear M,McGoldrick C.Multi-identity and multi-key leveled FHE from learning with errors [C]. Proceedings of Annual International Cryptology Conference. Heidelberg:Springer,2015:630-656.

22. López-Alt A,Tromer E,Vaikuntanathan V. On-the-fly multiparty computation on the cloud via multikey fully homomorphic encryption [C]. Proceedings of the 41th Annual ACM Symposium on Theory of Computing. 2012:1219-1234.

23. Hoffstein J, Pipher J, Silverman J H. NTRU: A ring-based public key cryptosystem [C]. Proceedings of International Algorithmic Number Theory Symposium. Heidelberg: Springer, 1998: 267-288.

24. Brakerski Z, Perlman R.Lattice-based fully dynamic multi-key FHE with short ciphertexts[C]. Proceedings of Annual International Cryptology Conference. Heidelberg:Springer,2016:190-213.

25. Cheon J H, Kim A, Kim M, et al. Homomorphic encryption for arithmetic of approximate numbers[C]. Proceedings of International Conference on the Theory and Application of Cryptology and Information Security. Springer, Cham, 2017:409-437.

26. Fan J, Vercauteren F. Somewhat practical fully homomorphic encryption[J]. IACR Cryptol. ePrint Arch.,2012:144.

27. Ducas L, Micciancio D. FHEW: bootstrapping homomorphic encryption in less than a second [C]. Proceedings of Annual International Conference on the Theory and Applications of Cryptographic Techniques. Heidelberg:Springer,2015:617-640.

28. Chillotti I, Gama N, Georgieva M, et al. Faster fully homomorphic encryption: Bootstrapping in less than 0.1 seconds[C]. Proceedings of International Conference on the Theory and Application of Cryptology and Information Security. Heidelberg:Springer,2016:3-33.

29. Halevi S, Shoup V. Design and implementation of a homomorphic-encryption library[J]. IBM Research (Manuscript),2013,6(12-15):8-36.

30. Halevi S, Shoup V. Algorithms in helib[C]. Proceedings of Annual International Cryptology Conference. Heidelberg:Springer,2014:554-571.

31. Halevi S, Shoup V. Bootstrapping for helib [C]. Proceedings of Annual International conference on the Theory and Applications of Cryptographic Techniques. Heidelberg: Springer, 2015: 641-670.

32. Halevi S, Shoup V. Faster homomorphic linear transformations in HElib[C]. Proceedings of Annual International Cryptology Conference. Springer, Cham, 2018:93-120.

33. Smart N P, Vercauteren F. Fully homomorphic SIMD operations [J]. Designs, codes and cryptography,2014,71(1):57-81.

34. Gentry C, Halevi S, Smart N P. Homomorphic evaluation of the AES circuit[C]. Proceedings of Annual Cryptology Conference. Heidelberg:Springer,2012:850-867.

35. Bajard J C, Eynard J, Hasan M A, et al. A full RNS variant of FV like somewhat homomorphic encryption schemes[C]. Proceedings of International Conference on Selected Areas in Cryptography. Springer, Cham,2016:423-442.

36. Homomorphic Encryption Standardization[EB/OL]. [2022-01-18].

第 10 章　安全多方计算协议

考虑这样一个问题:一组参与者,他们之间互不信任,但是他们希望安全地计算一个约定的函数,这个函数的输入由参与者提供。安全地计算一个约定函数的意思是:即使在有不诚实参与者的情况下,每个参与者都能得到正确的计算结果,同时每个参与者的输入是保密的,也就是说一个参与者无法得知另一个参与者的输入(除非某些参与者的输入可以从函数的输出推导而得)。这就是著名的安全多方计算问题。如果有可信第三方(TTP)的存在,这个问题的解决是十分容易的,参与者只需将自己的输入加密传送给 TTP,由 TTP 计算这个函数,然后将计算的结果广播给每一个参与者,这样每个参与者都得到了正确的结果,同时自己的输入也是保密的。然而在现实的应用中,很难找到这样一个所有参与者都信任的 TTP,因此安全多方计算的研究主要是针对在无 TTP 的情况下,如何安全地计算一个约定函数的问题。安全多方计算在电子选举、电子拍卖、秘密分享、门限签名等场景中有着重要的作用。

10.1　安全多方计算概述

安全多方计算的研究分为一般意义的安全多方计算和特定意义的安全多方计算。一般意义的安全多方计算并不考虑所计算的函数是什么类型,理论上可以计算任何函数,可以解决任何协议问题。这是因为任何协议都可以抽象为协议的参与者共同计算某个函数。一般意义的安全多方计算是非常有前瞻性的研究,对安全多方计算的研究包含了许多信息安全研究者对人类未来社会的预测和期许。特定意义的安全多方计算针对特定的应用而设计,其应用范围有限,但是由于只是针对特定应用,所以效率比一般意义的安全多方计算高。

10.1.1　安全多方计算与其他密码算法协议的关系

安全多方计算利用了许多基础的密码学协议,如数字签名、零知识证明等,也利用了许多分布式环境的基础协议,如广播问题和 Byzantine 问题(BA);同时,安全多方计算中的一些理论和解决问题的思路又可以应用到许多其他密码学协议

（如电子选举、电子拍卖等）。从广义上讲，在分布式的环境中有多个参与者参与的密码学协议都是安全多方计算的一个特例，这些密码学协议都可以被认为是一组参与者之间存在各种各样的信任关系（最弱的信任关系就是互不信任），参与者希望通过交互或者非交互的操作来完成一项工作（计算某个约定的函数）。这些协议的不同之处在于协议计算的函数是不一样的，例如，电子拍卖是计算出所有参与者输入的最大值（或最小值），门限签名是计算一个正确的签名。

可以将密码学中的各种协议、算法在密码学中的地位用图表的形式表示，安全多方计算与其他密码算法协议的关系如图 10-1 所示。

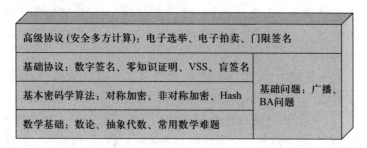

图 10-1　安全多方计算与其他密码算法协议的关系

10.1.2　安全多方计算考虑的访问结构

访问结构的概念是在研究秘密分享（secret sharing，SS）中由 Saito 等人在文献[1]提出的。秘密的分发者 Dealer 持有秘密 s，Dealer 将秘密在 n 个协议参与者中分享，每个协议参与者分得份额 s_i。在恢复秘密 s 的时候，只有某些协议参与者集合能够正确恢复秘密 s，称由这些集合构成的集合为访问结构（access structure）。与访问结构对应的是攻击者结构，攻击者能够买通协议整个参与者集合中的一些参与者组成的子集，由这些子集构成的集合称为攻击者结构。Martin Hirt 等人在文献[2]中对一般的访问结构和攻击者结构进行了研究。

以门限方式研究的安全多方计算协议往往以攻击者能够控制的不诚实参与者的数量来描述访问结构和攻击者结构。攻击者能够控制的不诚实参与者的数量是有限制的，如果在任何时候攻击者 A 最多控制 t 个不诚实的参与者，则称攻击者 A 是 t-限制的。如果称一个协议是 t-安全的，则该协议在攻击者 A 控制 t 个不诚实参与者的情况下是安全的。

10.1.3　研究现状和一些已知的结论

最早的安全多方计算协议是由 Yao 在文献[3]中提出的两方安全计算协议。5年以后，Goldreich、Micali 和 Wigderson 在文献[4]中提出了可以计算任意函数的基于密码学安全的安全多方计算协议。

目前研究者们经常使用的两种安全模型是同步网络中的密码学安全模型和同步网络中的信息论安全模型。在密码学安全模型中，n 个协议的参与者连接在一个同步的网络中，他们之间的通信信道是不安全的，所有协议的参与者（包括攻击者）的计算能力都是有限的。在信息论安全模型中，n 个协议参与者连接在一个同步的网络中，他们之间有安全的通信信道，并且可能有一个有身份认证的广播信道，攻击者的计算能力是无限的。

在信息论安全模型中，文献[5]和文献[6]证明了，任意函数都能在协议攻击者是 $\lfloor n/2 \rfloor$-限制的动态被动攻击者或者是 $\lfloor n/3 \rfloor$-限制的主动攻击者情况下被安全地计算。如果协议参与者之间共享一个广播信道，并且能够接受协议极小的错误概率，文献[7]指出，任意函数都能在协议攻击者是 $\lfloor n/2 \rfloor$-限制的主动攻击者的情况下被安全地计算。

在密码学安全模型中，文献[4]指出，如果单向陷门函数存在，则任意函数都能在协议攻击者是 $\lfloor n/2 \rfloor$-限制的主动攻击者的情况下被安全地计算。

由于文献[4-7]提出的协议中大量地用到了零知识证明，协议参与者之间需要传送大量的数据，使得这些协议显得极其不实用。但是，这些研究指明了安全多方计算的理论前景，安全多方计算吸引了众多研究者的注意。此后，许多学者在如何提高安全多方计算协议的效率、如何对安全多方计算进行形式化的定义、如何对通用的安全多方计算协议进行剪裁使之能更加有效地适用于不同的应用环境、新的安全多方计算协议的构造方法等方面进行了大量的研究。

Goldwasser 和 Levin 研究了信息论安全模型下，大部分协议参与者（超过半数）都是不诚实参与者情况下的安全多方计算协议[8]。Ostrovsky 和 Yung 对存在安全信道的网络中的移动攻击者（mobile adversaries）进行了研究[9]。Micali、Rogaway[10] 和 Beaver[11] 对存在安全信道网络的安全多方计算给出了形式化的定义，Canetti[12] 给出了安全多方计算协议应有的性质。

概括起来，现有的研究主要集中在如下一些方面。

• 一般意义的安全多方计算协议　这类研究的目的是设计一种高效的、安全的、能够计算任意函数的安全多方计算协议，希望通过这样的协议一劳永逸地解决所有涉及安全多方计算的问题。这方面研究有代表性的文献主要有文献[13-15]等。

• 对一般化的安全多方计算协议进行剪裁　这类研究注意到，如果一个协议是广泛适用的，那么必然会以牺牲一些性能为代价来满足广泛适用性。针对某一个具体的应用，如电子选举，对一般化的安全多方计算协议进行一点剪裁，去掉一些对某个具体应用没有意义的部分，可以大大提高效率。这类研究往往被称作安全多方计算的应用研究。这类研究的主要目的是将安全多方计算的理论和技术应用到一个具体应用中去，见相关文献[16,17]等。

• 安全多方计算的定义　安全多方计算的目的和应该具备的性质都为在本

领域研究的学者所熟知,但是安全多方计算至今还缺乏一个为大家所认同的、完备的定义。这主要是因为安全多方计算协议的构造形式可以有多种,各个学者研究的安全模型也是不一样的。Micali、Rogaway、Beaver 和 Canetti 对存在安全信道的网络中的安全多方计算给出了一些形式化的定义。这些定义首先考虑定义在理想的情况下,存在可信第三方时的安全多方计算,然后考虑如何用协议来模拟 TTP 的作用。这方面研究见文献[10,11,18]等。

● 新的安全多方计算协议构造方法　目前大部分学者提出的安全多方计算协议都使用了 VSS (verifiable secret sharing)子协议作为其构造基石,因而这类协议在大体结构上都是类似的。有没有其他的方法来构造安全多方计算协议呢? 文献 [19,20]等对此进行了研究。

10.1.4　安全多方计算协议研究中的值得关注的问题

从 Yao 在文献[3]中提出两方安全计算协议已经过去许多年了,有不少研究者对各种模型下的安全多方计算协议进行了大量的研究,也提出了不少有代表性的协议。但是,现有的一般意义上的安全多方计算协议还没有达到实用的程度。这是因为,在安全多方计算协议的研究中还存在一些诸如协议效率等方面的问题。这里,列出一些在安全多方计算协议研究中非常值得关注的问题。

1. 协议效率

与其将文献[4-7]提出的安全多方计算协议看作一种可行的协议,不如将其看作安全多方计算在某种模型下存在的一种证明。这些协议的关键问题是效率太低,协议进行中所需的消息传送量太大。在安全多方计算领域进行的大量研究集中于提高协议的效率,在协议效率中大家最为关心的就是消息复杂度,即协议进行中需要传送消息的数量。表 10-1 反映了一些有代表性的研究工作在协议效率方面的比较,其中广播协议一项表示在没有广播信道的情况下,该安全多方计算协议中用来实现广播的协议;m 是将计算的函数 $f(x_1, x_2, \cdots, x_n)$ 表示为由定义在域 F上的加法和乘法构成的电路中乘法门的个数,n 是协议参与者的个数。从表 10-1可以看出,要使一般意义的安全多方计算协议变得实用,仍有一些研究工作要做。

表 10-1　信息论安全模型中的安全多方计算协议效率比较

协议	广播协议	消息复杂度/b
文献[5]	文献[21,22]	$O(mn^8\log|F|), O(mn^6\log|F|)$
文献[6]	文献[21,22]	$O(mn^9\log|F|), O(mn^7\log|F|)$
文献[23]	文献[21,22]	$O(mn^8\log|F|), O(mn^6\log|F|)$
文献[13]	文献[21,22]	$O(mn^8\log|F|), O(mn^6\log|F|)$

2. 安全多方计算的基础问题

从表 10-1 还可以看出,安全多方计算协议的效率和它使用的一些基础协议是有关系的,如广播协议。另外,在某些模型下,一些基础协议是否存在,也决定了在这个模型下的安全多方计算协议是否存在。所以对安全多方计算基础协议的研究也是一个值得关注的问题。在这些基础协议中,尤其是广播协议更值得关注。广播协议本身就是分布式计算领域研究中的一个重要的问题,对它的研究也有着悠久的历史。在多个参与者参与的协议中,某个参与者不可避免地需要向其他的参与者广播信息,在不存在广播信道的网络环境中,安全多方计算协议也不可避免地会用到广播协议。

3. 非同步网络的安全多方计算协议

应当看到安全多方计算协议是多参与者的协议,它的许多潜在应用都会在互联网这个广阔的舞台上展开。非同步网络的模型和现在研究得最多的同步网络模型相比,更接近现在无所不在的互联网环境。在互联网环境中不存在一个所有的协议参与者都拥有的同步时钟;在互联网环境中传送的消息可能会有非常大的延迟。安全多方计算协议如果能够在互联网环境中正确执行,那么安全多方计算才会有更加广阔的应用空间,这是因为互联网环境和非同步网络是非常相似的。只能够在同步网络中执行的安全多方计算协议在非同步的网络中是无法工作的,而能够在非同步网络中执行的安全多方计算协议在同步网络中仍然是能够正确执行的,所以适用于非同步网络的安全多方计算协议具有更实际的价值。

4. 安全多方计算协议生成器

许多安全多方计算协议的研究在研究了如何安全地计算域上定义的基本运算后就停止了,因为这时从理论上讲,任何函数都可以被安全地计算了。但是这离实际应用还有一步需要跨越,多方计算协议生成器的作用就是弥补这最后的一步。多方计算协议生成器的输入是任意函数 $f(x_1, x_2, \cdots, x_n)$ 和如何计算域上定义的基本运算的子协议,输出是安全计算 $f(x_1, x_2, \cdots, x_n)$ 的协议。现在,有一些学者提到了安全多方计算协议生成器,但是没有对之进行细致的研究。

下面将介绍两个具有代表性的安全多方计算协议的构造方法,一种类型是使用可验证秘密分享 VSS 子协议作为协议构造基础的协议,另一种是使用混合网络(mix-match network)作为协议构造基础的协议。

10.2　安全多方计算协议的基本构造方法

许多研究者在如何设计安全多方计算协议方面进行了大量的研究,也提出了不少针对各种类型攻击者、不同网络的安全多方计算协议。总体说来,按照安全多方计算协议的构造框架来看,可以把目前最具有影响的安全多方计算协议分为两种类型。一种类型是使用可验证秘密分享(verifiable secret sharing,VSS)子协议作为协议构造基础的协议(VSS 协议的定义和性质参见第 8.2 节);另一种是使用混合网络的协议。

目前大部分的安全多方计算协议都使用了 VSS 子协议作为协议构造的基础。这类协议适合计算任意有限域上的函数,它们使用的 VSS 协议可能不一样,使用 VSS 协议的方法可能也不一样,但是其构造安全多方计算协议的基本思路都是一样的。如果需要计算域上约定的一个函数 $y=f(x_1,x_2,\cdots,x_n)$,总是可以将此函数表示成为由域中定义的加法和乘法组成的有向图,那么只要能安全地计算域上的加法和乘法就能够计算域上任意函数。所以这类协议首先研究如何安全地计算域上定义的加法和乘法,然后协议的参与者就可以逐个计算每一个加法和乘法来完成域上任意函数的计算。这是广义安全多方计算研究的重要思想。使用 VSS 子协议的安全多方计算协议计算一个任意函数 $y=f(x_1,x_2,\cdots,x_n)$ 的流程如图 10-2 所示。

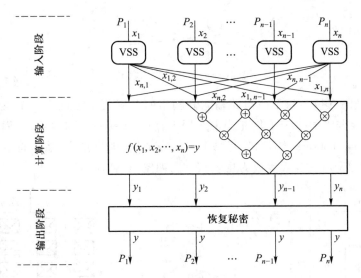

图 10-2　使用 VSS 子协议的安全多方计算协议流程

图 10-2 所示的安全多方计算协议计算一个函数 $y=f(x_1,x_2,\cdots,x_n)$,这类安全多方计算协议的执行一般分为 3 个阶段。第一个阶段是输入阶段,在这个阶段,每个协议参与者 P_i 将自己的输入 x_i 用 VSS 子协议在所有参与者中分享。P_i 分给 P_j 的分享 x_i 的份额是 x_{ij}。第二个阶段是计算阶段,在这个阶段函数 $f(x_1,x_2,\cdots,x_n)$ 可以表示成为由域上定义的加法和乘法构成的有向图。所有协议参与者依次计算每一个加法和乘法。每个运算的输入都是经过秘密分享后的份额,每个运算的输出也是计算的结果经过秘密分享后的份额,每个协议参与者得到自己应该得到的份额,这些秘密分享也都是可验证的。计算阶段的最后输出是 y 经秘密分享后的

结果，P_i 得到份额 y_i。第三个阶段是输出阶段，在这个阶段，协议的参与者共同将 y 恢复，从而得到最终的结果。

对于一些布尔函数的计算，使用 VSS 子协议就显得不太高效。为此，Jakobsson 和 Juels 提出了安全多方计算协议构造的 Mix-Match 方法。这种协议的基本思路是所有协议参与者使用秘密分享方案分享系统的私钥 x，系统的公钥 y 是公开的。协议参与者将自己的输入使用公钥 y 随机加密（如 ElGamal 加密方案），所有协议参与者将自己的加密结果广播，或者贴上公告牌。需要计算的函数可以用若干个门电路组成的有向图代替，如图 10-3 所示。

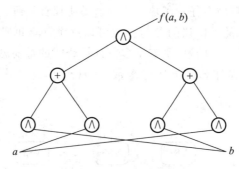

图 10-3　布尔函数示意图

混合（Mix）过程：每个门电路输入和输出的对应关系可以用一个逻辑表来表示，由协议参与者的一个子集充当混合服务器（mix server）的角色，它们构成一个混合网络（mix network，MN），先将每个逻辑表加密、随机排序，然后将混合后的逻辑表（混合加密后的逻辑表成为盲表）公开，如图 10-4 所示。

图 10-4　逻辑表的混合过程

匹配（Match）过程：每个协议参与者首先使用 PET（plain text equivalent test）协议将输入（加过密的）与混合后的逻辑表进行比较（即查表），和普通的查表过程不一样的地方在于，普通查表过程是使用明文的，查表是直接进行比较，而在 Match 过程中，由于比较的是密文所以要使用 PET 协议，如图 10-5 所示。查完一个盲表即是计算了一个门电路，每个参与者依次计算所有的门电路即可得到函数 $f(x_1, x_2, \cdots, x_n)$ 的输出，不过这个输出也是加密的。最后，所有协议参与者共同恢复输出,于是所有参与者都得到了正确的输出。

　　下面将分别简要介绍 Gennaro 等人在文献[13]中提出的使用 VSS 子协议的安全多方计算协议,以及 Jakobsson 等人在文献[19]使用 Mix-Match 方法的安全多方计算协议。这两个协议都是密码学意义上安全的,并且假定所有参与者之间有一个广播信道。

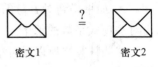

图 10-5　PET 协议

Gennaro 等人的协议考虑的是主动攻击者,Jakobsson 等人的协议考虑的是被动攻击者。

10.3　基于 VSS 子协议的安全多方计算协议

　　对于基于 VSS 子协议的安全多方计算协议,VSS 子协议是一个关键技术,安全多方计算协议的效率在很大程度上依赖其使用的 VSS 子协议的形式和 VSS 子协议的效率。Pedersen 在文献[24]提出了应用 Lagrange 多项式插值法的 VSS 协议。Pedersen 和 Feldman 的 VSS 协议分别是在研究密码学安全和信息论安全的协议中,应用得最为广泛的 VSS 协议,这两个协议都在第 8 章讲述了。在此基础之上,Gennaro 在文献[13]中提出更为高效的、结构简单的 VSS 协议,这个协议避免了以前 VSS 协议中通常用于保证参与者行为正确的零知识证明过程,因而协议的效率得到了极大的提高,适合作为安全多方计算协议的子协议。Gennaro 的 VSS 协议也是基于 Shamir 的秘密分享方案的。

　　Gennaro 认为 VSS 协议应该满足如下两条安全性质[25]:

　　● 如果秘密的分发者是诚实的,则秘密的分享过程总会成功,并且攻击者不能得到被分享秘密的任何信息。在秘密恢复过程中,不论攻击者有何种行为,诚实的协议参与者总是能正确地恢复出被分享的秘密。

　　● 如果秘密的分发者不是诚实的,或者分发者的不诚实行为能被协议的参与者识别而退出秘密分享协议;或者某一个秘密被诚实的协议参与者接受,但这个秘密从分享以后就固定了,诚实的协议参与者总是能够在秘密恢复阶段将这个秘密恢复。

10.3.1　Gennaro 的安全多方计算协议构造基础

　　同态承诺最先由 Cramer 和 Damgard 提出,H 是承诺函数,$H(\alpha,\rho)$ 是对 α 的承诺。如果 H 满足如下的性质,就称 H 是同态承诺函数:设 $A_1 = H(\alpha_1,\rho_1)$,$A_2 = H(\alpha_2,\rho_2)$,则对于某个随机数 ρ,等式 $A_1A_2 = H(\alpha_1+\alpha_2,\rho)$ 成立。

　　有了同态承诺,对于多项式 $f(x) = a_tx^t+\cdots+a_1x+a_0$,可以进行如下的计算:

　　● 如果使用同态承诺对多项式的系数计算了承诺,则根据同态承诺的性质,

可以计算对 $f(i)$ 的承诺 $(1 \leqslant i \leqslant n, n>t)$。

• 如果得到对 $f(i)$ 的承诺 $(1 \leqslant i \leqslant n, n>t)$，则根据同态承诺的性质，可以计算出对多项式系数的承诺。

这些计算之所以是可能的，是因为多项式上的点和多项式的系数之间存在的线性关系。

本书第 4 章提到的 Pedersen 的承诺方案就是一种同态承诺。p 和 q 是两个大质数，满足 $p=2q+1$，g 是 $\mathbb{Z}_p^*$ 上的 q 次的生成元，$h=g^z$，z 对于所有协议参与者都是未知的，假设在 $\mathbb{Z}_p^*$ 中计算离散对数是一个困难的问题。

如果需要计算对 $\alpha \in \mathbb{Z}_q$ 的承诺，证明者在 $\mathbb{Z}_q$ 均匀随机选择 $\rho \in {}_U\mathbb{Z}_q$，计算 $A = H(\alpha, \rho) = g^\alpha h^\rho$，则 A 即是对 α 的承诺。显然可以验证这个承诺方案满足同态承诺性质。

另外，在下面的安全多方计算协议中，还需要使用零知识证明协议证明如下事实：一个证明者 P_i 公布 3 个承诺 $A=H(\alpha, \rho)$、$B=H(\beta, \sigma)$ 和 $C=H(\alpha\beta, \tau)$，P_i 希望通过零知识证明协议向验证者 V 证明，C 是对 $\alpha\beta$ 的正确承诺。Cramer 和 Damgard 在文献 [26] 提出了证明方法。

10.3.2　Gennaro 的 VSS 协议

Gennaro 认为许多 VSS 协议[5,6,24]为了使协议是可验证的，偏离了使协议设计简单的原则，使用了大量计算和零知识证明，而且在秘密恢复阶段也是需要协议参与者广泛参与计算才能恢复分享的秘密。为此，Gennaro 重新回到简单的 Shamir 秘密分享方案，提出了一个结构简单的 VSS 协议。Gennaro 的 VSS 协议用到了承诺函数 H，协议进行如下。

1. 秘密分享阶段

① 秘密的分发者 Dealer 需要将秘密 s 在分享者 $P_1, P_2, \cdots, P_n$ 中分享。

• Dealer 随机选择 t 次多项式 $f(x) = a_t x^t + \cdots + a_1 x + s$，$r(x) = r_t x^t + \cdots + r_1 x + r_0$。

• 对于 $i=1, 2, \cdots, n$，计算 $\alpha_i = f(i)$，$\rho_i = r(i)$，将 α_i 和 ρ_i 交与参与者 P_i。

• 对于 $i=1, 2, \cdots, n$，计算承诺 $A_i = H(\alpha_i, \rho_i) = g^{\alpha_i} h^{\rho_i}$，将承诺广播。

② P_i 检查承诺 $A_i = H(\alpha_i, \rho_i)$ 是否正确，如果正确，则 P_i 接受分享的份额 α_i 和 ρ_i；否则，P_i 广播对 Dealer 的不信任。

③ 如果有 P_i 广播对 Dealer 的不信任，则 Dealer 应该公开 α_i 和 ρ_i，使得 $A_i = H(\alpha_i, \rho_i)$。

④ 如果 Dealer 不按照步骤③执行，则显然 Dealer 是不可信任的，于是协议终止；如果 Dealer 能成功地执行以上的步骤，则一个秘密 s 被成功地在所有参与者中分享。

2. 恢复秘密阶段

① 每个协议参与者 P_i 广播得到的份额 α_i 和 ρ_i;

② 每个协议参与者任取 $t+1$ 个份额,并验证其承诺 $A_i = H(\alpha_i, \rho_i)$ 是否正确,如果正确则利用这 $t+1$ 个点构造 t 次多项式 $f(x)$ 和 $r(x)$;

③ 每个协议参与者计算 $\alpha_i = f(i), \rho_i = r(i)$,并验证对于所有的 i,承诺 $A_i = H(\alpha_i, \rho_i)$ 是否正确,如果正确,则输出 $f(0) = s$,即是被分享的秘密 s。

Gennaro 的 VSS 协议效率较高的原因在于 Gennaro 的协议只是对需要分享的秘密进行了承诺,也就是说只承诺了一个秘密 s,而其他的 VSS 协议不只是对一个秘密进行了承诺,而是对一个分享秘密的多项式进行了承诺。需要注意的是上面的 VSS 协议并不能保证秘密是被一个次数最多为 t 的多项式分享的,Cramer 等人在文献[15]中解释了这种性质对 VSS 协议的重要性。

10.3.3　简化的乘法协议 Simple-Mult

计算一个域上的加法对于大部分使用线性 VSS 子协议的安全多方计算协议来说是很容易的,如何安全地计算一个域上的乘法,才是需要解决的问题。两个秘密 α 和 β 分别使用 t 次多项式 $f_\alpha(x)$ 和 $f_\beta(x)$ 在 n 个参与者中分享,参与者希望能够计算 $\alpha\beta$ 的值。如果参与者只是在自己本地计算自己获得的份额的乘积,虽然计算后隐含的秘密分享多项式的常数项是 $\alpha\beta$,但是这个隐含的秘密分享多项式的次数不再是 t,而且这个秘密分享的多项式也不是随机的。为此,许多协议(如文献[5])使用了降低多项式次数和多项式随机化的协议。文献[13]提出了一步完成降低多项式次数和使多项式随机化的乘法计算方法,可以有效地提高效率。

$f_\alpha(i)$ 和 $f_\beta(i)$ 表示参与者 P_i 持有分享 α 和 β 的份额。$f_\alpha(x)$ 和 $f_\beta(x)$ 的乘积是 $f_{\alpha\beta}(x) = f_\alpha(x) f_\beta(x) = a_{2t} x^{2t} + \cdots + a_1 x + a_0$,对于 $1 \leqslant i \leqslant 2t+1$,$f_{\alpha\beta}(i) = f_\alpha(i) f_\beta(i)$,可以用式(10-1)表示:

$$\begin{bmatrix} 1 & 1 & \cdots & 1 \\ 1 & 2 & \cdots & 2^{2t} \\ \vdots & & \vdots & \\ 1 & 2t+1 & \cdots & (2t+1)^{2t} \end{bmatrix} \begin{bmatrix} \alpha\beta \\ a_1 \\ \vdots \\ a_{2t} \end{bmatrix} = \begin{bmatrix} f_{\alpha\beta}(1) \\ f_{\alpha\beta}(2) \\ \vdots \\ f_{\alpha\beta}(2t+1) \end{bmatrix} \tag{10-1}$$

将式(10-1)中的 $(2t+1) \times (2t+1)$ 范德蒙矩阵记做 A,则显然 A 是一个非奇异矩阵,A 的可逆阵记作 A^{-1},A^{-1} 中的所有元素都是常量。$(\lambda_1, \cdots, \lambda_{2t+1})$ 是 A^{-1} 的第一行,为一个 $2t+1$ 维的向量。于是,由式(10-1),可知:

$$\alpha\beta = \lambda_1 f_{\alpha\beta}(1) + \cdots + \lambda_{2t+1} f_{\alpha\beta}(2t+1) \tag{10-2}$$

协议参与者随机选择 $h_1(x), \cdots, h_{2t+1}(x)$ 是 $2t+1$ 个 t 次多项式,对于 $1 \leqslant i \leqslant 2t+1$,满足 $h_i(0) = f_{\alpha\beta}(i)$。定义 $H(x) \equiv \sum_{i=1}^{2t+1} \lambda_i h_i(x)$,显然,

$$H(0) = \lambda_1 f_{\alpha\beta}(1) + \cdots + \lambda_{2t+1} f_{\alpha\beta}(2t+1) = \alpha\beta, \quad H(i) \equiv \sum_{i=1}^{2t+1} \lambda_i h_i(i)$$

由此,$\alpha\beta$ 使用多项式 $H(x)$ 在协议参与者 P_i 中分享。可以看出 $H(x)$ 是一个次数为 t 的多项式,$H(x)$ 是随机的,这是因为 λ_i 是不全为零的,而且至少有 $n-t$ 个诚实的协议参与者选择的是随机的多项式 $h_i(x)$,这样多项式的降低次数和多项式的随机化就自然完成了。

Gennaro 的 Simple-Mult 协议如下。

设参与者 P_i 的输入为 $f_\alpha(i)$ 和 $f_\beta(i)$,则:

① P_i 产生一个随机的 t 次多项式 $h_i(x)$,P_i 使用 $h_i(x)$ 分享其所持有的份额 $f_\alpha(i)$ 和 $f_\beta(i)$ 的乘积 $f_\alpha(i)f_\beta(i)$,即是 $h_i(0) = f_\alpha(i)f_\beta(i)$。对于 $1 \leqslant j \leqslant 2t+1$,$P_i$ 将份额 $h_i(j)$ 传给 P_j;

② 每个协议参与者 P_j 只需收集所有应得的份额,在自己本地计算 $H(j) = \sum_{i=1}^{2t+1} \lambda_i h_i(j)$,即可得到 $\alpha\beta$ 使用一个 t 次随机多项式 $H(x)$ 分享的份额 $H(j)$。

需要注意的是,上面的 Simple-Mult 协议只是对于协议的被动攻击者是安全的,对于主动攻击者,还需要保证每个协议参与者 P_i 正确地产生了 $h_i(x)$,也就是说在 α 和 β 分别正确地使用 $f_\alpha(x)$ 和 $f_\beta(x)$ 分享之后,$h_i(x)$ 应该满足:$h_i(0) = f_\alpha(0)f_\beta(0)$。文献[13]也提供了这样的方法,相比文献[5]中使用纠错码的方法效率提高了不少。

10.3.4 检查 VSPS 性质

前面已经提到,保证秘密是被一个次数最多为 t 的多项式所分享是非常重要的,Gennora 称这种性质是 VSPS 性质,这种性质对于 VSS 协议也是很重要的。

定义 10.1 如果一个协议 π 是一个可验证的多项式秘密分享(verifiable secret and polynomial sharing,VSPS),则协议应满足:

① 协议首先是一个 VSS 协议。

② VSPS 性质:σ 是被协议分享的秘密,则存在一个多项式 $f(x)$,其次数不超过 t,且 $f(0) = \sigma$,协议参与者 P_i 知道 $f(i)$。

检查 Gennora 协议的 VSPS 性质:上面描述的 VSS 协议中用到了承诺函数,但是并没有对承诺函数的性质有其他的要求。这里如果需要检查 Gennora 的 VSS 协议(以下记做 DL-VSS)的 VSPS 性质时要求使用同态承诺。看起来使用同态承诺的 Gennora 的 VSS 协议与 Pedersen 的 VSS 协议非常相似,但是它们之间有着一个显著的差别:在 DL-VSS 协议中,公开的承诺是对多项式上点的承诺,而 Pedersen 的 VSS 协议中的公开承诺是对多项式系数的承诺。

检查 VSPS 性质最直观的方法是,先用 $t+1$ 个份额恢复出分享秘密的 t 次多项式,然后再检查剩余的 t 个份额是否在这个多项式上。不过这种方法需要的计算量太大,为此,Gennora 提出了一个更为高效的方法。

如果承诺 $A_0, A_1, \cdots, A_n$ 可以确定一对 t 次多项式 $(f(x), r(x))$，则 $A_0, A_1, \cdots, A_t$ 也可以确定 $(f(x), r(x))$，同样 $A_{t+1}, \cdots, A_{2t+1}$ 也可以。记 $f^{(1)}(x) = a_{1,t}x^t + \cdots + a_{1,1}x + a_{1,0}$，$r^{(1)}(x) = r_{1,t}x^t + \cdots + r_{1,1}x + r_{1,0}$ 表示由 $A_0, A_1, \cdots, A_t$ 确定的多项式。记 $f^{(2)}(x) = a_{2,t}x^t + \cdots + a_{2,1}x + a_{2,0}$，$r^{(2)}(x) = r_{2,t}x^t + \cdots + r_{2,1}x + r_{2,0}$ 表示由 $A_{t+1}, \cdots, A_{2t+1}$ 确定的多项式。要证明 VSPS 性质即是要证明存在一个随机数 $\delta \in {}_U \mathbb{Z}_q$，使得：

$$g^{f^{(1)}(\delta)} h^{r^{(1)}(\delta)} = g^{f^{(2)}(\delta)} h^{r^{(2)}(\delta)} \tag{10-3}$$

从同态承诺可知，$h = g^z$，于是需要证明：

$$f^{(1)}(\delta) + z r^{(1)}(\delta) = f^{(2)}(\delta) + z r^{(2)}(\delta) \tag{10-4}$$

由于 δ 是随机选取的，所以有 $1 - \dfrac{t}{q}$ 的概率保证：

$$f^{(1)}(x) + z r^{(1)}(x) = f^{(2)}(x) + z r^{(2)}(x) \tag{10-5}$$

即要证明 $f^{(1)}(x) = f^{(2)}(x)$，$r^{(1)}(x) = r^{(2)}(x)$。对于秘密的分发者 Dealer 选择不同的多项式来分享秘密，即是 $f^{(1)}(x) \neq f^{(2)}(x)$，$r^{(1)}(x) \neq r^{(2)}(x)$，如果方程 (10-3) 成立，则显然 Dealer 可以知道 z，这与使用同态承诺方案的假设矛盾。于是，所有协议参与者可以在自己本地做一个验证，即通过验证方程 (10-3) 是否成立来检验 VSPS 性质。具体计算过程如下，方程 (10-3) 左边：

$$g^{f^{(1)}(\delta)} h^{r^{(1)}(\delta)} = g^{\sum_{j=0}^t a_{1,j}\delta^j} h^{\sum_{j=0}^t r_{1,j}\delta^j} = g^{\sum_{j=0}^t \sum_{i=0}^t f(i)\lambda_{ji}\delta^j} h^{\sum_{j=0}^t \sum_{i=0}^t r(i)\lambda_{ji}\delta^j}$$

$$= \prod_{i=0}^t (g^{f(i)} h^{r(i)})^{\Delta_i} = \prod_{i=0}^t A_i^{\Delta_i}$$

其中：$\Delta_i = \sum_{j=0}^t \lambda_{ji}\delta^j$，$\lambda_{ji}$ 是矩阵 $\boldsymbol{A}^{-1}$ 的第 j 行 i 列元素。

10.3.5　计算阶段

1. 加法的计算

加法计算是非常直接明了的。α 和 β 是使用 DL-VSS 协议分享的两个秘密，分享秘密的多项式分别是 $f_\alpha(x)$ 和 $f_\beta(x)$，需要计算 $\gamma = \alpha + \beta$。协议参与者 P_i 拥有份额 $\alpha_i = f_\alpha(i)$ 和 $\beta_i = f_\beta(i)$，还有和承诺有关的份额 $\rho_i = r(i)$ 和 $\sigma_i = s(i)$，其中 $r(x)$ 和 $s(x)$ 是 t 次随机多项式。承诺 $A_i = H(\alpha_i, \rho_i) = g^{\alpha_i} h^{\rho_i}$ 和 $B_i = H(\beta_i, \sigma_i) = g^{\beta_i} h^{\sigma_i}$ 是公开的。因为 $f_{\alpha+\beta}(x) = f_\alpha(x) + f_\beta(x)$ 也是一个随机的 t 次多项式，协议参与者 P_i 只需计算 $\gamma_i = \alpha_i + \beta_i$，$\gamma_i$ 即是 P_i 所持有的分享 $\gamma = \alpha + \beta$ 的份额，分享这个秘密的多项式是 $f_{\alpha+\beta}(x) = f_\alpha(x) + f_\beta(x)$。同时，所有参与者都可以计算 P_i 对 $\gamma_i = \alpha_i + \beta_i$ 的承诺 $C_i = A_i B_i = g^{\alpha_i+\beta_i} h^{\rho_i+\sigma_i}$。

2. 乘法的计算

乘法计算的思路是这样的：α 和 β 是使用 DL-VSS 协议分享的两个秘密，分享秘密的多项式分别是 $f_\alpha(x)$ 和 $f_\beta(x)$。协议参与者 P_i 拥有份额 $\alpha_i = f_\alpha(i)$ 和 $\beta_i = f_\beta(i)$，还有与承诺有关的份额 $\rho_i = r(i)$ 和 $\sigma_i = s(i)$，其中 $r(x)$ 和 $s(x)$ 是 t 次随机多

项式。承诺 $A_i = H(\alpha_i, \rho_i) = g^{\alpha_i} h^{\rho_i}$ 和 $B_i = H(\beta_i, \sigma_i) = g^{\beta_i} h^{\sigma_i}$ 是公开的。分享秘密的 VSS 协议的 VSPS 性质用前面介绍的方法检验,每个协议参与者 P_i 使用 DL-VSS 协议将自己持有的秘密 $c_i = \lambda_i \alpha_i \beta_i$ 在所有参与者中分享。c_{ij} 和 τ_{ij} 是参与者 P_i 传送给 P_j 的份额,P_i 公开承诺 $C_{ij} = H(c_{ij}, \tau_{ij}) = g^{c_{ij}} h^{\tau_{ij}}$。另外,$P_i$ 还要公开承诺 $C_{i0} = H(\lambda_i \alpha_i \beta_i, \tau_{i0}) = g^{\lambda_i \alpha_i \beta_i} h^{\tau_{i0}}$,$P_i$ 使用零知识证明方法证明对应于 A_i 和 B_i 承诺的 α_i 和 β_i,P_i 正确地将他所知道的秘密 $c_i = \lambda_i \alpha_i \beta_i$ 分享了。Gennora 给出了非常简便的零知识证明方法,之所以他的协议比较高效,是因为在该协议中,承诺是承诺多项式上的点,这使得需要证明的内容在形式上很容易使用零知识的方法进行证明,Gennora 使用文献[26]中提出的方法来进行零知识证明。

至此,所有协议参与者都知道所有应该被分享的秘密都是被正确分享了,并且自己持有正确的份额。于是协议参与者 P_i 在自己本地计算 $\gamma_i = \sum_{j=1}^{2t+1} c_{ij}$,$\tau_i = \sum_{j=1}^{2t+1} \tau_{ij}$,公开的承诺是 $C_i = H(\gamma_i, \tau_i) = g^{\gamma_i} h^{\tau_i} = \prod_{j=1}^{2t+1} C_{ji}$。Gennora 安全乘法的计算过程可以描述如下。

每个协议参与者 P_i 的输入:$\alpha_i = f_\alpha(i)$,$\beta_i = f_\beta(i)$,$\rho_i = r(i)$,$\sigma_i = s(i)$。公开的承诺:$A_i = H(\alpha_i, \rho_i) = g^{\alpha_i} h^{\rho_i}$,$B_i = H(\beta_i, \sigma_i) = g^{\beta_i} h^{\sigma_i}$,对于 $1 \leq i \leq n$。则有:

① 协议参与者 P_i 使用 DL-VSS 协议将 $c_i = \lambda_i \alpha_i \beta_i$ 在每个协议参与者中分享。即 P_i 传送给 P_j:$c_{ij} = f_{\alpha\beta,i}(j)$,$\tau_{ij} = u_i(j)$,其中,$f_{\alpha\beta,i}(x)$ 和 $u_i(x)$ 是 t 次的随机多项式,且 $f_{\alpha\beta,i}(0) = \lambda_i \alpha_i \beta_i$;$P_i$ 秘密信息为 c_{ij} 和 τ_{ij},公开信息为 $C_{ij} = H(c_{ij}, \tau_{ij}) = g^{c_{ij}} h^{\tau_{ij}}$。

② 每个协议参与者都检查秘密分发者分享秘密时使用的 VSS 协议是否满足 VSPS 性质,如果不满足,则公开该秘密分发者分享的份额。

③ P_i 使用零知识证明方法证明,$C_{ij} = H(c_{ij}, \tau_{ij}) = g^{c_{ij}} h^{\tau_{ij}} (j = 0, 1, \cdots, n)$ 是对 $c_i = \lambda_i \alpha_i \beta_i$ 的正确承诺。如果证明失败,其他参与者公开 P_i 分享的份额。

④ 每个协议参与者在自己本地计算:$\gamma_i = \sum_{j=1}^{2t+1} c_{ij}$,$\tau_i = \sum_{j=1}^{2t+1} \tau_{ij}$,并公开 $C_i = H(\gamma_i, \tau_i) = g^{\gamma_i} h^{\tau_i} = \prod_{j=1}^{2t+1} C_{ji}$。$P_i$ 秘密信息为 γ_i,即是对乘积分享得到的份额;公开信息为 C_i,对于 $1 \leq i \leq n$。

10.4 基于 Mix-Match 的安全多方计算协议

Mix-Match 是另一种安全多方计算协议构造方法,这种方法没有使用 VSS 子协议,其构造方法和构造思想都比较简单清晰,协议参与者之间所需传输的消息量较少,对于逻辑运算和位运算比较高效,可以在电子拍卖等协议中使用。

这类协议使用盲表(blinded table)进行安全多方计算。这种思想最先是由 Yao 在一个两方协议中提出的[3],该协议的安全基础是整数分解难题。Jakobsson 和 Reiter 等人分别在文献[19]和文献[27]中提出了可以防止主动攻击的使用盲表进行的安全多方计算协议。

文献［19］使用 Mix-Match 而不是 VSS 提供了协议所需的保密性和正确性。相对于使用 VSS 的安全多方计算协议,使用 Mix-Match 协议有如下一些优点:

• Mix-Match 的概念比较简单。

• 在使用 Mix-Match 的协议中所需要传输的信息量较少,广播传输的信息量是 $O(nN)$,其中 n 是协议参与者的数量,N 是需要计算的函数被表示为门电路之后,电路中门的数量。

• 协议参与者之间进行秘密分享的只是用于加密的密钥,而不是协议参与者的输入。这意味着使用 Mix-Match 的安全多方计算协议可以有非常灵活的输入和输出形式。

使用 Mix-Match 的安全多方计算协议也有缺点,由于 Mix-Match 的核心计算单元是布尔运算,而不是域上的运算,所以对于很多函数,如门限签名,Mix-Match 并不能很有效率地解决这样的问题。但是对于大量使用位运算的函数,Mix-Match 的优势是很明显的,如解决百万富翁问题。

10.4.1 协议构造基础

1. ElGamal 加密方案的一些性质

关于定义运算符 $\otimes$,有 $(\alpha_0,\beta_0)\otimes(\alpha_1,\beta_1)=(\alpha_0\alpha_1,\beta_0\beta_1)$。ElGamal 加密方案在运算符 $\otimes$ 下是同态的。如果 (α_0,β_0) 表示 m_0 的密文,(α_1,β_1) 表示 m_1 的密文,则 $(\alpha_0,\beta_0)\otimes(\alpha_1,\beta_1)$ 表示 $m_0 m_1$ 的密文。

再进一步,可以使用相同的公钥对密文进行再一次加密。如果 (α',β') 表示对密文 (α,β) 的再一次加密,则 (α',β') 可以计算如下:

$$(\alpha',\beta')=(\alpha,\beta)\otimes(\gamma,\delta)$$

这里 (γ,δ) 是明文 1 加密后的密文。

可以很方便地使用 Schnorr 零知识证明方法证明,(α',β') 是 (α,β) 使用相同密钥的再一次加密结果。$(\alpha',\beta')\equiv(\alpha,\beta)$ 表示 (α',β') 和 (α,β) 在使用相同密钥的条件下代表相同的明文 m。

2. ElGamal 加密方案的分布式解密

另一个 ElGamal 加密方案有用的性质是它可以很容易地改造成门限加密方案。使用分布式密钥产生协议,如文献［28］,协议的参与者可以产生一个密钥 x,x 使用 (t,n) 门限方案在协议参与者中分享。协议的参与者 P_i 持有子密钥 x_i,$y_i=g^{x_i}$ 是公开的。为了解密一个密文 (α,β),每一个协议的参与者 P_i 计算并公布 $\beta_i=\beta^{x_i}$,同时公布一个零知识证明以证明其计算的正确性,也就是要证明 P_i 知道一个 z 使 $z=\log_\beta\beta_i$ 成立。每一个协议参与者从公布的计算结果中选择 t 个正确的 $\beta_{a_1},\beta_{a_2},\cdots,\beta_{a_t}$,计算:

$$\beta^x = \prod_{i=1}^{t} \beta_{a_i}^{\lambda_{a_i}}$$

这里 λ_{a_i} 是第 a_i 个拉格朗日插值系数。

3. 已知明文的证明

对于 ElGamal 加密方案的密文 $(\alpha, \beta) = (my^k, g^k)$，如果一个参与者知道了 k，则他可以非常方便地使用零知识证明的方法，证明自己知道密文 (α, β) 所对应的明文 m，这就是已知明文证明。实际上参与者只需使用零知识证明的方法证明他知道一个 k 使得 $\beta = g^k$ 成立即可，具体证明可使用 Schnorr 在文献 [29] 中提出的方法。已知明文证明的安全性依赖于离散对数难题。通过使用 Fiat 和 Shamir 在文献 [30] 中提出的方法，已知明文的证明还可以变成是非交互式的方式。在这种情况下，广播次数是 $O(1)$ 量级的，所需传送的信息量也是 $O(1)$ 量级的。

4. 混合网络

混合网络是使用 Mix-Match 方法构造安全多方计算协议的另一个基本工具。混合网络的概念最早是由 Chaum 提出的 [31]，用于保护某些协议参与者的隐私。现在混合网络吸引了众多研究者的注意，混合网络的应用也越来越丰富，混合网络的应用参见文献 [32]。从直观上讲，混合网络是一个多方协议，协议的输入是一个密文的表，该密文表中的密文与一组明文有着一一对应的关系。协议将这个密文表随机置换后得到另外一个密文表。同输入的密文表一样，输出的密文表和相同的一组明文也是一一对应。换句话说，输出的密文表是输入密文表的随机置换。混合网络的安全性在于攻击者无法确定输出密文表中的某一条密文与输入密文表中的哪一条密文是对应的。

许多学者提出了多种形式的混合网络，这里介绍一种基于 ElGamal 加密方案的混合网络，这种混合网络是这样工作的：假定参与混合网络的 n 个参与者共享一个具备身份认证的广播信道，或使用一个公告板（bulletin board），将一个 ElGamal 加密方案的公钥 y 公布给每个参与者。由参与者集合 P 的某一个子集中的参与者充当混合服务器的角色，与 y 对应的私钥 x 使用 (t, n) 门限方案在混合服务器中分享。混合网络的参与者将自己的输入广播或者传送到公告板上，混合网络的输入是一个 ElGamal 的密文序列 (α_1, β_1)，(α_2, β_2)，$\cdots$，(α_k, β_k)。混合服务器依次、独立地将混合网络输入的密文序列进行再次加密、随机置换顺序，混合网络的输出也是一个 ElGamal 密文序列 $(\alpha'_{\sigma(1)}, \beta'_{\sigma(1)})$，$(\alpha'_{\sigma(2)}, \beta'_{\sigma(2)})$，$\cdots$，$(\alpha'_{\sigma(k)}, \beta'_{\sigma(k)})$，$(\alpha'_i, \beta'_i)$ 代表 (α_i, β_i) 的随机再次加密结果，σ 表示在 k 个元素上的随机置换。

5. 分布式相同明文测试（PET）

(α, β) 和 (α', β') 分别表示明文 m_1 和 m_2 使用 ElGamal 加密方案加密后的密文，参与相同明文测试协议的参与者通过执行协议，判断 (α, β) 和 (α', β') 所对应

的明文是否相同。

考虑密文 $(\varepsilon,\zeta)=(\alpha/\alpha',\beta/\beta')$，如果 $(\alpha',\beta')\equiv(\alpha,\beta)$，则 (ε,ζ) 表示明文 1 加密后的密文。PET 协议的基本思路是让协议的参与者 P_i 使用如下的方法来隐藏 (ε,ζ)：P_i 先选择 $z_i\in Z_q$，然后计算 $(\varepsilon_i,\zeta_i)=(\varepsilon^{z_i},\zeta^{z_i})$。如果 $(\alpha',\beta')\equiv(\alpha,\beta)$，则由上面的叙述可知，$(\varepsilon,\zeta)$ 代表 1 加密后的密文，则 (ε_i,ζ_i) 仍然是 1 加密后的密文；如果 $(\alpha',\beta')\equiv(\alpha,\beta)$ 不成立，则 (ε,ζ) 代表 m_1/m_2 加密后的密文，因为 z_i 是一个随机数，所以 (ε_i,ζ_i) 代表一个随机数加密后的密文。

PET 协议执行如下：

① 每个协议参与者 P_i 选择 z_i，P_i 对自己选择的 z_i 公布一个 Pedersen 承诺[24]，$C_i=g^{z_i}h^{r_i}$，其中，$r_i\in_U\mathbb{Z}_q$，h 是 $\mathbb{Z}_q$ 的一个生成元，$\log_g h$ 对所有的参与者都是未知的；

② 每个 P_i 计算 $(\varepsilon_i,\zeta_i)=(\varepsilon^{z_i},\zeta^{z_i})$ 后广播 (ε_i,ζ_i)；

③ 每个 P_i 向其他的参与者证明 (ε_i,ζ_i) 是与 C_i 相关且是正确计算的，为此，只需要使用零知识证明协议证明他知道一个二元组 (z_i,r_i)，使得 $C_i=g^{z_i}h^{r_i}$，并且 $\varepsilon_i=\varepsilon^{z_i}$，$\zeta_i=\zeta^{z_i}$，使用文献[33]提供的方法可以很有效率地完成证明；

④ 协议的参与者共同计算 $(\gamma,\delta)=\left(\prod_{i=1}^{n}\varepsilon_i,\prod_{i=1}^{n}\zeta_i\right)$ 并解密 (γ,δ)；

⑤ 如果解密的结果是 1，则 $(\alpha',\beta')\equiv(\alpha,\beta)$；如果解密的结果不为 1，则可以断定 $(\alpha',\beta')\neq(\alpha,\beta)$。

PET 协议可以对密文进行比较，它提供了在密文表中查询密文表项的方法，是一个构造协议的基本工具。

10.4.2　Mix-Match 协议

有了上述构造协议的基本工具之后，基于 Mix-Match 的安全多方计算协议是这样的：在计算之前，所有协议的参与者将所需计算的函数 f 用一个由若干门电路组成的单向图 C_f 来表示。假设 C_f 由 N 个门电路组成，记做 $G_1,G_2,\cdots,G_N$。不失一般性，假设每个门电路 G_{i+1} 都比门电路 G_i 深，也就是说每个门电路的计算应该按照顺序从 G_1 到 G_N 进行，G_N 的输出是整个电路 C_f 的输出。为了描述简单起见，假定所有的门电路 G_i 都只有两个输入值、一个输出值，并且输入值和输出值都可以用一个比特来表示。

用 $B_i=\{b_1,b_2,\cdots,b_k\}$ 表示参与者 P_i 的输入，Mix-Match 协议的目标就是正确地计算 $f(B_1,B_2,\cdots,B_n)$，同时保证 P_i 的输入 B_i 的保密性。如果用一个逻辑表 T_i 来表示 C_f 中的门电路 G_i，则由于我们假定的 G_i 都是二进制的门电路，T_i 是一个 4 行 3 列的表。例如 G_i 如果是一个 AND 门，则 T_i 见表 10-2，从表 10-2 可见 T_i 就是一个标准的真值表。

表 10-2　代表 AND 门的逻辑表

左输入	右输入	输出
0	0	0
0	1	0
1	0	0
1	1	1

$T_i[u,v]$ 表示逻辑表 T_i 的 u 行 v 列的值，$\overline{T_i}$ 表示经过混合网络 MN 解密、隐藏、随机排列后的逻辑表（只有行的顺序随机排列，列的顺序是不变的）。

Mix-Match 协议可以按照如下的步骤进行：

① 输入阶段　每个协议参与者 P_i 将自己的输入 B_i 使用 ElGamal 加密方案加密，使用的密钥是公钥 y，并广播加密的结果。因为 0 在 ElGamal 加密方案中其加密结果是平凡的，所以可以不失一般性地使用 g^{-1} 代表 0，g 代表 1。P_i 同时也广播自己已知明文的证明。

② 混合阶段（Mix）　P_i 依次使用 MN 对 $\{T_i\}$ 进行混合，再次加密，加密的密钥是 y。经过 MN 作用后，$\{T_i\}$ 变成混合的盲表 $\overline{T_1}, \overline{T_2}, \cdots, \overline{T_N}$。

③ 匹配阶段（Match）　对于组成 C_f 的门电路 $G_1, G_2, \cdots, G_N$，协议的每个参与者 P_i 独立地进行如下的计算：假设 l_i 和 r_i 分别表示 G_i 输入的密文，P_i 使用 PET 协议对二元组 (l_i, r_i) 和 $\overline{T_i}$ 中每一行的前两项进行比较。如果 PET($l_i, \overline{T_i}[u,1]$) = 1 且 PET($r_i, \overline{T_i}[u,2]$) = 1，则 G_i 的输出应该是 $\overline{T_i}[u,3]$。P_i 分别对 $u=1, \cdots, 4$ 进行比较，直到发现匹配的一行为止。

④ 输出阶段　计算完 G_N 后，P_i 得到了 O_N，即是 G_N 的输出，这个输出结果也是 f 的输出结果。所有协议的参与者 P_i 共同解密 O_N，即可得到正确的计算结果。

如果一个参与者 P_i 提供了错误的输入，即是该参与者所提供的输入密文不对应任何一个有效的比特，则在匹配阶段，匹配某一个 $\overline{T_i}$ 就会找不到匹配的行，由此可以发现 P_i 提供了错误的输入。其他协议参与者发现 P_i 有欺诈行为后，可以将 P_i 驱逐出协议的执行，由正确执行协议的参与者一起重新执行协议。Mix-Match 协议的安全性在很大程度上依赖混合网络的安全性。

上面的 Mix-Match 协议也可以比较容易地扩展到非二进制门电路的形式，如果 G_i 有 j 个输入，则 G_i 对应的逻辑表的输入部分也有 j 列，相应地，T_i 应该有 2^j 行。如果 G_i 需要不止一个输出，则扩展 G_i 对应的逻辑表 T_i，使 T_i 的输出部分具有多个值即可。如果 C_f 需要多个值的输出，则只需要简单地将最后的若干个门电路 $G_{N-k}, \cdots, G_N$ 的输出作为 C_f 的输出，在输出阶段进行多次共同解密即可。

10.5　安全多方计算的应用

安全多方计算有着非常广泛的应用前景,所以对安全多方计算应用的研究也是一个非常活跃的领域。本节介绍部分安全多方计算的典型应用,应当看到,安全多方计算的应用领域正在随着众多研究者的深入研究而不断拓展。

1. 自安全的无线自组织网络

自安全的无线自组织网络(wireless ad hoc network,ad hoc)是安全多方计算的一个新应用领域。移动自组织网络(MANET)以其高度的灵活性和动态性吸引了众多研究者和开发商的注意,并被普遍认为是一种很有潜在价值的网络。考虑到移动自组织网络的特点及应用环境,安全性问题是其能否被广泛应用的决定性因素之一。解决无线自组织网络安全问题的关键是在其中建立 PKI 体系,自安全的意义是 PKI 体系建立好以后,用户公钥的认证、密钥的更新等操作不需要借助一个外部的可信第三方来完成,而是由网络内部的主机协同完成。安全多方计算的分布式计算特点使其非常适合于在移动、动态的自组织网络中实现 PKI 的服务。在移动自组织网络公钥服务中的关键协议是新成员公钥认证协议、份额分发协议和份额更新协议。这些协议都是一般意义的安全多方计算协议的一个特例,是安全多方计算协议的新的应用方向。

2. 电子选举

选举是用投票或举手等表决方式选出代表,在人类历史长河中经历了数千年的变革,选举所采用的形式与人类社会的发展阶段、人类拥有的技术水平有关。直到密码学突破军事应用的限制,在各领域得到广泛的应用,以及密码学本身的飞速发展,电子选举才有了可喜的进展。在未来,电子选举将会在保证公民的权利和隐私等方面发挥重要的作用。电子选举协议是安全多方计算的一个典型应用,也得到研究者的广泛重视[34,35]。

3. 门限签名

门限签名是最为熟知的安全多方计算的例子,研究门限签名的文献很多[36,37],门限签名的技术目前已经较为成熟。随着电子商务等活动的广泛开展,证书认证机构(certification authority,CA)作为一个可信任机构的作用日益变得重要。相应地,CA 的安全也成为一个重要的问题,如果 CA 的主密钥放在一个地方的话,则存在安全隐患。门限签名能够很好地解决这个问题,门限签名有两个好处:一是主密钥不是放在一个地方,而是在一群服务器中分享,即使其中的某些服务器被攻击,也不会泄露主密钥。二是即使某些服务器受到攻击,不能履行签名的任务,其他的服务器还可以继续保持 CA 的功能,完成签名任务,CA 的安全性也就得到大大的提高。文献 [38]对 RSA 门限签名进行了许多有益的研究,取得了令人满意的结果;文献[39]对 ElGamal 签名进行了研究;文献[17,40]研究了 DSS 门限签名方案。

思考题

　　1. 理论上所有协议问题都可以使用安全多方计算协议来实现,如何利用安全多方计算协议来解决电子拍卖问题(见第 4 章)?
　　2. PET 协议在什么安全模型中是安全的?
　　3. 试着结合自己熟悉的领域,为安全多方计算寻找一个新的应用。

参考文献

　　1. Saito M,Nishizeki A. Secret sharing scheme realizing general access structure[C]. Proc. IEEE Global Telecommunication Conference,IEEE Press,1987:99−102.

　　2. Hirt M, Maurer U. Complete characterization of adversaries tolerable in secure multi-party computation[C]. Proceedings of ACM Symposium on Principles of Distributed Computing, 1997: 25−34.

　　3. Yao A C. Protocols for secure computations[C].Proceedings of FOCS'82,IEEE Press ,1982: 160−164.

　　4. Goldreich O,Micali S,Wigderson A. How to play any mental game[C]. Proceedings of the 19th Annual ACM Symposium on Theory of Computing,1987:218−229.

　　5. Ben-Or M, Goldwasser S, Wigderson A. Completeness theorems for noncryptographic fault-tolerant distributed computations[C]. Proc.20th Annual Symp. on the Theory of Computing, ACM, 1988:1−10.

　　6. Chaum D,Crepeau C,Damgard I. Multiparty unconditionally secure protocols[C]. Proc.20th Annual Symp. on the Theory of Computing,ACM,1988:11−19.

　　7. Rabin T,Ben-Or M. Verifiable secret sharing and multiparty protocols with honest majority[C]. Proceedings of 1st Annual Symp. on the Theory of Computing,ACM,1989:73−85.

　　8. Goldwasser S,Levin L. Fair computation of general functions in presence of immoral majority [C]. CRYPTO90,IEEE Press,1990.

　　9. Ostrovsky R, Yung M. How to withstand mobile virus attacks[C]. Proceedings of the 10th Annual ACM Symposium on Principles of Distributed Computing,IEEE Press,1991:51−59.

　　10. Micali S,Rogaway P. Secure Computation[C].CRYPTO'91,IEEE Press,1991.

　　11. Beaver D. Secure multiparty protocols and zero-knowledge proof systems tolerating a faulty minority[J]. Journal of Cryptology,IACR,1991:75−122.

　　12. Canetti R. Security and composition of multi-party cryptographic protocols[J]. Journal of Cryptology,IACR,2000,13(1):143−202.

　　13. Gennaro R, Rabin M, Rabin T. Simplified VSS and fast-track multiparty computations with

applications to threshold cryptography[C]. Proceedings of the 1998 ACM Symposium on Principles of Distributed Computing, ACM, 1998.

14. Hirt M, Maurer U, Przydatek B. Efficient secure multiparty computation[C]. Advances in Cryptology-ASIACRYPT'00, Heidelberg: Springer-Verlag, 2000: 143-161.

15. Cramer R, Damgard I, Dziembowski S. On the complexity of verifiable secret sharing and multi-party computation[C]. Proceedings of the 32nd ACM Symposium on Theory of Computing(STOC'00), ACM, 2000.

16. Kikuchi H, Harkavy M, Tygar J. Multi-round anonymous auction[J]. IEICE Trans. Inf.& Syst, 1999, E82-D(4):769-777.

17. Gennaro R, Arecki S, Krawczyk H Rabin T. Robust threshold DSS signatures[J]. Information and Computations, IEEE Press, 2001:54-84.

18. Canetti R. Studies on secure multi-party computation and applications [D]. Rehovot: Weizmann Institute of Science, 1995.

19. Jakobsson M, Juels A. Mix and match: secure function evaluation via ciphertexts [C]. Advances in Cryptology-ASIACRYPT 2000, Heidelberg: Springer-Verlag, 2000: 162-177.

20. Abe M. A mix-network on permutation networks[C]. ASIACRYPT'99, Heidelberg: Springer-Verlag, 1999: 258-273.

21. Feldman P, Micali S. Optimal algorithms for byzantine agreement [C]. Proc. 20th ACM Symposium on the Theory of Computing (STOC), ACM, 1988: 148-161.

22. Coan B, Welch J. Modular construction of nearly optimal Byzantine agreement protocols[C]. Proc. 8th ACM Symposium on Principles of Distributed Computing (PODC), ACM, 1989: 295-305.

23. Franklin M, Yung M. Communication complexity of secure computation[C]. Proc. 24th ACM Symposium on the Theory of Computing (STOC), ACM, 1992: 699-710.

24. Pedersen T. Non-interactive and information-theoretic secure verifiable secret sharing[C]. Advances in Cryptology-Crypto'91, Heidelberg: Springer-Verlag, 1991: 129-140.

25. Gennaro R. Theory and practice of verifiable secret sharing[D]. Cambridge: Massachusetts Institute of Technology, 1996.

26. Cramer R, Damgard I. Zero-knowledge for finite field arithmetic or: can zero-knowledge be for free[R]. IEEE Press, 1997.

27. Franklin M, Reiter M. The design and implementation of a secure auction service[J]. IEEE Trans. on Software Engineering, 1996, 22(5):302-312.

28. Canetti R, Gennaro R, Jarecki S, et al. Adaptive security for threshold cryptosystems[C]. CRYPTO'99, Heidelberg: Springer-Verlag, 1999: 98-115.

29. Schnorr C P. Efficient signature generation by smart cards[J]. Journal of Cryptology, IACR, 1991, 4(3), 161-174.

30. Fiat A, Shamir A. How to prove yourself: practical solutions to identification and signature problems[C]. EUROCRYPT'86, Heidelberg: Springer-Verlag, 1986: 186-194.

31. Chaum D. Untraceable electronic mail, returen addresses, and digital pseudonyms [J]. Communications of the ACM, ACM, 1981, 24(2):84-88.

32. Jakobsson M. Flash mixing [C]. PODC'99, ACM, 1999: 83–89.

33. Cramer R, Damgard I, Schoenmakers B. Proof of partial knowledge and simplified design of witness hiding protocols[C]. CRYPTO'94, Heidelberg: Springer-Verlag, 1994: 174–187.

34. Sako K, Kilian J. Receipt-free mix-type voting schema practical solution to the implementation of a voting booth [C]. Advances in Cryptology-EUROCRYPT'95, Heidelberg: Springer-Verlag, 1995: 393–403.

35. Cramer R, Franklin M, Schoenmakers B, Yung M. Multi-authority secret ballot elections with linear work[C]. Advances in Cryptology-EUROCRYPT'96, Heidelberg: Springer-Verlag, 1996: 72–83.

36. Franklin M, Reiter M. Verifiable signature sharing [C]. Advances in Cryptology: EUROCRYPT'95, Heidelberg: Springer-Verlag, 1995: 50–63.

37. Petersen H. How to convert any digital signature scheme into a group signature scheme: Security Protocols Workshop[R]. Paris, 1997.

38. Gennaro R, Jarecki S, Krawczyk H, Rabin T. Robust and efficient sharing of RSA functions [C]. CRYPTO'96, Heidelberg: Springer-Verlag, 1996: 157–172.

39. Cerecedo M, Matsumoto, Imai H. Efficient and secure multiparty generation of digital signatures based on discrete logarithms[J]. IEICE Trans. Fundamentals, 1993, E76-A(4): 532–545.

40. Gennaro R, Jarecki S, Krawczyk H. Robust threshold DSS signatures[C]. EUROCRYPT'96, Heidelberg: Springer-Verlag, 1996: 354–372.

应用密码协议

第 11 章　隐私集合求交与联邦学习

联邦学习是一种融合密码学技术的新兴人工智能基础技术,可以有效解决跨设备、跨机构合作中的数据孤岛问题,让参与方在不共享各自原始数据的基础上,通过交互模型中间参数完成跨参与方的联合建模,实现安全的人工智能协作。整个联邦学习的工作流程通常包含 4 步:样本对齐、特征工程、联合建模和联合推理。本章重点介绍样本对齐与联合建模这两部分。

11.1　隐私集合求交协议

常见的联邦学习主要包括横向联邦学习和纵向联邦学习两种类型。横向联邦学习是跨样本之间的联合建模,每个参与方都同时提供标签数据和特征数据,参与方之间只要把各自提供的特征标识对齐即可;纵向联邦学习是跨特征之间的联合建模,需要对多个数据集合进行样本对齐,即挑选出各个数据集的样本标识(常为 ID)相同的数据条目。由于数据隐私保护的要求,不能把参与方的 ID 直接汇集求交,并且不能暴露非交集部分的 ID。通常样本对齐可用隐私集合求交(private set intersection,PSI)密码学协议来完成。除了在样本对齐中使用之外,隐私集合求交作为一种重要专用的安全多方计算协议,可以给基因检测、社交发现、邻近检测等应用领域增加隐私保护。

隐私集合求交是一个安全多方计算的特例。要求参与方各输入一个集合,最终结果方仅获得各个参与方(包括本方)集合的交集,非交集的信息不暴露给任意参与方,包括结果方。存在一种朴素但是并不安全的 PSI 协议,响应方分别将本方集合的每个元素进行计算意义上不可逆的映射,将映射结果集合发到发起方,由发起方在结果空间进行匹配。这种方法并不能保护响应方集合元素的安全性,原因在于发起方可通过正向映射的方式,暴力尝试原消息空间内的所有元素来匹配响应方的各个原数据,只要消息空间大小在计算能力承受的范围内,可获取响应方的所有信息。

11.1.1　隐私集合求交基本概念

对于两方情景下的 PSI,发起方 A 持有隐私输入集合 $X = \{x_1, x_2, \cdots, x_n\}$,响应方 B 持有隐私输入集合 $Y = \{y_1, y_2, \cdots, y_m\}$,假设 X 和 Y 分别都不包含重复元素,集合元素的取值空间公开,并且假设各方输入集合的元素个数公开(若考虑隐藏集合元素个数,可参考"集合大小隐藏的隐私集合求交")。PSI 协议要求在不暴露额外信息的情况下,发起方 A 得到双方的集合交集 $I = X \cap Y$。PSI 是一种专用的安全多方计算协议,其敌手攻击模型和安全性要求与一般的安全多方计算一致。

1. 正确性

若协议双方诚实,发起方 A 与响应方 B 的输入分别是集合 X 和 Y,发起方 A 的输出是 $(|I|, X \cap Y)$,响应方 B 的输出为空。

2. 安全性

安全性根据参与者的身份不同有着不同的定义,分为发起方 A 的隐私性和响应方 B 的隐私性。

(1) 发起方 A 的隐私性

对于每个概率多项式时间的敌手 B^*,对于任意的两个大小相同的集合 X^0 和 $X^1 (|X^0| = |X^1|)$,发起方 A 以此两集合分别为输入与 B^* 多次执行协议实例。在运行之后,B^* 收集运行过程的所有信息组成信息作为随机变量,两个输入对应的随机变量记为 $\mathrm{VIEW}_{B^*}^0$ 和 $\mathrm{VIEW}_{B^*}^1$,但是 B^* 计算意义上不可区分这两个随机变量。

(2) 响应方 B 的隐私性

令 $\mathrm{VIEW}_A(X, Y)$ 表示发起方 A 与响应方 B 在输入对应集合 X 和 Y 执行协议所产生的所有信息的随机变量,存在概率多项式算法 A_s 可在不与响应方 B 交互的情况下,只通过输入、输出模拟出与真实交互不可区分的交互信息,即概率多项式算法 A_s 的输出 $\{A_s(X, X \cap Y)\}_{(X,Y)}$ 与 $\{\mathrm{VIEW}_A(X, Y)\}_{(X,Y)}$ 计算不可区分,随机变量中的随机性来自输入集合。

以上定义中,关于随机变量的不可区分性可以参见文献[1]。

以下将介绍几种构建两方 PSI 协议的基本思路和实际方案,主要包括基于(半)同态加密与多项式取值、盲化取值、基于 OT 扩展等的方案,再介绍多方 PSI 协议及两方安全求交集基数的协议。以下协议的安全性都限于半诚实模型。

11.1.2　基于不经意多项式取值

Freedman 等人将发起方的集合元素按照多项式插值法以根的形式编码到多项式中,并且将该多项式系数以同态密文的形式发送到响应方,响应方将本方的每个元素在该多项式下进行取值得到多项式值密文并发送给发起方,发起方解密出值为零的值对应的输入就是交集的元素,具体参见文献[2]。

1. 方案描述

输入:发起方 A 输入本方私有集合 $X = \{x_1, x_2, \cdots, x_n\}$, $x_i \in \mathcal{F}$, $1 \leqslant i \leqslant n$;响应方 B 输入本方私有集合 $Y = \{y_1, y_2, \cdots, y_m\}$, $y_i \in \mathcal{R}$, $1 \leqslant i \leqslant m$。

① 发起方 A 生成一组(加法)同态加密的公私钥对 (pk, sk),并且作一个 n 次多项式 $f(x) \in \mathcal{F}[x]$,

$$f(x) = (x-x_1)(x-x_2)\cdots(x-x_n) = a_n x^n + a_{n-1} x^{n-1} + \cdots + a_1 x + a_0$$

将系数的 $a_0, a_1, \cdots, a_n$ 加密得到密文 $c_0 = \mathrm{Enc}_{pk}(a_0)$, $c_1 = \mathrm{Enc}_{pk}(a_1)$, $\cdots$, $c_n = \mathrm{Enc}_{pk}(a_n)$。发起方 A 将密文 $c_0, c_1, \cdots, c_n$ 和公钥 pk 发送到响应方 B。

② 响应方 B 对于每个本方的输入 $y_j (1 \leqslant j \leqslant m)$,选择随机数 $r_j \neq 0$,运行 $n+1$ 次密文同态数乘算法($0 \leqslant i \leqslant n$),得到:

$$t_{j,i} = \mathrm{HSMul}_{pk}(r_j y_j^i, c_j)$$

再运行 n 次密文同态加法算法,将密文累加。具体地,先令 $d_j = \mathrm{HAdd}_{pk}(t_{j,1}, t_{j,0})$,迭代式地当 $2 \leqslant i \leqslant n$ 时,令:

$$d_j = \mathrm{HAdd}_{pk}(t_{j,i}, d_j)$$

再令 $\tilde{y}_j = \mathrm{Enc}_{pk}(y_j)$, $d_j = \mathrm{HAdd}_{pk}(\tilde{y}_j, d_j)$,最后将所有的密文 $\{d_1, d_2, \cdots, d_m\}$ 发送给发起方 A。

③ 发起方 A 对于每一个收到的密文 $d_j (1 \leqslant j \leqslant m)$,运行解密算法并使用私钥 sk,解密得到 $y_j' = \mathrm{Dec}_{sk}(d_j)$,比对 y_j' 是否存在于本方的输入集合 X 中,若是则将其放入输出集合 I 中,否则丢弃,最终输出集合 I。

2. 协议分析

(1) 正确性

可容易看出,响应方 B 在步骤②调用密文同态数乘算法、密文同态加法算法和加密算法,最终得到的 d_j 实际上是明文 $r_j \cdot f(y_j) + y_j$ 在公钥 pk 下的密文。如果 $y_j \in X$,则根据 $f(x)$ 的构造方法,$f(y_j) = 0$,解密 d_j 得到 y_j。如果 $y_j \notin X$,$r_j \cdot f(y_j) + y_j$ 是域 $\mathcal{F}$ 上的随机元素,当 $|\mathcal{F}|$ 足够大,那么解密 d_j 得到的结果不会撞上 X 上的任何一个元素,正确性得以验证。

(2) 安全性

对于发起方 A 的数据安全性,由于多项式的性质,只有当多项式 $f(x)$ 的所有系数都泄露之后,发起方的输入集合 X 才会全部泄露。一方面,由于发起方 A 传递的数据是 $f(x)$ 系数的密文,所有不会泄露 X 的任何元素。另一方面,对于响应方 B 的数据安全性,当 $y_j \notin X$ 时,发起方 A 解密得到数值 $r_j \cdot f(y_j) + y_j$,由于非零的 $f(y_j)$ 和 r_j 的随机性保护了 y_j,所以 y_j 的安全性可以保证。

(3) 性能

在以上的协议中,发起方 A 总共使用了 n 次加密算法和 m 次解密算法,响应方 B 总共进行了 $m(n+1)$ 次密文同态数乘算法、mn 次密文同态加法算法和 m 次加密算法。双方交互的数据量总共 $m+n+1$ 个密文量（忽略公钥的数据量）。可以看出，该协议的复杂度是双方数据量的乘积，所以扩展性较差。

11.1.3　基于 RSA 盲签名

由于无法在原输入集合元素空间内进行比对，隐私集合求交通常将原元素随机映射到另外空间内，在该空间内进行比对，最终将匹配出的元素逆映射到原有输入空间内，得到最终的结果。Cristofaro 和 Tsudik 在文献［3］中提出基于 RSA 盲签名的 PSI 方案，他们利用 RSA 盲签名的性质，让发起方获得响应方的私钥对于本方集合元素的签名，同时又不会暴露本方的集合元素信息。

1. 协议描述

系统设定：响应方 B 的公钥 $pk=(N,e)$，两个公开的哈希函数 $H(\cdot)$ 和 $H'(\cdot)$。

输入：发起方 A 输入本方私有集合 $\mathcal{C}=\{c_1,c_2,\cdots,c_n\}$，响应方 B 输入本方私有集合 $\mathcal{S}=\{s_1,s_2,\cdots,s_m\}$。

① 发起方 A 对本方输入的每个元素 c_i，$1\leqslant i\leqslant n$，从 $\mathbb{Z}_N^*$ 随机选择 r_i，令 $y_i=H(c_i)\cdot r_i^e \bmod N$，将 $\{y_1,y_2,\cdots,y_n\}$ 发送给响应方 B；

② 响应方 B 对于每个 y_i，$1\leqslant i\leqslant n$，计算 $y_i'=y_i^d \bmod N$；同时对于本方输入的每个元素 s_j，$1\leqslant j\leqslant m$，计算 $t_j=H(H(s_j)^d)$，将 $\{y_1',y_2',\cdots,y_n'\}$ 和 $\{t_1,t_2,\cdots,t_m\}$ 发送给发起方；

③ 发起方 A 对每个 y_i'，$1\leqslant i\leqslant n$，计算 $t_i'=H(y_i'/r_i)$，$T=\{t_1',t_2',\cdots,t_n'\}\cap\{t_1,t_2,\cdots,t_m\}$；初始化空集合 U，对于每个 c_i，$1\leqslant i\leqslant n$，若 $c_i\in T$，令 $U=U\cup\{c_i\}$，输出集合 U。

2. 协议分析

假设 $c_i=s_j$，从响应方 B 返回的对应签名数据 $y_i'=y_i^d \bmod N=(H(c_i)\cdot r_i^e)^d \bmod N$，由于 RSA 的性质 $r_i^{ed} \bmod N=r_i$，所以对应的 $t_i'=H(y_i'/r_i)=H(H(c_i))=H(H(s_j))=t_j$，正确性得以验证。由于随机数 r_i 的盲化效果，$y_i=H(c_i)\cdot r_i^e \bmod N$ 可以保护 c_i 的信息。反过来两层哈希函数及私钥 d，可以保护 t_j 中的 s_j 的信息。

11.1.4　基于不经意传输扩展协议

从基于盲签名的方案可以看出，让响应方在不经意的情况下，对发起方请求的数值进行某个秘密函数的取值运算（该秘密函数由响应方掌握），另外响应方将本方的输入也进行该秘密函数的取值，并将所有的值都发送给发起方，让发起方在函数值域内进行匹配得到交集元素。这里需要保证发起方不能从非交集中的元素函数值中获取响应方的原始输入。不经意伪随机函数（oblivious pseudorandom function, OPRF）协议的提出满足以上的安全需求（参见文献［4］）。简单地说，响应方具有一个伪随机函数的实例 $F_k(\cdot)$，并且允许发起方请求 x 在该伪随机函数下的函数值 $F_k(x)$，而响应方无法获取发起方请求的原始值 x。

OPRF 有很多高效的构造，例如基于 DDH、基于大整数分解、基于 OT 扩展的构造等，其中基于 OT 扩展的构造是最高效的，这里主要介绍 Chase 和 Miao 在文献 [5] 提出的基于 OT（扩展）的方案。

1. 方案描述

系统设定: 安全参数 λ 和 σ，矩阵高度、宽度分别为 m 和 w，哈希函数 $H_1:\{0,1\}^* \to \{0,1\}^{\ell_1}$ 和 $H_2:\{0,1\}^w \to \{0,1\}^{\ell_2}$，伪随机函数 $F:\{0,1\}^\lambda \times \{0,1\}^{\ell_1} \to \{1,2,\cdots,m\}^w$。

输入: 发起方 A 输入本方私有集合 Y，响应方 B 输入本方私有集合 X。

① 发起方 A 初始化 $m \times w$ 全 1 矩阵 $\boldsymbol{D}$，一致随机地选择 F 的一个密钥 $k \in \{0,1\}^\lambda$，对于每个 $y \in Y$，计算 $\nu = F_k(H_1(y)) = (\nu[1],\cdots,\nu[w])$，将 $\boldsymbol{D}$ 的第 i 列、第 $\nu[i]$ 行置为 0，即 $D_i[\nu[i]] = 0,(1 \leqslant i \leqslant w)$。选择随机 $m \times w$ 型随机比特矩阵 $\boldsymbol{P} \in \{0,1\}^{m \times w}$，计算 $\boldsymbol{Q} = \boldsymbol{P} \oplus \boldsymbol{D}$。

② 响应方 B 随机选择长度 w 的比特串 $s \in \{0,1\}^w$，发起方 A 与响应方 B 运行 w 次 2 选 1 型 OT 协议，对于第 i 次执行，发起方 A 扮演发送者角色，输入为矩阵 $\boldsymbol{P}$ 的第 i 列和矩阵 $\boldsymbol{Q}$ 的第 i 列，即 P_i 和 Q_i；响应方 B 扮演接收者角色，输入为随机选择的比特串 s 的第 i 维度分量值 $s[i] \in \{0,1\}$。结果响应方获得 w 个比特串构成的 $m \times w$ 型比特矩阵 $\boldsymbol{C} = [C_1,\cdots,C_w]$，可见 $C_i = P_i \oplus (s[i] \cdot D_i), i \in \{1,2,\cdots,w\}$。

③ 发起方 A 将密钥 k 发送给响应方 B。

④ 响应方 B 初始化空集合 Ψ_x，对于本方的每个输入元素 $x \in X$，令 $\nu = (\nu[1],\cdots,\nu[w]) = F_k(H_1(x))$，计算 OPRF 值 $\psi_x = H_2(C_1[\nu[1]] \| \cdots \| C_w[\nu[w]])$，令 $\Psi_x = \Psi_x \cup \{\psi_x\}$，发送 Ψ_x 给发起方 A。

⑤ 发起方 A 初始化空集合 Ψ，对于本方的每个输入 y，令 $\nu = (\nu[1],\cdots,\nu[w]) = F_k(H_1(y))$，计算 $\psi_y = H_2(P_1[\nu[1]] \| \cdots \| P_w[\nu[w]])$，若 $\psi_y \in \Psi_x$，令 $\Psi = \Psi \cup \{y\}$，输出 Ψ。

2. 协议分析

可以看出在该方案中，伪随机函数的计算包含了一个 $m \times w$ 矩阵 $\boldsymbol{M}$ 作为 OPRF 的密钥（实际上，在发起方矩阵 $\boldsymbol{M} = \boldsymbol{P}$，在接收方矩阵 $\boldsymbol{M} = \boldsymbol{C}$）。对于输入 x，运用伪随机编码函数 $F_k(\cdot)$，将其编码成向量 $\boldsymbol{\nu} = F_k(x) \in \{1,2,\cdots,m\}^w$，伪随机函数值为 $\mathrm{OPRF}_M(x) = H(M_1[\nu[1]] \| \cdots \| M_w[\nu[w]])$。

（1）正确性

可以看出，对于任意的 $x = y$，双方使用的密钥中有实际效果的 M_i 的维度值一致，即 $M_i[\nu[i]]$ 在接收方的值 $M_i[\nu[i]] = P_i[\nu[i]]$，在发送方的值 $M_i[\nu[i]] = C_i[\nu[i]]$，由于 $C_i[\nu[i]] = P_i[\nu[i]]$ 或者 $C_i[\nu[i]] = Q_i[\nu[i]] = P_i[\nu[i]] \oplus$

$D_i[\nu[i]] = P_i[\nu[i]] \oplus 0$。也就是说,只要 $x = y$,通过定义 $\psi_x = \psi_y$,在这个值的空间内进行比对,就可以保证正确性。

(2) 安全性

对于发起方输入来说,发起方选择的随机矩阵 $\boldsymbol{P}$,可以保证发起方数据的信息安全。对于响应方来说,其集合每个元素 x 的信息包含在 $\psi_x = H_2(C_1[\nu[1]] \parallel, \cdots, \parallel C_w[\nu[w]])$ 中,由于 w 次 2 选 1 型 OT 协议执行过程中响应方的选择 s 的随机性,以及矩阵 $\boldsymbol{D}$ 的生成方法,可以保证当 $x \neq y$ 时,$P_1[\nu[1]] \parallel, \cdots, \parallel P_w[\nu[w]]$(对应 ψ_y)与 $C_1[\nu[1]] \parallel, \cdots, \parallel C_w[\nu[w]]$(对应 ψ_x)的汉明距离足够大,从而无法有效地通过 ψ_x 碰撞出 x 值,保证响应方的数据隐私性。

(3) 性能

协议的过程中绝大部分操作是伪随机函数、哈希函数等轻量级的密码学操作,非对称密码操作仅发生在步骤②中运行了 w 次的 OT 操作,这部分操作可以通过 OT 扩展来实现优化,从而达到更高效的结果。

11.1.5 多方隐私集合求交协议

以上介绍的都是两方 PSI 协议,但是联合建模通常需要联合超过两方的数据,所以需要多方隐私集合求交协议(multi-party PSI, mPSI)来解决多方样本对齐问题。Hazay 和 Venkitasubramaniam[6] 以文献[7]中提出的基于多项式不经意取值的两方 PSI 协议为基础,利用基于离散对数的门限同态加密算法来构造 mPSI 协议,其中实际使用的门限同态加密算法是 ElGamal 类型的加密。

1. 协议描述

输入:参与方 P_i 的输入为集合大小为 m_i 的集合 $X = \{x_1^{(i)}, x_2^{(i)}, \cdots, x_{m_i}^{(i)}\}$。

① 密钥生成。

• 每个参与方 P_i 随机选择 $s_i \in \mathbb{Z}_p$,令 $h_i = g^{s_i}$ 为总公钥的一份碎片并发送给其他各方,本方掌握私钥 s_i。

• 完成所有公钥碎片的接收之后,每个参与方 P_i 将本方接收的所有总公钥碎片进行汇总,确切地,$h = \prod_{i=1}^{n} h_i$,总公钥为 $PK = (\mathbb{G}, p, q, h)$。

② 作为响应方的参与方 P_i,$2 \leqslant i \leqslant n$ 将本方的输入结合插值成多项式 $Q_i(x) = x^{m_i} + q_{m_i}^{(i)} x^{m_i-1} + q_2^{(i)} x + q_1^{(i)}$(如第 11.1.2 节中协议的步骤①),将系数加密 $c_1^{(i)} = (g^{r_{1,i}}, h^{r_{1,i}} \cdot g^{q_1^{(i)}}), \cdots, c_{m_i}^{(i)} = (g^{r_{m_i,i}}, h^{r_{m_i,i}} \cdot g^{q_{m_i}^{(i)}})$,并发送给参与方 P_1。

③ 多项式系数密态求和。

• P_1 在收到各方的多项式的全部系数密文之后,密态汇总同一次数项的系数,具体地,

$$c_1 = \left(\prod_{i=2}^{n} c_1^{(i)}[1], \prod_{i=2}^{n} c_1^{(i)}[2] \right), \cdots, c_{MAX} = \left(\prod_{i=2}^{n} c_{MAX}^{(i)}[1], \prod_{i=2}^{n} c_{MAX}^{(i)}[2] \right)$$

其中, $MAX = \max\{m_2, \cdots, m_n\}$, 若不存在某个 $c_j^{(i)}$, 则默认令 $c_j^{(i)} = (1,1)$。实际上, $c_1, \cdots, c_{MAX}$ 分别是多项式 $Q_1(\cdot) = Q_2(\cdot) + \cdots + Q_n(\cdot)$ 的 0 次到 $MAX-1$ 次的系数密文。

- 按照第 11.1.2 节协议步骤②的方法, 密态计算多项式 $Q_1(\cdot)$ 在点 $x_1^{(1)}, \cdots, x_{m_1}^{(1)}$ 处取值的密文之后再进行随机化, 确切地, 可以同态得出 $c_1^{(1)}, \cdots, c_{m_1}^{(1)}$ 分别是 $r_1 \cdot Q_1(x_1^{(1)}), \cdots, r_{m_1} \cdot Q_1(x_{m_1}^{(1)})$ 的密文, 其中 $r_1, \cdots, r_{m_1}$ 是非零随机数。

- P_1 请求 $P_2, \cdots, P_n$ 对每个密文 $c_j^{(1)}, 1 \leq j \leq m_1$ 进行解密, 若结果为 0, 那么将 $x_j^{(1)}$ 放入输出集合。

2. 协议分析

一方面, 若 $x_j^{(1)}$ 是交集中的元素, 那么 $Q_2(x_j^{(1)}) = \cdots = Q_n(x_j^{(1)}) = 0$, 所以 $r_j \cdot Q_1(x_j^{(1)}) = 0$, 在步骤③解密出来的结果为 0。另一方面, 若 $x_j^{(1)}$ 是不是交集中的元素, $Q_1(x_j^{(1)})$ 以极大的概率不为 0, 所以可以保证协议的正确性。协议的安全性同第 11.1.1 节的分析。此外, 该协议中使用了基于离散对数的门限同态加密方案, 由于明文被编码到模指数上, 实际上并不能有效进行解密, 但是步骤③实际上并不需要进行解密出真正的明文, 只需要验证密文是否为 0 即可。

11.1.6　隐私集合求交集基数协议

求各方集合交集元素的数量通常也是一个较为常用的应用, 例如基于位置的人口统计等场景。这一协议被称为隐私集合求交集基数协议 (private set intersection cardinality, PSI-CA), 由于无法获取任务集合元素信息, 其安全性要求比 PSI 协议更高。

从基于盲签名的 PSI 协议方案可以看出, 先将集合元素映射到另一个空间进行匹配, 再将匹配后的集合逆映射回原有的集合, 就可以在保持隐私的情况下得到交集部分的具体元素。如果通过某种方式将集合元素进行处理之后, 让逆映射无法正常有效地完成, 那么匹配后的结果将不会泄露交集元素的具体信息, 但是可以保持交集元素个数信息。Cristofaro 等人在文献[8]描述了通过向发起方的集合添加随机置换以打乱原有的集合次序来达到这个目的的方案。

1. 协议描述

系统设定: 安全参数 κ; 两个素数 p 和 q, 满足 $q \mid p-1$; 一个大小为 q 的子群生成元 g; 两个哈希函数 $H: \{0,1\}^* \to \mathbb{Z}_p^*, H': \{0,1\}^* \to \{0,1\}^\kappa$。

输入: 发起方 A 输入本方私有集合 $\mathcal{C} = \{c_1, c_2, \cdots, c_n\}$, 响应方 B 输入本方私有集合 $\mathcal{S} = \{s_1, s_2, \cdots, s_m\}$。

① 发起方 A 从 $\mathbb{Z}_q$ 选择两个随机数 R_c 和 R'_c，令 $X = g^{R_c}$。对 $\mathcal{C}$ 中的每个元素 $c_i(1 \leq i \leq n)$，令 $\alpha_i = H(c_i)$，$a_i = \alpha_i^{R'_c}$，将 X 和集合 $\{a_1, a_2, \cdots, a_n\}$ 发送给响应方 B。

② 响应方 B 首先从 $\mathbb{Z}_q$ 选择两个随机数 R_s 和 R'_s，令 $Y = g^{R_s}$。然后将本方输入集合作随机置换 $(\hat{s}_1, \cdots, \hat{s}_m) = \varPi(\mathcal{S})$，并且对其中每个元素作 $\beta_j = H(\hat{s}_j)$，$\sigma_j = X^{R_s} \cdot \beta_j^{R'_s}$，$\zeta_j = H'(\sigma_j)$，$1 \leq j \leq m$。最后对每个 a_i，$1 \leq i \leq n$，令 $a'_i = (a_i)^{R'_s}$，对 $(a'_1, \cdots, a'_n)$ 进行随机置换 $(a'_{\ell_1}, \cdots, a'_{\ell_n}) = \varPhi(a'_1, \cdots, a'_n)$。将 Y，$(a'_{\ell_1}, \cdots, a'_{\ell_n})$，$(\zeta_1, \cdots, \zeta_m)$ 发送给发起方 A。

③ 发起方 A 先对每个元素 a'_{ℓ_i} 计算 $\mu_i = Y^{R_c} \cdot (a'_{\ell_i})^{1/R'_c \bmod q}$，$\phi_i = H'(\mu_i)$，$1 \leq i \leq n$，然后计算交集 $\{\phi_1, \cdots, \phi_n\} \cap \{\zeta_1, \cdots, \zeta_m\}$，并输出该集合的基数。

2. 协议分析

（1）正确性

对于发起方 A 在步骤③要求交集的两个集合中的每个元素 ϕ_i 和 ζ_j，$1 \leq i \leq n$，$1 \leq j \leq m$，有：

$$\phi_i = H'(\mu_i) = H'(Y^{R_c} \cdot (a'_{\ell_i})^{1/R'_c}) = H'(g^{R_s R_c} \cdot (a'_{\ell_i})^{1/R'_c})$$

因为 $(a'_{\ell_1}, \cdots, a'_{\ell_n})$ 是置换操作所得，所以存在唯一的 $1 \leq \hat{i} \leq n$，满足 $a'_i = a'_{l_i}$。进而，

$$\phi_i = H'(g^{R_s R_c} \cdot (a'_{\hat{i}})^{1/R'_c}) = H'(g^{R_s R_c} \cdot (\alpha_{\hat{i}})^{R'_s/R'_c}) = H'(g^{R_s R_c} \cdot (H(c_{\hat{i}})^{R'_s})$$

同理存在唯一的 $1 \leq \hat{j} \leq m$，满足：

$$\zeta_j = H'(\sigma_j) = H'(X^{R_s} \cdot \beta_j^{R'_s}) = H'(g^{R_c R_s} \cdot H(\hat{s}_j)^{R'_s}) = H'(g^{R_c R_s} \cdot H(s_{\hat{j}})^{R'_s})$$

如果原两集合中的某两个元素满足 $c_{\hat{i}} = s_{\hat{j}}$，那么 $\phi_i = \zeta_j$。由于随机置换的确定性和唯一性，反过来也成立，即如果 $\phi_i = \zeta_j$，那么必然有原始输入 $c_{\hat{i}} = s_{\hat{j}}$。

这样也就是说，由于交集 $\{\phi_1, \cdots, \phi_n\} \cap \{\zeta_1, \cdots, \zeta_m\}$ 的元素与原集合交集的元素 $\mathcal{C} \cap \mathcal{S}$ 一一对应，所以最终基数相等。

（2）安全性

对于发起方 A 的数据隐私性来说，将本方集合的每个元素 c_i 以 $a_i = H(c_i)^{R'_c}$ 的方式发送给响应方。由于 R'_c 的随机性，可以保证 c_i 的隐私性。对于响应方 B 的数据隐私性，发送给发起方 A 的每个关于本方输入元素的数据 $\zeta_j = H'(X^{R_s} \cdot H(\hat{s}_j)^{R'_s})$，由本方的随机数 R'_s 及两个哈希函数保护集合元素 $\hat{s}_j$。由于响应方 B 的随机置换 $\varPhi$ 完全重置了 $\{a_1, \cdots, a_n\}$ 的顺序，使得发送 A 无法从接收的 $\{\phi_1, \cdots, \phi_n\}$ 逆映射回原来的 $\{a_1, \cdots, a_n\}$，所以也就无法从交集 $\{\phi_1, \cdots, \phi_n\} \cap \{\zeta_1, \cdots, \zeta_m\}$ 中获得原有元素的信息，只能获得交集元素的个数。

（3）性能

通常由于性能的瓶颈在于模指数运算，所以这里主要看模指数运算的次数。在发送方 A 端，总计进行了 $2(n+1)$ 次，在响应方 B 端，总计进行了 $m+n$ 次模指数

运算。

11.2　联邦学习

联邦学习是多个参与方在保证各自的本地数据不出数据方定义的私有边界前提下,协作完成某项机器学习任务的分布式机器学习模式。联邦学习(federated learning)最早是由 Google AI 团队在 2016 年提出[9],主要是针对智能手机终端设备上的私有数据集进行协同机器学习的模型,可以让用户数据在没有离开设备的基础上,在多个设备上训练出共享的 Gboard 系统的语言输入预测模型。近几年随着技术发展,联邦学习逐步发展为面向机构间合作的联合建模技术,并形成横向联邦学习、纵向联邦学习、联邦迁移学习等类别。总体来说,联邦学习是人工智能、大数据、密码学、通信工程等多个领域交叉融合的跨学科技术体系,强调开放、安全的合作模式。

11.2.1　联邦学习概述

联邦学习定义了隐私保护的机器学习框架,在此框架下不同数据拥有方的原始数据在本地进行模型训练,参与方之间通过交换局部模型参数或损失、梯度等中间数据进行模型聚合,实现全局模型的训练。联邦学习要求建模效果应无限接近传统模式,将多个数据拥有方的数据汇聚后建模结果的误差能满足应用的要求,例如不大于 1%。

联邦学习本质上是一种融合密码学技术的分布式机器学习技术,参与各方在不暴露底层数据的前提下共建模型。通过联邦学习技术进行模型训练过程中,参与计算的原始数据均不出私有域,只在自己的节点内部进行计算,模型训练交互的只是中间计算结果。从而达到数据不动模型动,保护用户隐私数据,同时完成跨终端、跨机构间的联合建模,打破数据壁垒,构建跨域合作。

1. 联邦学习分类

根据参与方数据分布的情况不同,联邦学习可以被分为:横向联邦学习(horizontal federated learning)、纵向联邦学习(vertical federated learning)和联邦迁移学习(federated transfer learning)3 种方案[10]。

(1) 横向联邦学习

参与方的数据集特征重叠较多而样本重叠较少,把数据集按照样本维度切分,取出参与方特征相同而样本不相同的部分数据进行训练,也可称为跨样本联邦学习,如图 11-1 所示。

横向联邦学习适用于业务场景相似、用户特征相同、用户群体交集较小的应用,例如多家医疗机构希望开展关于某项疾病的分析与建模,但每个医疗机构各自

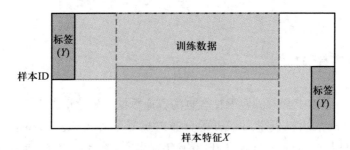

图 11-1　横向联邦学习示意图

的病例数据有限,不足以单独完成研究任务,而每个机构采集的患者信息相似度很高,需要将多家医院的数据联合起来完成医疗分析任务。但是,由于医疗数据的强隐私性,所以,不能直接将数据汇总到某个研究机构中。对于此类场景,可以使用横向联邦学习来构建联合模型。在有监督学习中,横向联邦学习的参与方均同时拥有标签数据(Y)和特征数据(X)。横向联邦学习通过参与方之间样本量的互补,扩大整体的样本空间,提升模型准确性和泛化能力。

（2）纵向联邦学习

参与方的数据集样本重叠较多而特征差异性很大的情况下,按特征维度进行切分,取出参与方样本相同而特征不相同的数据进行训练,也可称为跨特征联邦学习,如图 11-2 所示。

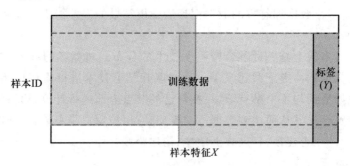

图 11-2　纵向联邦学习示意图

纵向联邦学习适用于参与方的用户交集比较大,但各个参与方所拥有的特征差异性很大的应用场景。例如某个保险公司与同地区的电信运营商之间的联合建模,两个机构之间用户交集较大,但是各自拥有的用户特征数据差异很大,保险公司拥有的是用户的保险购买特征、理赔特征等,而电信运营商拥有的是用户的通话特征、上网行为特征等。在智能核保、智能理赔、智能营销等业务场景中,可以使用纵向联邦学习来构建跨特征的联合模型。纵向联邦学习就是将这些不同特征形成一个虚拟的融合数据集,扩大模型训练的特征空间,通过参与方之间特征的互补提升模型的整体信息量,增强联合模型能力。在有监督学习中,纵向联邦学习通常只有其中的一个参与方拥有标签数据(Y)，该参与方也可以同时拥有特征数据(X)，而其他参与方仅仅拥有特征数据(X)。

（3）联邦迁移学习

在参与方的数据集样本与特征重叠都较少的情况下，无法对数据进行有效切分，这种情况可以利用迁移学习来克服样本和特征不足的难题，这种联邦化的迁移学习算法称为联邦迁移学习，如图 11-3 所示。

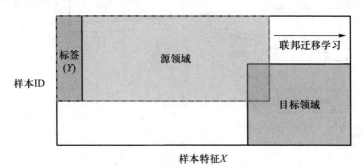

图 11-3　联邦迁移学习示意图

迁移学习把一个领域（源领域）的知识，迁移到另外一个领域（目标领域），使得目标领域能取得更好的学习效果，适用于源领域模型训练数据量充足，而目标领域可用数据量较小的情况。例如在金融领域的建模，普遍存在金融样本有限或是金融标注数据欠缺而难以使用通用的机器学习算法，例如反洗钱、大额信贷等业务场景。如果在源领域存在大量数据且已经训练好的模型，通过联邦迁移学习把模型迁移到目标领域，可以得到一个融合了目标领域小数据并具有较好鲁棒性的新模型。

2. 联邦学习流程

现以多个数据参与方（参与方 1，参与方 2，…，参与方 N）的场景为例来介绍典型的横向联邦学习流程。横向联邦学习通常需要一个中心协调方进行模型聚合，而各个参与方的数据同时拥有标签和特征，可以基于这些数据进行本地模型训练得到局部模型，通过中心协调方将这些局部模型进行聚合得到全局模型。横向联邦学习流程如图 11-4 所示。

任务发起方通过中心协调方启动联合建模，初始化模型并分发给各个参与方；参与方基于初始化模型和本地的数据进行模型训练得到更新的局部模型，并将更新后的局部模型发送给协调方（中心服务器）；中心协调方收到各个参与方更新后的局部模型，通过模型聚合算法得到全局模型，并再次发送给参与方进行下一轮的模型迭代。此过程一直持续，直到全局模型达到收敛条件。

典型的纵向联邦学习流程，以提供数据的两个不同行业机构（例如银行与电信运营商）的联合场景为例进行介绍，该流程可扩展至更多机构参与的场景。假设银

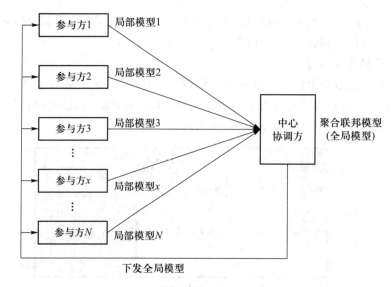

图 11-4 横向联邦学习流程

行要训练一个金融风控的机器学习模型,银行具有模型训练的标签数据(Y)及一部分银行内部的用户属性和信用行为的特征数据(X),而参与联合建模的电信运营商拥有用户的通信行为特征数据(X),由于隐私保护和合规的要求,两个机构的数据均不能出本地。在这种情况下,可通过纵向联邦学习建立模型,流程如图 11-5 所示。

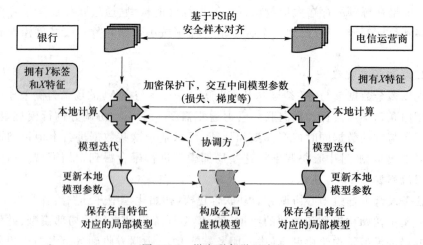

图 11-5 纵向联邦学习流程

首先,由于不同机构的用户群体往往不是完全重合的,因此在进行模型训练之前,需要进行样本对齐,也就是确定参与机构间重叠的样本 ID。在纵向联邦学习中,通常是采用隐私集合求交技术进行安全样本对齐,使得参与机构之间在不公开各自数据的前提下确认样本数据中的共有用户,同时保证均无法获知对方非重叠部分的用户,从而形成一个虚拟融合数据集。

然后,基于虚拟融合数据集,参与方之间通过加密模型训练进行纵向的联邦学习。参与方分别基于己方的数据进行本地的模型训练,产生不含敏感信息的中间结果,例如模型损失、梯度等。这些中间结果通过采用同态加密、秘密分享等安全多方计算技术进行跨参与方之间的交互,得到参与方各自特征对应的梯度值,参与方分别更新各自的模型参数。通过上述步骤进行模型迭代,直到满足模型收敛条件,完成整个纵向联邦学习的训练过程。模型训练结束后,参与方分别持有各自特征对应的部分模型。

在纵向联邦学习训练过程,可采用不同的中间数据交互技术,有些情况需要可信第三方来作为协调方,例如基于同态加密的纵向联邦学习,通常需要借助协调方来进行密钥分发、数据加解密等。而基于秘密分享的纵向联邦学习,则可以实现无可信第三方的对等网络下的联邦学习模型训练。

原始的联邦学习框架基于机器学习本身技术层面考虑隐私保护问题,以实现原始数据不出库。通过结合密码学技术,则不仅可以保护原始数据,同时还可以进一步增强对中间交互信息的安全保护,例如通过联邦学习结合差分隐私、同态加密、秘密分享等技术进行综合应用,能对各个参与方的数据隐私实现全流程的增强保护,避免敏感信息通过中间交互信息的反推而泄露。

联邦学习在以下两种情况可以很好地解决企业的人工智能应用难题:一是企业或机构有数据输出需求,但需要保护数据隐私和核心价值的场景,因为联邦学习的整个学习训练过程,没有传输任何原始数据;二是企业或机构有多方数据补充的场景,这包括建模数据样本量不够充分,或者是自有数据维度不够丰富的两种情况。例如在金融风控场景中,银行希望引入外部数据源做特征补充来建立联合风控模型;在医疗研究场景,单个医疗机构的样本量有限,同时这些病例样本数据具有高度隐私性,需要有安全的方式把多个医疗机构的数据汇总构建医学模型;在精准营销场景,广告主希望后端的转化数据能够与流量平台的前端用户数据结合,提升目标用户筛选的精准度与营销的效果。基于用户授权,联邦学习技术可以在保证数据安全不出库的同时,整合不同机构、不同维度的用户行为特征,以用户为基础,形成对个体更全面的描述,模型可以学到更多用户信息,从而提升模型效果,实现降本增效。

11.2.2　联邦学习典型算法介绍

联邦学习除了支持分类、回归、聚类等常用机器学习算法外,通常还支持特征的预处理和联邦特征工程,包括特征的缺失值处理、特征的异常值处理、特征的无量纲化、特征分箱、特征编码、特征相关性分析、特征选择等。

目前市面上的联邦学习产品,普遍支持线性回归算法、逻辑斯谛回归算法,以及树类算法等常用的机器学习算法,例如决策树、随机森林、LightGBM、Xgboost、GBDT等,以及一些经典的神经网络算法,例如CNN、DNN等。部分产品针对特定场景需求,开发与业务场景紧密结合的算法,例如K近邻算法、推荐算法、迁移学习算法等。

本节以典型的联邦线性回归算法和联邦树模型算法为例,介绍机器学习算法的联邦化实现方法。

1. 联邦线性回归算法

线性回归模型是对自变量(X)和因变量(Y)之间关系进行建模的一种回归分析,以学到一个通过自变量的线性组合来预测因变量的函数。线性回归的模型定义可表现为:

$$f(x) = \omega_0 + \omega_1 x_1 + \omega_2 x_2 + \cdots + \omega_n x_n$$

通过矩阵来表示就是$f(x) = XW$,其中$W = \begin{bmatrix} \omega_0 \\ \omega_1 \\ \vdots \\ \omega_n \end{bmatrix}$是模型中各个特征变量对应的

一系列参数。

模型训练样本集$D = \{(x_1, y_1), (x_2, y_2), \cdots, (x_n, y_n)\}$,其中$x_i = (x_{i1}, x_{i2}, \cdots, x_{id})$是模型训练第$i$条样本对应的各个特征的具体取值。

线性回归模型训练的目标就是通过统计学的学习方式,找到一系列的参数ω使得$f(x) = XW$尽可能地贴近目标变量集$y = (y_1, y_2, \cdots, y_n)$,即:

$$y \approx f(x)$$

求解线性回归的最佳参数ω,主要通过最小化损失函数来作为目标函数,而在线性回归中,通常使用均方误差作为损失函数,即最小二乘法。

损失函数定义为:

$$L(\omega) = \frac{1}{n} \sum_{i=1}^{n} (f(x_i) - y_i)^2$$

损失函数的求解,可以通过梯度下降方式(gradient descent)实现。梯度下降核心是通过对ω求偏导,对自变量系数不断地更新,使得目标函数不断逼近最小值的过程,即:

$$\omega \leftarrow \omega - \alpha \frac{\partial L}{\partial \omega}$$

其中α是学习率,也就是模型迭代过程的步长。梯度下降迭代过程可以通过矩阵运算来表达,即:

$$W \leftarrow W - \frac{2}{n} \alpha X^{\mathrm{T}} (XW - Y)$$

$$W \leftarrow W - \Delta W$$

$$\Delta W = \frac{2}{n}\alpha X^{\mathrm{T}}(XW - Y)$$

通过梯度下降得到的 ΔW 不断更新 W，直到损失函数 $L(W)$ 收敛。而判断当前模型是否收敛，可以通过比较 $L(W)$ 的前后两次迭代的值是否发生变化确定。当没有发生变化或是变化小于某个设定值(eps)时，则认为已经达到最小值，此时对应的 W 值为模型训练的最终输出结果。

基于纵向联邦学习的线性回归流程如下:样本特征 X 分散在节点 Alice 和节点 Bob 两个节点内，如图 11-6 所示。

<table>
<tr><td colspan="6" align="center">节点Alice</td></tr>
<tr><td>ID</td><td>Y</td><td>X_{a1}</td><td>X_{a2}</td><td>…</td><td>X_{an}</td></tr>
<tr><td>1</td><td>1</td><td>2</td><td>101</td><td>…</td><td>0.1</td></tr>
<tr><td>2</td><td>0</td><td>6</td><td>125</td><td>…</td><td>0.15</td></tr>
<tr><td>…</td><td>…</td><td>…</td><td>…</td><td>…</td><td>…</td></tr>
<tr><td>k</td><td>0</td><td>3</td><td>110</td><td>…</td><td>0.3</td></tr>
</table>

<table>
<tr><td colspan="6" align="center">节点Bob</td></tr>
<tr><td>ID</td><td>X_{b1}</td><td>X_{b2}</td><td>X_{b3}</td><td>…</td><td>X_{bm}</td></tr>
<tr><td>1</td><td>20</td><td>1000</td><td>191</td><td>…</td><td>2</td></tr>
<tr><td>2</td><td>28</td><td>1520</td><td>105</td><td>…</td><td>3</td></tr>
<tr><td>…</td><td>…</td><td>…</td><td>…</td><td>…</td><td>…</td></tr>
<tr><td>k</td><td>19</td><td>2100</td><td>119</td><td>…</td><td>5</td></tr>
</table>

图 11-6　联邦学习节点数据样例

在联邦学习过程中，可以通过一个协调方来管理和协调其他参与方，并参与执行联邦学习任务，保证联邦学习任务的顺利执行。协调方除了统筹协调功能外，还可以提供密钥分发、算法管理等功能。在联邦学习的架构中，这样的第三方协调方也可以去掉，所有参与者之间以点对点的方式来直接交互。

以下步骤为基于有协调方的方式来实现纵向联邦学习任务，其中中间计算结果的交互基于同态加密来实现增强安全的联邦学习机制，具体流程如图 11-7 所示。

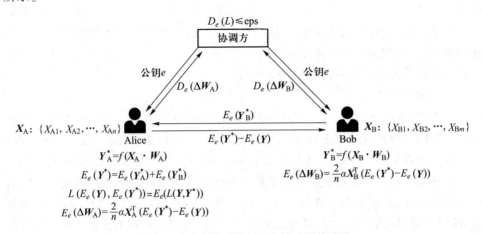

图 11-7　联邦学习线性回归模型训练流程

① 每次模型训练任务发起后,协调方通过 KeyGen 函数生成一个同态加密的公钥 e,并分发给参与方 Alice 和 Bob。

② 参与方 Alice 和 Bob 分别在各自节点内,对各自拥有的特征进行初始计算,得到各自拥有特征计算的预测值 $Y_A^* = f(X_A \cdot W_A)$ 和 $Y_B^* = f(X_B \cdot W_B)$。

③ Bob 通过获取的同态加密密钥 e 对己方预测值 Y_B^* 进行加密,得到加密后的预测值 $E_e(Y_B^*)$,并把加密后的值传送给 Alice 方。

④ Alice 同样通过获取的同态加密密钥 e 对预测值 Y_A^* 进行加密,得到加密后的预测值 $E_e(Y_A^*)$,在收到 Bob 方传输过来的 $E_e(Y_B^*)$ 后,基于同态加密算法直接进行密文计算,得到双方所有特征计算得到整体密态预测值 $E_e(Y^*) = E_e(Y_A^*) + E_e(Y_B^*)$。

⑤ Alice 通过加密后的真实 Y 值 $E_e(Y)$ 和密态的预测值 $E_e(Y^*)$ 进行同态计算,得到密态损失函数值 $L(E_e(Y), E_e(Y^*)) = E_e(L(Y, Y^*))$。

⑥ Alice 通过同态加密计算得到自有特征的梯度 $E_e(\Delta W_A) = \dfrac{2}{n}\alpha X_A^T (E_e(Y^*) - E_e(Y))$,同时将密文计算结果 $E_e(Y^*) - E_e(Y)$ 传送给参与方 Bob,Bob 在自有节点内计算属于自己部分的特征梯度 $E_e(\Delta W_B) = \dfrac{2}{n}\alpha X_B^T (E_e(Y^*) - E_e(Y))$。

⑦ Alice 和 Bob 同时将损失函数计算结果 $E_e(L)$、各自的梯度 $E_e(\Delta W_A)$ 和 $E_e(\Delta W_B)$ 传送给协调方,协调方对损失函数计算结果和梯度进行解密,得到明文的损失函数计算结果,并根据损失函数计算结果 L 确定模型是否达到收敛效果。如果未达到收敛效果,则把解密后的梯度 ΔW_A 和 ΔW_B 分别返回给参与方 Alice 和 Bob。参与方收到梯度后,分别更新各自的特征系数,并进行新一轮的模型训练迭代。

⑧ 通过上述流程,联邦的线性回归模型一直迭代至模型达到收敛的效果才终止模型训练,得到最终的联邦模型,其中各个参与节点所拥有的模型特征系数均只保存在各自节点内,形成各自部分的模型。

2. 联邦树模型算法

决策树(decision tree)是一类应用广泛的机器学习算法,基于树结构进行决策。常见的决策树生成算法有 ID3、C4.5、CART 等,它们基于信息增益(information entropy)、增益率(gain ratio)、基尼指数(Gini index)等进行属性选择与划分。

本章节以基于基尼指数的 CART 算法为例介绍树模型的联邦化算法。在决策树训练的过程,关键是要选择每一个节点的最优特征,以及这个特征的最优划分点,使得决策树的节点包含的样本尽可能属于同一个类别,即节点的“纯度”更高。而数据集的纯度可以通过基尼值(Gini)来度量。

基尼值计算公式为：$\mathrm{Gini}(D) = 1 - \sum_{i=1}^{n} p_i^2$，其中 D 是当前节点样本集，p_i 表示类别 i 的数量所占比例，n 是总共的类别数；p_i 可以表示为 $\dfrac{|T_i|}{|T|}$，其中 $|T|$ 是总样本数，$|T_i|$ 是类别 i 的样本数，即 $\mathrm{Gini}(D) = 1 - \sum_{i=1}^{n} \left(\dfrac{|T_i|}{|T|} \right)^2$。基尼值越小，则代表数据集的纯度越高。

基尼指数的定义为

$$\mathrm{Gini\_index}(D, a) = \sum_{j=1}^{m} \frac{|D_j|}{|D|} \mathrm{Gini}(D_j) = \sum_{j=1}^{m} \frac{|D_j|}{|D|} \left(1 - \sum_{i=1}^{n} \left(\frac{|T_{ij}|}{|D_j|} \right)^2 \right)$$

其中 a 为某个特征，有 m 个取值 $(a_1, a_2, \cdots, a_m)$，D_j 是特征值为 a_j 的样本集。

在候选划分特征选择时候，选择使得划分后基尼指数最小的特征作为最优划分特征。

在决策树的纵向联邦学习训练过程中，参与方一方拥有 Y 标签和部分 X 特征，其他参与方只拥有 X 特征，因此拥有 Y 标签的参与方在计算己方特征的基尼指数时可以本地完成计算，但其他参与方 X 特征的基尼指数的计算，需要与拥有 Y 标签的参与方联合计算完成。

以参与方 A 有标签 Y，参与方 B 有特征 X 为例，具体的特征 X_k 为连续变量，参与方 B 通过等频或等距的方式确定特征 X_k 可能的划分点 $(a_1, a_2, \cdots, a_m)$，对每一个划分点 a_i 可以划分得到左右样本集 D_L 和 D_R，对应的样本数为 $|D_L|$ 和 $|D_R|$；参与方 A 对 Y 标签分别提取对应类别的样本集 T_i，通过隐私集合求交集基数协议（PSI-CA）可以在不暴露双方样本情况基础上，计算得到每个划分点 a_i 对应的左右分支不同 Y 标签类别的样本数 $|T_{iL}| = |T_i \cap D_L|$ 和 $|T_{iR}| = |T_i \cap D_R|$，通过这些数据可以计算得到参与方 B 的特征 X_k 的不同划分点 a_i 的基尼指数 $\mathrm{Gini\_index} = \dfrac{|D_L|}{|D|} \left(1 - \sum_{i=1}^{n} \left(\dfrac{|T_{iL}|}{|D_L|} \right)^2 \right) + \dfrac{|D_R|}{|D|} \left(1 - \sum_{i=1}^{n} \left(\dfrac{|T_{iR}|}{|D_R|} \right)^2 \right)$，过程如图 11-8 所示。

在二分类的决策树情况下，正样本 $Y=1$，负样本 $Y=0$，也可以基于同态加密计算参与方 B 特征的基尼指数。其中 a_1 为参与方 B 的某个具体特征值，通过同态加密对标签 Y 进行加密 $E_e(Y)$，并发送给参与方 B，参与方 B 根据 ID 值将密态的 $E_e(Y)$ 与己方特征 a_1 值进行映射，再对己方特征 a_1 根据不同的分裂值进行左右子样本集划分，得到 D_L 和 D_R，通过对左右子样本集对应的 $E_e(Y)$ 进行密态求和 $\sum E_e(Y)$，得到密态的子样本集中正样本数。通过这种方式可以分别计算特征分裂值的左右子样本集的密态基尼值 $E_e(\mathrm{Gini}(D_L))$ 和 $E_e(\mathrm{Gini}(D_R))$，以及基于这个分裂点该特征的基尼指数 $E_e(\mathrm{Gini\_index}(D, a_1))$。把密态的基尼指数发送给参与

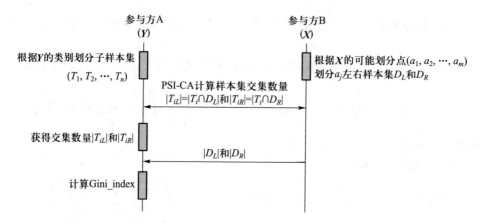

图 11-8　基于 PSI-CA 的联邦基尼指数计算

方 A, 解密后与参与方 A 的自有特征的基尼指数做对比, 就可以选择出当前最优的划分特征, 以及这个特征的最优划分点。这种方式在既没有暴露参与方 A 的标签 Y 信息, 也没有暴露参与方 B 的特征值信息的基础上, 完成跨参与方之间基尼指数的计算和特征的选择, 满足联邦学习的安全性要求, 可同样应用到其他基于树结构的算法, 如图 11-9 所示。

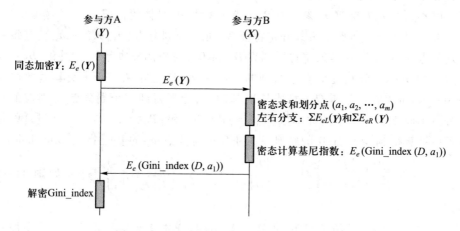

图 11-9　基于同态加密的联邦基尼指数计算

GBDT、Xgboost、LightGBM 等目前常用的梯度提升决策树模型通过串行构建多棵弱分类器的决策树, 每一棵树的学习是基于上一棵树的残差, 因而在联邦化过程需要通过基于残差 ΔY 进行模型训练。

联邦 LightGBM 模型训练流程如图 11-10 所示。

① 甲方 (含 Y 值方) 初始化 Y 的残差值 (ΔY), 并对残差进行同态加密 $E_e(\Delta Y)$。

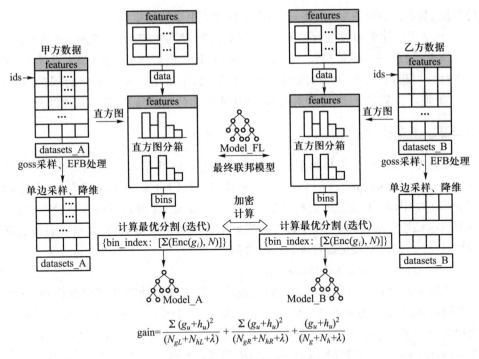

$$gain = \frac{\Sigma\,(g_u + h_u)^2}{(N_{gL} + N_{hL} + \lambda)} + \frac{\Sigma\,(g_u + h_u)^2}{(N_{gR} + N_{hR} + \lambda)} + \frac{(g_u + h_u)^2}{(N_g + N_h + \lambda)}$$

图 11-10　联邦学习 LightGBM 模型训练流程

② 甲方对己方数据进行单边采样和降维等操作,并把采样后样本的 ID 同步发送给乙方。

③ 乙方根据接收的采样 ID 信息对己方数据同步单边采样和降维等操作。

④ 甲方对己方的采样数据基于直方图和残差计算己方各个特征基于每个可能分裂点的分裂增益(gain)。

⑤ 甲方将同态加密后的残差 $E_e(\Delta Y)$ 发送乙方,乙方对己方采样后的特征以密态方式基于直方图计算己方所有特征的每个可能分裂点的分裂增益,计算的结果也是密态。

⑥ 乙方把计算完成的各个特征的密态分裂增益发送给甲方,甲方对乙方的密态分裂增益进行解密。

⑦ 甲方把己方特征的分裂增益和乙方特征解密后的分裂增益汇总,根据各个特征的分裂增益选择出最优分裂特征和该特征的最优分裂点。如果最优特征在甲方,甲方保存最优特征和最优分裂点信息,并把该特征左右分支的样本索引同步给乙方。如果最优特征在乙方,甲方把最优特征和最优分裂点信息同步给乙方,乙方收到后把该特征对应的左右分支的样本索引同步给甲方。

⑧ 基于同步后的当前分裂节点的左右节点的索引信息,重复上述步骤④—⑦,进行下一个分裂节点特征的选择,一直到满足单棵树分裂结束条件(如满足树

的深度、节点最少样本数、只有单一值、分裂增益小于门限值等）。

⑨ 基于已建成的树进行预测,计算损失函数,判断损失函数和其他条件(如已建成树的棵数)是否满足迭代结束条件。如果满足,模型迭代结束;如果不满足,继续进行模型迭代,基于当前的预测值与真实 Y 值,重新计算残差,并进行同态加密。

⑩ 重复步骤②—⑨,直到满足 LightGBM 的迭代结束条件,模型训练结束。

11.2.3　主要平台介绍

联邦学习自 2016 年提出后快速发展,相关的联邦学习平台相继出现,谷歌(Google)的 Tensorflow Federated Framework、脸书(Facebook)的 PySyft、英伟达(Nivdia)的 Clara FL 是主要的联邦学习平台。特别地,金融领域由于监管严格,对数据的隐私性要求极高,联邦学习可以很好地解决数据隐私保护、数据孤岛和数据分享之间的问题,最大化地发挥数据的价值。

1. Tensorflow Federated Framework

Google 的联邦学习研究主要是侧重设备上数据集的协同机器学习模型,让数据在没有离开设备的情况下,可以在多种设备上训练共享机器学习模型。而在 2019 年 Google 推出的第一个产品级的联邦学习平台 TensorFlow Federated Framework(TFF)[11] 则利用 Tensorflow 的机器学习框架简化联邦学习,同时把联邦学习推广到联邦计算、联邦分析,为开发者提供多种分布式机器学习算法,也为开发人员提供了对新的联邦学习算法进行试验的平台。开发者可以将现有的 Keras 或非 Keras 机器学习模型应用在 TFF 框架中,执行基本任务,例如联合训练或者联合模型评估,而无须研究算法的细节。

2. PySyft

2019 年深度学习框架 PyTorch 与 OpenMinded 联合开发和发布了基于联邦学习的开源框架 PySyft[12],是第一个用于构建安全和隐私保护的开源联邦学习框架,推进了隐私保护技术的研究。PySyft 支持在主要的深度学习框架(PyTorch、Tensorflow)中用联邦学习、差分隐私和加密计算(如安全多方计算、同态加密等)将隐私数据与模型训练解耦。

3. Clara Federated Learning

2019 年推出的基于 Clara 的联邦学习产品,是一款用于分布式协作联邦学习训练的产品,主要应用于医疗领域,能够在保护患者隐私的同时实现跨医疗机构之间的联合模型训练。在 2021 年 RSNA 会议上,发布了联邦学习的软件开发套件 Nivdia FLARE(federated learning application runtime environment)[13],是 Nivdia Clara FL 的联邦学习软件的底层引擎,可用于医学成像、基因分析、肿瘤学研究中的 AI 应用程序。Nivdia FLARE 为科研人员和联邦学习平台开发者提供定制联邦学习解决方案的工具,简化联邦学习应用的开发。

4. Fate 联邦学习开源项目

Fate 是微众银行旗下的联盟学习开源项目,提供了一种基于数据隐私保护的安全计算框架,为机器学习、深度学习、迁移学习算法提供强有力的安全计算支持。安全底层支持同态加密、秘密分享、哈希散列等多种安全多方计算机制,算法层支持安全多方计算模式下的逻辑斯谛回归、自举、联邦迁移学习等。从应用案例可见,Fate 已经应用于计算机视觉、交通违章保险、小微企业信用风险管理、跨银行反洗钱等场景。

5. 摩斯(Morse)安全多方计算平台

摩斯安全多方计算平台是蚂蚁集团旗下的大规模安全多方计算商用平台,基于安全多方计算、隐私保护、区块链等技术,实现数据可用不可见,解决企业数据协同计算过程中的数据安全和隐私保护问题,助力机构安全高效地完成联合风控、联合营销、联合科研等跨机构数据合作任务。

6. PaddleFL 开源联邦学习框架

PaddleFL 是飞桨旗下的基于 PaddlePaddle 的开源联邦学习框架。PaddleFL 提供很多联邦学习策略及其在计算机视觉、自然语言处理、推荐算法等领域的应用。此外,PaddleFL 还将提供传统机器学习训练策略的应用,例如多任务学习、联邦学习环境下的迁移学习。从应用来看,PaddleFL 已经应用于联合营销、智能医疗、智能质检等场景。

7. Avatar 联邦学习平台

Avatar 是富数科技旗下的联邦学习平台,提供私有化部署的方式,在合作方之间实现数据安全对齐融合、数据安全计算、安全学习建模及运行加密模型运算。Avatar 私有化节点通过可视化界面对自己的项目和数据进行管理,完成安全联合建模,所有的操作和计算都是在用户自己的私有环境中进行,从而确保数据在私域不出门,在合作方间运行分布式加密机器学习算法。Avatar 通过了多方安全计算基础能力专项评测和联邦学习基础能力专项评测,可用于金融风控、精准营销、医疗科研、政务数据开放、工业互联网等场景。

11.2.4　联邦学习与安全多方计算的异同

联邦学习和安全多方计算都是以解决跨机构间数据合作来完成计算任务、实现计算功能为目的,同时各个参与方的数据都不会被其他参与方获得;二者都采用秘密分享、同态加密、差分隐私等多种基础密码学技术。但是,联邦学习和安全多方计算也存在差异性。

从概念上来说,联邦学习是传统机器学习概念在数据量和维度上的扩展,依然属于机器学习的范畴。从实现来看,联邦学习的机器学习本质没有变化,执行的主流程仍然是机器学习算法。当某些步骤需要联合多个合作方的数据时,需要进行联邦化的处理。对于安全多方计算来说,具有严格的概念定义。从实现看,安全多方计算有公认的较为成熟的设计框架,而安全多方计算的计算概念较为宽泛,甚至可以涵盖联邦学习的计算概念。此外,二者的出发点也有所不同,联邦学习是从应用出发,而安全多方计算的发展主要趋势是从理论走向应用。

在核心思想方面,联邦学习强调"数据不动,模型动",所有参与方的原始数据要求在本地进行计算得到局部模型参数或模型的损失、梯度等中间结果,参与方之间交互这些模型中间结果来进行模型的迭代更新,直至获得全局最优模型。安全多方计算强调的是"数据的可算不可见",原始数据通过加密、秘密分享等不同安全处理机制实现原始数据的不可见性,参与方之间交互和直接参与计算的是密文、碎片信息等不会暴露原始信息的数据,通过这样一系列的交互和计算完成公开函数的计算。因此从数据流向来看,联邦学习要求的是不交换原始数据,而安全多方计算要求的是原始数据加密处理后交换。

在实现方法上,联邦学习是自上而下的实现机制,先从具体机器学习算法进行拆解,分解出可以本地执行的部分和需要跨参与方协同完成的部分,通过本地计算来保证联邦学习的基础安全,再通过采用秘密分享、同态加密等协同计算技术进行跨参与方之间数据交互,实现联邦学习的增强安全,从而保证全流程对数据隐私性的保护。安全多方计算是自下而上的实现机制,通过各种密码协议安全地实现底层基础算子,而实际的应用功能是由这些底层基础算子的安全性来保证。

此外,在应用层面上,联邦学习融合了密码学的分布式机器学习算法,侧重多方数据的分布式机器学习模型训练和推理。安全多方计算侧重多方数据的通用安全数据联合计算、分析及查询等。联邦学习往往也融合安全多方计算技术来增强算法的安全性,在这个层面上来看,可以认为联邦学习是一种更偏向应用层面的技术,而安全多方计算是一种更偏向计算层面的基础支撑技术。

而在计算结果归属上来看,联邦学习要求各个参与方分别拥有己方特征对应的部分模型,整体模型是一个虚拟的全局模型。安全多方计算的计算结果归属于结果方,只要经协商同意,任何一个参与方都可以成为结果方获得整体计算结果。

在涉及的密码学技术方面来看,目前的联邦学习主要是涉及同态加密、秘密分享、差分隐私等技术;而安全多方计算则涉及更加广泛的技术范畴,包括秘密分享、同态加密、混淆电路、不经意传输、零知识证明、隐私集合求交、隐私信息检索、差分隐私等。

思考题

1. 在第 11.1.2 节给出的基于 RSA 盲签名 PSI 方案的步骤①中,发起方是否可以使用同一个随机数 r,而不是每个输入项一个随机数 r_i?

2. 第 11.1 节所有的 PSI 相关方案都需要利用非对称密码模块,是否可以不基于非对称密码模块构造 PSI 方案？ 若可以,请给出相关方案;若不可以,请说明理由。

3. 请计算第 11.1.4 节给出的 PSI 方案中,发起方 A 最终得到的交集结果中存在 y,但是 $y \notin X \cap Y$ 的概率,即计算该协议出错的概率。

参考文献

1. Goldreich O. Foundations of Cryptography. Vol 2 ［ M ］. Cambridge：Cambridge University Press,2004.

2. Freedman M J, Nissim K, Pinkas B. Efficient private matching and set intersection ［C］. Proceedings of International conference on the theory and applications of cryptographic techniques. Heidelberg：Springer,2004,pp.1-19.

3. De Cristofaro E, Tsudik G. Practical private set intersection protocols with linear complexity ［C］. Proceedings of International Conference on Financial Cryptography and Data Security. Heidelberg：Springer,2010,pp.143-159.

4. Freedman M J,Ishai Y,Pinkas B,et al. Keyword search and oblivious pseudorandom functions ［C］. Proceedings of Theory of Cryptography Conference. Heidelberg：Springer,2005,pp.303-324.

5. Chase M,Miao P. Private set intersection in the internet setting from lightweight oblivious PRF ［C］. Proceedings of Annual International Cryptology Conference. Heidelberg：Springer, 2020, pp. 34-63.

6. Hazay C, Venkitasubramaniam M. Scalable multi-party private set-intersection ［C］. Proceedings of IACR International Workshop on Public Key Cryptography. Heidelberg：Springer,2017, pp.175-203.

7. Freedman M J, Nissim K, Pinkas B. Efficient private matching and set intersection ［C］. Proceedings of International conference on the theory and applications of cryptographic techniques. Berlin,Heidelberg：Springer,2004,pp.1-19.

8. De Cristofaro E, Gasti P, Tsudik G. Fast and private computation of cardinality of set intersection and union ［C］. Proceedings of International Conference on Cryptology and Network Security. Heidelberg：Springer,2012,pp.218-231.

9. GoogleAIBlog. Federated learning：collaborative machine learning without centralized training data［C］.2017.

10. Yang Q,Liu Y,Chen T,et al. Federated machine learning：concept and applications ［J］. ACM Transactions on Intelligent Systems and Technology,2019,10(2)：1-19.

11. TensorFlow Federated Framework(TFF)［EB/OL］.(2019-10-30)［2022-1-31］.

12. OpenMined Blog［EB/OL］.(2019-03-01)［2022-1-31］.

13. Nivdia Blog. Federated learning with FLARE：NVIDIA brings collaborative AI to healthcare and beyond［EB/OL］.(2021-11-29)［2022-01-31］.

第 12 章　区块链与密码数字货币

　　本章介绍区块链的基本原理与结构,以及生成区块链的关键技术,包括共识协议与智能合约等,同时以比特币为例介绍区块链技术所承载的数字货币系统及其交易模型。

12.1　概述

　　区块链的概念是伴随着密码数字货币而产生的,区块链是密码数字货币基本的支撑技术与构建基础,同时密码数字货币也是区块链最成功的应用场景。

　　在人类社会的早期,采用以物易物的方式完成交易,没有货币的概念。随着社会的发展,货物交易越发频繁,以物易物的方式极为不便,因此出现了作为交易中间介质、固定充当一般等价物的商品——货币。早期的等价物是社会稀缺并且便于携带的实物,如贵金属。随着人类社会的发展,货币的金融工具属性大大超越了贵金属的实用属性。因此,便于携带和交易的票据及定额发行的纸币随之出现。与原始的贵金属作为货币不同,现代纸币的面值远超其实物成本,如果没有合理的机制限制纸币的发行,纸币有可能被大量复制印刷。现代货币普遍是以国家信用作为担保发行的,因此货币的价值也与国家信用紧密相关。由此可见,现代的货币发行,以及货币价值均是由国家信用保证的,通常由央行或者商业银行代表国家完成货币的发行。20 世纪 70 年代,经济学家提出了非国家化货币的构想,以及货币发行私有化或者去中心化的设想。

　　从 20 世纪末开始,数字货币技术得到了很大的发展。一方面是因为随着经济全球化的趋势,对货币的使用也提出了全球化的要求,传统的纸质货币无法适应这种需求。另一方面,信息技术的进步为数字货币的发展提供了基础,无处不在的网络为数字货币的使用提供了基础设施的支撑。与纸质货币类似,数字货币的发行与使用也必须解决货币的防伪与复制问题。与纸质货币不同的是,在数字世界信息的复制更加容易,成本也更加低廉,因此必须通过技术手段解决货币的防伪等安全问题。

　　众所周知,信息系统的安全性依赖于现代密码学的发展,例如在安全邮件系统中,发送者可以使用加密算法保证内容的隐私性,接收者可以使用数字签名验证邮件的来源。数字货币的安全性也依赖于现代密码技术。简单而言,就是希望代表货币的数字信息通过加密、签名等技术手段实现安全的流转与验证,从而取代纸质货币的发行与流通,这就是最早的数字货币思想的由来。

对于密码数字货币的研究始于 20 世纪 80 年代初期。Chaum 在 1983 年发表的论文 *Blind Signatures for Untraceable Payments* 中提出了数字货币 (digital currency)的概念,继而于 1992 年利用盲签名技术设计了具有密码属性的数字货币 eCash。早期对数字货币的研究主要集中于数字货币支付使用的便利性与安全性,希望提出一种具有传统纸币类似属性的电子货币,其主要属性包括:安全性、可分性、防止重复使用(双花)、离线支付、匿名使用等。这个时期所研究的数字货币发行仍然依赖中心化的机构完成,同时利用盲签名等技术实现交易的不可追踪等特性。这些尝试为数字货币的发展奠定了一定的技术基础,但由于效率和安全性等问题,并没有得到大范围的使用。

与之相对的另外一条技术路线是电子支付技术。由于网络技术的发展与移动网络的普及,在各种支付场景中网络的可用性越来越高,因此电子支付不追求支持离线支付等特点。近年来基于网络的电子支付技术得到了快速发展,其中既有较为传统的信用卡支付,又有使用方便的移动终端支付。电子支付可以满足大多数现有支付场景的要求,在很多领域取代了传统货币的使用,从这个角度来说,电子支付技术是非常成功的。

电子支付是基于中心数据库实现的电子记账系统,货币系统所需要的防伪认证、防止双花等要求依赖于对交易中心的信任。在电子支付系统中,支付者先把支付指令发出去,交易中心接收支付指令后,验证支付者的身份、权限,检验支付账户的余额,并在中心数据库中对账户上的资金余额按照支付金额扣除,同时增加接收账户余额。这种方式能够保证支付的安全性,并高效完成交易。传统的数字货币研究者认为这不是一种理想的数字货币系统,因为货币的使用不应该依赖中心节点的参与,而是应该延续纸质货币的支付特点。在纸质货币的使用中,支付者直接把货币支付给接收者即可,也就是点对点支付。

更进一步的问题是货币发行。在前面的介绍中已经看到,传统货币的发行是由国家或国家授权的金融机构完成的。货币发行的数量代表了国家的金融政策,也是国家执行金融政策的重要工具与手段,是纯粹的中心化机制。传统的数字货币及电子支付系统只是用于国家所发行法币的流通阶段,完全不涉及货币的发行阶段。化名中本聪的匿名发明者于 2008 年提出了一种完全去中心化的数字货币系统——比特币,它是一种点对点的电子现金系统,不仅实现货币流通环节的去中心化,甚至实现了货币发行的去中心化,因此是一种全新的货币系统。比特币的诞生在一定程度上实现了货币竞争性和中立性设想,进而引起了数字货币的快速发展,不仅促进了相关技术领域的进步,更是对金融系统产生了深远的影响。

　　区块链是中本聪为了实现数字货币比特币去中心化的目标而设计的一种去中心化的网络系统,因此区块链就是为了构造去中心化的数字货币服务的。区块链可以在大规模去中心化网络中实现数据共识,同时基于去中心化的计算模型可以进一步实现去中心化的计算与应用。区块链系统通过共识协议实现全局数据的一致性,通过智能合约实现通用计算模型的扩展,并通过激励机制实现参与者的驱动。

12.2　区块链与密码数字货币系统基本结构

　　中本聪不仅仅提出去中心化数字货币的概念与设想,同时给出了构造去中心化数字货币的技术框架与设计方案,并基于此方案开发完成了比特币系统。比特币系统的核心就是被称为区块链的一种去中心化信息系统,区块链在没有中心节点的环境中可以实现全局数据的一致性。在区块链的技术框架下,中本聪还给出了一种全新的激励机制与交易模型,基于激励机制实现了数字货币的去中心化发行,基于交易模型实现了数字货币的去中心化流通。本章主要以比特币为例,介绍区块链与密码数字货币系统的基本结构。

12.2.1　区块链系统基本结构

　　区块链(blockchain)的名称源自区块(block)与链(chain)两个词的拼接,顾名思义区块和链是区块链构造的基本单元。其中,区块是指包含用户数据及特定辅助信息的数据块,链是指利用哈希算法形成的哈希链,因此区块链可以看成是使用哈希算法所形成的一种链式数据结构。基于哈希算法的链式数据结构并不是一种全新的设计,这种数据结构也可用于变长数据的数字签名等方面。在区块链系统中,最根本的创新是去中心化系统,所有用户分布式生成区块链结构,并能在所有诚实用户中达成数据的一致性,也就是形成共识。

　　本节将介绍区块链的基本结构及交易过程,区块链的生成过程及满足的安全特性将在第 12.3 节区块链共识协议中介绍。

　　1. 区块链的数据结构

　　以比特币为例,区块链的基本数据结构如图 12-1 所示,其他区块链系统的区块设计根据协议的不同可能有部分改变。

　　每个区块包括区块头和数据区两部分。

　　(1) 区块头

　　比特币的区块头长度为 80 B,包含了构造区块所需的各种参数信息。这些信息按照固定的格式组织,完整的区块必须包含所有合法有效的字段信息。其中的

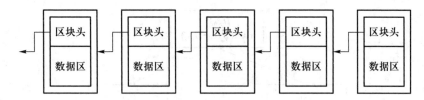

图 12-1　区块链基本数据结构

字段包括：

- version（4 B）　版本号，用于表明该区块形成时比特币系统的版本信息。
- prev（32 B）　前一区块的哈希值，从而形成区块间的哈希链结构。
- time（4 B）　区块的生成时间，由区块的生成者根据本地时间填写。
- bits（4 B）　生成该区块时的难度系数。
- nonce（4 B）　用于生成满足难度系数哈希值的随机数。
- Tx root（32 B）　区块数据区所包含交易的数字摘要信息。

（2）数据区

数据区用于保存用户产生的数据信息。由于区块链最初的设计是为了满足数字密码货币的交易需求，因此在区块链系统中用户产生的数据称为交易。即便区块链的应用领域已经扩展到密码数字货币之外的其他场景，用户所生成并且提交给区块链系统的数据一般也被称为交易数据。为了适应区块链这种去中心化网络数据传输效率与延迟的需要，区块的数据区通常有大小的限制。以比特币为例，目前单个区块的大小不能超过 1 MB，因此数据区所能容纳的交易数量也是有限的。扩大区块的大小可以使得单个区块能容纳更多的交易数量从而增加区块链系统的吞吐率，但是扩大区块的大小会增加区块在节点间传播的延迟，从而可能破坏节点间数据的一致性，进而影响区块链的安全。比特币系统正在研究利用增加区块大小改进吞吐率的方法，以后有可能适当增加区块的大小。

从比特币开始，区块链数据区对于交易数据的存储与管理就采用默克树（Merkel tree）结构，这一结构目前也被几乎所有的区块链系统所采用。默克树是一种二叉哈希树，如图 12-2 所示。默克树叶是子节点，为原始的交易数据，其内部节点为两个子节点拼接后的哈希值。树的根节点称为默克树根，保存在区块头部的 Tx root 字段中。

采用默克树的最大好处是可以降低验证一笔交易的算法复杂度。在区块链系统中，为了避免交易数据被篡改，需要验证交易信息满足预先存在区块头中的哈希值。如果每一笔交易的哈希值都保存在区块头中，则所需保存的数据量为 $O(n)$ 复杂度，其中 n 为交易的总数量。为了降低存储量，可以将所有交易采用线性表的方式存储，将所有交易按照顺序输入哈希函数得到唯一的哈希值。这种方式仅需保存一个哈希值作为验证依据，但是在验证过程中需要对所有交易依次输入哈希

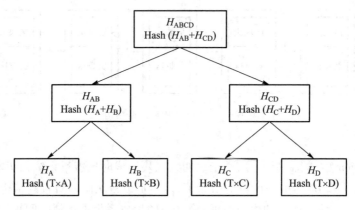

图 12-2　基于默克树的交易结构

函数完成验证,计算的复杂度为 $O(n)$。采用默克树的组织形式,依然仅需保存一个哈希值作为验证依据,同时验证一笔交易仅需要计算从该交易对应的子节点到根节点路径上所有节点的哈希值。按照二叉树的性质可知,路径长度为 $O(\log n)$,因此默克树是一种适合快速交易验证的数据结构。

　　在图 12-1 中可以看到,每一个区块有唯一的前序节点和唯一的后继节点,因而形成线性的链式结构。需要注意的是,这种链式结构类似于数据结构中的链表,但是含义并不相同。在链表中,前后节点之间是通过地址指针链接的,通过修改指针可以实现链表的断开、重构、插入、删除等操作。在区块链中,前后区块是通过哈希值连接在一起的,也就是后一区块包含前一区块的哈希值。由于哈希算法的防碰撞性,一旦形成区块链,其中的区块不能被替换、删除或者插入。如图 12-3 所示,如果修改其中某一区块,则其哈希值将发生变化。由于哈希值包含在后续区块的头部,如果要满足数据一致性则需要修改后续区块相应的数据字段,而修改数据字段后,后续区块的哈希值将不再满足难度系数的要求。

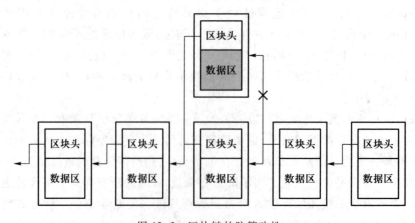

图 12-3　区块链的防篡改性

区块链作为一个链式的数据结构一定存在一个特殊的区块,也就是第一个块。在前文的定义中,每一个区块都有唯一的前序区块,第一个区块不存在前序区块。在区块链系统中,第一个区块又被称为创世区块(genesis block),这个区块通常是由区块链系统的开发者在系统启动时指定的。中本聪为了证明系统启动的公平性,在比特币的创世区块中插入一段无法预知的信息,以证明其没有在系统启动前实施预先挖矿的行为。中本聪在创世区块中插入的信息是《泰晤士报》2009 年 1 月 3 日头版头条的标题信息"The Times 03/Jan/2009 Chancellor on brink of second bailout for banks",因为中本聪不能够控制传统大型媒体的内容,因此比特币启动时间不可能早于该期报纸发行时间。

2. 区块链的系统结构

区块链的设计是为了承载去中心化数字密码货币系统,因此区块链的设计是天然的去中心化的结构,区块链的运行也是基于去中心化的网络层。前文所描述的由区块构成的链式结构是由所有参与者去中心化生成的,并且通过共识协议在所有的参与者中达成一致。区块的数据区承载了用户的交易信息用以完成数字货币转账等操作,利用智能合约技术区块链还能支持通用的计算任务,构建通用的计算平台。同时基于智能合约可以扩展不同的应用场景,实现去中心化应用。因此区块链是一种层次化的系统结构,区块链可以按照功能与任务划分为如图 12-4 所示的层次结构。

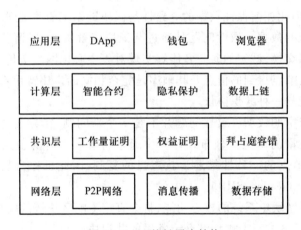

图 12-4　区块链层次结构

(1) 网络层

区块链的网络层是一种点对点的结构,所有的参与者以对等的方式参与系统运行。每一个节点随机连接常数个节点作为直接的邻居节点,同时每个节点也接受其他节点连接申请,最终区块链的参与者形成一个度为 $O(1)$ 的去中心化网络。

信息在区块链网络中采用逐跳的方式传播(propagation)。某一节点如果需要传播消息,则该节点将消息发送给直接的邻居节点,邻居节点收到新消息后将消息转发给新的邻居节点。以此类推,直到消息传播到所有的区块链节点。分析表明,在比特币网络中大约需要 6 跳左右的转发可以将消息传递到绝大多数的节点。

这种传播方式决定了区块链系统中的消息传播是不可靠的。消息在传播过程中不能保证到达节点的时间与顺序,节点间传播的消息可能发生丢失、重传、乱序、延迟等错误。但是点对点的网络又是一种没有单点故障的网络结构,即便有部分节点失效也不能阻止信息的传播,因此节点发出的消息经过一定延迟后一定能传播到所有的诚实节点。

需要指出的是,由于区块采用了哈希值验证及数字签名等密码算法,攻击者无法随意伪造合法的区块。攻击者仅能重发已有的区块或者对区块传播产生一定的延迟。

（2）共识层

在去中心化的网络中,信息的传播是不可靠的,也就是不同的节点可能收到不同的信息,或者相同的信息收到的顺序不同。无论是哪种情况,都会造成区块链节点间数据的不一致。除了网络层错误带来的不一致,恶意攻击者也可能发起主动的攻击行为,给不同节点发送不同信息以进一步加剧系统的不一致。在分布式信息系统中,数据的一致性是最基本的要求,不同节点间数据不一致将会直接造成系统的不可用,因此如何保证数据的一致性是区块链系统的关键问题。

区块链系统的数据一致性问题是通过共识协议解决的,所谓共识协议是指通过一系列的信息交换,诚实的参与者能够实现对去中心化网络所传输信息的确认,并且所有的诚实节点得到的信息及其顺序是完全相同的。比特币系统中采用的工作量证明协议就是一种共识协议。

分布式系统中的数据一致性问题并不是一个新问题,在分布式计算领域该问题早就得到了大量的研究。分布式计算中通常将参与的计算节点使用状态机描述,将不同计算节点的一致性描述为状态机的复制,因此也称为状态机复制协议（state machine replication,SMR）。

共识协议是区块链系统的核心功能,将会直接影响区块链的安全性、扩展性和性能,本书将在后续的章节中详细介绍常用的共识协议。

（3）计算层

在比特币系统中,区块链所承载的用户数据是数字密码货币的交易信息,因此所有信息都是为数字货币的发行与转移服务的。在数字货币系统中,可以认为转账是一种特殊的信息计算,没有通用计算功能。这种区块链系统缺乏灵活的扩展性,因此比特币作为最早出现的区块链系统,其功能几乎没有任何的变化与扩展,目前主要是作为价值存储的介质,仅支持较为低频的数字货币交易功能。

为了支持通用计算模型,以太坊将智能合约功能引入区块链系统。智能合约就是用图灵完备的高级程序语言所写的计算逻辑代码,因此智能合约取代简单的交易指令作为用户信息加载到区块的数据区。同时,区块链的参与者为智能合约启动所需的计算环境,完成智能合约代码的执行,这种计算环境通常称为智能合约虚拟机。区块链就变成了一种支持通用计算模型的去中心化计算系统,区块链的功能得到了极大的丰富。随着区块链应用的逐渐丰富,对于灵活的计算模型愈加依赖,因此可以将区块链的去中心化计算抽象为专门的计算层。

区块链的计算层可以认为是所有参与的共识节点共同维护的一个去中心化计算平台。计算平台的计算任务逻辑由智能合约描述,共识节点消耗 CPU、内存、存储等资源为计算任务启动虚拟机作为执行计算任务的计算环境。共识协议保证了共识节点所执行的计算任务是完全一致的,确定性的算法保证了计算任务输出的一致性。普通用户可以通过提出交易调用智能合约的公开接口,从而实现去中心化的公平计算。

（4）应用层

区块链的应用层封装了区块链的各种应用场景和案例,如基于区块链的跨境支付平台等。数字密码货币可以认为是区块链最早也是最成功的应用。由于区块链的信息是通过系统中的共识节点交换与确认的,因此区块链应用也要从共识节点获取信息。区块链是一种高度冗余的信息系统,每个共识的全节点会保存区块链系统的所有信息。对于普通用户而言,维护与执行一个全节点的成本过高,因此区块链应用通常是通过应用服务器实现对应用层的封装。

区块链的应用也称为去中心化应用（decentralized application，DApp）,与普通的计算机应用类似,DApp 通常分为服务器与客户端两部分。客户端实现方便易用的用户接口,而服务器实现后端数据存储与处理。所不同的是 DApp 需要完成与区块链共识节点的数据交互,利用区块链的特性实现去中心化的计算功能,从而保证信息的可靠性与安全性。

将区块链对应用的支持抽象出来就得到了区块链的应用层。应用层通常通过远程调用接口支持 DApp 对区块链资源与数据的访问,远程接口将 DApp 的访问转换为区块的交易信息并实现区块链计算层的去中心计算。一个完整的 DApp 前端可以是基于 Web 的应用,也可以是移动终端的应用,而其核心是通过智能合约实现的业务逻辑,应用层支持前端应用于智能合约间的交互。

12.2.2　区块链激励机制与交易模型

在区块链出现之前,去中心化的信息系统在分布式存储与文件下载等领域也曾经得到过应用,但是这些应用最终并没有取得预想的成功。这些应用不成功的最主要原因在于没有提供合理的激励机制,使得参与者没有足够动力持续参与系统并提供服务。与之相反,区块链在设计之初就是为了承载去中心化的数字密码货币系统,并为此提供了合理的激励机制。

1. 区块链系统的激励机制

从比特币开始,各种区块链系统均设计了内生激励机制。区块链系统中的激励是通过内置的虚拟货币实现的,著名的比特币就是这种虚拟货币的代表。需要指出的是,随着区块链应用的扩展,在非数字密码货币的应用领域,区块链的激励不一定需要虚拟货币。例如在企业或者行业应用领域,区块链通常不是开放的系统,而是由预先注册的节点参与的联盟链。在这种应用中,参与者的激励可以用内置的分配机制实现。在此仅讨论最为典型的虚拟货币激励机制。

区块链系统内置的虚拟货币通常称为代币(Token),其实质是区块链系统内部的一般等价物,也就是承担了区块链内部交易介质的作用。代币本身在所在的区块链系统之外是没有实际价值的,其价值依赖于参与者对于区块链系统的信心。比特币系统设计了一种自动化的代币发行机制,该机制实现了对参与者的激励,从而维持了参与者为区块链系统做贡献的热情,也保证了区块链系统的活性与安全性。

比特币采用的是一种供给总量限定的激励机制,采用这种机制的主要原因是为了模拟黄金在地球上储量有限的模型,从而避免了货币过量发行带来的通货膨胀问题。比特币的发行是通过代码在系统运行中自动完成的,也避免了人为因素带来的干扰。

中本聪认为,比特币系统的稳定运行依赖于区块生成者贡献的计算能力,其安全性也依赖于足够大量的计算能力,因此比特币的激励应该给予这些系统的贡献者。同时系统的贡献者生成区块链的过程类似于人类社会通过劳动获取黄金的过程,区块的生成者也被称作矿工,而生成区块的过程被称为挖矿。比特币系统中矿工劳动所获得成果就是比特币系统的代币,矿工获得的比特币奖励也是比特币发行的唯一方式。

比特币系统规定,区块的最初贡献者每生成一个区块将获得 50 个比特币的奖励,这种奖励额度一直持续 21 万个区块。在这个阶段中,将一共奖励 1 050 万个比特币,也就是完成 1 050 万个比特币的自动发行。同时,比特币系统通过难度系数的调整,自动维持 10 min 生成一个区块的速度。21 万个区块的生成大约需要 4 年的时间,因此从 2009 年初比特币系统开始运行,到 2012 年底即完成了第一阶段的 1 050 万个比特币的发行。

在第一阶段奖励完成后,比特币系统对于每个区块的奖励数量将会减半,减半后的奖励同样维持 21 万个区块。依次类推,直到比特币的最小分割单位(10^{-8})为止。显然上述激励机制所发行的比特币是每次减半的等比数列,简单求和后可知比特币系统的代币总量为 2 100 万个。

当比特币完成全部发行后,矿工无法得到挖矿的奖励,比特币系统设计了第二种激励机制。由于生成的区块会完成对用户交易请求的数据打包与确认,相当于为用户提供了确认服务,因此比特币要求用户为交易支付相应的服务手续费。比特币系统并不强制规定手续费的数量,用户可自主设置相应支付的手续费数额。矿工为了实现利益最大化,会选择手续费高的交易优先提供打包服务,手续费将会在矿工和用户之间按照供需关系达到平衡。由于比特币系统的吞吐率是受限的,一旦交易数量增加,为了获得矿工的打包服务,用户将会支付更高的手续费,反之手续费将会下降。

比特币之后的其他区块链及数字密码货币基本沿用与比特币类似的激励机制,即为系统的贡献者提供奖励。所不同的是,有些数字货币没有设定代币的总额上限,而是采用与法币类似的每年发行的模型。这种模型通过适当的通货膨胀可以降低交易成本,从而提高系统的活跃度。还有一些数字货币系统为系统的初始贡献者提供预置的代币,尤其是在后面章节所介绍的基于权益的区块链系统中,预置代币从而启动系统是必需的。

通过挖矿奖励而发行到系统中的比特币即可进入流通环节,代币的拥有者可以通过转账交易将其转移给其他用户。而代币的发行也是通过特殊的交易实现的,下面将以比特币的交易为例介绍区块链的交易模型。

2. 比特币交易模型

比特币系统中的用户无须注册身份信息,只需要通过本地生成满足比特币系统算法要求的公私钥对即可成为比特币系统的用户。因此,比特币系统提供较好的匿名特性。

在比特币系统中,每个用户的基本信息是符合椭圆曲线算法数字签名算法(ECDSA)标准的公私钥对(pk, sk),其中私钥 sk 被用户秘密保存,公钥的哈希值 $ID = H(pk)$ 作为用户身份信息对外公开。

与通常的交易要求类似,比特币系统中的交易也包含交易的发送与交易的接收两方参与者,比特币从发送方转移到交易的接收方。所不同的是,虽然比特币系统也有用户和作为用户身份的信息,但是比特币并没有通常意义上的账户和账户余额。比特币采用的是一种新的代币管理机制,该机制被称作未花费交易输出(unspent transaction output, UTXO)。

(1)未花费交易输出

在传统的交易系统中,每个用户拥有一个账户,交易系统维护账户的余额等基本信息。如果该用户发起交易,则从账户余额中扣除交易的金额,反之如果账户收到转账交易,则在账户余额中增加交易的金额,这称为账户余额模型。在中心化系统中,所有账户的余额都由可信的中心数据库维护,因此余额的查询与验证都可快速完成。但是账户余额模型有一个重要假设,也就是中心节点对余额的计算是正确可信的,其他参与者并不能验证余额的正确性。换一个角度讲,如果中心数据库直接改变某一个账户的余额,这个行为是不容易被校验的。在比特币系统中,不存在这样的可信中心节点,如果一个参与者要检验某个账户的余额必须从最初的状态开始执行所有的交易并检验所有的账户状态。在去中心化的区块链系统中采用这种方式,参与者是无法简单可信地校验某个所关心账户的余额的。为此,比特币设计了一种新的未花费交易输出(UTXO)交易模型。

在 UTXO 体系中,系统并不为每一个账户维护余额等信息,而是保留原始的交易信息,一个交易的基本结构如图 12-5 所示。

在一个交易中,主要包含输入、输出和辅助信息 3 部分内容。其中输入构成了这笔交易代币转出的来源,而输出构成了交易代币转入的目的。比特币系统允许多个来源组合成交易的输入,也允许将代币转到多个输出目的。比特币交易中还包括一些辅助信息,见证隔离(segwit)是比特币扩容

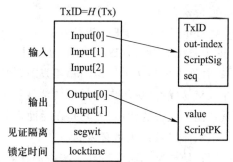

图 12-5　比特币交易基本结构

的扩展字段,锁定时间(locktime)用于限制这笔交易被锁定执行的时间。这些内容构成了一个完整的交易(Tx),使用交易的哈希值作为交易的标识,也就是 TxID。需要注意的是,生成交易 ID 的时候,见证隔离字段不在哈希函数的输入中。比特币系统中所有的交易都可以通过 TxID 唯一确定。

在交易的输入部分,可以包含若干个不同来源的输入项。每个输入项由该输入项所对应的上一笔输出交易 ID(TxID),以及其在输出部分的编号(out-index)唯一确定,通过这两个信息可以追溯该笔输入的来源。交易的输出部分同样可以包含若干个不同的具体输出,其中每个输出指定该输出所分配的 Token 数量(value)。在一个合法的交易中,所有输出项的 Token 数量之和应该不大于所有输入项的 Token 数量之和。在每个输入输出项都有对应的支付脚本(ScriptSig,ScriptPK),交易的有效性是通过这些脚本的执行完成检验的。

输入部分指定每一个输入的来源,也就是未花费的上一笔交易的输出。输出的标识由交易的标识 TxID 及输出在这一笔交易的序号 out-index 唯一确定。比特币交易输入输出的关系如图 12-6 所示。

在比特币系统中,共识节点不会为每个账户计算交易之后的账户余额,而是在交易完成后记录本次交易的信息,并且标明输出中的账户拥有者有权利转移相应数额的代币。一个交易的某一个输出指定的 Token 如果没有被转移过,则其代表着没有被花费,对应的账户可以对其进行转移。一旦一个交易的某一个输出指定

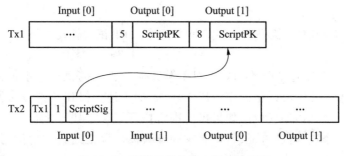

图 12-6　比特币交易输入输出关系图

的 Token 被转移过,也就是作为后续交易的输入被执行过,则代表着其已经被花费而没有了剩余价值。因此,比特币系统仅仅需要维护尚未发送转移的交易输出就可以有效管理系统中有价值的代币,这部分未转移的输出被称为 UTXO。

（2）交易校验脚本

在图 12-5 中可以看到,每一笔交易的每一个输出中有一个字段 ScriptPK,这个字段描述了后续交易再次花费此部分输出代币所要满足的条件,被称作锁定脚本。而在下一笔使用此部分输出 Token 的交易中,在其交易的输入部分应证明其拥有花费该部分代币的权利,验证是通过校验脚本 ScriptSig 完成的。由此,前后逻辑关联的输入与输出合并起来决定了每一笔交易的有效性。在比特币系统中,交易的有效性是通过脚本语言的执行完成校验的。

比特币的交易脚本可以由基于栈的数据结构完成执行,其脚本语言是顺序执行而非图灵完备的。交易脚本由内置的命令也就是操作符及其对应的参数也就是操作数共同构成,通常使用大写字符表示运算符,以〈〉表示操作数。比特币中常用的操作符包括数学运算符、密码运算符、逻辑控制符和栈访问等。在此不一一列出,仅通过实例展示其执行过程。

以基本的 Token 转移交易为例,在上一笔交易的输出中,交易的发起者可以指定输出的锁定脚本 ScriptPK 为:

DUP　HASH256　〈pubKeyHash〉　**EQUALVERIFY　CHECKSIG**

在后续交易中,对应的验证脚本 ScriptSig 为:

〈sig〉　〈pubKey〉

因此,拼接完成后,完整脚本为:

〈sig〉　〈pubKey〉　**DUP　HASH**256　〈pubKeyHash〉　**EQUALVERIFY CHECKSIG**

在上述脚本中,用到的操作符说明如下:

- **DUP**　复制操作,将栈顶的操作数复制一份并入栈。
- **HASH**256　对栈顶的元素做哈希函数计算,并将哈希值入栈。
- **EQUALVERIFY**　检查栈顶的两个元素是否相等,如果相等继续执行,否则返回 false。

- **CHECKSIG**　检查数字签名是否正确,如果正确输出 true 并入栈,否则返回 false。

比特币系统通过基于栈的虚拟机引擎完成对脚本的执行。虚拟机依次读入脚本,如果遇到操作数则将操作数压入栈内,如果遇到操作符则按照操作符的规则从栈中弹出数据完成执行,如果需要则将执行结果入栈。执行完毕后,如果输出 true 则表示脚本通过验证,否则脚本验证失败。以上述脚本为例,其执行过程见表 12-1。

表 12-1　基于栈的比特币交易脚本执行过程

栈	脚本	描述
Empty	〈sig〉〈pubKey〉**DUP　HASH256**〈pubKeyHash〉**EQUALVERIFY CHECKSIG**	拼接完成的完整脚本,读入操作数入栈
〈sig〉〈pubKey〉	**DUP　HASH256**〈pubKeyHash〉**EQUALVERIFY　CHECKSIG**	复制栈顶元素
〈sig〉　〈pubKey〉〈pubKey〉	**HASH256**〈pubKeyHash〉**EQUALVERIFY　CHECKSIG**	栈顶元素进行哈希函数计算后入栈
〈sig〉　〈pubKey〉〈pubHashA〉	〈pubKeyHash〉**EQUALVERIFY CHECKSIG**	操作数入栈
〈sig〉　〈pubKey〉〈pubHashA〉〈pubKeyHash〉	**EQUALVERIFY　CHECKSIG**	检查栈顶元素
〈sig〉〈pubKey〉	**CHECKSIG**	检查数字签名
true	Empty	执行完毕返回 true

比特币系统通过交易脚本可以构造更加复杂的交易规则,比如可以实现多签名的交易等。

12.3　区块链共识协议

在区块链系统中,所有的参与者以去中心化的方式参与系统的运行。由于去中心化的系统没有中心节点完成对数据的最终确认,因此不同节点的数据可能不一致。为了实现区块链系统的数据一致性,必须通过分布式协议完成诚实节点的数据交换与同步,这种分布式协议通常称为共识协议(consensus protocol)。

12.3.1　共识协议概念与目标

共识协议是指在分布式系统中参与者通过网络交换信息对数据及状态达成一致的算法。由此可见,共识协议涉及的因素包括参与者、通信信道及最终的目标等。

1. 参与者

所有在协议执行过程中可以合法发送及接收信息的用户都是系统的参与者。在区块链系统中,参与者也经常被称为节点或者矿工,在真实系统中参与者是执行协议程序代码的计算机节点。

系统的参与者可以分为诚实参与者与恶意参与者两种类型,其中诚实参与者是指系统中正常遵守协议执行的参与者,协议的执行目标也是为了保护诚实参与者最终的数据一致性。而恶意参与者是指不按照协议规定执行的参与者,恶意参与者可能通过丢弃信息或者发送恶意信息干扰系统的正常执行。

按照一般假设,诚实参与者之间只能通过系统所提供的去中心网络交换信息。诚实参与者通过系统中传输的信息获得其他参与者的状态,进而决定下一步的协议执行,同时诚实参与者也只能通过系统中的信道按照协议规定发送消息,进而保证其他参与者获得正确的状态信息。除此之外,诚实参与者无法通过其他信道发送消息或者协调彼此之间的执行状态。为了尽可能地分析系统的安全性,通常认为恶意参与者可以通过系统外的信道交换信息并按照统一的策略执行对系统的攻击行为。

按照恶意参与者的行为不同,共识协议将恶意参与者分为以下两种。

(1) 失效停止节点

失效停止(fail-stop)是指在系统中失去执行协议能力的参与者,这些参与者无法接收系统中其他参与者所发送的信息,也无法发送任何新的信息。其他正常参与者无法直接获知系统中是否存在失效停止节点、失效停止节点的数量,以及哪些节点是失效停止节点,而只能通过消息的发送与接收感知系统中节点的状态。失效停止节点不会发送错误消息干扰系统的运行,类似密码协议中的被动攻击节点。

(2) 拜占庭节点

拜占庭(Byzantine)节点命名来自分布式系统定义的拜占庭将军问题。拜占庭节点是指可以执行任意指令的恶意节点,相对于失效停止节点,拜占庭节点可以通过重发消息、伪造消息、延迟消息等主动行为干扰系统的执行。诚实节点无法直接获知哪些节点是拜占庭节点,只能通过消息的发送与接收,以及消息完整性与一致性检验间接区分拜占庭节点。

显而易见,拜占庭节点对共识协议的破坏性更强,失效停止节点能够实施的攻击行为拜占庭节点都可以实施。在区块链系统中,一般假设恶意节点是拜占庭节点,因此共识协议应能抵抗拜占庭节点的攻击。

2. 网络模型

在区块链系统中,诚实参与者所发送的消息都是点对点网络传播的,因此网络模型对区块链性能及安全性的影响是非常直接的。在区块链系统中,由于参与者可以使用加密与数字签名等密码学手段保护信息的私密性与完整性,因此恶意的参与者不能直接伪造或者破坏诚实节点间的消息交换,但是恶意节点依然可以通过对网络的干扰破坏系统的安全性。在区块链系统中我们通常有以下假设。

(1)消息完整性

诚实节点可以将生成的消息通过广播信道发送给其他诚实节点,诚实节点生成的消息通过安全的签名算法生成签名,因此不能被恶意节点伪造或者篡改。

恶意节点可以作为真实的参与者发送消息,但是无法破坏数字签名等密码算法的安全性,因此无法伪造或者篡改诚实节点发送的消息。

恶意节点虽然不能伪造或者篡改消息,但是可以对消息的传输产生干扰。首先,恶意节点可以重发已有的消息,从而干扰诚实节点的行为。其次,恶意节点可以在一定范围内干扰消息到达的顺序,使得不同诚实节点收到的消息顺序不同。恶意节点也可以将自己构造的消息发送给部分诚实节点,或者给不同的诚实节点发送不同的消息从而破坏诚实节点数据的一致性。

(2)网络延迟

网络延迟是节点间消息在网络中传输的延迟,延迟可能是由于网络本身信号传输延迟造成的,也可能是由于网络故障造成的,还可能是恶意节点有意延迟甚至阻断传输造成的。在模型分析中,通常不区分网络传输延迟的具体原因而仅仅根据网络传输延迟的最终性质加以区分。主要的网络延迟模型有以下 3 种:

• 同步模型   是指网络传输的最大延迟 Δ 已知,诚实参与者发出的消息经过最大延迟 Δ 后将被所有诚实节点接收。这种网络模型是一种非常强的网络假设,在不可靠的互联网环境中,为了保证这种网络假设成立,通常需要将 Δ 设置为较大的数值。如果协议的执行依赖于 Δ,则即便网络状况良好,也只能按照最大网络延迟执行协议,将会大大降低共识协议的效率,增加协议的延迟。

• 异步模型   是指网络的最大延迟 Δ 未知,虽然诚实节点所发出的消息最终会传输到所有诚实节点,但是协议的执行不能依赖于最大网络延迟 Δ。在异步模型下,不能依赖超时机制判断节点是否存活,也就是不能使用心跳机制判断节点的状态。因此异步网络模型下设计共识协议比同步模型更加困难,但是异步模型更加符合真实的网络情况。

• 半同步模型   是指网络不能总是保证同步,也就是不能保证所有时间最大延迟为 Δ。但是在度过不确定的时间后,网络恢复至同步状态,也就是诚实节点间的最大网络延迟为 Δ。这种假设比同步模型更加符合真实网络的情况,同时比异步模型下设计协议共识更加容易。

3. 共识协议设计目标

共识协议用于实现区块链系统中参与者数据的一致性,在区块链出现之前已经在分布式计算领域得到了广泛的研究,借用分布式计算对于系统目标的定义,共识协议应满足以下特性。

（1）安全性

在区块链系统中,如果一个诚实参与者接受并执行某个用户请求,则所有的诚实节点都应按照相同的顺序接受并执行该请求。

（2）活性

合法用户提出的合法请求在经过有限的时间延迟后能够被所有的诚实节点接受并执行。

共识协议必须同时满足以上两点才能保证去中心化系统数据的一致性与可用性。事实上以上两点是相互矛盾的需求,如果放弃其中一点则另外一点很容易满足。如放弃活性,则诚实节点不接受执行任何新的请求,安全性显然是满足的。反之,如果牺牲安全性,诚实节点接受并执行任何的输入,则可以很容易保证活性。下面具体介绍几种在区块链系统中常见的共识协议。

12.3.2　工作量证明共识协议

2008 年,中本聪在比特币白皮书中提出使用工作量证明（proof of work,PoW）机制来实现比特币系统中的共识协议。中本聪设计比特币的初衷是希望在数字世界找到类似现实世界中的黄金,从而在数字世界完成去中心化货币对法币的替代,其设计理念就是模拟自然界中黄金的储存与开采。因此中本聪在比特币系统中设计了有上限的比特币发行总量,同时比特币的发行类似于黄金的开采需要付出相应的劳动,也就是通过工作量换取产出的比特币,称之为工作量证明。

在计算机系统中,完成的工作量是以 CPU 计算周期为单位计量的,中本聪设计了基于密码学哈希函数的工作量证明算法。我们知道,理想的密码学哈希函数 $Y = H(X)$ 具有如下性质:

- 单向性　给定输入 X,$Y = H(X)$ 能够快速完成;反之,给定 Y,没有有效算法可以快速找到 $Y = H(X)$。
- 均匀性　对于随机输入 X,其输出 $Y = H(X)$ 在 $H(\ )$ 的值域空间是均匀分布的。

基于以上两点,利用哈希函数 $Y = H(X)$ 可以构建如下的工作量证明算法:

$$H(X, r) < T$$

其中:

X　任意的预置输入项。

　　r　完成工作量证明的随机数,称为工作量证明的解。

　　T　工作量证明的目标范围,可以是哈希函数 H( ) 值域空间的任意整数。

　　对于给定的预置输入 X,如果找到一个随机数 r 满足以上不等式,称之为完成了一次工作量证明,或者称为找到了工作量证明的一个解。下面分析工作量证明的特性。

　　假设哈希函数的输出长度为 l,则由哈希函数输出的均匀性可知,对于任意随机数 r,其是工作量证明的一个解的概率为:

$$p = \Pr[H(X,r) < T] = \frac{T}{2^l}$$

在工作量证明协议中,通常要求 $p \ll 1$。

　　假设某一用户完成了一次工作量证明,其所花费的哈希计算为 n 次,则 n 的数学期望为:

$$E[n] = \frac{2^l}{T} = D$$

　　D 也被称为工作量证明的难度系数。由上式可知,如果工作量证明的目标值 T 越小,则难度系数 D 越高,完成一次工作量所需的哈希计算次数越多。

　　在比特币系统中,通常将 T 设置为最高 s 位为 0,其他位为 1 的形式。在这种形式下,有:

$$p = \frac{T}{2^l} = \frac{2^{l-s}}{2^l} = \frac{1}{2^s}$$

　　假设某一用户在单位时间内可以完成 m 次哈希运算,则该用户在此段时间内完成工作量证明的概率:

$$P = 1 - (1-p)^m \approx pm$$

　　由此可见,假设单次哈希函数满足工作量证明要求概率远远小于 1,则用户在相同时间内成功完成工作量证明的概率与其拥有的计算能力成正比。

　　基于以上工作量证明算法,比特币设计了如下的工作量证明协议。

　　① 生成区块。假设 H_i 为区块链上高度为 i 的区块的哈希值,则高度为 $i+1$ 的区块哈希值满足:

$$H_{i+1} = H(H_i, X, r) < T$$

其中,X 为来自用户的输入请求,r 为任意随机数,T 为难度目标。

　　② 选择区块链。对于任意诚实节点,校验收到的所有区块链,验证从创世区块开始到最长区块都满足步骤①中对于生成区块的不等式要求,并保留其中最长的一条。

　　③ 扩展区块链。诚实节点获得步骤②中的最长区块链,并尝试以当前最高区块为起点扩展新的区块。扩展规则为尝试不同随机数 r 以满足步骤①中所定义不

等式条件。

④ 同步广播。如果任意诚实节点生成一个合法的新区块,则其将结果广播至所有节点,节点收到新区块后,按照步骤②所描述的策略选择区块链。

工作量证明协议的安全性证明依赖如下几个假设:

- 在单位时间内,诚实节点完成工作量证明的概率是 α,恶意节点完成工作量证明的概率是 β,并且 $\alpha > \beta$。也就是诚实节点算力占优,完成工作量证明的概率高于恶意节点。

- 比特币系统是同步网络,也就是网络最大延迟已知,并且诚实节点所发出消息可在最大延迟内传播到所有诚实节点。

- 出块速率很低,出块时间间隔远大于网络最大延迟。

为了分析工作量证明的安全性,下面给出工作量证明协议的 3 个性质。在此仅给出在数学期望意义下的一般性分析,而不是严格证明,详细证明可见参考文献。

（1）链增长性

在任意连续一段时间间隔 t 内,令 $L(t)$ 为最长区块链的长度增长量,则有 $L(t)$ 的数学期望满足:

$$E[L(t)] > \alpha t$$

由假设可知,在连续的时间间隔 t 内,诚实节点完成工作量证明的次数的数学期望为 αt。由于出块时间间隔远大于网络最大延迟,恶意节点无法组织诚实节点挖矿结果的传播,因此时间 t 内大多数时间所有诚实节点都可以及时同步收到诚实节点新生成的区块。即便恶意节点不贡献任何新的区块,最长区块链也将被诚实节点增加长度 αt。

（2）链质量

在任意连续一段时间间隔 t 内,令 ρ 为在新增长的区块链中诚实节点所贡献的区块数量的比例,则 ρ 的数学期望满足:

$$E[\rho] \geq \frac{\alpha - \beta}{\alpha}$$

在区块链增长过程中,恶意节点无法阻止诚实节点产生新的区块,因此恶意节点令诚实节点所产生区块失效的唯一办法是自己产生同高度的区块并赢得最终的竞争。由链增长性可知,在时间 t 内诚实节点与恶意节点生成的区块数量分别为 αt 与 βt。假设恶意节点赢得所有的竞争,则至少保留的诚实节点所产生的区块数量为 $(\beta - \alpha)t$,在此期间链增长的长度至少为 αt,因此 $E[\rho] \geq \frac{\alpha - \beta}{\alpha}$。

（3）公共前缀

在任意时刻,对于两个诚实节点所接受的最长区块链 C_1 和 C_2,去除 C_1 最新的

k 个区块,得到截断区块链 $C_1^{\lceil}$,则满足:

$$C_1^{\lceil} \sqsupseteq C_2$$

符号 $\sqsupseteq$ 表示区块链的前缀关系,即 C_1 去掉若干最新区块后是 C_2 的前缀。假如整个关系不满足,则两个诚实节点所接受的最长区块链 C_1 和 C_2 长度相同但是具有超过 k 长的分叉。意味着从分叉位置开始,系统内的所有节点共同生成了两个等长却不相同的区块链分支。由链增长属性可知,在此期间链的生长速度至少是诚实节点贡献的增长速度。由于恶意节点算力 $\beta<\alpha$,因此不可能另外维持一条相同速度增长的区块链分支,此假设不成立。

由以上 3 条属性,可以得到工作量证明区块链的安全性与活性。

• 安全性　根据公共前缀属性,任意两个用户除了最新生成的若干区块,其他所有区块都是相同的,因此除了最新生成的区块外,足够久的区块所承载用户请求都是一致的并可以被执行。此处区块链所提供的安全性是概率安全的,在公共前缀属性分析中 k 值越大,则属性成立的概率越大。因此在工作量证明区块链中,需要等待若干区块后才能确认最长区块链中足够老的区块。在比特币系统中,通常认为最长区块链 6 个区块之前的区块可以以较高概率被确认。

• 活性　根据链增长性,工作量证明区块链将会持续生成新区块并保证增长速度。同时由于链质量属性,新增加的区块有常数比例的区块是由诚实节点所生成的。由于诚实节点按照协议执行,所生成区块将会包含诚实节点所生成的请求,因此诚实节点请求将在有限时间内得到确认。

12.3.3　拜占庭容错协议

在比特币及区块链诞生之前,分布式计算已经有了数十年的发展,可以将区块链看作分布式计算的一个特殊形式,因此分布式计算领域的研究工作也可以用于区块链系统的设计。事实上,在联盟链等应用场景下,由于参与的节点需要预先注册身份,其应用场景与网络环境就是典型的分布式计算领域的研究内容,因此分布式计算所设计的容错协议也可以用于区块链系统的共识。

拜占庭将军问题(Byzantine generals problem)是 Lamport 等[9] 于 1982 年提出的分布式领域中的一个经典问题。在论文中,作者将分布式系统中的节点抽象为拜占庭帝国的多个将军,分布式系统中的一致性转换为将军之间执行一个统一的命令(进攻/撤退)。如果将军最终能执行一个相同的命令,则系统能够达成一致;如果将军不能执行相同的命令,则系统的一致性遭受破坏。

在这个场景中,参与命令执行和发布命令的将军都有可能是叛徒,也就相当于分布式系统中的恶意节点。叛徒可能执行任意的恶意行为,比如向不同的将军发出不同的消息,或者仅向部分将军发出消息等。而忠诚的将军根据收到的消息判断其应该执行的命令,忠诚的将军相当于分布式系统中的诚实节点。忠诚的将军之间可以互相发送消息,并且验证消息的来源。把能实现这种功能的协议称为拜占庭容错(Byzantine fault tolerance)协议。

早期的研究表明,在异步网络中,即使仅有一个失效停止节点,诚实节点间也无法达成确定性的共识,因此后续的研究都是在这个不可能定理之外通过修改某种假设条件或者目标实现的。早期的拜占庭容错协议通常假设网络是同步的,如果节点不能在确定的延迟内回复消息,则认为节点是失效的。同时早期的协议执行复杂度较高,一般需要 $O(f)$ 的协议执行轮次,其中 f 是恶意节点数量。因此这些协议在实际应用中并不实用。

第一个实用的拜占庭容错协议是 Castro 和 Liskov 等[14]在 1999 年所提出的实用拜占庭容错(practical Byzantine fault tolerance,PBFT)协议。该协议能够通过常数轮的执行在分布式系统中实现状态的一致性。

PBFT 协议假设系统中的节点总数为 n,其中恶意节点的数量是 f,并且满足 $n \geqslant 3f+1$,也就是恶意节点数量不超过节点总数的 1/3。节点预先完成身份注册,因此每个参与者拥有身份验证的公私钥对,其他参与者可以通过数字签名验证消息的来源。恶意节点无法伪造诚实节点的数字签名,也不能冒充诚实节点发出消息。PBFT 协议的执行分为正常执行过程和视图更新过程两部分。

1. 正常执行过程

PBFT 将共识过程分割为持续增加的视图(view),在一个视图中存在唯一的主节点(primary),在其他协议中也称为 leader 节点。主节点负责接收用户的请求,并且将请求封装为等待其他节点参与共识的消息。节点之间通过消息交换实现对用户请求的共识。为了便于说明,我们按照原始论文的描述将参与节点数量最小化,也就是 $n=4,f=1$。协议的执行过程如图 12-7 所示,其中节点 0 为主节点,节点 3 为拜占庭节点。

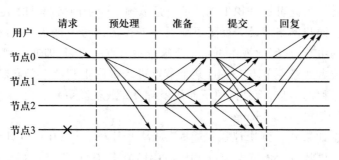

图 12-7　PBFT 协议执行过程

协议执行的 4 个阶段描述如下。

(1)预处理(pre-prepare)

主节点接收用户请求 m,封装为 PRE-PREPARE 消息,每一个消息分配有唯

一的视图编号 ν 及在视图内的消息序号 d。主节点为上述信息生成数字签名 δ, 作为消息校验依据。

主节点将 PRE-PREPARE 消息发送给其他所有节点。

（2）配备（prepare）

节点收到 PRE-PREPARE 消息后, 验证该消息的签名是否来自主节点, 同时验证视图编号及消息序号有没有与以前的消息冲突。

校验完成后, 诚实节点生成 PREPARE 消息, 该消息包括原始请求 m、视图编号 ν、消息序号 d 及该诚实节点的签名 δ_i。

诚实节点将 PREPARE 消息发送给其他所有节点。

（3）提交（commit）

节点收到 $2f+1$ 个节点（包括本身）针对请求 m、视图编号 ν 和消息序号 d 的 PREPARE 消息后, 验证对应的签名 δ_i。

校验完成后, 诚实节点生成 COMMIT 消息, 该消息包括原始请求 m、视图编号 ν、消息序号 d 及该诚实节点的签名 δ_i。

诚实节点将 COMMIT 消息发送给其他所有节点。

（4）提交后接收（committed）

诚实节点收到 $2f+1$ 个针对请求 m、视图编号 ν 和消息序号 d 的 COMMIT 消息后即可接受该请求 m。

2. 视图更新过程

在上述的协议执行过程中, 一个可能的问题：如果主节点失效或者出现恶意行为, 则协议是无法继续执行的。最简单的情况, 主节点不发出新的消息则系统的活性将不再继续, PBFT 通过视图更新的方式解决这个问题。

如果诚实节点发现系统超时, 也就是超过特定时间无法完成协议执行, 则进入视图更新状态。由此可见, PBFT 视图更新是依赖于同步网络假设的, 也就是 PBFT 的活性依赖于同步网络假设。视图更新意味着视图编号 ν 变为 $\nu+1$, 由于视图编号对应特定的主节点, 因此视图更新也意味着主节点的更新, 即通过视图更新可以替换掉失效或者恶意主节点。一旦某个节点进入视图更新状态, 则该节点不再接受正常执行过程的消息, 而是按照下面两个阶段完成视图更新。

（1）视图变更（view-change）

一个节点如果感知到协议执行超时, 或者收到 $f+1$ 个 VIEW-CHANGE 消息, 则进入视图变更状态。该节点构造 VIEW-CHANGE 消息, 消息包括新的视图编号 $\nu+1$, 已经完成协议执行的消息序号 d, 完成执行的证据 C, 已经完成预处理阶段的消息及相应的证据 P。

节点构造 VIEW-CHANGE 消息并附加签名后发给视图 $\nu+1$ 的主节点。

（2）新视图（new-view）

新视图 $v+1$ 的主节点收到 $2f+1$ 个有效的 VIEW-CHANGE 消息后构造 NEW-VIEW 消息，NEW-VIEW 包含其收到的 $2f+1$ 个有效的 VIEW-CHANGE 消息，主节点将 NEW-VIEW 消息签名后发送给所有节点。

主节点根据 VIEW-CHANGE 消息中的证据 P，重新共识其中所有已经完成配备阶段的消息，诚实节点根据 NEW-VIEW 消息接受视图更新并转到正常执行过程。

3. 协议分析

PBFT 协议可以满足共识协议对于安全性和活性的要求，在此给出简要的分析思路。

（1）安全性

在 PBFT 协议的执行过程中，没有任何两个冲突的请求 m 与 m' 都达到提交后接收状态。假如安全性不满足，也就是存在两条冲突的请求 m 与 m' 都达到提交后接收状态。根据协议执行的过程，这两个请求一定都分别得到过 $2f+1$ 个 PREPARE 消息。

协议假设恶意节点数量为 f 个，恶意节点为两条冲突的请求分别最多生成 f 个 PREPARE 消息，两个冲突的请求分别至少从 $f+1$ 个诚实节点收到 PREPARE 消息。因为诚实节点总数为 $2f+2$，因此至少有一个诚实节点为两条冲突的请求都发出了 PREPARE 消息。

这与协议对诚实节点的描述矛盾，因此不存在这样两个冲突的请求 m 与 m'。

（2）活性

在 PBFT 中，如果节点一段时间无法对请求达到提交后接收状态，则会更新视图的同时更新对应的主节点，诚实节点一定可以作为主节点参与协议执行，所以只需讨论主节点为诚实节点时的活性即可。事实上，如果主节点为恶意节点，那么恶意节点仅需要保持沉默即可使得协议暂时失去活性。

在 PBFT 协议中，设置视图变更触发的超时间隔应该大于最大网络延迟 Δ，因此所有诚实节点有足够的时间间隔处于同一个视图 v。如果该视图主节点为诚实节点，诚实节点不会发出相互矛盾的消息，该视图可以完成消息共识。

同时，恶意节点也无法使得协议经常陷入视图更新状态阻止协议的正常执行。因为协议进入视图更新状态至少需要 $f+1$ 个有效的 VIEW-CHANGE 消息，而恶意节点仅能生成 f 个 VIEW-CHANGE 消息。

因此协议在诚实节点作为主节点的情况下能够保证活性，而恶意节点无法阻止诚实节点作为主节点，也不能强制通过更新视图更换主节点。

4. PBFT 协议执行效率

共识协议通常关注其执行过程中的通信复杂度，因为通信复杂度决定了系统能够容纳的节点数量。通常将完成一次共识所需的消息数量与节点总数 n 的函数关系作为通信复杂度的衡量指标。

在 PBFT 协议正常执行过程,主节点向各个节点发出包含用户请求的 PRE-PREPARE 消息,该消息通信复杂度为 $O(n)$。每个节点将请求消息签名后使用 PREPARE 消息再发送给其他所有节点,故 PREPARE 消息的通信复杂度是 $O(n^2)$。同理,COMMIT 消息的复杂度也是 $O(n^2)$。因此在协议正常执行过程中,通信复杂度为 $O(n^2)$。

在视图更新过程中,每个节点需要将本身的状态证据发送给新的主节点。因为每个状态的证据需要包含达到该状态所需的 $2f+1$ 个消息,因此状态证据的消息复杂度为 $O(n)$。发起视图更新需要 $2f+1$ 个节点的状态,所以状态证据整体复杂度为 $O(n^2)$。新主节点将该证据广播至所有节点,因此视图更新阶段整体通信复杂度为 $O(n^3)$。

由此可见,PBFT 是常数轮的共识协议,其正常状态通信复杂度为 $O(n^2)$,视图更新过程通信复杂度为 $O(n^3)$。相比早期拜占庭容错协议,PBFT 的效率得到了很大的改进,并且其安全性不依赖于同步假设,因此 PBFT 在许多分布式系统中得到了应用,也被应用于各种联盟区块链环境中。

12.3.4 权益证明共识协议

比特币作为最早,也是最成功的区块链项目,其技术路线及生态模型对区块链和数字密码货币的发展产生了深刻的影响,甚至大量的区块链系统就是复制比特币或者仅仅做了简单的修改。对技术层面影响最大的莫过于基于工作量证明的共识协议,在区块链应用领域最为成功的以太坊项目也使用了基于工作量证明的共识协议。

在前面章节已经介绍过工作量证明共识协议,其安全性基于诚实节点拥有更多计算能力的假设。为了防止恶意节点或者合谋节点占据超过半数的计算能力,工作量证明的区块链系统必须鼓励和吸引大量的计算资源加入其中,一旦算力总量较低,则恶意节点可能通过购买或者租用计算资源等手段取得对整个系统的控制权。同时由于比特币、以太坊等数字密码货币市场价格的上升,吸引了很多计算资源加入挖矿工作,挖矿行业的发展带来了一个严重的问题就是能源消耗。根据测算,目前比特币全网能耗功率已经超过了 10 GW,相当于年耗电能超过了 80 TW·h。

工作量证明还需要占用大量的硬件资源,近年来比特币所使用的专用挖矿芯片均采用最新的芯片工艺制造,以获得最大的算力与最低的能耗。专用挖矿芯片的使用使得工作量证明逐渐偏离了中本聪关于计算机世界分散的计算资源去中心化的设想,大规模的矿池、专用芯片生产厂家等核心参与者拥有了越来越多的计算资源,比特币去中心的假设也受到了越来越多的质疑。工作量证明所消耗的能源及硬件资源并不能产生直接的价值,其所做的计算是以哈希计算为核心的工作量证明,计算结果在区块链系统之外没有任何实用价值。因此,越来越多的研究者尝试找到替代工作量证明的共识协议,其中一个主要的研究方向就是使用无须消耗大量计算资源的协议替代工作量证明协议。

在前面的介绍中可以看到,拜占庭容错协议就是无须消耗大量计算资源的共识协议,因此使用 PBFT 等协议作为区块链的共识算法是一种最为直接的方法。但事实上,使用 PBFT 类协议作为公有区块链的共识协议并不合适。

首先,由于 PBFT 类协议是需要预先注册身份的协议,无法满足公有区块链开放性的要求。在比特币系统中,所有的参与者可以在任意时刻加入或者退出系统,无须得到其他参与者的许可,也无须完成注册等过程。而 PBFT 协议需要参与者预先通过中心节点完成身份注册,并且在执行过程中依赖节点总数及诚实节点数量的假设,因此参与者不能动态加入或离开系统。

其次,PBFT 类协议通信复杂度较高。原始的 PBFT 类协议需要 $O(n^3)$ 的通信复杂度,无法在大量节点的环境中直接使用。可以看到,在工作量证明的共识协议中,每个节点仅需要将消息广播到系统中,因此是 $O(n)$ 的通信复杂度。目前也有些工作在对 PBFT 类协议通信复杂度进行改进,在引入某些假设后,部分新的协议可以支持 $O(n)$ 的通信复杂度,今后将可能逐渐用于大量参与者的环境。

最后,在 PBFT 协议中主节点是确定的,如果直接使用 PBFT 协议作为区块链的共识协议,出块顺序的确定性将会损害区块链系统的公平性。在比特币系统中,下一个出块者是无法预测的,因此攻击者不能采用贿赂攻击等手段影响系统的公平性。

基于以上分析,在公有链中直接使用 PBFT 协议并不合适,为此近年来对公有链环境的新型共识协议进行了大量的研究。其中一个主要方向是使用系统中的权益(stake)来代替计算资源实现共识协议。权益类似于传统公司治理中股权的概念,股权的拥有者通过投票机制完成公司治理。在区块链系统中,权益的拥有者通过投票机制实现共识协议,在投票过程中需要完成对拥有权益的证明,称此类协议为基于权益证明(proof of stake,PoS)的共识协议。由于权益具有流通性,参与者通过购买相应的权益即可参与区块链系统,因此 PoS 系统可以解决 PBFT 类协议的开放性问题。参与者无须预先通过中心节点注册身份,仅需按照系统协议获得权益即可。本书介绍两种代表性的 PoS 共识协议。

1. 委托权益证明共识协议(delegated proof of stake,DPoS)

利用 BFT 类协议构建 PoS 共识协议的主要困难是 BFT 协议通信复杂度比较高。在实际网络环境中,此类协议仅能支持不超过 100 个节点的共识,在互联网环境中甚至仅能支持不超过 10 个节点的共识。相对于比特币系统数万节点的规模,BFT 类协议无法直接支持公有区块链规模的共识。为了在公有链环境中实现共识,PoS 的早期协议通常使用委托机制减少共识节点的数量,从而利用 BFT 协议实现共识,这就是 DPoS 设计的基本思路。

在 DPoS 系统中,通常设置固定数量的超级节点,仅有超级节点可以产生新的区块及参与区块的共识协议。超级节点的数量一般在 20~100,可以通过简化的 BFT 类投票协议完成共识。

普通的参与者无法直接产生区块或者参与共识协议,因此普通参与者通常将其所拥有的权益委托给超级节点。超级节点的产生依赖于其所获得的委托权益数量,通常将权益数量排名靠前的节点作为超级节点参与共识。DPoS 协议超级节点间的共识通常类似于 PBFT 协议,通过搜集超过足够的投票确认共识结果,在此不再赘述协议细节。

DPoS 协议是 PoS 协议最简单直接的构造形式,拥有一些 PoS 协议的基本特点与优势:

- 相对于 PoW 共识协议,DPoS 协议不需要消耗大量的计算资源完成共识,参与者的身份及权益依赖于其拥有和被委托的权益数量。

- 由于 DPoS 协议参与的超级节点数量较少,且节点间的网络连接确定,因此其通常可以达到比 PoW 共识协议更好的性能。

- 相对于基本的 PBFT 协议,普通参与者能够通过获取权益间接参与 DPoS 系统,并通过将权益委托给超级节点间接参与共识协议,开放性比 PBFT 协议好。

虽然 DPoS 协议初步具有 PoS 协议设想的一些特点,但是其本质上还是传统的 BFT 类协议在公有链环境中的一种妥协形式,因此其在公有链中的缺点也十分明显:

- 选择超级节点的过程十分困难,通常不能快速实现超级节点的更替。在大多数使用 DPoS 共识协议的区块链系统中,通常在系统启动前通过线下投票机制选择超级节点。一方面超级节点一旦参与共识协议的运行,就需要维护运行状态;另一方面,也缺少快速投票机制可以快速选择新的超级节点,因此超级节点更替困难,只能以较低频率实现超级节点的更替,甚至不做更替。

- DPoS 系统中心化趋势明显。相对于 PoW 共识协议,拥有较小权益份额的节点不能提出区块或者参与共识过程,因此系统事实上被少量超级节点所垄断。由于超级节点更替困难,这些超级节点极易形成联盟,主导系统的运行。更严重的是,只有超级节点能够参与共识并获得收益,普通节点除了将权益委托给超级节点外并无其他选择,普通参与者难以通过投票权改变超级节点的垄断。虽然原理上允许新的节点竞争超级节点,但是在成为新的超级节点前无法带来真正的收益,因此竞争获得新超级节点的行为成本极高。

由此可见,基于 DPoS 共识协议的区块链系统中心化趋势明显,可能会失去区块链系统去中心化这一最基本的特征。近年来 PoS 协议的研究致力于保证系统的开放性,允许普通用户直接参与协议的运行。新出现的 PoS 协议设计思想与重点各不相同,本书介绍的 Algorand 协议就是其中典型的一种。

2. Algorand 共识协议

Algorand 是 Micali 等[20]提出的一种权益证明的共识协议,Algorand 协议允许所有的权益拥有者按照所拥有权益份额相应的概率参与区块的生成与共识。

Algorand 协议是按照轮次执行的共识协议,使用 r 作为轮次的计数,其协议设计由如下几个算法构成。

（1）随机种子迭代

$$Q^r \leftarrow H(\mathrm{SIG}_{l^r}(Q^{r-1}), r)$$

其中,l^r 是第 r 轮的区块生成者,也称为主节点,主节点的竞争选择在后面具体描述;$\mathrm{SIG}_{l^r}(Q^{r-1})$ 是主节点 l^r 对 Q^{r-1} 的数字签名;$H(\ )$ 是理想的密码哈希算法。

由此可见,随着协议的执行 Q^r 在每一轮中被该轮的主节点更新,其他节点在更新前无法预测 Q^r 的改变。

（2）主节点选择

$$\min\{H(\mathrm{SIG}_i(r,s,Q^{r-1}))\}$$

第 i 个参与者利用上一轮的随机数种子 Q^{r-1}、当前的轮次 r 及该轮执行次数的参数 s 生成签名信息 $\mathrm{SIG}_i(r,s,Q^{r-1})$,为了简便在此忽略对 s 的讨论。生成的数字签名通过理想的密码哈希算法 $H(\ )$ 转换为整数。

所有参与者生成的整数中数值最小的参与者即是 r 轮的竞争胜利者,可以生成本轮新的区块。

在主节点选择算法中,每个参与者仅能生成本身的竞争参数,而无法判断系统中的胜利者是哪个节点,因此需要通过共识算法对竞争结果产生共识。Algorand 采用动态验证委员会投票的方式实现共识结果的确认。

首先是验证节点的选择:所有节点执行上述算法,其中参数含义与主节点选择算法相同。所不同的是,所有生成的整数小于难度系数 p 的节点均被选为验证节点,所有验证节点构成集合 S

$$S = \{i : H(\mathrm{SIG}_i(r,s,Q^{r-1})) < p\}$$

其次是结果共识的产生:所有潜在称为主节点的参与者广播所计算的竞争整数及新生成的区块,在验证节点集合 S 中的所有节点执行一个基于投票的共识协议 $\mathrm{BA}^*(\ )$。$\mathrm{BA}^*(\ )$ 可以确保当竞争值最小节点为诚实节点时输出唯一的共识结果。

下面简要分析 Algorand 协议的几个特性。

● 相对于 DPoS 协议,Algorand 协议允许所有的参与者直接产生区块并参与共识协议运行。无论是主节点的选择还是验证节点的选择,只要是系统中合法用户并拥有相应的权益均可直接参与。

- Algorand 通过 BA*( ) 算法实现结果的共识。BA*( ) 算法是一种改进的基于投票的算法,其通信复杂度较 PBFT 更低,且不依赖于确定的参与者人数假设,因此更加适合开放式参与者的环境。

在实际使用中,Algorand 协议仍然存在一定的不足。

- Algorand 验证节点集合的选择是概率性算法。为了避免恶意节点控制验证节点集合,该集合不能太小,否则恶意节点有可能在集合中占据优势。而较大的验证节点集合在执行 BA*( ) 协议中有较高的复杂度。

- BA*( ) 协议是基于投票的共识协议,在最差情况下需要超过 10 轮的执行过程,因此在互联网环境中可能产生较大的共识延迟。

- Algorand 虽然不需要确定协议参与者的总数量,也不需要限制诚实节点一定参与协议的执行,但是验证节点的选择需要保证足够的数量,因此对节点的参与度与在线比例有较高要求。

12.4 智能合约与去中心化计算

在前面的内容中可以看到,区块链最初是为数字密码货币设计的,因此在以比特币为代表的早期区块链系统中,数字密码货币的发行与交易是区块链系统中唯一承载的应用。如果区块链作为去中心化系统应用于其他场景,甚至支持通用的计算模式则可以极大地扩展区块链的价值。以太坊通过智能合约将区块链扩展为具有统一计算能力的计算平台,智能合约与区块链的结合也是当前区块链通用计算能力扩展的主要形式。

12.4.1 智能合约原理

智能合约(smart contract)最早是由 Nick Szabo 在 20 世纪 90 年代提出的,被定义为一种数字化形式定义的承诺(commitment),合约的参与方可以执行承诺所包含的协议。事实上,这里的智能指的是合约是以数字化程序所定义的,因此其能够被计算机系统所执行,这个执行过程是自动完成的,而不被人为干扰。因此智能合约可以实现协议执行的公平性,一旦智能合约被部署(完成承诺),参与者就不能违背原始的协议。

智能合约概念提出后,由于没有合适的应用场景及承载平台,在很长一段时间并没有得到广泛应用。智能合约的自动执行依赖于不受干扰的计算平台,否则即便合约执行的逻辑不受干扰,但是计算平台受到外界控制也不能保证合约的正确执行。区块链作为去中心化的网络系统,其最大的特点是不受单一可信方的控制,因此为智能合约的执行提供了理想的去中心化环境。

什么是区块链系统的智能合约呢?在区块链系统中,智能合约可以认为是使用某种计算机编程语言所编写的可执行程序。与普通的计算机程序有所不同,智能合约程序不是运行在某个特定的计算机系统,而是运行在区块链所用的共识节点上。共识节点为智能合约启动执行环境,并且从区块链上取得智能合约所需的输入参数,返回智能合约的执行结果。可以将智能合约看作是同时在所有共识节点所运行的一个程序进程,区块链的共识算法保证了所有节点使用相同的程序代码,执行相同的程序逻辑,同时获得通用的输入参数,因此所有节点上运行的进程具有相同的执行状态,返回相同的执行结果。

由于区块链都是通过交易承载节点间数据交换的,所以智能合约功能的实现也都是通过特定交易完成的。每个智能合约等效于区块链系统中的一个计算进程,智能合约的正确执行包括以下几个阶段。

（1）部署

开发完成的智能合约首先要在区块链上部署。部署过程实现了智能合约代码向区块链环境的发布,所有共识节点能够获得相同的智能合约代码,并为智能合约的存储与执行准备相应的环境。

（2）初始化

智能合约完成部署后,通过特定的初始化接口开始合约的执行,初始化接口仅在部署阶段执行一次,为合约设置正确的初始状态,并且记录合约部署者信息等。

（3）接口调用

智能合约完成初始化后,通过公开接口接受外部调用。用户对接口的调用通过交易完成,接口调用检查调用者的权限,符合权限要求的调用才能够被接受。例如某些接口仅供合约部署者调用,其他使用者的调用将会被拒绝。接口调用将会驱动合约逻辑的执行,执行完成后合约维持当时的状态,等待后续的调用。

（4）销毁

智能合约执行完成后,部署者可能通过特定接口销毁合约,释放合约所占用的存储资源、内存资源和计算资源等。

12.4.2　以太坊智能合约

以太坊智能合约支持多种开发语言,推荐使用的是 Solidity 语言。

1. Solidity 语言与编程模型

以太坊底层的区块链可以为应用开发者提供计算、存储、内存等不同资源的抽象视角,从而开发者能够在上层编写各种各样的程序存储在区块链上,这样的程序称为智能合约。把智能合约保存在区块链上的过程,称为智能合约部署。部署完成后,区块链的共识节点可以通过开放的接口执行智能合约,通过合约修改区块链上的数据、更新内部状态,这个过程称为智能合约的调用。以太坊依赖运行在各个共识节点上的虚拟机完成智能合约的执行。

类似传统的计算机模型,以太坊虚拟机也拥有存储、内存等资源。这里的存储类似传统计算机的外存,实际上是会被持久化写入区块链上的数据;内存类似传统计算机的内存,是指在执行过程中,不会持久化地写入链上的数据,这部分数据在智能合约执行完毕后(类似于进程结束)就会被释放。

在传统计算机系统中,计算机对于程序的执行依赖编译器将高级语言转换为机器代码。以太坊智能合约同样基于高级语言开发,因此以太坊虚拟机同样依赖编译工具将高级语言翻译为可执行的机器代码,这些 0、1 序列被称为字节码。以太坊虚拟机拥有尽可能精简的指令集,无论多么复杂的代码逻辑,都可以抽象为几条简单的比较、跳转、运算等指令。实际上,区块链上的智能合约代码都是以字节码形式存储的,智能合约调用就是让以太坊虚拟机来调用执行这些字节码。

Solidity 是一种专门面向智能合约、为实现智能合约而设计的高级编程语言,它是一种静态类型语言。这种语言受到了 C++、Python 和 JavaScript 语言的影响,在后面的介绍中,可以看到它的语法与 JavaScript 非常相似。通过 Solidity 编译器,首先将 Solidity 语句编译为以太坊字节码,然后可以进一步将字节码形式的智能合约部署在以太坊区块链上,并且调用执行对应的合约。

不同于普通计算机是为计算机拥有者提供服务的,以太坊作为一种公有区块链接受任何合法的调用请求。如果某个调用者要调用以太坊上的代码,无论是进行计算,或者是修改链上存储的数据,实际的代码执行者都不只是该调用者本人,每一个参与以太坊区块链的共识节点都需要执行该代码。共识节点能够通过代码执行得到输出结果,并通过共识协议最终达成一致,修改本地的数据状态。为了避免调用者滥用这些计算和存储资源,以太坊虚拟机在设计时提出了燃料(Gas)的概念。Gas 实际上就是一定数额的以太币,用于支付智能合约执行所消耗的计算资源。不论是部署合约还是执行合约中的代码,都会消耗一定数目的 Gas,针对合约代码中不同的汇编指令类型,会对该指令收取不同数额的 Gas。当在执行过程中,需要花费的 Gas 小于创建该笔交易时所携带的 Gas 量,则剩余的 Gas 将原路退回给交易发起者。而如果执行过程中,需要花费的 Gas 量大于原本携带的 Gas 量,则会令交易携带的代码执行回滚到未执行的状态,并且不会给交易的发起者退回任何 Gas。通过这样的办法,限制调用者过度占用计算资源。

由于 Solidity 社区的活跃,对应编译器版本一直在不停地更新,而且每当有新的编译器版本问世,都会出现新的语法特征,所以 Solidity 为了保证当前代码能够被编译,需要显式指出支持的编译器版本号。Solidity 的语法特性非常丰富,本书将不会详细介绍 Solidity 的语法。

2. Solidity 智能合约样例

本节通过一个典型的 Solidity 公开拍卖代码样例,介绍智能合约的基本结构。

```
1. pragma solidity ^0.4.22;
2. contract SimpleAuction {
3.     address public beneficiary;
4.     uint public auctionEnd;
5.     address public highestBidder;
6.     uint public highestBid;
7.     mapping(address => uint) pendingReturns;
8.     bool ended;
9.     event HighestBidIncreased(address bidder,uint amount);
10.    event AuctionEnded(address winner,uint amount);
11.
12.    constructor(
13.        uint _biddingTime,
14.        address _beneficiary
15.    ) public {
16.        beneficiary = _beneficiary;
17.        auctionEnd = now + _biddingTime;
18.    }
19.
20.    function bid( ) public payable {
21.        require(
22.            now <= auctionEnd,
23.            "Auction already ended."
24.        );
25.        require(
26.            msg.value > highestBid,
27.            "There already is a higher bid."
28.        );
29.        if (highestBid != 0) {
30.            pendingReturns[highestBidder] += highestBid;
31.        }
32.        highestBidder = msg.sender;
33.        highestBid = msg.value;
34.        emit HighestBidIncreased(msg.sender,msg.value);
35.    }
36.
37.    /// 取回出价(当该出价已被超越)
38.    function withdraw( ) public returns (bool) {
39.        uint amount = pendingReturns[msg.sender];
40.        if (amount > 0) {
41.            pendingReturns[msg.sender] = 0;
42.            if (!msg.sender.send(amount)) {
43.                pendingReturns[msg.sender] = amount;
44.                return false;
```

```
45.                    }
46.               }
47.          return true;
48.      }
49.
50.      /// 结束拍卖,并把最高的出价发送给受益人
51.      function auctionEnd(   ) public {
52.          require( now >= auctionEnd,"Auction not yet ended." );
53.          require( ! ended,"auctionEnd has already been called." );
54.          ended = true;
55.          emit AuctionEnded( highestBidder,highestBid );
56.          beneficiary.transfer( highestBid );
57.      }
58. }
```

第 1 行指明该智能合约支持的编译器版本。第 2 行是该智能合约的命名与定义。第 3—8 行是合约维护的"状态变量",可以看到每个变量的声明方式都是类型和修饰词在前,名称在后。其中,**public** 修饰的变量可以被任何的合约调用者及外部的观察者看到。各个变量的含义依次是指当前拍卖的受益方 beneficiary、拍卖结束时间的变量 auctionEnd、当前出价最高的竞价者 highestBidder 和最高的竞价 highestBid。因为每当出现更高的出价时,就需要将之前出价低的竞价方的出价退回,这里采用一个映射 pendingReturns 来记录每个竞价方需要被退回的钱数,ended 是表明当前竞拍已经结束的布尔值。第 9—10 行定义了两个事件,分别是最高竞价上升和拍卖结束。

第 12—18 行提供了这个合约的构造函数,类似于 C++ 中类的定义,该构造函数在调用时,会初始化拍卖合约的受益人是创建合约的账户,并且设置了拍卖的结束时间。

第 20—34 行是竞拍函数。关键字 **public** 表示所有人都可以调用该函数,payable 函数表示调用该函数时,会发生以太币的转账。智能合约的调用都是通过交易来实现的,通过向合约地址发送以太币,并且在交易内附上调用函数的相关数据,实现此合约函数的调用。其中,第 21—24 行是一个 require 调用,表示如果调用者执行时将检查 require 内的条件,如果不满足,则调用会被回滚。这里,第一个 require 条件是判断当前时间是否已经超过了合约的结束时间。第 25—28 行的第二个 require 条件,是判断当前的竞价是否大于最高竞价,只有当出价大于当前最高竞价时,当前竞价才被允许推进。第 29—31 行表示此次新的出价已经高于之前出价最高的竞价,所以需要把之前最高的竞价退回出价方,这里使用一个映射来记录需要退回的金额,而不是直接利用合约向目标转账,允许之前出价方自己从合约提取的金额。第 32—33 行是设置新的最高竞价者和竞价,并且在第 34 行触发一个最高竞价增长的事件,用于通知上层 DApp。

第 32—48 行用于出价低于最高出价的竞价方将之前转入合约的以太币取回。第 39 行从映射中获取函数调用方出的竞价。第 40—46 行判断是否曾经有竞价,如果有,则转出给函数调用方,并且将记录清零。其中,第 42 行对转出操作进行了条件判断,当 send 函数执行失败时,金额退回竞价方失败,此时需要重新记录竞价方的金额,防止合约内记录需要退给竞价方的金额为零,但是竞价方并未收到退款。

第 51—58 行是竞拍的结束函数。第 52 行判断当前时刻是否到达竞拍的结束时刻,第 53 行判断竞拍是否已经结束。如果已经到达,且竞拍还未结束,则第 54 行令竞拍结束,第 55 行触发竞拍结束事件,展示最高出价方和最高竞价。第 56 行向此次竞拍的受益方转出最高竞价。

通过这个例子,可以看到智能合约的一些基本操作和应用场景,以及如何扩展区块链的执行逻辑。运行在区块链系统中的智能合约将区块链扩展为一个去中心化的通用计算系统。

3. Solidity 智能合约编译与部署

Solidity 智能合约的编译一般是通过 Solidity 编译器实现,开发者可以选择不同的编译器完成合约的编译与部署。一个简单的方式是通过 Remix 平台实现在线编译与合约部署,而不依赖于任何本地的软件安装。

通过访问 Remix 官方平台,选择 Solidity 并新建一个文件,命名为 auction.sol,将上述公开拍卖合约输入编辑框。单击左侧的█图标打开 Solidity 编译器,选择编译器版本后,点击编译。当编译器图标变为█,表示已经编译成功。可以看到,编译器界面的最下方有 Bytecode 按钮,单击该按钮可以将合约对应的字节码复制到剪贴板,将其复制到其他编辑软件中可以观察智能合约字节码的形式。

Remix 通过浏览器提供一个虚拟的以太坊区块链环境,方便合约的部署测试。单击左侧菜单栏的█按钮,打开部署与执行交易页面,可以看到部署环境的选项,当前条件下选择 JavaScript 虚拟机。账号栏表示当前可以使用的若干个随机产生的虚拟环境里的以太坊测试账户。选择 auction.sol 合约,展开部署旁边的下箭头,填入 _biddingTime 和 _beneficiary 两个构造参数,设置 _biddingTime 为 200,_beneficiary 为当前使用的虚拟账号,单击 transact 按钮,下方日志会提示部署成功。

在左侧单击下方已部署合约,可以找到已经部署的 simpleAuction 合约。此时可以在账户处选择另一个账户,将以太币数量设为 10。回到已部署的 simpleAuction 合约,单击 bid,可以看到竞拍成功日志提示。接下来,可以通过点选左侧智能合约的 beneficiary、highestBid 和 highestBidder 3 个按钮,查看智能合约维护的 3 个状态变量值,可以看到,当前的最高竞价已变为 10,最高的竞价者已经变为新拍卖账户。

至此,智能合约在 JavaScript 虚拟机环境的部署操作就介绍完毕了。在实际的应用中,如果需要将合约部署在实际的私有链或者公有链上,就需要选择环境为"Web3 提供器",填写 Web3 提供器的 URL 为 geth 节点开放的 RPC 端口。

12.5　区块链技术的发展方向

区块链作为一项新的技术,无论是其功能、性能、安全性,还是应用场景都处于不断地发展之中。同时区块链中用到了大量的密码算法与协议,也在推动密码学相关研究的发展与应用。

1. 高性能共识协议

共识协议是区块链系统核心组件,共识协议决定区块链的安全性与性能。对于区块链系统,有一个普遍的观点称为区块链不可能三角,也就是在区块链系统的 3 个关键要素去中心化、安全性及性能是不能同时满足的,或者如果要强调其中的两个要素则要牺牲第三个。比如比特币等工作量证明的区块链系统中,可以提供很好的去中心化属性和良好的安全性,但是牺牲了吞吐率等关键性能。PBFT 类协议可以提供良好的吞吐率和安全性,但是牺牲了去中心化特性。因此设计均衡满足此 3 个关键要素的共识协议是区块链技术的重要研究方向。

近年来,适用于不同领域的高性能共识协议始终是一个研究的热点。如从PBFT 出发,SBFT 协议通过聚合签名等技术降低共识协议的通信复杂度,提高了协议效率从而可以容纳更多共识节点。HotStuff 等协议利用流水线机制,取消了复杂度较高的视图更新协议,进一步提高了共识的效率。以太坊协议在 PoW 共识协议的基础上,通过引入类似 BFT 的投票机制构建的 CASPER 协议可以支持确定性共识结果,提高了系统的安全性。

2. 隐私保护的计算模型

以比特币为代表的区块链系统提供了一定的用户匿名性,用户可以使用生成的伪随机账号完成交易过程。但同时,区块链系统中的信息为了保证所有参与者都可以公开验证,其上传输与存储的内容都是明文形式,区块链系统的隐私保护能力是缺失的。一旦通过分析建立其账号与实体身份之间的联系,区块链系统将完全没有隐私保护功能,因此有大量的研究工作是为区块链系统提供更好的隐私保护能力。

由于区块链要求共识节点能够对交易的有效性进行公开验证,不能使用传统的加密算法实现对交易数据的保护,因为简单的加密内容是无法被第三方检验与计算的。区块链之上的隐私保护计算技术可以通过零知识证明、同态加密、环签名、可信硬件等技术实现。例如 ZCash 通过零知识证明实现了交易信息的隐私保护验证,Monero 通过环签名实现了交易者身份的隐藏等。

3. 去中心化应用场景

区块链技术的另外一个研究热点是如何通过区块链系统支持去中心化的应用

场景。区块链诞生后最成功的应用场景是去中心化数字货币的发行与流转,除此之外尚未找到具有突破性的应用场景。区块链的核心特征是去中心化的计算平台及自动化的激励机制,因此去中心化的应用场景也应基于这两点进行设计。

当前区块链去中心化应用的一个热点是去中心化金融服务。例如基于区块链的供应链金融可以实现实体产业中供应链的全程可追踪,同时根据可信的供应链信息实现低风险、低成本的金融服务。也有一些研究针对去中心化的金融交易服务,例如在区块链系统中利用定制的交易模型,实现在传统的中心化交易所才能实现的金融产品买卖等。这些研究可以节约交易成本,提高交易的公平性。在解决了隐私保护问题的基础上,区块链去中心化应用的另外一个热点是隐私保护的数据流转与交易。对于传统中心化系统难以实现数据拥有者对数据的确认与控制的问题,基于区块链可以实现数据流转全周期的管理与控制。

思考题

1. 在基于工作量证明的区块链系统中,如果攻击者掌握了 51% 的算力,攻击者如何实现数字货币的双花?

2. 试分析是否可以采用其他物理资源代替工作量证明设计共识协议。

3. 在 PBFT 协议的正常执行过程中是否可以减少一轮投票?

4. 尝试利用 Solidity 设计如下逻辑的智能合约:账户 A 接收转账输入,当累积余额达到门限值 m 后全部转入账户 B。

5. 试分析区块链潜在的应用场景。

参考文献

1. Satoshi Nakamoto. Bitcoin:A peer-to-peer electronic cash system[EB/OL].(2008-10-31)[2022-1-31].

2. Castro M,Liskov B. Practical Byzantine Fault Tolerance[C]. Proceedings of the Symposium on Operating Systems Design and Implementation. New Orleans,1999,pp. 173-186.

3. Juan A Garay,Aggelos Kiayias,Nikos Leonardos. The bitcoin backbone protocol:Analysis and applications[C]. In Elisabeth Oswald,Marc Fischlin. EUROCRYPT 2015,Part II,volume 9057 of LNCS. Heidelberg:Springer,2015,pp.281-310.

4. Rafael Pass,Lior Seeman,Abhi Shelat. Analysis of the blockchain protocol in asynchronous networks[R/OL]. Cryptology ePrint Archive,2016:454.

5. Ethereum.

6. Iddo Bentov,Rafael Pass,Elaine Shi. Snow White:Provably Secure Proofs of Stake[R/OL]. Cryptology ePrint Archive,2016:919.

7. Aggelos Kiayias,Alexander Russell,Bernardo David,Roman Oliynykov. Ouroboros:A Provably

Secure Proof-of-Stake Blockchain Protocol[C]. CRYPTO (1) 2017,pp. 357-388.

8. Christian Badertscher,Peter Gazi,Aggelos Kiayias,et al. Ouroboros Genesis:Composable Proof-of-Stake Blockchains with Dynamic Availability[C]. CCS 2018,pp. 913-930.

9. Lamport Leslie,Robert E Shostak,Marshall C Pease. The Byzantine generals problem[J]. ACM Transaction on Programming Languages and Systems,1982,4(3):382-401.

10. Marshall C Pease,Robert E Shostak,Leslie Lamport. Reaching agreement in the presence of faults[J]. Journal of ACM,1980,27(2):228-234.

11. Jonathan Katz,Chiu-Yuen Koo. On expected constant-round protocols for Byzantine agreement [J]. Journal of Computer and System Sciences,2009,75(2):91-112.

12. Michael J Fischer,Nancy A Lynch,Mike Paterson. Impossibility of distributed consensus with one faulty[J]. Journal of ACM,1985,32(2):374-382.

13. Cynthia Dwork,Nancy A Lynch,Larry J Stockmeyer. Consensus in the presence of partial synchrony[J]. J. ACM,1988,35(2):288-323.

14. Castro Miguel ,Liskov Barbara. Practical Byzantine fault tolerance[C]. In Proceedings of the Third USENIX Symposium on Operating Systems Design and Implementation (OSDI),1999,pp. 173-186.

15. Miguel Castro,Barbara Liskov. Practical Byzantine fault tolerance and proactive recovery[J]. ACM Trans. Comput. Syst.,2002,20(4):398-461.

16. Ramakrishna Kotla,Lorenzo Alvisi,Michael Dahlin,et al. Zyzzyva:Speculative byzantine fault tolerance[J]. ACM Trans. Comput. Syst.,2009,27(4):7:1-7:39.

17. Ittai Abraham, Guy Gueta, Dahlia Malkhi, Jean-Philippe Martin. Revisiting fast practical Byzantine fault tolerance:Thelma,velma,and zelma[C]. CoRR,abs/1801.10022,2018.

18. Guy Golan-Gueta,Ittai Abraham,Shelly Grossman,et al. SBFT:a scalable decentralized trust infrastructure for blockchains[C]. CoRR,abs/1804.01626,2018.

19. Yin Maofan,Dahlia Malkhi,Michael K Reiter,et al. HotStuff:BFT Consensus in the Lens of Blockchain[C].arXiv:1803.05069.

20. Micali Silvio. Algorand the Efficient Public Ledger[C].arXiv:1607.01341v6.

21. Rafael Pass,Elaine Shi. Thunderella:Blockchains with optimistic instant confirmation [C]. Proceedings of Advances in Cryptology-EUROCRYPT 2018,Part Ⅱ,pp. 3-33,2018.

22. Aggelos Kiayias, Alexander Russell. Ouroboros - BFT:A Simple Byzantine Fault Tolerant Consensus Protocol[R/OL]. Cryptology ePrint Archive,2018:1049.

23. Vitalik Buterin,Virgil Griffith. Casper the Friendly Finality Gadget[C].arXiv:1710.09437.

24. Kwon J. Tendermint:Consensus without mining[C/OL]. Semantic Scholar,2014.

第 13 章　无线网络通信安全协议

　　无线网络是网络技术向无线通信领域的自然延伸,由于用户通过无线方式接入网络,安全性难以保障,使得安全协议在网络接入、认证等方面的作用更加重要。通常无线网络安全协议主要考虑用户无线接入的认证、通信安全等问题,本章重点介绍以国际标准 802.x 和国内标准 WAPI 为代表的无线局域网络,以及以 GSM 和 3G 为代表的无线广域网络的工作原理和相关安全协议。

13.1　无线局域网

　　无线局域网(wireless local area network,WLAN)采用射频(radio frequency,RF)技术构成局域网络,它是一种便利的数据传输系统,是计算机网络与无线通信技术相结合的产物。通常,计算机组网的传输介质主要依赖双绞线或光缆,由此构成有线局域网。但是,有线网络在某些场合会受到一些限制,如布线、改线工程量大,线路容易损坏,网中各节点不可移动等,特别是当把距离较远的节点连接起来时,铺设专用通信线路的布线施工难度大、费用高、耗时长。WLAN 可以很好地解决有线网络存在的许多问题,它利用电磁波在空中发送和接收数据,无需线缆介质。现在,WLAN 的数据传输速率已经达到 11 Mb/s,传输距离最远可达 50 km 以上。WLAN 是对有线连网方式的一种补充和扩展,使网上的计算机具有可移动性,能快速方便地解决使用有线方式不易实现的网络连通问题。

　　早在 20 世纪 90 年代初,工作在 900 MHz、2.4 MHz 和 5 GHz 频率上的无线局域网设备就已经出现,但是由于价格、性能和通用性等原因,没有得到广泛应用。直到 1997 年 6 月,第一个无线局域网标准 IEEE 802.11 正式颁布实施,为无线局域网的物理层(PHY)和介质访问控制(media access control,MAC)层提供了统一的标准,有力地推动了市场的快速发展。IEEE 802.11 支持两种数据传输速率,即基于双相移键控(binary phase shifting keying,BPSK)的 1 Mb/s 和基于正交相移键控(quadrature phase shifting keying,QPSK)的 2 Mb/s。IEEE 802.11a 和 IEEE 802.11b 是 IEEE 802.11 的扩展,IEEE 802.11b 可以实现 5.5 Mb/s 和 11 Mb/s 的传输速率,IEEE 802.11a 则定义了 5 GHz 频段的应用。目前,在 WLAN 中应用最广泛、最成熟的是 IEEE 802.11b 局域网体系。

13.1.1　WLAN 网络组成

无线局域网一般分为 3 部分:通信设备、用户终端和网络支持单元[1,2]。图 13-1
给出了一个完整的无线局域网示意图,其中通信设备主要由骨干网、双端口备份、
集线器(Hub)、接入点(access point,AP)和各种认证服务器等硬件设备组成。网络
支持单元主要是用于网络管理的软件系统。通信设备按功能分为 4 类:WLAN 固
定小区、WLAN 移动小区、WLAN 桥路器和通信保密装置。"移动小区"与"固定小
区"类型相似,其区别主要在于当用户移动时网络能否提供无中断连接和越区切
换。无线"桥路器"为分散的"固定小区"或独立的"移动小区"提供中远距离的点
对点连接,它检查每个数据包的地址,并确定最佳路由方案。通信保密装置,如远
程认证拨号用户服务器(remote authentication dial in user service,RADIUS)等,是为
了满足通信链路的保密要求设置的,它采用分组交换的数据加密设备进行网络端
到端的加密,也可以使用整体加密装置满足整条物理链路的安全要求。用户终端
提供的业务包括电子邮件、数据传送、语音和图像信息。其中,计算数据和仿真结

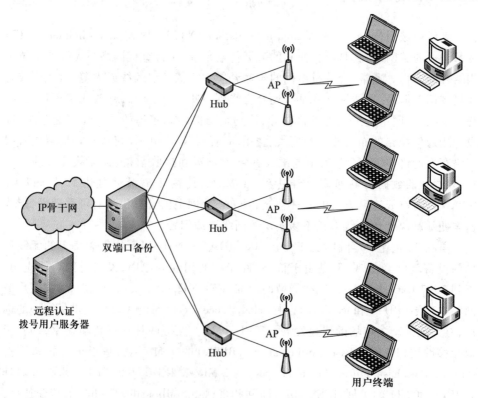

图 13-1　无线局域网示意图

果在传输过程中不允许出错,所以对易出错的无线传输信道而言,须采用纠错能力较强的编码方案,并且数据重传次数显著增加,这会给系统带来大量额外开销。而用户的多媒体信息,如语音和图像数据,相对而言容错性能较好,在一帧图像或语音采样中出现少量错误,对数据的整体性能影响不大。

网络支持单元包括本地网络管理和外部接口设备两大部分。网络管理由网络的整体配置和各主要模块(设备、软件)配置组成。例如,通信保密的加密算法和密钥管理可作为网络管理的一部分,由中心统一控制。外部接口设备在其他网络中可能已经考虑,但为了满足自维护网络的要求,在条件允许(如空间资源不紧张)的情况下可以保留。

13.1.2　WLAN 拓扑结构

目前 WLAN 使用的拓扑结构主要有 3 种形式:点对点型、Hub 型和完全分布式[3,4]。这 3 种结构解决问题的方法各有优劣,目的都是让用户在无线信道中获得与有线局域网兼容或相近的数据传输速率。

1. 点对点型拓扑结构

典型的点对点型结构,是通过单频或扩频微波电台、红外发光二极管、红外激光等方法,连接两个固定的有线局域网网段,实际上是一种网络互连方案,如图 13-2 所示[5,6]。无线链路与有线局域网的连接是通过桥路器或中继器完成的。点对点型拓扑结构简单,用它可获得中远距离的高速链路。由于不存在移动性问题,收发信机的波束宽度可以很窄,虽然这会增加设备调试难度,但可减小由波束发散引起的功率衰耗。

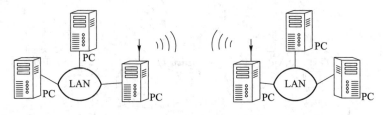

图 13-2　点对点型拓扑结构

2. Hub 型拓扑结构

这种拓扑结构由一个中心节点(Hub)和若干外围节点组成,外围节点既可以是独立的工作站,也可与多个用户相连[7]。如图 13-3 所示,中心 Hub 作为网络管理设备,为访问有线局域网或服务器提供逻辑接入点,并监控所有节点对网络的访问,管理外围设备对广播带宽的竞争,其管理功能由软件具体实现。在该拓扑结构中,任何两个外围节点间的数据通信都须经过 Hub,所以这种路由方案是典型的集中控制式。Hub 型网络具有用户设备简单、维护费用低、网络管理单一等优点,并

可与微蜂窝技术结合,实现空间和
频率复用。但是,用户之间的通信
延迟增加,网络抗毁性能较差,中心
节点的故障容易导致整个网络的
瘫痪。

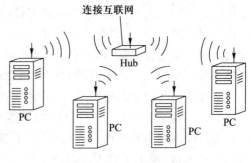

图 13-3　Hub 型拓扑结构

　3. 完全分布式拓扑结构

　完全分布式拓扑结构目前主要
应用于军事和无线传感器网络,它
要求相关节点在数据传输过程中所
发挥的作用类似于分组无线网。对每一节点而言,它或许只具有网络的部分拓扑
知识(也可通过软件的安装获取全部拓扑结构),但它可与邻近节点以某种方式分
享拓扑结构知识,由此完成一种分布路由算法,即路由上的每一节点都要协助数据
传送。分布式结构抗毁性能好,移动能力强,可形成多跳网,适合较低速率的中小
型网络。但对于用户节点而言,复杂性和成本较其他结构大幅度提高,网络管理困
难,并存在多径干扰和"远-近"问题,同时随着网络规模的扩大,其性能指标下降
较快。但在军事领域中,分布式 WLAN 具有很好的应用前景。完全分布式拓扑结
构如图 13-4 所示。

图 13-4　完全分布式拓扑结构

13.2　IEEE 802.11 的安全

　一般地,保护无线数据通信安全有两个基本的环节:第一,主机系统必须对与
之通信的用户或设备进行认证;第二,数据在从用户设备向目的主机传输过程中必
须加以保护,这既是为了保密,也是为了保证信息不会在传输中被改变或破坏。

13.2.1　WLAN 的安全威胁

关于 WLAN 的安全隐患,大致可以从技术和应用等方面进行分析,最直观的安全隐患是指人们在使用这种接入方式的过程中,可能遇到数据传输的安全性问题。移动用户或无线上网用户,通过无线设备的网卡发信息给接入点,信息在传输时可能遭受 3 种攻击[8]。

* 信息泄露　最典型的情形是信息在空中传输时被监听。由于 WLAN 本身基于军用扩频通信技术,攻击者如果试图对无线信号本身进行监听或破译,实际上是非常困难的,因为该技术已经在传输过程中采取了一定的加密措施。

* 信息被篡改　数据在传输过程中,内容被篡改。

* 信息阻断　例如,用户发送信息给接入点(AP),虽然用户确认信息已经发送出去,但是由于攻击者可以在 AP 端"做手脚",所以信息有可能传输到 AP 就被非法中断了。

一般地,WLAN 的安全性有下面 4 级定义。

* 扩频、跳频无线传输技术本身使窃听者难以捕捉到有用的数据。扩展频谱技术在第一次被军方公开介绍是用于保密传输,从一开始它就被设计成抗噪声、抗干扰、抗阻塞和抗未授权检测。扩展频谱发射器将一个非常弱的功率信号扩展到很宽的频率范围内再发射出去,而窄带射频则与此相反,其全部能量均集中在某个单一频点。扩展频谱的实现方式有多种,最常用的两种方式是直接序列和跳频序列。

* 设置严密的用户口令及认证措施,防止非法用户入侵。推荐用户在无线网的站点上使用口令控制,当然未必局限于无线网的应用范围。诸如 Novell NetWare 和 Microsoft NT 等网络操作系统和服务器提供了包括口令管理在内的内建多级安全服务。口令应处于严格的控制之下并要经常变更。由于 WLAN 用户包括移动用户,而移动用户倾向于使用笔记本式计算机移动办公,因此严格的口令策略等于增加了一个安全级别,有助于确认网站是否正被合法的用户使用。

* 设置附加的第三方数据加密方案,即使信号被窃听也难以理解其中的内容。安全性要求极高的数据,如商用网或军用网上的数据,就需要采取一些特殊的措施,级别最高的安全措施就是在网络上整体使用加密产品。数据包中的数据在发送到局域网之前要用软件或硬件方法加密,只有那些拥有正确密钥的站点才可以恢复和读取这些数据。对于需要全面的安全保障,加密是最好的方法。一些网络操作系统具有加密能力,基于每个用户或服务器的第三方加密产品也可以胜任。鉴于第三方加密软件开发商致力于加密服务,并可为用户提供好的性能、质量、服务和技术支持,WLAN 赞成使用第三方加密软件。

* 采取网络隔离及网络认证措施。WLAN 还有一些其他的安全特性。首先

无线接入点会过滤那些对于相关无线站点而言毫无用处的网络数据,这意味着大部分有线网络数据根本不会以电波的形式发射出去;其次,无线网的节点和接入点有一个与环境有关的转发范围限制,一般是几米,这使窃听者必须处于节点或接入点附近;最后,无线用户具有流动性,他们可能在一次上网时间内由一个接入点移动至另一个接入点,与之对应,他们进行网络通信所使用的跳频序列也会发生变化,这使窃听几乎不可能。

13.2.2　IEEE 802.11b 的安全

IEEE 802.11b 标准定义了两种实现无线局域网接入控制和加密的方法:服务组识别码(service set identifier, SSID)和有线等效保密(wired equivalent privacy, WEP)协议。当一个节点与另一个节点建立网络连接时,必须先通过认证,IEEE 802.11b 标准详细定义了两种认证服务。

• 开放系统认证(open system authentication)是 IEEE 802.11b 默认的认证方式。它非常简单,分为两步。首先,向需要认证的另一节点发送一个含有发送节点身份的认证管理帧。然后,接收节点发回一个提醒它是否已识别认证节点身份的帧。

• 共享密钥认证(shared key authentication)先假定每个节点通过一个独立于 IEEE 802.11 网络的安全信道,已经接收一个秘密共享密钥,然后这些节点通过共享密钥的加密认证(加密算法是有线等效保密 WEP)共享密钥认证。

共享密钥认证过程如图 13-5 所示。

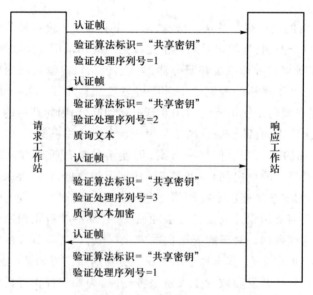

图 13-5　共享密钥认证过程

共享密钥认证过程如下：

① 请求工作站向另一个工作站发送认证帧。

② 当一个站收到请求认证帧后，返回一个认证帧，该认证帧包含 WEP 服务生成的 128 B 的质询文本。

③ 请求工作站先将质询文本复制到一个认证帧中，用共享密钥加密，然后再把帧发往响应工作站。

④ 响应工作站利用相同的密钥对质询文本进行解密，将其和早先发送的质询文本进行比较。如果匹配，响应工作站返回一个表示认证成功的认证帧；如果不匹配，则返回失败认证帧。

认证使用的标识码称为服务组标识符（service set identifier，SSID），它提供一个最底层的接入控制。一个 SSID 是一个无线局域网子系统内通用的网络名称，它服务于该子系统内的逻辑段。SSID 本身没有安全性，所以用 SSID 作为接入控制是不安全的。接入点作为无线局域网用户的连接设备，通常广播 SSID。

影响 WLAN 安全的因素主要有以下 3 点。

（1）硬件设备

在现有的 WLAN 产品中，常用的加密方法是给用户静态分配一个密钥，该密钥或者存储在磁盘上，或者存储在无线局域网客户适配器的存储器上。这样，拥有客户适配器就有了 MAC 地址和 WEP 密钥，并可用它接入 AP。如果多个用户共享一个客户适配器，这些用户可以有效地共享 MAC 地址和 WEP 密钥。

当一个客户适配器丢失或被窃时，合法用户由于没有 MAC 地址和 WEP 密钥便不能接入，但非法用户却可以。网络管理系统不可能检测到这种问题，因此用户必须立即通知网络管理员。接到通知后，网络管理员必须改变接入 MAC 地址的安全表和 WEP 密钥，并给予丢失或被窃的客户适配器使用相同密钥的客户适配器重新编码静态加密密钥。客户端越多，重新编码 WEP 密钥的数量就越大。

（2）虚假接入点

IEEE 802.11b 共享密钥认证采用单向认证，而不是相互认证。接入点可以鉴别用户，但用户不能鉴别接入点。如果一个虚假接入点在无线局域网内，它可以通过劫持合法用户的客户适配器进行攻击。

因此在用户和认证服务器之间进行相互认证是必要的，每一方应该能够在合理的时间内证明自己是合法的。因为用户和认证服务器是通过接入点进行通信的，接入点必须支持相互认证。相互认证使检测和隔离虚假接入点成为可能。

（3）其他安全问题

标准 WEP 支持对每一组数据包加密，但不支持对每一组数据包进行认证。攻击者可以从响应和传送的数据包中重建一个数据流，组成欺骗性数据包。通过监测 IEEE 802.11b 控制信道和数据信道，攻击者可以得到如下信息：客户端和接入点

MAC 地址、内部主机 MAC 地址、上网时间,并利用这些信息研究用户或设备的详细资料。为防止这种非法活动,一个终端应该在每一个时期使用不同的 WEP 密钥。

13.3　WAPI 标准

　　2003 年 5 月,国家标准化管理委员会正式颁布了由"中国宽带无线 IP 标准工作组"负责起草的两项无线局域网国家标准《信息技术系统间远程通信和信息交换局域网和城域网特定要求第 11 部分:无线局域网媒体访问(MAC)和物理(PHY)层规范》和《信息技术系统间远程通信和信息交换局域网和城域网特定要求第 11 部分:无线局域网媒体访问(MAC)和物理(PHY)层规范:2.4 GHz 频段较高速物理层扩展规范》。这两项标准也是"国家 863 计划""宽带无线 IP 网络系统安全技术"研究课题的成果,该课题完成了两项国家标准 GB 15629.11 和 GB 15629.1102的制定工作,分别对应国际标准 IEEE 802.11 和 IEEE 802.11b。这两项国家标准在原则上采用国际标准 ISO/IEC 8802.11 和 ISO/IEC 8802.11b 的前提下,充分考虑和兼顾无线局域网产品互连互通的要求,针对无线局域网的安全问题,给出了技术解决方案和规范要求。国家标准要求用 WAPI 协议取代 IEEE 802.11 标准中先天不足的 WEP 协议。与其他安全机制相比,WAPI 要更胜一筹,并由 ISO/IEC 授权的 IEEE Registration Authority 审查获得认可,是目前我国在该领域唯一获得批准的协议[9]。

13.3.1　WAPI 基本术语

　　1. 接入点(access point,AP)
　　任何一个具备站点功能,通过无线媒体为关联的站点提供分布式服务访问能力的实体。
　　2. 站点(station,STA)
　　包含符合本部分的与无线媒体的 MAC 和 PHY 接口的任何设备。
　　3. 基本服务组(basic service set,BSS)
　　受单个协调功能所控制的站点集合。
　　4. 系统和端口
　　由 AP 提供的访问 LAN 的逻辑通道,定义为两类端口,即受控端口与非受控端口。非受控端口允许鉴别数据在 WLAN 中传送,该传送过程不受当前鉴别状态的限制。对于受控端口,只有当该端口的鉴别状态为已鉴别时,才允许鉴别数据通过。受控端口和非受控端口可以是连接同一个物理端口的两个逻辑端口,所有通过物理端口的数据都可以到达受控端口和非受控端口,此时根据鉴别状态决定数据的实际流向(到达受控端口和非受控端口)。AP 提供 STA 连接鉴别服务单元(ASU)的端口(即非受控端口),确保只有通过鉴别的 STA 才能使用 AP 提供的数据端口(即受控端口)访问网络。在基于端口的接入控制操作中,定义了以下 3 个实体:

- 鉴别器实体(authenticator entity,AE)是为鉴别请求者在接入服务器之前提供鉴别操作的实体,该实体驻留在 AP 中。
- 鉴别请求实体(authentication supplicant entity,ASUE)是需要通过鉴别服务单元进行鉴别的实体,该实体驻留在 STA 中。
- 鉴别服务实体(authentication service entity,ASE)是为鉴别器和鉴别请求者提供相互鉴别的实体,该实体驻留在鉴别服务单元(authentication service unit,ASU)中。

上述 3 个实体在鉴别过程中是必需的。如图 13-6 所示为鉴别系统结构,给出了鉴别请求者、鉴别器和鉴别服务 3 个实体之间的关系及信息交换过程。在图 13-6 中,鉴别器的受控端口处于未鉴别状态,鉴别系统拒绝提供服务。鉴别器实体利用非受控端口和鉴别请求者实体进行通信。

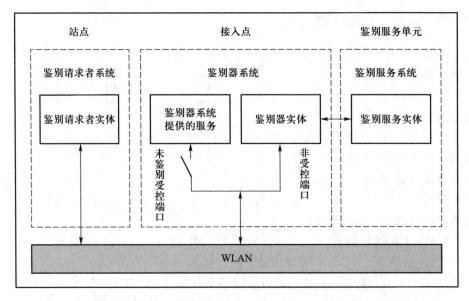

图 13-6　鉴别系统结构

5. 鉴别服务单元

ASU 是基于公钥密码技术的 WAI 鉴别基础结构中最重要的组成部分,它的基本功能是实现对 STA 用户证书的管理和 STA 用户身份的鉴别。ASU 作为可信任和具有权威性的第三方,保证公钥体系中证书的合法性。ASU 为每个客户颁发公钥数字证书,并为使用该证书的客户提供公钥合法性证明。ASU 的数字签名保证证书不被伪造或篡改。ASU 负责管理所有参与网上信息交换的各方所需的数字证书(包括产生、颁发、撤销、更新等),是实现电子信息交换的核心。

6. 公钥证书

公钥证书是 WAPI 系统结构中最重要的环节,凭借证书和私钥可以唯一地确定网络设备的身份,是网络设备在网络环境中的数字身份凭证。通过与密码技术及安全协议相结合,可以确保公钥证书的唯一性、不可伪造性及其他性能。

公钥证书的组成包括公钥证书的版本号、证书的序列号、证书颁发者采用的签名算法、证书颁发者名称、证书颁发者的公钥信息、证书的有效期、证书持有者名称、证书持有者的公钥信息、证书类型、扩展和证书颁发者对证书的签名。

按照国家密码管理的相关规定,鉴于无线局域网密码产品的特点和应用范围,确定 WLAN 产品使用商用密码。在前述的两项国家标准中,将使用国家密码管理委员会办公室批准的公开密钥体制的椭圆曲线密码算法和秘密密钥体制的分组密码算法,分别用于 WLAN 设备的数字证书、密钥协商和传输数据的加/解密,实现设备的身份鉴别、链路验证、访问控制和用户信息在无线传输状态下的加密保护。

13.3.2 WAPI 工作原理

WAPI 的工作原理如图 13-7 所示,整个系统由 STA、AP 和 ASU 组成。WAPI 认证过程简单说明如下:STA 和 AP 上都安装有 ASU 发放的公钥证书,作为自己的数字身份凭证。AP 提供访问 LAN 的受控与非受控两类端口,STA 通过 AP 提供的非受控端口连接到 ASU 并发送认证请求信息,只有通过认证的 STA 才能使用 AP 提供的数据端口(即受控端口)访问网络。

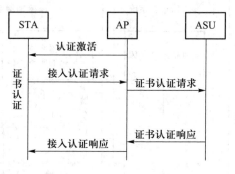

图 13-7 WAPI 的工作原理

WAPI 工作过程如下:

① 认证激活。当 STA 关联或重新关联 AP 时,由 AP 发送认证激活以启动整个认证过程。WAPI 认证系统的数据分组基本格式如图 13-8 所示,其中认证分组类型为 0,数据为空。

协议类型号	版本号	分组类型	保留	数据长度	数据

图 13-8 WAPI 认证系统的数据分组基本格式

② 接入认证请求。STA 向 AP 发出认证请求,此时认证分组类型为 1,数据为 STA 证书和认证请求时间,即将 STA 证书与 STA 的当前系统时间发往 AP,其中系

统时间称为接入认证请求时间。

③ 证书认证请求。AP 收到 STA 的接入认证请求后,首先记录认证请求时间,然后向 ASU 发出证书认证请求,即将 STA 证书、接入认证请求时间、AP 证书及 AP 的私钥对它们的签名构成的证书认证请求发送给 ASU。

④ 证书认证响应。ASU 收到 AP 的证书认证请求后,验证 AP 的签名和 AP 证书的有效性,若不正确,则认证过程失败;否则进一步验证 STA 证书。验证完毕,ASU 将 STA 证书认证结果信息(包括 STA 证书和认证结果)、AP 证书认证结果信息(包括 AP 证书、认证结果、接入认证请求时间)和 ASU 对它们的签名构成的证书认证响应报文发给 AP。

⑤ 接入认证响应。AP 对 ASU 返回的证书认证响应进行签名验证,得到 STA 证书的认证结果,根据此结果对 STA 进行接入控制。AP 将收到的证书认证结果回送至 STA。STA 验证 ASU 的签名后,得到 AP 证书的认证结果,根据认证结果决定是否接入该 AP。至此 STA 与 AP 之间完成了证书认证过程。若认证成功,则 AP 允许 STA 接入;否则,解除关联。

SAT 与 AP 认证成功后进行密钥协商的过程如下。

① 密钥协商请求。AP 产生一串随机数据,利用 STA 的公钥加密后,向 STA 发出密钥协商请求,该请求包含请求方所有的备选会话算法信息。

② 密钥协商响应。STA 收到 AP 发送来的密钥协商算法后,首先进行会话算法协商,若响应方不支持请求方的所有备选会话算法,则向请求方响应会话算法失败,否则在请求方提供的会话算法中选择一种自己支持的算法;然后,利用本地的私钥解密协商数据,得到 AP 产生的随机数;最后,产生一串随机数据,利用 AP 的公钥加密后,再发送给 AP。

密钥协商成功后,STA 与 AP 将自己与对方产生的随机数据分别进行“模 2 和运算”生成会话密钥,利用协商的会话算法对数据进行加/解密。为进一步提高通信的保密性,在通信一段时间和交换一定数量的数据之后,STA 与 AP 之间重新进行会话密钥的协商,过程同上。

13.3.3　WAPI 评述

中国无线局域网标准,是在国际上还没有一个有效、统一的安全标准的背景下推出的。因为中国的无线局域网技术正处于发展初期,如果这时能够解决无线局域网的安全问题,就能促进其在中国的长久发展。GB 15629.11 正是顺应了这个需要,而其中关于无线局域网安全部分的规定,可以解决现有的无线局域网的安全问题,为无线局域网的发展保驾护航。和中国数字家庭闪联标准的推出一样,WAPI 对于我国标准化工作的推进具有积极的意义。

13.4　GSM 网络协议

13.4.1　第二代移动通信

第二代移动通信系统(2G)属于数字通信系统,主要采用时分多址访问技术(time division multiple access,TDMA)或码分多址访问技术(code division multiple access, CDMA)。目前采用 TDMA 体制的系统主要有 3 种,即欧洲的 GSM、美国的 D-AMPS 和日本的 PDC。采用 CDMA 技术体制的系统主要为美国的 CDMA(IS95)。

GSM 数字移动通信系统是由欧洲主要电信运营商和制造商组成的标准化委员会设计的,它是在蜂窝系统的基础上发展而成的。早在 1982 年,欧洲已有几大模拟蜂窝移动系统在运营,当时这些系统都是国内系统,不能在国外使用。为了方便全欧洲统一使用移动电话,需要一种公共的系统。1982 年,北欧国家向欧洲邮电行政大会提交了一份建议书,要求制订 900 MHz 频段的欧洲公共电信业务规范。在这次大会上,成立了一个在欧洲电信标准学会(ETSI)技术委员会下的移动特别小组(group special mobile,GSM),负责制订有关的标准和建议。

1991 年在欧洲开通第一个系统的同时,MoU 组织为该系统设计和注册了市场商标,将 GSM 更名为全球移动通信系统(global system for mobile communications),从此移动通信跨入了第二代数字移动通信时代。同年,移动特别小组还制订完成了 1 800 MHz 频段的欧洲公共电信业务规范,定名为 DCS 1800 系统。该系统与 GSM 900 具有同样的基本功能和特性,因而该规范只占 GSM 建议的很小一部分,仅将 GSM 900 和 DCS 1800 之间的差别加以描述,两者绝大部分内容是通用的,因此统称为 GSM 系统。

13.4.2　GSM 结构

全球移动通信系统主要是由网络交换子系统(network switching subsystem, NSS)、无线基站子系统(base station subsystem,BSS)和移动台(mobile station,MS)3 大部分组成,如图 13-9 所示[10,11]。其中,NSS 与 BSS 之间的接口为 A 接口,BSS 与 MS 之间的接口为 U_m 接口。

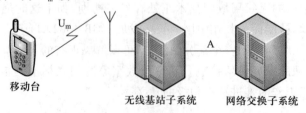

图 13-9　全球移动通信系统的组成

　　在模拟移动通信系统中,TACS 规范只对 U_m 接口进行了规定,而未对 A 接口做任何的限制。因此,各设备生产厂商对 A 接口都采用各自的接口协议,对 U_m 接口遵循 TACS 规范。也就是说,NSS 系统和 BSS 系统只能采用一个厂商的设备,而 MS 可用不同厂商的设备。

　　与模拟系统不同,作为数字通信系统的 GSM 规范对系统的各个接口都有明确的规定,各个接口都是开放式接口。GSM 系统框图如图 13-10 所示。

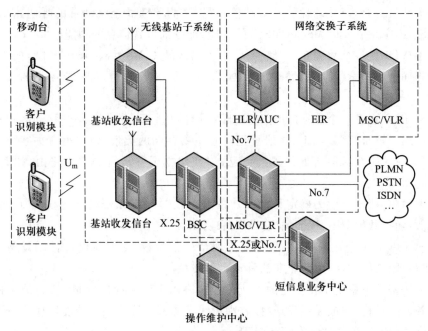

图 13-10　GSM 系统框图

　　A 接口往右是网络交换子系统,包括移动业务交换中心(mobile switch center, MSC)、访问位置寄存器(visitor location register, VLR)、归属位置寄存器(home location register, HLR)、鉴权中心(authentication center, AUC)和移动设备识别寄存器(equipment identity register, EIR)。

　　A 接口往左到 U_m 接口之间是无线基站子系统,包括基站控制器(base station controller, BSC)和基站收发信台(base transceiver station, BTS)。

　　U_m 接口往左是移动台部分,包括移动台/终端(MS)和客户识别模块(subscriber identity module, SIM)。

　　在 GSM 上操作维护中心(operation and maintenance center, OMC)负责整个 GSM 网络的管理和监控。短信息业务中心(SC)可开放点对点的短信息业务,类似数字寻呼业务,实现全国联网,又可开放广播式公共信息业务。另外配有语音信箱,可开放语音留言业务,当移动被叫客户暂不能接通时,可接到语音信箱留言,提高网络接通率,给运营部门增加收入。

网络交换子系统主要完成交换功能和客户数据与移动性管理、安全性管理所需的数据库功能,由一系列功能实体构成。

- MSC 是 GSM 系统的核心,是对覆盖区域内的移动台进行控制和完成话路交换的功能实体,也是移动通信系统与其他公用通信网之间的接口。它完成网络接口、公共信道信令系统和计费等功能,还能完成 BSS 与 MSC 之间的切换和辅助性的无线资源管理、移动性管理等功能。另外,为了建立至移动台的呼叫路由,每个 MSC 还应完成入口 MSC(GMSC)的功能,即查询位置信息的功能。

- VLR 是一个数据库,存储 MSC 所管辖区域中 MS(统称拜访客户)的来话、去话呼叫所需检索的信息,如客户号码、所处位置区域识别、向客户提供的服务等参数。

- HLR 也是一个数据库,存储用于移动客户管理的数据。每个移动客户都应在其归属位置寄存器(HLR)注册登记。它主要存储两类信息:一是有关客户的参数;二是有关客户目前所处位置的信息,以便建立至移动台的呼叫路由,如 MSC,VLR 地址等。

- AUC 用于产生为确定移动客户的身份及对呼叫保密进行鉴权和加密的 3 个参数:随机数 RAND、认证响应 SRES 和密钥 K_c。

- EIR 是一个数据库,存储有关移动台设备参数,主要完成对移动设备的识别、监视、闭锁等功能,以防止非法移动台的使用。

无线基站子系统是在一定的无线覆盖区中由 MSC 控制,与 MS 进行通信的系统设备,主要负责完成无线发送/接收和无线资源管理等功能。功能实体可分为基站控制器(BSC)和基站收发信台(BTS)。

- BSC 具有对一个或多个 BTS 进行控制的功能,主要负责无线网络资源的管理、小区配置数据管理、功率控制、定位和切换等,是一个功能很强的业务控制点。

- BTS 是无线接口设备,完全由 BSC 控制,主要负责无线传输,完成无线与有线的转换、无线信道加密、跳频等功能。

移动台是移动客户设备部分,由两部分组成,即移动终端(MS)和客户识别模块(SIM)。移动台就是手机,它可完成话音编码、信道编码、信息加密、信息的调制和解调、信息发射和接收等功能。SIM 是用户的身份卡,是一种智能卡,存有认证客户身份所需的所有信息,并能执行一些与安全保密有关的操作,防止非法客户进入网络。SIM 还存储与网络和客户有关的管理数据,只有拥有 SIM 后移动终端才能接入移动通信网。

操作维护子系统主要负责对整个 GSM 网络进行管理和监控,对 GSM 网内各种部件功能进行监视、状态报告和故障诊断。OMC 与 MSC 之间的接口目前还未开放,因为电信网络管理的接口标准化工作尚未完成。

13.4.3　GSM 系统的安全措施

对电信运营商而言,任何安全漏洞都可能导致巨大的损失。GSM 系统是第一个具有全面安全特征的移动通信系统,其安全体系能够保护运营商的网络资源,因而受到各大电信运营商的支持。在这个安全体系中,通过认证,阻止非授权用户使用网络资源;通过加密,为用户数据和信令数据提供保护。图 13-11 描述了 GSM 系统的安全体系结构,它包括 3 层:第一层认证层,使用 A3 算法,采用"挑战—响应"机制,实现网络对用户的认证;第二层密钥产生层,采用 A8 算法作为加密算法,为 A5 算法提供初始密钥;第三层加/解密层,用序列密码算法 A5 实现对数据和信令的加/解密。

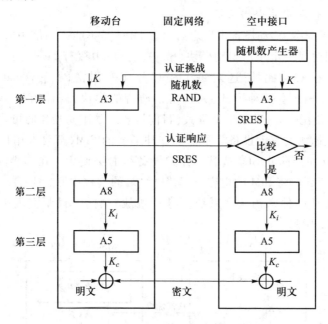

图 13-11　GSM 系统的安全体系结构

GSM 系统与安全协议相关的措施包括以下 4 个方面[12]。

1. 用户识别

GSM 系统采用多种方式对系统内部的用户进行识别,每个移动用户有 3 种识别号码,即国际移动设备号(IMEI)、国际移动用户号(IMSI)和临时移动用户号(TMSI)。每一台移动用户设备,不管是何种类型(车载、固定、便携、手持)、哪家厂商生产的,都有统一的设备编号。国际移动设备号是识别移动用户设备的永久性号码,自设备检验合格出厂以后不再改变。当用户要使用移动设备时,必须向经营部门注册登记。根据该用户的归属地区,经营部门为移动用户分配一个 IMSI,同时将该设备的 IMEI 和 IMSI 分别存入移动通信网的移动设备识别寄存器(EIR)和归属位置寄存器(HLR)中。当移动用户首次启用或进入一个新的位置区域时,当地的交换机会为其分配一个随机号作为临时移动用户号,并通过地面网络从该用户归属地区的 HLR 中取得其 IMSI,然后把 IMSI 和 TMSI 一起保存在访问位置寄存器(VLR)中。TMSI 只在此位置区域内有效,且必须与位置区域识别号(LAI)一起使用。移动用户设备如果离开该区域进入一个新的区域,将会启动位置登记,从而可得到一个新的 TMSI。分配 TMSI 时,通过无线信道传送需要的加密信道。TMSI 与用户间不存在永久性的对应关系,因此无法通过截取 TMSI 了解某个特定移动用户的行踪。移动设备会把 TMSI 存入非易失性存储器中,电源关闭以后仍能保持TMSI。一旦移动设备失窃,用户报案后,主管部门能通过核查 IMEI 发现失窃的设备,并采取措施停止其继续使用。

2. 用户认证和用户密钥保护

在 GSM 系统中,移动设备出厂之后只有 IMEI 是不能入网使用的,用户必须在网络运营部门注册一个用户识别模块(SIM)。模块中存有 IMSI、用户特有的密钥 K_i 和认证算法 A3。此外,还对每个用户分配专用密码(personal identification number,PIN)。SIM 有两种形式:一种是带插脚的模块,需插入移动设备内部的SIM 插座才能使用;另一种是卡片形式(目前被普遍采用),使用时可将 SIM 卡插入任何带有读卡插槽的移动设备。不论哪一种形式的 SIM,都要求用户输入 PIN 才能启动 SIM,从而能防止 SIM 或移动用户设备被非法使用。在用户注册得到 SIM时,网络和运营部门将 SIM 的内容登记在网络端的鉴权中心(AUC)。GSM 系统的用户身份认证是一种密钥认证系统,采用"挑战—响应"机制实现用户身份的认证,如图 13-12 所示。

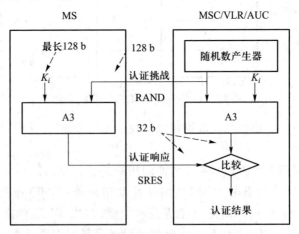

图 13-12 "挑战—响应"认证机制

具体认证步骤为:首先由固定网络端随机数产生器产生一个随机数 RAND,由AUC/HLR 产生认证三向量组(RAND,K_i,SRES)。其中,SRES = A3(K_i,RAND),

$K_i = A8(K, RAND)$，K 为用户秘密认证密钥。由于 A3 和 A8 算法都是与密钥相关的散列函数，在实现时一般设计成一个单一算法，称为 COMP128。然后，这些认证三向量组被发送到 MSC/VLR。MSC/VLR 选取一个有效的认证三向量组（RAND，K_i，SRES），把该向量组的 RAND 发送给移动台，移动台在收到这个 RAND 之后，把存储在 SIM 卡电擦除可编程只读存储器（EEPROM）中的用户秘密认证密钥 K 和接收的 RAND 输入到认证算法 A3 中，把计算结果 $SRES = A3(K, RAND)$ 发送到 MSC/VLR。MSC/VLR 比较接收的 SRES 和认证向量组中的 SRES。如果两者相等，则认证通过；如果不相等，认证失败。对于具有正确秘密认证密钥 K 的用户，允许用户接入移动系统，能够使用网络资源；而对于没有正确秘密认证密钥 K 的用户，便认为是非法用户，拒绝接入移动系统，且不能使用网络资源。这样就保护了网络运营商的网络资源免受非授权用户使用。用户在登记、开机、位置更新和注册时都要进行认证。

3. 用户信息和信令信息的保密

GSM 在无线信道上进行加密传输，从而使用户信息和信令信息不容易被窃听，达到保护用户信息和信令信息机密性的目的。在认证过程中，当用户在计算 SRES 时，同时也在进行另一算法——A8 算法的计算，利用 A8 算法计算出加/解密算法 A5 的初始密钥输入值 $K_i = A8(K, RAND)$。MSC/VLR 同时也会给 MS 发送加密命令，在 BTS 和 MS 两端同时开始使用 K_i。将加/解密算法 A5 的输入参数作为加密命令、K_i 和 TDMA 帧序列号，它产生的密钥流和要发送的明文进行异或运算后变成密文发送出去。在另一端，当收到加密信息后，把从无线信道中接收的加密命令、TDMA 帧序列号和 K_i 作为加/解密算法 A5 的输入，产生同样的密钥流与密文并进行异或运算，这样就得到原来发送的明文（如图 13-11 所示），从而保证了用户信息和信令信息在无线信道的保密性。加/解密算法 A5 有 3 种不同的实现方式，即 A5/0、A5/1 和 A5/2。A5/0 表示不加密，A5/1 算法由于受密码出口政策的影响，只能在 CEPT 的成员中使用，A5/2 是 A5/1 的弱版本，可以在其他任何地区使用。

4. PIN 码和 PUK 码

从密码学的角度看，PIN 码实际上是 SIM 卡和用户之间的一个秘密认证密钥。只有用户知道的 PIN 码和 SIM 卡中的 PIN 码相同时，用户才能授权使用 SIM 卡，否则不能授权使用 SIM 卡，从而实现 SIM 卡和用户之间的认证。如果 PIN 码连续 3 次输入错误，SIM 卡就会被锁住。PUK 码可以用来解除 SIM 卡锁定，但如果 PUK 码 10 次输入错误，SIM 卡将被永久锁住。

13.4.4　GSM 系统的安全缺陷

即使 GSM 系统不采用任何加密措施，但由于它使用语音编码、数字调制和

TDMA 信道接入等技术,使 GSM 系统比第一代模拟系统更为安全。实际上,GSM 采取了上述安全与加密措施,使 GSM 成为可利用的最安全的蜂窝移动通信系统,从而受到各大电信运营商的支持。但随着时代的发展,GSM 系统中也暴露出一些安全缺陷,最重要的是整个安全子系统缺乏灵活性和可分析性。

● GSM 系统中的用户信息和信令信息的加密方式不是端到端加密,而只是在无线信道部分,即在 MS 和 BTS 之间进行加密。在固定网中没有加密,只是采用明文传输。这给攻击者,特别是网络内部人员进行攻击提供了机会。GSM 内部链路传输大多采用微波传输,攻击者通过窃听从认证中心到被访移动交换中心内部传输链路中未经加密的认证数据(RAND 和 SRES)便可截获认证数据。

● 用户和网络之间的认证是单向的,只有网络对用户的认证,而没有用户对网络的认证。这种认证方式对于中间人攻击和假基站攻击是很难预防的。

● 在移动台第一次注册和漫游时,IMSI 可能以明文方式发送到 MSC/VLR。如果攻击者窃听到 IMSI,便会出现移动设备的"克隆"。

● GSM 系统中,所有的密码算法都是不公开的,这些密码算法的安全性不能得到客观的评价。但在实际中,这些算法的安全性会受到攻击。Alex Biryukov、Adi Shamir 和 David Wagner 都曾经对 GSM 中的 A5/1 算法进行过实时密码分析,发现在一台 PC 上便能够实现对 A5/1 算法的实时解密。

● 用户信息和信令信息缺乏完整性认证。因此,在传送中所传输的信息即使被攻击者窃听、修改,也不会被发觉。

● 对用户的计费没有实现抗抵赖服务。从密码学角度说,可以采用公钥密码系统来实现抗抵赖服务。但由于实现公钥密码系统的速度慢、计算量大,在移动通信网中很难达到电信级服务的标准。

● 利用 A3/A8 实现算法 COMP128 自身的缺陷进行攻击,SIM 卡可以被轻易复制。在设计 GSM 系统时,其安全目标是与固定网保持同等的安全度。由于采用无线信道进行传输,因此无线信道成为 GSM 系统中一个最致命的安全弱点。许多潜在的攻击都是通过在无线信道上进行窃听发起的。随着移动通信网络的更新和发展,在第三代移动通信系统中,原来存在于 GSM 系统中的大部分安全缺陷都得到了较好的解决。

13.5　第三代移动通信

第三代移动通信,即国际电信联盟(ITU)定义的 IMT—2000(International mobile telecommunication—2000),简称 3G。与第二代移动通信替代第一代模拟移动通信的过程不同,第三代移动通信的发展是在一个十几亿庞大的用户基础上,甚至在有些国家和地区用户逐渐趋于饱和的情况下引入和发展的,同时 2G 技术和业务能力也在不断增强和提高。所以,对于 3G 及其内涵的认识必然随着移动通信的不断发展产生一些新的变化,使得 3G 和 2G 之间的技术能力更加趋于无缝衔接,特别是在业务和应用方面[13,14]。

GSM 和 CDMA 是第二代移动通信的主流标准,但在应用地区和频段的使用上存在很多差异,难以做到理想的国际漫游。如 GSM 无法在日本和韩国使用,CDMA 无法在欧洲使用[2]。3G 是第一次由国际标准化组织国际电信联盟(ITU)牵头和领导,努力在频段和标准上实现统一的系统。经过十几年的艰苦努力,虽然没有完全实现最初的所有愿望,但与 2G 相比,无论是在频段和标准的统一上,还是在技术能力上都大大迈进了一步。1996 年 ITU 正式将标准命名为全球移动通信系统 IMT—2000,喻义工作在 2 000 MHz 频段,预期在 2000 年左右商用的系统。IMT—2000 最主要的目标和特征:

- 全球统一频段、统一制式,全球无缝漫游。
- 高频谱效率。
- 支持移动多媒体业务,即室内环境支持 2 Mb/s,步行/室外到室内支持 384 kb/s,车速环境支持 144 kb/s 等。

数据传输速率是评估 3G 技术最直接的定量标准,也是区别于 2G 的重要特征之一。从几种 3G 技术的能力来讲,不但可以达到预期目标,而且 3G 的增强型技术已经超过了最初设定的目标。CDMA 2000 1X EV/DO 可以实现峰值 2.4 Mb/s 的速率,1X EV/DV 可以实现 3.1 Mb/s 的速率,WCDMA HSDPA 则可实现 10 Mb/s 的速率。从已有的商用情况看,WCDMA 已经实现了 384 Kb/s 的用户速率,CDMA 2000 1X 则实现了平均 50~97 Kb/s 的用户速率,1X EV/DO 实现了平均 500 Kb/s 的用户速率。目前,GPRS 实现的实际速率为 30~40 Kb/s。TD—SCDMA 的实验系统已经实现了 148 Kb/s 的用户速率。所以,3G 技术在能力上已经超出最初的目标,实现能力也超过了 2G/2.5G 系统。

13.5.1　3G 系统的安全问题

3G 系统的安全是研究的重点课题之一,是 3G 系统正常运行和管理的基本保障,直接关系到用户、制造商和运营商的切身利益及信息安全,并会最终影响到 3G 系统的实用化和推广使用[5,15]。

第三代移动通信合作组织(3rd generation partnership project,3GPP)提出,3G 系统安全特征的一般目标必须能够满足新业务类型、业务管理和系统结构等要求,不但应保留 2G 系统的基本安全特征,而且应在许多方面强化安全保障措施。实现 3G 系统安全目标是十分复杂和艰巨的,简要列举如下。

- 确保用户生成的信息或与之相关的信息不被滥用或盗用。
- 确保服务网(serving networks,SN)和归属环境(home environments,HE)提

供的资源和业务不被滥用或盗用。

- 确保标准化的安全特征适用于全球(至少存在一个加密算法可以出口到其他国)。

- 确保安全特征充分标准化,以保证在世界范围内的协同运行和在不同服务网之间漫游。

- 确保用户和业务提供者的保护等级高于当前固定网和移动网中的保护等级。

- 确保 3G 系统安全特征的实现机制能随着新的威胁和业务要求可扩展和增强。

- 确保 2G 系统中的基本安全特征,此外,3G 系统需要更强、更灵活的安全机制,如用户认证、无线接口加密、用户身份保密、使用可移动的用户安全模块、用户模块和本地网之间的安全应用层信道、安全特征的透明性、减小在归属环境和服务网之间的信任需求,防止在漫游情况下的欺诈,保证在正当授权下的合法监听等。

3G 系统面临着复杂多样的安全威胁和攻击。在终端设备和服务网之间的无线接口是 3G 系统的一个重要攻击点,系统的其他无线接口、有线接口及其他部分也能够成为被攻击点。这类攻击主要有以下 4 个方面。

(1) 未授权接入数据

入侵者可能在无线接口上窃听用户数据、信令数据或控制数据,或其他对系统的主动攻击有用的信息;在无线接口上截获用户数据、信令数据或控制数据;通过观察无线接口消息的时间、速率、长度、信源和信宿来获取接入信息,以进行被动或主动的业务分析。

(2) 对完整性的威胁

入侵者可能在无线或者有线接口上修改、插入、重放或删除用户数据、信令数据或控制数据,包括有意或无意的破坏。

(3) 拒绝服务攻击

入侵者可能通过物理方法或通过引入特殊的协议来阻塞用户业务、信令数据或控制数据在无线接口上传输,伪装成通信参与者而拒绝服务。

(4) 未授权接入业务

入侵者可能伪装成用户,使用未授权给用户的业务;伪装成一个本地环境、服务网或服务网基本结构的一部分,并应用未授权用户的接入尝试以获得接入业务;通过滥用用户优先权以获取未授权的接入业务或逃避付费;通过滥用服务网优先权以获取未授权的接入业务,甚至滥用一个用户的认证数据以允许同谋者伪装成用户或伪造收费记录,以便从本地环境中获得额外收入。

另外用户的终端和 UICC/USIM 也可能成为被攻击点,入侵者可以利用各种办法,如偷窃、借用、伪装等进行与终端和 UICC/USIM (universal IC card/universal

SIM)有关的攻击,以获取未经授权的接入业务、用户数据或信令数据,破坏数据的完整性,非法窃取业务提供者存储的数据等。这类攻击主要有以下 3 个方面。

(1) 未授权接入业务

入侵者可使用偷窃、借用、伪装的终端和 UICC/USIM,获取未授权的接入业务,滥用其优先权或使用一个有效的 USIM 与偷窃来的终端获取未授权的接入业务。

(2) 对完整性的威胁

入侵者可能修改、插入或删除终端或 UICC/USIM 上存储的应用或数据,突破系统的物理或逻辑的控制,造成对系统完整性的破坏。

(3) 窃取机密数据

入侵者可在终端或 UICC/USIM 上窃取某些用户或业务提供者存储的机密数据,如认证密钥等。

13.5.2　3G 系统的安全结构

为了实现 3G 系统安全特征的一般目标,应针对它所面临的各种安全威胁和攻击,从整体上研究和实施 3G 系统的安全措施,只有这样才能有效保障 3G 系统的信息安全。图 13-13 是一个完整的 3G 系统安全结构示意图[8]。

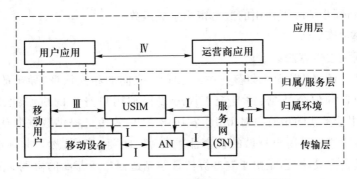

图 13-13　完整的 3G 系统安全结构示意图

在 3G 系统的安全结构中,定义了 5 个安全特征组,涉及传输层、归属/服务层和应用层,同时也涉及移动用户(包括移动设备 MS)、服务网和归属环境。每一安全特征组用以对抗某些威胁和攻击,实现以下特定的安全目标:

· 网络接入安全特征组(图 13-13 中 I)提供用户安全接入 3G 系统业务,特别用来对抗在(无线)接入链路上的攻击。

· 网络域安全特征组(图 13-13 中 II)使网络运营商之间的节点能够安全地交换信令数据,对抗有线网络上的攻击。

· 用户域安全特征组(图 13-13 中 III)确保安全接入移动设备。

· 应用域安全特征组(图 13-13 中 IV)使用户和网络运营商之间的各项应用能够安全地交换信息。

• 安全可知性和可配置性特征组使用户知道一个安全特征组是否正在运行，并且业务的应用和设置是否依赖于该安全特征组。

3GPP 提出的 3G 系统安全结构重点描述了网络接入的安全特征问题，实现了鉴权和密钥协商（authentication and key agreement，AKA），与无线数据链路层信令数据、用户数据有关的数据加密和数据完整性算法。算法的核心建立在密码技术的基础之上，由此定义了 f0~f5、f1*、f5* 等重要的 AKA 非标准算法，并推荐 f8、f9 作为统一的标准算法。除网络接入安全特征外，其他安全特征组的内容还不够完善。

在 3GPP 提出的 3G 系统的安全结构中，定义了 10 种密码算法：

f0 随机数生成函数

f1 网络认证函数

f1* 重新同步消息认证函数

f2 用户认证函数

f3 加密密钥生成函数

f4 完整性密钥生成函数

f5 正常情况下使用的匿名密钥生成函数

f5* 重新同步情况下使用的匿名密钥生成函数

f8 数据加密算法

f9 数据完整性算法

其中，f0~f5 提供 USIM 与鉴权中心（AUC）之间的相互认证，导出的密钥用于加密用户数据和信令数据，并且掩盖序号以保护用户身份的机密性，f0 只用在 AUC。f1* 用于重新同步阶段对 USIM 发送给 AUC 的信息提供数据源认证，f5* 用于重新同步阶段提供用户身份的机密性。f0~f5、f1* 和 f5* 虽然是非标准化的，可以由各成员自主设计，但是由于这些算法涉及制造商与运营商的协调一致，因此这些算法也应该有适合于不同制造商与运营商的统一算法。f8、f9 是由分组密码算法 Kasumi 构造得到的标准化算法，也是 3G 系统实现国际和国内漫游所必需的，它们用于用户终端（UE）和无线网络控制器（RNC）。实际上，3G 系统所需的密码算法远不止这些，有关其他安全特征的算法还需要进一步研究和开发。

13.5.3　3G 系统的安全技术

3G 系统中的安全技术是在 GSM 的安全基础上建立起来的，它克服了 GSM 中的安全问题，也增加了新的安全功能。用户身份保密、认证、数据加密和数据完整性是 3G 系统中使用的 4 项主要安全技术[16]。

1. 用户身份保密

3G 系统中的用户身份保密有 3 方面的含义：

- 在无线链路上不能窃听用户身份 IMSI。
- 确保不能通过窃听无线链路来获取当前用户的位置。
- 窃听者不能在无线链路上获知用户正在使用的业务。

为了达到上述要求,3G 系统使用两种机制来识别用户身份:

- 临时身份 TMSI。
- 加密的永久身份 IMSI,而且要求在通信中不能长期使用同一个身份。

为此,那些可能会泄露用户身份的信令信息及用户数据也应该在接入链路上进行加密传送。在 3G 系统中为了保持与第二代系统的兼容,也允许使用非加密的 IMSI,尽管这种方法是不安全的。在使用临时身份的机制中,网络给每个移动用户分配一个临时身份 TMSI。该临时身份与 IMUI 由网络建立临时关联,当移动用户发出位置更新请求、服务请求、脱离网络请求或连接再建立请求时,在无线链路上可以识别出用户身份。

当系统不能通过 TMSI 识别用户身份时,就使用 IMUI 来识别用户身份。当来访的 SN/VLR 向用户发起 IM-SI 请求时,用户可选择两种方法来响应:一是与 GSM 一样使用 IMSI 明文;二是使用扩展加密移动用户身份 XEMSI。由于使用 IMSI 明文传送可能导致 IMSI 被窃听,所以在 3G 系统中应该使用加密的用户身份。

在收到 SN/VLR 的身份请求后,MS/USIM 把 IMSI 加密后嵌入 HE-Message 中,并且用 HE-ID 向 SN/VLR 指明可以解密该 HE-Message 的 HE/UIC 地址。SN/VLR 收到 HE-Message 后,根据 HE-ID 把该消息传送到相应的 HE/UIC,HE/UIC 解密后把用户的 IMSI 传递给 SN/VLR。在收到用户的 IMSI 后,就可以启动 TMSI 分配过程,此后将使用 TMSI 来识别移动用户的身份。这种增强型身份加密机制把原来由无线接入部分传送明文 IMSI 变成在网络内部传送明文 IMSI,在一定程度上加强了用户身份的保密性。

2. 认证

在 GSM 系统中,采用三元参数组($RAND, K_i, SRES$)进行认证。鉴权中心产生三元参数组($RAND, SRES_{AUC}, K_i$),并将其传送给 HLR。在 HLR 中为每个用户存储 1~10 组参数,在 VLR 中为每个用户存储 1~7 组参数。VLR 选取其中一组参数,将参数中用于鉴权的随机数 RAND 传给用户。MS 利用存储在 SIM 内的与 AUC 共同拥有的密钥 K_i 及收到的 RAND,通过 A3 算法计算出 $SRES_{MS}$。然后,MS 把 $SRES_{MS}$ 传给 VLR,在 VLR 中比较 $SRES_{MS}$ 和 $SRES_{AUC}$,如果两者相同,则表示用户认证完成,否则网络将拒绝 MS。

3G 系统沿用了 GSM 的认证方法,并做了适当改进。在 WCDMA 系统中使用了五元参数组的认证向量 $AV(RAND, XRES, CK, IK, AUTN)$,执行鉴权和密钥协商。AKA 协议分为两部分:

(1) 用户归属域 HE 到服务网 SN 认证向量的发送过程

SN(由 VLR/SGSN 实体执行)向 HE(由 HLR 实体执行)申请认证向量,HE 生成一组认证向量 $AV(1,2,\cdots,n)$ 发送给 SN,SN 存储收到的认证向量。

（2）认证和密钥建立过程

SN 从收到的一组认证向量中选择一个 $AV(i)$,将 $AV(i)$ 中的 RAND(i) 和 AUTN(i) 发送给用户的 USIM 进行认证。

用户收到 RAND 和 AUTN 后,计算出消息认证码 XMAC,并与 AUTN 中包含的 MAC 进行比较。如果两者不同,USIM 将向 VLR/SGSN 发送拒绝认证消息;如果两者相同,USIM 计算出应答信息 XRES(i),并发送给 SN。SN 在收到应答信息后,比较 XRES(i) 和 RES(i) 的值,如果相等则通过认证,否则不建立连接。在认证通过的基础上,MS/USIM 根据 RAND(i) 和它在入网时的共享密钥 K_i 来计算数据保密密钥 CK_i 和数据完整性密钥 IK_i,SN 根据发送的 AV 选择对应的 CK 和 IK。

比较起来,3G 系统的实体间认证比原有 2G 系统认证在功能上增强了,并且增加了以下 3 方面的新功能：

● 2G 系统只提供网络对用户的单向认证,而 3G 系统则完成网络和用户之间的双向认证。

● 3G 系统增加了数据完整性这一安全特性,以防止篡改信息等主动攻击。

● 在认证令牌 AUTN 中包括了序列号 SQN,保证认证过程的有效性,防止二次攻击。同时,SQN 的有效范围受到限制,这些安全功能在 2G 系统中是没有的。

3. 数据加密

在 3G 系统中,网络接入部分的数据保密性主要提供 4 个安全特性：加密算法协商、加密密钥协商、用户数据加密和信令数据加密。其中,加密密钥协商在 AKA 中完成;加密算法协商由用户与服务网间的安全模式协商机制完成。在无线接入链路上仍然采用分组密码流对原始数据加密,采用 f8 算法,它有 5 个输入：密钥序列号 COUNT、链路身份标志 BEARER、上下行链路标志 DIRECTION、密码流长度标志 LENGTH 和长度为 128 b 的加密密钥 CK。

与 2G 系统相比,3G 系统不仅加长了密钥长度,而且引入了加密算法协商机制。当移动终端需要与服务网建立连接时,USIM 告诉服务网支持的加密算法,服务网根据下列规则做出判断。

● 如果 ME 与 SN 没有相同版本的 UEA(通用加密算法),但 SN 规定使用加密连接,则拒绝连接。

● 如果 ME 与 SN 没有相同版本的 UEA,但 SN 允许使用无加密的连接,则建立无加密的连接。

● 如果 ME 与 SN 有相同版本的 UEA,SN 选择其中一个可接受的算法版本,建立加密连接。

3G 系统中预留了 15 种 UEA 的可选范围,目前只用到一种算法 Kasumi。这种特性增加了 3G 系统的灵活性,使不同的运营商之间只要支持一种相同的 UEA,就可以跨网通信。另外,2G 系统中的加密基于基站,消息在网络内用明文传送,这显然是很不安全的。3G 系统加强了消息在网络内的传送安全,采用了以交换设备为核心的安全机制,加密链路延伸到交换设备,并提供全网范围内端到端的加密。

4. 数据完整性

在移动通信中,移动台/终端和网络间的大多数信令信息是非常敏感的,需要得到完整性保护。在 2G 系统中,没有考虑完整性问题。在 3G 系统中采用了消息认证码来保护用户和网络间的信令信息没有被篡改。发送方把要传送的数据用完整性密钥 IK 经过 f9 算法加密,产生消息认证码 MAC,并将其附加在发出的消息后面。接收方把收到的消息用同样的方法计算出 XMAC。接收方比较收到的 MAC 与 XMAC,如两者相同就说明收到的消息是完整的。

3G 系统数据完整性主要提供 3 种安全特性:完整性算法(UIA)协商、完整性密钥协商,以及数据和信令的完整性。其中,完整性密钥协商在 AKA 中完成,完整性算法协商由用户与服务网间的安全模式协商机制完成。3G 系统预留了 16 种 UIA 的可选范围,目前只用到一种算法 Kasumi。

综上所述,3G 系统的安全以 2G 系统的成果作为基础,保留了在 2G 系统中被证明是必要和强大的安全功能,并且考虑了与 2G 系统的兼容问题。3G 系统克服了 2G 系统中的一些安全问题,并且对 2G 系统中的弱点做了很大的改进,同时也考虑了安全的扩展性。

13.6　第四代移动通信

13.6.1　4G 通信的安全问题

第四代移动通信系统面临的安全形势严峻,主要是 3 个方面的影响因素:网络规模的不断扩大,新通信技术及业务的出现,以及网络攻击技术的多样化、高级化和复杂化。

LTE 网络中的安全攻击[17]大体上分为主动攻击和被动攻击两类。被动攻击没有蓄意破坏目标网络的目的,其目的是窃听通信链路,并监控和研究网络业务等,由于该攻击具有的被动属性,使其不易被网络检测出来。主动攻击主要有伪基站攻击、中间人攻击、拒绝服务攻击、重传等攻击类型。① 伪基站攻击:攻击者使用非法基站,以高功率方式吸引周围的终端驻留,对终端进行恶意攻击,比如拒绝服务、广播虚假消息、让终端无法执行业务;② 中间人攻击:攻击者以中继节点的方式截取合法通信的网元之间交互的信息,例如,攻击者可能对信息进行延迟、更改等操作,通过这种方法在攻击被发现之前,通信双方仍认为维持着正常通信,从而造成数据被盗窃;③ 拒绝服务攻击:攻击者发出海量实际上并不需要的通信请求,耗尽其目标的资源,造成正常请求无法到达预定目的地;④ 重传攻击:攻击者将窃听到的有效信息经过一段时间后再传给消息的接收者,攻击者的目的是企图利用曾经有效的信息在改变了的情形下达到同样的目的,例如攻击者利用截获的合法用户口令来获得网络控制中心的授权,从而访问网络资源。

13.6.2 LTE 网络结构

4G LTE 网络是由用户设备(UE)、无线访问网络(radio access network)(E-UTRAN)和演进分组核心网(evolved packet core,EPC)等组件组成的,如图 13-14 所示。UE 是含有 SIM 识别的移动电话设备,SIM 卡安全地存储了用户的 IMSI 号、身份识别和认证中用到的加密密钥。IMEI 是用户设备的唯一识别码,有了 IMSI 和 IMEI 就可以追踪或窃听用户了。

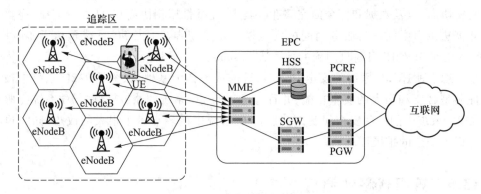

图 13-14　LTE 的网络结构

LTE 网络中的地理区域被分为六边形的单元,每个单元由一个基站提供服务。通过运营商的骨干网络给附近的 UE 提供互联网接入服务。eNode 可以看作是 UE 和 EPC 之间的媒介。本质上讲,E-UTRAN 就是 UE 和 eNodeB、eNodeB 对之间的网络。

移动管理实体(mobility management entity,MME)管理用户设备的注册(包括认证和密钥管理)、分页、注销步骤;也负责特定记录区域中用户设备的位置记录。

归属签约用户服务器(home subscriber server,HSS)负责存储 UE 身份信息(IMSI 和 IMEI)、订阅数据和加密 master 密钥,加密 master 密钥可以对每个不同的签约用户生成认证请求和对称回话密钥。

13.6.3　4G 安全层次

在 LTE 网络中,eNodeB 的部署相对比较复杂,可能会遭到恶意攻击。为了保证在接入网遭到攻击时不影响核心网的安全,LTE 采用了分层安全的设计,即将接入层(AS)安全和非接入网(NAS)安全分离,AS 负责 UE 与 eNodeB 之间的安全,NAS 负责 UE 与 MME 之间的安全。采用安全分层的方式使得 E-UTRAN 安全层和 EPC 安全层之间的影响最小化,更好地保障用户设备接入时的安全。

鉴权和密钥协商(authentication and key agreement, AKA)过程使用"挑战-应答"机制,从而完成终端和网络之间的身份鉴别,通过身份的鉴别生成加密的密钥。通过身份鉴别和加密达到防御恶意攻击的目的,保护了移动通信网络资源的安全。LTE 网络的 AKA 过程与 UMTS 的基本类似,均是通过 Milenage 算法完成终端和网络的双向身份鉴别。

协议中参与该过程的主体部分有用户设备、移动管理实体和归属签约用户服务器,用户信任归属签约用户服务器,两者会共享密钥及确定的加密算法。

13.6.4　4G 安全技术

4G 移动通信网络采用了许多安全机制和安全技术[18],保证接入网和核心网的安全。UE 与 eNodeB 建立的连接被称为空中连接,建立连接的过程一共有 4 个步骤。

① 识别。UE 通过 eNodeB 发送 attach_request 消息到 MME,消息中含有设备的 IMSI 等身份信息和安全能力。

② 认证。为了验证 UE 的真实性,MME 在收到 HSS 生成的认证请求后,会发送 authentication_request 消息到 UE。UE 用 master key 解答请求,并发送 authentication_response 消息到 MME。如果认证成功,UE 和 MME 就进入安全算法协商。

③ 安全算法协商。首先,MEE 从 attach_request 的安全能力中选择一个 UE 支持的算法对。然后,MEE 发送完整性保护的 security_mode_command 消息到 UE,在 UE 中,MME 会重放 UE 的安全能力,这样就可以确认 security_mode_command 消息中的安全能力和 UE 发送的 attach_request 中的安全能力一致。在对 security_mode_command 中的消息认证码 MAC 进行验证后,MME 会发送加密和经过完整性保护的 security_mode_complete 消息。UE 和 MME 就创建了共享的安全环境,包括保护消息交换完整性和机密性的共享密钥。

④ 安全临时 ID 交换。MEE 发送加密和完整性保护的 attach_accept 消息给 UE,其中 attach_accept 消息中含有一个给 UE 的临时 ID——GUTI(globally unique temporary identity)。为了防止敏感信息 IMSI/IMEI 的泄露,GUTI 用于之后所有 UE 和 eNodeB/MME 之间的通信。UE 发送 attach_complete 消息即可结束注册步骤。UE 和 eNodeB 会生成一个用于安全通信的共享密钥作为安全环境。

13.7 第五代移动通信

13.7.1 5G 安全架构

第五代移动通信(5G)继承了 4G 网络分层分域的安全架构,在 3GPP 的 5G 安全标准中规定:在安全分层方面,5G 与 4G 完全一样,分为传输层(transcription stratum)、归属/服务层(home/serving stratum)和应用层(application stratum),各层间相互隔离;在安全分域方面,5G 安全框架分为接入域安全、网络域安全、用户域安全、应用域安全、服务域安全,以及安全可视化和配置安全 6 个域,与 4G 网络安全架构相比,增加了服务域安全。5G 安全分层架构如图 13-15 所示[16]。

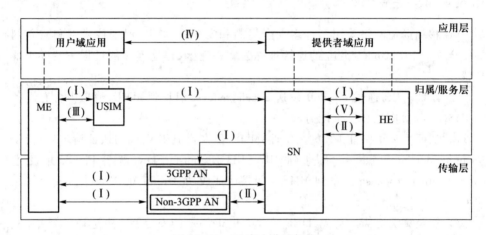

图 13-15　5G 安全分层架构

接入域安全(Ⅰ):一组安全特性,用于使用户安全地通过网络进行认证和业务接入,包括:3GPP 接入和非 3GPP 接入,特别是防止对(空中)接口的攻击;从服务网络到接入网络的安全上下文的传递,以实现接入安全性。具体的安全机制有双向接入认证、传输加密和完整性保护等。

网络域安全(Ⅱ):一组安全特性,用于使网络节点能够安全地交换信令数据、用户面数据。网络域安全定义了接入网和核心网之间接口的安全特性,以及服务网络到归属网络之间接口的安全特性。与 4G 一样,5G 接入网和核心网分离,边界清晰,接入网和核心网之间的接口可采用 IPSec 等安全机制,实现安全分离和安全防护。

用户域安全(Ⅲ):一组安全特性,用于让用户安全地访问移动设备。终端内部通过如 PIN 码等安全机制来保护终端和 USIM 卡之间的安全。

应用域安全(Ⅳ):一组安全特性,用于使用户域(终端)的应用和提供者域(应用服务器)中的应用能够安全地交换消息。本域的安全机制对整个移动网络是透明的,需应用提供商进行保障。

服务域安全(Ⅴ):一组安全特性,用于实现 SBA 架构的网络能够在服务网络域内,以及服务网络域和其他网络域间安全通信。安全特性包括网络功能注册、发现、授权安全等方面,以及保护 service-based 的接口,是 5G 新增的安全域。5G 核心网使用 SBA 架构,需要相应的安全机制保证 5G 核心网 SBA 网络功能之间的安全。该域主要安全机制包括传输层安全性协议(TLS)、开放式授权(OAUTH)等。

安全可视化和配置安全(Ⅵ):一组安全特性,可使用户获知安全性能是否在运作,该安全域在图 13-15 中不可见。

5G 系统引入了安全边缘保护代理(SEPP)作为位于 PLMN 周边的实体。

5G 系统架构在 5G 核心网络中引入了以下安全实体:

- 身份验证服务器功能　Authentication server function,AUSF。
- 认证凭证存储库和处理功能　Authentication credential repository and processing function,ARPF。
- 订阅标识符解隐藏功能　Subscription identifier de-concealing function,SIDF。
- 安全锚功能　Security anchor function,SEAF。

13.7.2　网络切片安全

5G 网络切片是基于无线接入网、承载网与核心网基础设施,以及网络虚拟化技术构建的一个面向不同业务特征的逻辑网络。运营商可以为不同行业应用在共享的网络基础设施上,通过能力开放、智能调度、安全隔离等技术分别构建彼此隔离的 5G 网络切片,提供差异化的网络服务[19]。

网络切片基于虚拟化技术,在共享的资源上实现逻辑隔离,如果没有采取适当的安全隔离机制和措施,攻击者可以入侵某个低防护能力的网络切片,并以此为跳板攻击其他切片,进而影响网络的正常运行。有效的应对手段有以下几种。

1. 切片隔离

使用成熟的云化、虚拟化隔离措施,如物理隔离、VM 资源隔离、VxLAN、VPN 和虚拟防火墙等,可以精准、灵活地实施切片隔离,保证不同用户间 CPU、存储及 I/O资源的有效隔离。

2. 切片接入安全

在 5G 网络已有的用户认证鉴权的基础上,由运营商网络和行业应用共同完成对切片用户端设备的接入认证和授权,保证接入合法切片及应用对切片和资源使用的可控性。

3. 切片管理的安全

切片管理服务使用双向认证和授权机制,切片管理同级切片网络间的通信均使用安全协议来保证通信的完整性、机密性和抗重放攻击性。在切片生命周期管理中,切片模板、配置具备检查与校验机制,避免由于错误配置导致切片的访问、数据传输与存储存在安全风险。

目前,已发布了 3GPP TS 33.501《5G 系统的安全架构和流程》、YD/T 3628-2019《5G 移动通信网安全技术要求》,以及 TC485 在研的《5G 移动通信网通信安全技术要求》涵盖了无线安全、核心网安全、网络切片管理安全的相关要求。

13.7.3　边缘计算安全

多接入边缘计算技术(MEC)是 5G 业务多元化的核心技术之一,采用分布式网络架构,可以把服务能力和应用推进到网络边缘,改变了网络与业务分离的状态,是 5G 的代表性能力之一[20]。

MEC 将数据缓存能力、流量转发能力与应用服务能力下沉,使得网络位置更接近用户,能够大幅降低业务时延,满足车联网、工业互联网等低时延业务需求,减小传输网的带宽压力,降低传输成本,满足高清视频、AR/VR 等高带宽业务的需求,并进一步提高内容分发效率。

边缘计算面临的安全风险,一是边缘计算节点下沉到核心网边缘,当部署在相对不安全的物理环境时,受到物理攻击的可能性更大;二是在边缘计算平台上可部署多个应用,共享相关资源,一旦某个应用防护较弱被攻破,将会影响在边缘计算平台上其他应用的安全运行。

为了应对这些问题,一是对边缘计算设施加强物理保护和网络防护,充分利用已有的安全技术进行平台加固,并加强边缘设施自身的防盗防破坏措施;二是加强应用的安全防护,完善应用层接入边缘计算节点的安全认证与授权机制,在部署第三方应用时,要根据部署模式明确各方安全责任划分并协作落实。

全国信息安全标准化技术委员会(TC260)在研《信息安全技术　边缘计算安全技术要求》国家标准。

13.7.4　安全能力开放

5G 网络能够通过能力开放接口将网络能力对外开放,以便不同行业按照各自的需求定制化网络服务。为了满足不同行业的安全需求,5G 网络通过将安全能力抽象、封装,与其他网络能力一起开放给行业应用,配合资源动态部署与按需组合,为行业提供灵活、可定制的差异化安全能力。

13.7.5　5G 空口协议

用户设备(UE)与基站(gNB)之间进行交互所使用的协议栈称为空口协议栈,主要分 3 层和两面,3 层包括网络层(L3)、数据链路层(L2)和物理层

（L1），两面是指控制面和用户面[16]。控制面协议簇即系统的控制信令传输采用的协议簇，如图 13-16 所示；用户面协议簇即用户数据传输采用的协议簇，如图 13-17 所示。

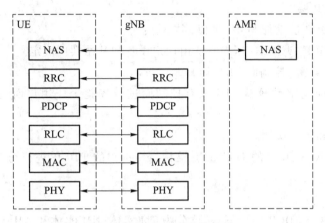

图 13-16　5G 控制面协议簇

　　5G 控制面的协议簇与 4G 完全相同，5G 用户面协议簇除新增加了 SDAP 协议之外，其他结构与 4G 也是完全相同。

　　1. 网络层

　　网络层包含 NAS 层和 RRC 层。

　　（1）NAS 层

　　NAS 层即非接入层，主要用于 UE 与 AMF 之间的连接和移动控制。虽然 AMF 从基站接收消息，但消息不是由基站始发的，基站只是透传 UE 发给 AMF 的消息并不能识别或者更改这部分消息，所以被称

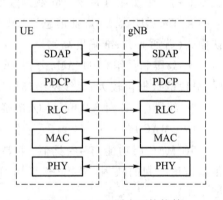

图 13-17　5G 用户面协议簇

为 NAS 消息。NAS 消息是 UE 和 AMF 的交互，比如附着、承载建立、服务请求等移动性和连接流程消息。

　　（2）RRC 层

　　RRC 层主要用来处理 UE 与 NR 之间的所有信令（用户和基站之间的消息），包括系统消息、准入控制、安全管理、小区重选、测量上报、切换和移动性、NAS 消息传输、无线资源管理等。

　　2. 数据链路层

　　数据链路层包括 SDAP、PDCP、RLC 和 MAC 层。

（1）SDAP 层

SDAP 层位于 PDCP 层之上，直接承载 IP 数据包，且只用于用户面。负责 QoS 流与 DRB（数据无线承载）之间的映射，为数据包添加 QFI（QoS flow ID）标记。

（2）PDCP 层

5G 的 PDCP 层功能与 4G 类似，主要有：

- 用户面 IP 头压缩（压缩算法由用户设备和基站共同决定）。
- 加密/解密（控制面/用户面）。
- 控制面完整性校验（4G 只有控制面进行校验，5G 用户面也可以选择性校验）。
- 排序和复制检测。
- 针对 NSA 组网的 Option3X 架构，gNodeB 的 PDCP 进行分流，具有路由功能。

（3）RLC 层

RLC 层位于 PDCP 层之下，实体分为 TM 实体、UM 实体和 AM 实体，AM 数据收发共用一个实体，UM 和 TM 数据收发实体是分开的，主要功能如下：

- TM 透明模式（广播消息）、UM 非确认模式（语音业务、有时延要求）、AM 确认模式（普通业务、准确度高）。
- 分段和重组（UM/AM，分段的数据包大小由 MAC 决定，无线网络环境好时，分段的数据包较大；无线网络环境差时，分段的数据包较小）。
- 纠错（只针对 AM 和 ARQ，准确度高）。

（4）MAC 层

5G MAC 层功能与 4G 类似，主要功能是调度，包括：资源调度、逻辑信道与传输信道之间的映射、复用/解复用、HARQ（上下行异步）和串联/分段（原 RLC 层功能）。

3. 物理层

5G 物理层的主要功能是：错误检测、FEC 加密解密、速率匹配、物理信道的映射、调制和解调、频率同步、时间同步、无线测量、MIMO 处理和射频处理。

13.7.6 5G 基站安全

1. 核心框架

5G 的安全实现是基于分层的密钥派生、分发和管理的[21]。密钥存储在很多网络实体之中，长期密钥 K 由 UDM 层的 ARPF 负责存储，USIM 保留该对称密钥在用户处的副本。其他的所有密钥，都是从该密钥派生而来的。

2. 认证和归属控制

3GPP 建立了 EAP-AKA 和 5G AKA 的认证方法，并要求 5G UE 和 5GC 必须

支持这两种认证方法。这些安全模式用于相互身份验证和后续服务安全性保证。5G UE 在其注册请求中需要使用安全的 5G-GUTI 或 SUCI,并从中选择一种认证方法来启动认证过程。当使用 EAP-AKA 时,UE 作为对等体,而 5GC SEAF 和 AUSF 分别作为传递服务器和后端认证服务器。5G AKA 则是通过向归属网络提供用户从访客网络成功认证的证明,来增强 EPS AKA 的安全性。

增加的归属控制能够有效地防止某些类型的欺骗。拟定的 5G 框架中支持实施这样的过程(虽然它们被认为超出了标准规范的范围):归属网络采取什么样的方式进行认证确认(或不进行认证确认)取决于运营商的策略,而不是标准化的过程。针对其他的安全实现,也有很多功能超出了协议规范的范围,可能会导致不安全的情况发生。

3. 安全上下文

5G 安全规范为不同的场景定义了许多安全上下文,包括单个 5G 服务网络、跨多个服务网络,以及 5G 和 EPS 网络之间。当用户向两个服务网络注册时,这两个网络必须独立地维护和使用其自身的安全上下文。当用户注册到同一个公共陆地移动网(public land mobile network,PLMN)中的两个服务网络时(3GPP 和非 3GPP),用户会与这些网络建立两个独立的 NAS 平面连接,但会使用由一组密钥和安全算法组成的公共 NAS 安全上下文。

4. 状态转换和网络切换

在状态转换和网络切换的过程中,维持或忽略安全上下文的实现方式也是 5G 安全的影响因素。5G 安全规范中提出,如何配置切换过程中的安全性,取决于运营商的策略。这一部分实际上要在运营商的安全需求中体现,因此在切换期间的安全性是一个可选项,没有通过标准来强制执行,这可能导致许多运营商实施不安全的切换过程。

5. 非接入层

在公共 NAS 安全上下文中,具有其中每个 NAS 连接的参数,支持对两个活动 NAS 连接的加密分离和重放保护。NAS 使用 128 b 加密算法来保证完整性和机密性。但是需要注意的是,这里也支持零加密和零完整性保护。如果用户不存在 NAS 安全上下文,那么初始的 NAS 消息将会以明文发送,其中包含用户标识符(例如 SUCI 或 GUTI)和用户安全特性等内容。

6. 无线资源控制

RRC 的完整性和机密性保护由用户和 gN 之间的分组数据汇聚协议(packet data convergence protocol,PDCP)提供,并且 PDCP 之下的层不会受到完整性保护。当完整性保护启用时,除非所选的完整性保护算法是 NIA0(零完整性保护),否则应该同时启用重放保护。RRC 完整性检查会同时在 ME 和 gNB 中执行。如果在完整性保护启动后,发现有消息没有通过完整性检查,那么相关消息会被丢弃。

7. 用户面安全策略

在 PDU 会话建立过程中，SMF 应为基站的协议数据单元（PDU）会话提供用户面安全策略。如果没有为数据无线承载（DRB）激活用户面完整性保护，那么基站和用户就不会为 DRB 实现完整性保护。如果没有为 DRB 激活用户面加密，那么基站和用户就不会加密 DRB 业务的流量。本地 SMF 能够覆盖从归属 SMF 接收的用户面安全策略中的机密性选项。

8. 用户 ID 隐私保护

SUCI 是 5G 永久用户标识 SUPI 的隐藏版本，防止暴露 SUPI。SUCI 使用运营商的公钥，由 SUPI 生成。零保护方案适用于 3 种情况：未认证的紧急会话、归属网络进行了相应配置和尚未提供运营商公钥。

5G 安全规范还定义了临时标识符 5G-GUTI，从而尽最大可能地防止 SUPI 或 SUCI 的泄露。5G-GUTI 将由用户触发重新分配，而重分配的时间间隔是在具体实现中确定的。

思考题

1. 无线局域网与有线局域网相比，存在哪些安全漏洞？
2. 总结无线局域网技术中主要的安全策略，分析安全隐患，提出一些改进方案。
3. GSM 系统中的主要安全漏洞是什么？它是由什么原因引起的？
4. 3G 系统对 2G 系统进行了哪些重大改进？在安全方面有何增强？
5. 简述 3G 系统中的主要安全认证协议，分析认证过程。

参考文献

1. Christian Barnes,等. 无线网络安全防护[M].刘堃,译.北京:机械工业出版社,2003.

2. Matthew S Gast. 802.11 Wireless Networks:the definitive guide[M]. 2nd. Sebastopol:O'Reilly Media,Inc. 2005.

3. 韦特,等. 无线网络设计[M].莫蓉蓉,刘传昌,等,译.北京:机械工业出版社,2002.

4. Kaveh Pahlavan,Prashant Krishnamurthy.无线网络通信原理与应用[M].刘剑,安晓波,李春生,等,译.北京:清华大学出版社,2002.

5. Wi-Fi 联盟官方网站[OL]. 2000.

6. 无线局域网组织[OL]. 2000.

7. 局域网/城域网标准委员会. IEEE 802.11 技术标准[S]. 1997.

8. 杨寅春.无线局域网安全研究[D].上海:上海交通大学,2005.

9. 中国标准化委员会. GB 15629.11-2003 信息技术系统间远程通信和信息交换局域网和城域网特定要求[S]. 北京:中国标准出版社,2003.

10. 李建东,郭梯云,邬国扬.移动通信[M]. 4 版.西安:西安电子科技大学出版社,2006.

11. 穆万里,王泽权. GSM 数字移动通信工程[M].北京:人民邮电出版社,2002.

12. 吴伟陵.移动通信中的关键技术[M].北京:北京邮电大学出版社,2001.

13. Ojanpera T,Prasad R.宽带 CDMA:第三代移动通信技术[M].朱旭红,译.北京:人民邮电出版社,2000.

14. Prasad R,Mohr W,Konhauser W.第三代移动通信系统[M].杜栓义,译.北京:电子工业出版社,2001.

15. Sami Tabbane.无线移动通信网络[M].李新付,等,译.北京:电子工业出版社,2001.

16. 3GPP 网站[OL].

17. 李强. LTE 移动网络协议的安全性分析与研究[D].北京:北京邮电大学,2016.

18. 郑宇. 4G 无线网络安全若干关键技术研究[D].成都:西南交通大学,2006.

19. 全国信息安全标准化技术委员会[OL].

20. 中兴通讯[OL].

21. 陆海涛,李刚,高旭昇.5G 网络的设备及其接入安全[J].中兴通讯技术,2019,25(04):19-24+55.

第 14 章　电子支付

　　电子支付作为密码技术的应用领域之一,对它的研究得到了研究人员、工程技术人员的广泛重视,各类电子支付系统已经越来越多地出现在我们的现实生活中,在享受电子支付、网上购物给人们生活带来极大便利的同时,我们希望能够对其实现技术进行深入的研究和分析。其中,电子货币系统主要依赖于盲签名及零知识证明等密码体制作为支撑技术,在本章将作为重点进行介绍。本章将首先介绍电子支付的分类,并对各类支付系统进行简单的介绍,然后从电子货币的特点和安全需求出发,通过具体例子直观地叙述如何利用各类高级签名技术进行电子货币的构建。

14.1　电子支付分类

　　电子支付可以根据其支付和清算等方式进行分类,其中最主要的特征就是模拟现实生活中的支付手段并进行电子化。

14.1.1　电子支付系统的特性

　　作为社会信息化、电子化进展表现形式之一的电子支付系统应具有哪些特性?在不同的文献中有不同的描述[1,2],这里我们将电子支付系统的核心特性归纳如下。

　　1. 可用性

　　对于一个电子支付系统来讲,可否在实际的开放环境和网络中得到实施应用是衡量该电子支付系统成功与否的重要内容。支付系统能否得到应用取决于人们对该系统的接受程度、系统的效率、所采用的技术手段,以及系统本身操作的复杂度。由于涉及经济利益关系,不同国家甚至是同一国家的不同地区,情况都会因为当地政策而有所不同。

　　2. 安全性

　　由于支付行为发生在开放的互联网中,电子支付系统必须能够抵抗各类攻击,满足安全性的要求,即数据保密、消息完整、认证和不可抵赖。

3. 可靠性

支付系统必须能够稳定地提供各类支付服务功能,系统本身具有足够的鲁棒性。

4. 匿名性

跟现实生活中大多支付行为类似,出于用户隐私保护的需求,要求电子支付系统在一定程度上满足匿名性的要求。

5. 可扩展性

随着互联网的飞速发展,越来越多的商业行为通过网络环境得以进行,业务需求不断发生着变化,这就要求电子支付系统具有灵活的扩展特性以适应动态变化的需求。

6. 匿名可撤销性

完全匿名的系统在保护用户隐私的同时,也可能导致勒索、洗钱等犯罪行为发生。因此,在必要的场合和特定的系统中,要求能够撤销匿名,用以追查可能的犯罪行为。本章所讨论的电子货币系统就属于这种情况,要求系统能够在相关部门的参与下去除匿名,以应对可能的犯罪活动。

14.1.2　电子支付系统分类

在讨论电子货币系统之前,本节将对电子支付进行分类,分类有助于更好地理解电子支付技术。电子支付技术分类的方法有很多,根据清算方式和消息交互的类型,可以将现有的支付系统归于五大类型,如图 14-1 所示。

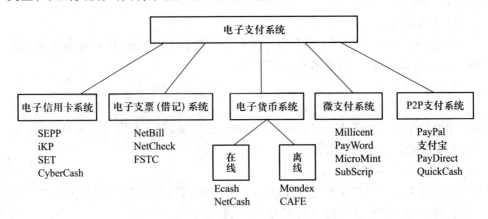

图 14-1　电子支付系统分类

电子信用卡系统类似于现实生活中的信用卡机制,信用卡号需要在网上传输,因此对安全性要求很高,往往由于偏重系统的安全性而导致系统过于复杂,无法实际使用,典型的例子是 SET 协议,由于过于复杂的设计而逐渐被淘汰。电子支票则借助于实际生活中支票的概念,在网上实现借记支付的功能。电子货币主要模拟生活中的现金支付手段,用数字 Token 来代表不同额度的现金。微支付系统则强调小额支付,因此对于安全性的要求较其他系统来讲更低,在微支付系统中,如果攻击者攻破系统所需付出的代价与攻破系统后所获得的利益相比要高,就可以认定系统是安全的。而将 P2P 的支付模式单独归于一类是因为当前这种支付系统的应用最为广泛。生活中,使用 eBay 和淘宝进行购物的消费者日益增多,其中的支付手段主要是基于中间清算机构的 P2P 支付系统,典型的系统有 eBay 使用的 PayPal 和淘宝采用的支付宝,通过中间清算机构进行买卖交易,无须了解商家的银行账号。但这种支付手段仍然存在很大的安全隐患,整个 P2P 支付系统的安全性缺少很好的保障。

14.2　电子货币模型

电子货币是电子支付系统模拟现实生活流通货币而设计的支付工具,主要利用密码基础协议,包括盲签名等技术进行构建,盲签名的定义和相关理论可参见本书第 5 章的内容。本节主要介绍电子货币系统的特殊安全要求和基本支付模型。

14.2.1　电子货币安全需求

除了需要满足一般电子支付系统的保密和不可抵赖等安全特性外,电子货币还有特定的安全需求。

1. 不可伪造

与现实生活中流通货币相同,电子货币也需要有防伪功能,该功能可以通过密码手段,例如数字签名、盲签名等技术实现。

2. 防多重支付

由于电子货币完全以数字形式在网络中进行传播,因此很容易被拷贝并被重用。为了防止恶意的多重支付(double spending)问题,需要利用 cut-and-choose、零知识证明等密码技术进行防范。

3. 匿名性及不可链接性

如同现实生活中现金支付一样,电子货币系统需要保障消费者的隐私,即系统应具有很好的匿名特性和电子货币的不可链接性。

4. 可分性

现实生活中的现金支付具有找零功能,理想的电子货币系统应具有可分的性质。但利用密码技术实现电子货币的可分性往往会导致效率的大大降低而不可用。因此实用的系统往往偏向于采用不同的签名密钥对应不同的币值,去除找零功能。

5. 公平性(又称匿名可撤销性)

完全匿名的系统会导致网络犯罪的发生,比如勒索和洗钱等[3]。因此,开发公平的电子货币系统成为必然,即要求系统具有匿名可撤销功能。这样在特殊场合下,比如犯罪行为发生时,可以撤销匿名恢复消费者身份,或追踪电子货币的使用情况,进而有效地打击犯罪行为。

14.2.2 电子货币支付模型

电子货币支付模型与一般电子支付系统相同,参与方包括消费者、商家和银行。主要协议有:取款协议(withdrawal protocol)、支付协议(payment protocol)和存款协议(deposit protocol)。消费者通过取款协议从银行获取含有签名的电子货币,并随后在商家利用支付协议进行网上购物。商家验证电子货币的真伪,即验证电子货币的签名,如果验证正确,交易即生效,商家与银行通过存款协议进行电子货币的清算。根据银行是否参与支付协议可以将电子货币划分为在线和离线两种模式。

最初的电子货币系统 Ecash[4] 利用盲签名机制签发无条件不可跟踪的电子货币,采用在线的方式来防止多重支付的出现。当商家获得消费者的电子货币后,将电子货币传输到银行端,银行在本地维护一个大的数据库,在数据库中进行电子货币的匹配,并通过标志位来检测该电子货币是否已经使用,若没有,则交易成功进行。在线的方式要求银行必须参与每一次交易过程,对于大额的交易来讲,例如电子信用卡和电子支票系统,是合理的,但对于电子货币系统来讲,无疑将导致系统效率降低,并使得银行成为整个交易的瓶颈。更为不利的是,银行能够获知消费者的消费项目和消费习惯,侵犯了消费者的消费隐私。但如果过于注重消费者的隐私,又容易导致恶意行为的发生,如勒索和洗钱等。

总体上讲,电子货币需要尽可能地与现实生活中流通货币的特性相吻合,才有可能被民众广为接受。同时,有别于普通的流通货币,电子货币由于其数字化特性使得它很容易被复制和重用,因此,防止多重支付也是电子货币中需要重视的安全特性之一。

在这样的背景下,公平的电子货币系统由 Brickell[5] 和 Stadler[6] 于 1995 年分别提出。公平的电子货币系统能够在消费者隐私保护和打击犯罪之间提供一种解决办法,在这样的系统中,对于正常的消费者交易行为,银行和商家均无法获得消费者的身份信息,从而保护了消费者的隐私。在必要的情况下(例如犯罪嫌疑出现),可信第三方在银行的参与下能够移除匿名特性并锁定相应的消费者身份。在公平的电子货币支付模型中,将增加一个可信第三方实体和两个追踪协议(图 14-2 中虚线部分)。两个追踪协议分别如下:

- 电子货币所有者追踪(owner tracing) 银行将与商家执行存款协议的交换

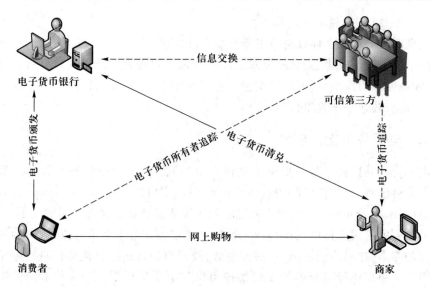

图 14-2 （公平）电子货币支付模型

消息的副本传给可信第三方,可信第三方可以根据支付协议的消息副本计算出电子货币所有者的身份,从而可以打击通过电子货币进行洗钱的犯罪活动。在为合法的消费者提供匿名服务的同时,能够恢复涉嫌非法使用服务的恶意消费者。

• 电子货币追踪(coin tracing) 银行将与消费者执行的取款协议的交换消息副本传给可信第三方,可信第三方可以计算出该电子货币并进行相应的追踪,可以有效地打击类似于勒索犯罪行为。处于勒索状态时,消费者被迫利用取款协议得到电子货币交与勒索者,后者在完全匿名的系统中可以自由地使用电子货币而不暴露自己的身份。

在公平的电子货币支付模型中,可信第三方是消费者、商家和银行都应该能够信任的金融监管机构,或者政府的相关司法部门。最初的公平电子货币系统均为在线的交易方式,需要可信第三方参与取款协议或者银行需要参与支付协议。在线的电子货币可以实时地防止多重支付的问题,但容易成为整个系统的瓶颈。离线的系统对于多重支付问题采用"after the fact"的手段来实现,也就是说,在离线的系统中,消费者能够多重使用电子货币进行支付,但是一旦发现多重支付问题,系统能够根据支付过程的消息副本恢复多重支付者的身份,从而追究其违规责任。利用交互式零知识证明方法,Frankel 等人于 1996 年提出了离线公平电子现金系统[7],需要通过在银行端设立一个大的数据库来实现电子货币所有者追踪,该系统的问题在于银行单独就能够进行所有者追踪,而不是由可信第三方完成。在其他一些电子货币系统中,通过在客户端增加电子钱包的手段来实现防多重支付和公平的电子货币系统,但因为需要在客户端增加额外的硬件,导致整个系统的建设成本增加,阻碍了系统的实际推广。

14.3　电子货币的构造

本节将介绍如何分别构造简易、离线、公平的电子货币系统,并通过几个具体的实例进行详细的阐述。

14.3.1　最简单的电子货币

本节通过介绍一个最简单的电子货币系统说明电子货币的基本工作原理,这种电子货币系统的构造如下:

- 使用盲签名保证系统的匿名和不可链接特性,例如使用 RSA 盲签名技术。
- 完全匿名,没有所谓的匿名撤销机制。
- 在线搜索技术防止发放的电子货币多重支付。
- 对应不同的币值使用不同的签名密钥。

1. 电子货币格式

电子货币的格式如图 14-3 所示,包含以下几个元素:一个唯一的序列号、有效期、币值和银行的签名。S_Num 表示序列号,Exp_Time 表示有效期,Deno 表示币值,PK_Deno、SK_Deno 分别表示币值所对应的电子货币银行签名公私钥对。

图 14-3　电子货币格式

序列号是电子现金的唯一标识,可以由银行也可以由用户自己产生,但必须保证序列号的唯一性,或者重复的概率足够小。银行有多对公私钥对,每个不同的币值用相应的私钥进行签名。电子现金银行另外拥有一对可以用于加密和通用签名的公私钥对(PK_bank, SK_bank)。

2. 取款协议

消费者从电子货币银行通过取款协议获得电子货币过程如图 14-4 所示,需要注意的是,一次取款协议消费者可以取得批量的电子货币。

图 14-4　取款过程

① 消费者生成批量的电子货币并进行盲化,盲化过程为:随机选取 $r,(r,n)=1$,计算 $\text{S\_Num} \cdot r^{PK\_Deno}$,$PK\_Deno$ 为该币值对应的电子货币银行的 RSA 签名公钥。

② 消费者将取款请求及其哈希值通过加密密钥 k 加密后发送给电子货币银行,加密密钥 k 采用数字信封技术,用电子货币银行的加密公钥加密。

③ 电子货币银行收到请求后,先用 SK_bank 解密得到加密密钥 k,并通过该密钥解密得到批量的盲化电子货币。针对不同的币值,使用相应的 SK_Deno 进行盲化签名,即计算 $\{\text{S\_Num} \cdot r^{PK\_Deno}\}^{SK\_Deno} = \{\text{S\_Num}\}^{SK\_Deno} \cdot r$,并形成批量的盲化电子货币,连同所有盲化电子货币的哈希值由 k 加密后发回给消费者。

④ 消费者去除盲化因子,即计算 $\{\text{S\_Num}\}^{SK\_Deno} \cdot r/r = \text{S\_Num}^{SK\_Deno}$ 得到最终批量电子货币,形式为:$\{\text{S\_Num}, \text{Exp\_Time}, \text{Deno}, \text{S\_Num}^{SK\_Deno}\}$。

3. 支付、存款协议

消费者从电子货币银行通过取款协议取得批量电子货币后,就可以在商家通过支付协议进行消费,消费流程如下。

① 支付协议　消费者选定相应的物品,发送订单和电子货币形成支付请求消息:支付请求 = $\{$订单信息,电子现金,$\{\text{Hash}($订单信息,电子现金$)\}_{PK\_Bank}\}$。订单信息包括:时间、物品描述、数量、金额等。对订单信息进行哈希运算和签名是为了防止订单信息被篡改。

② 存款协议　商家收到支付请求后,检查订单情况并在本地存储该订单,形成存款请求并发送给电子货币银行:存款请求 = $\{$支付请求,商家账号$\}$。

③ 银行收到存款请求,验证订单签名和电子货币签名,确认没有多重支付后,发送回商家支付确认信息。

④ 商家收到支付确认信息,将订单的物品发送给消费者,完成整个交易。

4. 防止多重支付

在这个简单的电子货币系统中,序列号是由消费者产生的,电子货币银行无法知道序列号的信息,也无法通过序列号来防止多重支付。在该系统中,银行防止多重支付是通过下面的方式实现的。

① 电子货币银行端建立一个大的数据库存储所有消费过的电子货币。

② 每次收到存款请求时,在该数据库中搜索支付请求中的电子货币信息,一旦发现在数据库中已有记录,说明这是一个多重支付的电子货币并停止本次交易。

③ 根据订单信息中的时间,电子货币银行可以确认是消费者还是商家在进行多重支付违规行为。

本节构造的电子货币为最简单、原始的系统,类似于 Chaum 提出的第一个电子货币系统,能够在开放性的网络环境中提供与现实生活中的流通货币相同的特性,包括完全匿名和防伪特性,适合于小额的网络交易系统。但是通过在大型数据库中进行在线搜索的方式来防止多重支付问题,效率较低而且无法防止通过网络进行的一些犯罪行为(洗钱、勒索等)。总之,本节构造的系统能够最直接地反映电子货币的特征和原理,为理解随后的电子货币系统打好基础。

14.3.2 基于切割技术的离线电子货币系统

在线的电子货币系统对于小额支付来讲无疑是不可行的,效率比较低,由于每次交易都需要电子货币银行的参与,导致电子货币银行将成为整个系统的瓶颈。因此,设计离线电子货币系统就很有必要。本节构造的电子货币系统为离线且匿名、不可伪造的系统,实现技术如下。

匿名性仍然可以由盲签名技术保证。离线系统所带来的问题是如何防止多重支付行为,在线系统可以通过保存所有已消费的电子货币,在一个大的数据库中进行搜索匹配来防止电子货币的多次支付问题。然而在离线的系统中,无法做到实时的多重支付防范,只能通过事后追查的方式来阻止恶意的多重支付。先要将电子货币所有者的身份信息嵌入电子货币中,当正常消费进行时,该身份信息不会被泄露。一旦该电子货币被支付了两次以上,所有者的身份信息就能够被恢复出来,进而追查多重支付者的责任。系统需要确认消费者嵌入电子货币中的身份信息,其中比较经典的技术有切割(cut-and-choose)[8] 和限制性盲签名技术(restrict blind signature)[9]。切割技术的核心思想基于概率论,消费者只能以很小的概率欺骗银行,即不将自己的身份信息嵌入电子货币。限制性盲签名技术基于离散对数和零知识证明,具有更高的效率。

本节主要讲述基于切割技术来搭建离线的电子货币系统,系统由取款协议、支付协议和存款协议组成。

1. 系统设置及电子现金格式

与第 12.3.1 节系统相同,银行拥有多对 RSA 公私钥对,每个不同的币值 Deno 均有相应的银行公私钥对 PK_Deno、SK_Deno,及 RSA 模 N_Deno。另外,p 为一大的素数,在模 p 下离散对数问题是困难的,g 为群 $\mathbb{Z}_p^*$ 的生成元,q 为 p 的大素因子,n 为安全参数。

电子货币格式如图 14-5 所示,包含以下几个元素:$g^{a0} \bmod p$,$g^{a1} \bmod p$、有效期、币值和银行签名。其中,U 表示消费者,ID_U 表示消费者的身份信息,$a0 \parallel a1 = \mathrm{ID}_U \bmod p$,Exp_Time 表示有效期,Deno 表示币值,PK_Deno、SK_Deno 分别表示币值对应的电子货币银行 RSA 签名公私钥对。

图 14-5 电子货币格式

2. 取款协议

取款协议如图 14-6 所示,具体步骤如下。

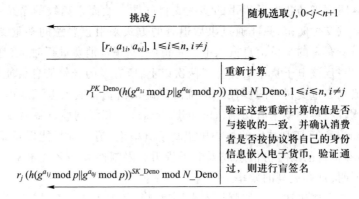

消费者 电子货币银行

对所有的 i $(1 \leq i \leq n)$,随机选取 $a_{1i} < p$,a_{0i} 使得消费者的身份信息嵌入 $a_{1i} \| a_{0i}$. $r_i \in_R \mathbb{Z}^*_{N\_Deno}$ 为随机选取的整数,计算

$r_1^{PK\_Deno}(h(g^{a_{11}} \bmod p \| g^{a_{01}} \bmod p)) \bmod N\_Deno, \cdots,$

$r_k^{PK\_Deno}(h(g^{a_{1n}} \bmod p \| g^{a_{0n}} \bmod p)) \bmod N\_Deno$

取款请求: $\{Exp\_Time, Deno, r_i^{PK\_Deno}(h(g^{a_{1i}} \bmod p \| g^{a_{0i}} \bmod p)) \bmod N\_Deno, 1 \leq i \leq n\}$

挑战 j 随机选取 j, $0 < j < n+1$

$[r_i, a_{1i}, a_{0i}]$, $1 \leq i \leq n, i \neq j$

重新计算

$r_1^{PK\_Deno}(h(g^{a_{1i}} \bmod p \| g^{a_{0i}} \bmod p)) \bmod N\_Deno$, $1 \leq i \leq n, i \neq j$

验证这些重新计算的值是否与接收的一致,并确认消费者是否按协议将自己的身份信息嵌入电子货币,验证通过,则进行盲签名

$r_j(h(g^{a_{1j}} \bmod p \| g^{a_{0j}} \bmod p))^{SK\_Deno} \bmod N\_Deno$

消费者提取电子货币:

coin $= \{g^{a_{0j}} \bmod p, g^{a_{1j}} \bmod p$ Exp_Time, Deno, $\{(Hash(g^{a_{1j}} \bmod p \| g^{a_{0j}} \bmod p))^{PK\_Deno} \bmod N\_Deno\}\}$

图 14-6 取款协议

① 消费者发出取款请求,取款请求包括有效期、币值及 n 个盲化的电子货币候选值,所有候选值都应嵌入消费者的身份信息,n 个盲化的值相当于 n 条直线,直线的系数串接就是身份信息;

② 电子货币银行收到取款请求后,随机选取小于等于 n 的正整数 j,并将 j 作为挑战发回给消费者;

③ 消费者收到 j 后,将所有 $r_i, a_{1i}, a_{0i}, i \neq j$ 发至电子货币银行;

④ 电子货币银行重新计算除 j 以外的所有盲化候选值,与之前接收到的值比较,如果一致且 $a_{1i} \| a_{0i} = \mathrm{ID}_U \bmod p, i \neq j$,即每个候选电子货币值均嵌入了消费者的身份信息,则进行 RSA 签名,将盲化的电子货币发回消费者;

⑤ 消费者去盲后得到电子货币:

$$\text{coin} = \{g^{a_{0j}} \bmod p, g^{a_{1j}} \bmod p, \text{Exp\_Time}, \text{Deno},$$

$$\{(\mathrm{Hash}(g^{a_{1j}} \bmod p \parallel g^{a_{0j}} \bmod p))^{PK\_Deno} \bmod N\_Deno\}\}$$

切割技术的安全性是建立在概率基础之上的,消费者如果构造 $n-1$ 个嵌入身份信息的电子货币候选值,其中有一个例如候选 j 中并不包含身份信息,而银行随机选择的整数恰好为 j,则消费者就能成功欺骗银行,即不将自己的身份信息嵌入电子货币且不被发现。由于 j 值是随机选取的,所以消费者成功欺骗的概率至多为 $1/n$,在 n 足够大的时候可以忽略不计。

3. 支付及存款协议

支付协议的思想是这样的,电子货币的形式实质上是一条直线,两个系数的串接就是消费者的身份,支付过程相当于给出直线上的一个点。

① 消费者决定购买物品后,计算

$$x := (\mathrm{ID}_V \parallel \mathrm{Time}), \quad y = a_{1j}x + a_{0j} \bmod p-1$$

并将

$$\mathrm{coin} = \{g^{a_{0j}} \bmod p, g^{a_{1j}} \bmod p, \mathrm{Exp\_Time}, \mathrm{Deno},$$
$$\{(\mathrm{Hash}(g^{a_{1j}} \bmod p \parallel g^{a_{0j}} \bmod p))^{PK\_Deno} \bmod N\_Deno\}\}$$

和 x, y 一起形成支付请求发给商家;

② 商家收到支付请求后,首先根据 ID_V 和 Time 的值确认该电子货币没有在本处使用过,然后验证 coin 的签名和 $g^y = (g^{a_{1j}} \bmod p)^x (g^{a_{01j}} \bmod p) \bmod p$,验证通过后将支付请求连同自己的身份 ID_s 以存款请求的形式发给电子货币银行执行存款协议、要求结算,同时将货物发送给消费者;

③ 电子货币银行收到存款请求后,与商家进行相同的验证过程,如果验证通过则进行结算,将相应货款转至商家的账号,交易完成。

4. 安全性讨论

在离散对数问题和大整数分解困难问题的假设下,整个系统的安全性能够得到保证。

- 由于计算离散对数是困难的,a_{1j}、a_{0j} 无法由 $g^{a_{1j}}$ 和 $g^{a_{0j}}$ 计算得到。
- RSA 假设确保即使消费者执行了多项式级的取款协议也无法自己计算出正确的电子货币。
- 如果消费者多重支付了电子货币,由于电子货币在银行的存储形式为:

$$\{\mathrm{coin}, x, y\} = \{\{g^{a_{0j}} \bmod p, g^{a_{1j}} \bmod p, \mathrm{Exp\_Time}, \mathrm{Deno},$$
$$\{(\mathrm{Hash}(g^{a_{1j}} \bmod p \parallel g^{a_{0j}} \bmod p))^{PK\_Deno} \bmod N\_Deno, x, y\}\}\}$$

由 ID_V 和 Time 可以保证电子货币不会在同一商家进行多次支付;而在不同商家进行多重支付时,所计算出的 x 和 y 是不同的,这样就能得到两组数据 (x_1, y_1) 和 (x_2, y_2),相当于给出了一条直线上的两个点。在已消费电子货币数据库搜索,可检测到多重支付的发生,这种情况下可以得到两个方程:

$$y_1 = a_{1j}x_1 + a_{0j} \bmod p$$

$$y_2 = a_{1j}x_2 + a_{0j} \bmod p$$

通过解方程得到 a_{1j} 和 a_{0j}，从而得到多重支付消费者的身份信息。

利用切割技术能够实现离线的电子货币系统，但是应该注意降低消费者进行欺骗成功的概率，需要令 n 足够大。在 n 足够大的情形下，切割技术的计算复杂度大大增加，会导致整个系统的效率非常低下。

14.3.3　公平的电子货币系统构造

完全匿名的电子货币可能使不法分子有可乘之机，犯罪分子能够利用系统的完全匿名特性进行勒索、洗钱等犯罪活动而不被发现，如何实现公平的或匿名可撤销的系统是电子货币能否实用化的关键因素之一。

本节通过具体的例子，利用零知识证明密码技术结合离散对数困难问题来构建离线公平的电子货币系统，目的是通过构造思路和具体例子的分析，帮助读者理解其中的设计思想，为进一步研究和构造电子货币和支付系统打下基础。

1. 基于离散对数的签名盲化过程

在构造公平电子货币系统之前，先讨论基于离散对数签名系统的盲化过程，介绍一种较为通用的构建盲签名的方法。盲签名具有不可链接、不可伪造等特性，因此使得基于盲签名的电子货币系统能够自然继承这些特性，满足电子货币的安全需求。

盲性定义　如果在签名过程中签名者所看到的消息副本和签名的结果是统计独立的，那么就可以把该签名方案称为盲签名。

在一般的基于离散对数的数字签名或认证方案中（例如 ElGamal、Schnorr、DSS 签名认证方案），通常采用零知识证明向接收者证明所拥有的离散对数秘密值，由零知识证明性质保证秘密值在证明过程中不会被泄露。在离散对数的零知识证明过程中，通常会要求计算一条直线 $r = cx + w$ 的一个点，横坐标 c 和截距 w 随机选取，纵坐标 r 通过计算得到，直线的斜率 x 即为证明者所拥有的秘密离散对数值，任何拥有证明者公钥的接收者都可以验证签名并确认证明者拥有对应公钥的秘密值私钥。在离散对数困难问题假设下，无论方案或协议执行多少次，验证者都无法获得秘密值的任何相关信息，这是由零知识证明的性质保障的。

为了将基于离散对数的签名体制转变成盲签名，需要将签名者所看到的消息副本进行随机化转变，该转变可以由下命题给出。

命题　基于离散对数的签名体制能通过将正常零知识证明过程的直线，除斜率即秘密值之外的某一个系数进行随机化，其他系数可以通过正常签名过程中的相关方程推导得出。可以根据效率和可行性等因素选择系数进行随机化。

文献[10]总结了几乎大部分基于离散对数盲签名的盲化过程。本节以 Camenisch 基于 Nybeg-Rueppel 签名机制[11]构建的盲签名为例，讲述盲化的过程。

（1）系统参数

p 为一大的素数使得在模 p 的离散对数的计算是困难的，$p-1$ 有一大的素因子 q。元素 $g \in \mathbb{Z}_p^*$ 的阶为 q，系统的私钥为 $x \in \mathbb{Z}_q$，公钥为 $y = g^x \bmod p$。

（2）签名过程

$m \in \mathbb{Z}_p$ 为待签名的明文消息，签名者随机选取 $k \in \mathbb{Z}_q$，并计算 r、s：

$$r = mg^k \bmod p$$

$$s = xr + k \bmod p$$

整数对 (r, s) 即为对消息 m 的签名，任何接收者均可通过检验方程 $m = g^{-s} y^r r \bmod p$ 是否成立来验证签名的正确性。

（3）盲化分析

由上述签名过程可见，签名者在签名过程中所见的消息副本为消息对 (m, r, s)。盲签名要求能够得到新的消息对 (r', s')，满足方程 $m = g^{-s'} y^{r'} r' \bmod p$，两组消息对 (m, r, s) 和 $(\tilde{m}, r', s')$ 应为统计独立的，$\tilde{m}$ 为盲化的待签名消息。根据命题可知，将上述签名转化盲签名，相当于将消息对 (m, r, s) 中的某一个进行盲化，其他的由正常验证方程推导得出。例如，可以对 s 进行盲化，让 $s' = s\beta + \alpha \bmod p$，其中 $\alpha, \beta \in_R \mathbb{Z}_q^*$ 为随机选取的整数，s 可以由盲化的明文信息 $\tilde{m}$ 计算得到：$s = \tilde{m}\, x + k$（原方案中 $r = mg^k \bmod p$ 目的就是将随机化的明文消息 m 关联到签名中，这里可以直接用盲化的明文信息 $\tilde{m}$ 来代替）。将 $s' = s\beta + \alpha \bmod p$ 代入 $g^{-s'} y^{r'} r' \bmod p$，$g^{-s'} y^{r'} r' \bmod p$ 仍然等于 m，有 $g^{-s'} y^{r'} r' = g^{-s\beta - \alpha + xr'} r' = g^{-\tilde{m}\beta x - k\beta - \alpha + xr'} r' = m \bmod p$，因此，$r' = mg^{k\beta + \alpha}$，$\tilde{m} = r'\beta^{-1}$，这样就能得到最终的盲签名。

（4）盲签名过程

① 签名者随机选取 $\tilde{k} \in \mathbb{Z}_q$，计算 $\tilde{r} = g^{\tilde{k}} \bmod p$，将 $\tilde{r}$ 发给签名请求者；

② 签名请求者随机选取整数 $\alpha, \beta \in_R \mathbb{Z}_q^*$，计算 $r = mg^\alpha\, \tilde{r}^\beta \bmod p$，$\tilde{m} = r\beta^{-1} \bmod q$，将盲化后的信息 $\tilde{m}$ 发回签名者；

③ 签名者收到 $\tilde{m}$ 后，计算 $\tilde{s} = \tilde{m}\, x + \tilde{k} \bmod q$，将 $\tilde{s}$ 发给签名请求者；

④ 签名请求者收到 $\tilde{s}$ 后，计算 $s = \tilde{s}\, \beta + \alpha \bmod q$，$(r, s)$ 即为盲签名的结果。

（5）盲签名正确性检验

由于，$g^{-s} y^r r = mg^{-s\beta - \alpha + xr + \tilde{k}\beta + \alpha} = mg^{-\tilde{m}\, x\beta - \tilde{k}\beta + xr + \tilde{k}\beta} = mg^{-r\beta^{-1} x\beta + xr} = m \bmod p$，仍然满足检验方程，所以正确性得到确认。

另外，对于每一正确的签名结果 $(\tilde{m}, r, s)$ 都有唯一对应的 α、β 值，且 α、β 均为随机选取的整数。因此，签名者所看到的中间结果和最终签名值都是统计独立的，满足盲签名的定义。至此，整个盲签名的转化完成，更多的例子可依据文献[7]所给出的盲化归纳表格进行自行推导。

2. 离线高效的电子货币系统构造

采用切割技术和 RSA 盲签名机制能够构造离线、不可链接且能够防止多重支付的电子货币系统,但是切割技术效率过于低下,要使消费者欺骗成功概率足够低,必须要求含有身份信息的电子货币副本数量 n 足够大,从而使得计算复杂度大大增加。

下面将采用基于离散对数的盲签名机制和零知识证明的方法构建防多重支付的电子现金系统,主要的思路可以归纳如下。

- 基于离散对数的表示问题将消费者身份信息嵌入电子货币。
- 用零知识证明方法证明离散对数的表示问题。
- 用离散对数签名的盲化过程将基于离散对数的签名转化成盲签名。
- 电子货币银行使用转化后的盲签名签发电子货币。

在支付过程中,消费者每支付一次相当于泄露了直线上的一个点,当消费者进行多重支付时,就给出了直线上的两个点,因此作为斜率的身份信息就可以被计算出来并通过在数据库中搜索的方式找出电子货币所有者。接下来将阐述基于离散对数和零知识证明方法构造离线防多重支付系统的过程。

(1) 系统参数设置

p 为一大的素数且 $p-1$ 有素因子 q,q 为一大的素数使得在模 q 下计算离散对数是困难的;g、g_1、g_2 为 3 个不同的群 $G_q \subset \mathbb{Z}_p^*$ 的生成元;银行随机选择整数 $x \in_R \mathbb{Z}_q^*$ 作为秘密值;$H(\cdot)$ 为一安全的哈希函数,将任意比特长的输入转换成固定比特长的输出;每个商家均有唯一识别码 ID_s 使得商家在支付过程以很大的概率产生不同的挑战信息;DATA/TIME 表示交易发生的日期信息,使得商家对于在本商家两次不同的交易将生成不同的挑战信息;银行维护两个数据库:消费者账号数据库用以存放消费者的相关信息,存款数据库存储有关交易的信息。

(2) 消费者开户

消费者在证明自己身份后,随机选取秘密值 $u_1 \in_R \mathbb{Z}_q^*$,计算 $I = g_1^{u_1} \bmod q$,确认 $g_1^{u_1} g_2 \neq 1 \bmod q$ 之后发送给银行。银行将用户的身份信息(例如身份证号码)及接收的 I 一起存放在消费者账号数据库中,I 可看作用户在电子货币系统中的账号。消费者的账号 I 必须是唯一的,否则在多重支付发生时无法分辨哪个消费者是多重支付者。银行将 g_1^x,$g_2^x \bmod q$ 以公钥信息形式发布,消费者计算 $z = (Ig_2)^x$,这样就可以将用户的账号信息 I 嵌入签名,也就是电子货币中了。下面讨论如何将电子货币银行基于离散对数的签名转化为盲签名的过程。

(3) 对嵌入用户身份信息 Ig_2 的正常签名过程

电子货币银行对 Ig_2 的签名为 $(Ig_2)^x$,利用诚实验证者零知识证明(honest-verifier zero knowledge proof)中的 EQ-Composition 证明银行的秘密密钥 x,如图 14-7 所示。

(4) 签名的盲化过程

① 首先,随机选取 $s \in_R \mathbb{Z}_q^*$,对 Ig_2 进行盲化,计算 $(Ig_2)^s$。

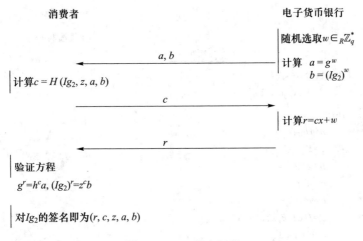

图 14-7 Ig_2 签名过程

② 对 $(Ig_2)^s$ 的盲签名结果记为 (r',c',z',a',b'),根据盲性的定义,新的盲签名结果与银行看到的中间签名结果 (r,c,z,a,b) 应相互独立且各自满足验证方程 $g^r=h^c a,(Ig_2)^r=z^c b,g^{r'}=h^{c'} a',(Ig_2)^{sr'}=z'^{c'} b'$。$(r',c',z',a',b')$ 对于签名者银行来讲应该是不可知的。

③ 根据命题可知,为了达到盲化的目的,可以选取对 r 进行盲化。若令 $r'=ru+v,u,v\in_R \mathbb{Z}_q^*$ 为随机选取的整数,则盲签名为文献[9]中结果;若令 $r'=(r+u)v$,则结果为 Chaum 提出的盲签名方案[12]。由于 u,v 的随机特性,使得 r,r' 是完全独立的整数。这里以 $r'=ru+v$ 为例进行进一步说明盲化过程。

④ r' 计算出来后,其他剩余的签名结果可以通过验证方程推导得出,过程如下:(r,c,z,a,b) 满足 $g^r=h^c a,(Ig_2)^r=z^c b$,且 $r=cx+w$,x 为银行独知的秘密值。为了满足 $g^{r'}=h^{c'} a'$,将 $r'=ru+v$ 代入上式有,$g^{r'}=g^{ru+v}=g^{(cx+w)u+v}=g^{cxu+wu+v}=h^{cu} g^{wu+v}=h^{c'} a'$,因此我们可以得到 $c'=cu,a'=g^{wu+v}=a^u g^v$。类似的过程可以推导出 z' 和 b' 的值:为了满足方程 $(Ig_2)^{sr'}=z'^{c'} b'$,有

$$(Ig_2)^{sr'}=(Ig_2)^{s(ru+v)}=(Ig_2)^{s(cxu+wu+v)}=z^{scu}(Ig_2)^{s(wu+v)}=z'^{c'} b'$$

由于已经得到 $c'=cu$,所以 $z'=z^s,b'=b^{su}(Ig_2)^{sv}$。由于 u,v 为随机选取的整数,(r',c',z',a',b') 和 (r,c,z,a,b) 是完全独立分布的,这样就得到最终的盲签名。如图 14-8 所示为盲签名过程。

⑤ 最后,$A=(Ig_2)^s$ 及 $B=g_1^{x_1} g_2^{x_2}$ 的盲签名结果为四元组 (r',z',a',b'),验证方程为:$g^{r'}=h^{c'} a,A^{r'}=z^{c'} b'$,其中 $c'=H(A,B,z',a',b')$。该盲签名过程中,消费者的身份信息被嵌入签名,即电子货币里面。而 B 的作用是将电子货币的支付和取款链接起来,换句话说,B 的引入使得取出的电子货币只能够支付一次,多重支付电子货币所有者的身份信息能够被很容易地计算出来。有了该盲签名的结果,下面就

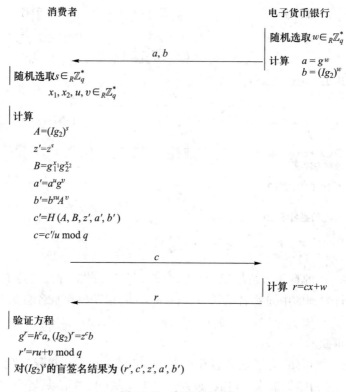

图 14-8　盲签名过程

可以构建基于离散对数的电子现金系统。

（5）取款协议

① 消费者可以通过零知识证明的方法向银行证明自己拥有合法的账号，例如通过 Schnorr 的零知识证明方案，向银行证明自己拥有正确的 u_1；

② 根据盲签名的过程，银行验证消费者身份信息后，随机选择 $w \in {}_R \mathbb{Z}_q^*$，并将计算好的 $a = g^w, b = (Ig_2)^w$ 发送至消费者；

③ 消费者随机选取 $s, x_1, x_2, u, v \in {}_R \mathbb{Z}_q^*$，计算 $A = (Ig_2)^s, B_1 = g_1^{x_1}, B_2 = g_2^{x_2}, B = B_1 B_2, z' = z^s, a' = a^u g^v, b' = b^{su} A^v, c' = H(A, B, z', a', b')$，$c = c'/u \bmod q$，将 c 作为挑战信息发送给银行；

④ 银行计算 $r = cx + w \bmod q$，将 r 发回消费者并在消费者账户上扣除相应的取款值。

取款得到的电子货币为 (A, B, r', z', a', b')。验证方程即为盲签名的验证方程，其中银行在签名过程中所看到的 (r, c, z, a, b) 和最终的签名结果 (r', c', z', a', b')。由于 u, v 的随机选取而相互独立，保证了电子货币的不可跟踪、匿名和不可链接特性，进一步的安全性讨论可以参考原文献。

（6）支付协议

① 消费者选定货物生成订单后，计算 $A_1 = g_1^{u_1 s}$，$A_2 = g^s$，将电子货币 (A, B, r', z', a', b')、A_1 和 A_2 发给商家。另外，消费者还必须通过诚实验证者零知识证明中的 And-Composition 向商家证实自己了解身份的构造信息，也即离散对数的表示性问题。

② 商家接收 (A, B, r', z', a', b')、A_1 和 A_2 后，验证 $A = A_1 A_2$，并计算 $d = H(A_1, A_2, B_1, B_2, \mathrm{ID}_s, \mathrm{DATE/TIME})$ 并发回给消费者。

③ 消费者计算 $r_1 = d(u_1 s) + x_1 \bmod q$，$r_2 = ds + x_2 \bmod q$，将 r_1 和 r_2 发回商家。

④ 商家检验方程：$g^{r'} = h^{c'} a'$，$A^{r'} = z^{c'} b'$，其中 $c' = H(A, B, z', a', b')$ 确认电子货币的正确性。同时，还需检验方程 $g_1^{r_1} = A_1^d B_1$，$g_2^{r_2} = A_2^d B_2$（或 $g_1^{r_1} g_2^{r_2} = A^d B$），确认消费者了解身份信息的正确构造。验证通过后，商家确认该电子货币的正确性并确信用户已将身份信息嵌入该电子货币，将货物发送给消费者，并通过随后的存款协议进行货款的清算。如果消费者和商家时钟同步且知道商家的 ID_s，那么 d 可由消费者自行计算得出；如果 d 没有被正确地计算得出，那么商家与银行均能发现而拒绝此次交易。

（7）存款协议

① 商家将 (A, B, r', z', a', b')、(r_1, r_2)、A_1、A_2，以及日期信息 DATE/TIME 发送给银行要求进行货款清算。

② 银行验证电子货币盲签名的正确性，并根据商家的 ID_s 及收到的相关信息计算 $d = H(A_1, A_2, B_1, B_2, \mathrm{ID}_s, \mathrm{DATE/TIME})$，验证 $g_1^{r_1} = A_1^d B_1$，$g_2^{r_2} = A_2^d B_2$，通过后进行货款的转账操作。

（8）多重支付问题

所有验证通过后，银行将在存款数据库中进行搜索，如果数据库中没有 A 的信息，则说明该电子货币为未使用的，银行存储 $(A, \mathrm{DATE/TIME}, r_1, r_2)$。如果 A 在存款数据库已经存在，则说明该电子货币为多重支付的电子货币。这里有两种情况：

• 如果 DATE/TIME 与存款数据库中的相同，则说明商家试图对同一支付进行两次存款清算。

• 若 DATE/TIME 不同，则说明消费者试图多次使用同一电子货币进行支付，此时，两次不同的支付会生成两对不同的组值 (d, r_1, r_2) 和 (d', r_1', r_2')，满足：

$$r_1 = d(u_1 s) + x_1 \bmod q, \quad r_2 = ds + x_2 \bmod q \tag{14-1}$$

$$r_1' = d'(u_1 s) + x_1 \bmod q, \quad r_2' = d's + x_2 \bmod q \tag{14-2}$$

式（14-1）减去式（14-2）可得：

$$r_1 - r_1' = (d - d')(u_1 s) \bmod q$$

$$r_2 - r_2' = (d - d')(s) \bmod q$$

两式相除有 $(r_1 - r_1')/(r_2 - r_2') = u_1 \bmod q$，即有 $g_1^{(r_1 - r_2)/(r_1' - r_2')} = g^{u_1} \bmod q$，而这就是消费者在银行的账号信息，银行可从消费者账号信息中查询得到试图多重支付的消费者身份信息进行违规处理。

本节利用基于离散对数的盲签名和零知识证明系统构造了一个比切割技术更为高效的离线防多重支付电子货币系统,然而系统并没有实现公平性,无法做到电子货币所有者跟踪和电子货币跟踪,也就仍然无法防止不法分子利用电子货币系统进行相关的犯罪行为。

3. 离线公平的电子货币系统构造

在已构建的离线防多重支付的电子货币系统基础上,参照文献[7]进一步探讨实现公平的电子货币系统。

如同我们在电子货币支付模型中指出的那样,公平的电子货币系统应引入可信第三方的概念(TTP),TTP 是唯一能够实现跟踪的权威机构。在已构造的离线电子货币系统中,消费者的身份信息为 $I = g_1^{u_1}$,因此可以尝试要求用户在支付过程中将自己的身份信息用 TTP 的公钥采用 ElGamal 加密机制进行加密,并且通过有效的方式向商家证明加密的结构,这样 TTP 就能够通过支付信息中的加密内容解密得到消费者的身份信息。

(1) 系统参数设置

系统设置同电子货币系统,此外,TTP 拥有秘密密钥 $x_T \in _R \mathbb{Z}_q^*$,相应的公钥为 $y_T = g^{x_T} \bmod q$。

(2) 取款协议

与离线防多重支付的电子货币系统相同。

(3) 支付协议

支付协议如图 14-9 所示,除了与离线防多重支付的电子货币系统支付协议相同的部分,消费者需随机选取 $\lambda \in _R \mathbb{Z}_q^*$,计算 $D_1 = I y^\lambda \bmod q, D_2 = g_2^\lambda \bmod q$,将 D_1 和 D_2 随同 (A, B, r', z', a', b')、A_1、A_2 一起发送给商家;商家除了验证相关信息外,还需随机选取 $s_0, s_1, s_2 \in _R \mathbb{Z}_q^*$,计算 $D' = D_1^{s_0} g_2^{s_1} D_2^{s_2}, y' = y^{s_0} g_2^{s_2}$;将 d、D'、y' 发送回消费者。消费者计算 r_1、r_2 和 $V = H((D')^s / (y')^{\lambda s})$,并将 r_1, r_2, V 发给商家,商家验证电子货币签名和身份嵌入信息的离散对数表示问题证明的正确性,并通过检验 $V = H(A_1^{s_0} A_2^{s_2})$ 确认消费者身份信息被用 TTP 的公钥进行了 ElGamal 加密。其中,s_0、s_1、s_2 是随机选取的,目的是用来随机化 D_1 和 D_2,并由取款过程中得到 A_1 和 A_2,确保消费者正确地将自己的身份信息用 TTP 的公钥进行了加密。

(4) 存款协议

与已构建的离线防多重支付电子货币系统相同,同时还需将 D_1 和 D_2 发送给银行,银行做相同的验证,若通过则进行货款的转账操作,并在存款数据库中存储 D_1、D_2 及 $(A, \mathrm{DATE/TIME}, r_1, r_2)$。

(5) TTP 跟踪

• **电子货币所有者跟踪**　在可疑情况出现时,TTP 从存款数据库中取出与可疑电子货币对应的 D_1、D_2,计算 $I = D_1 / D_2^{x_T}$,在消费者数据库进行搜索,即可得到可

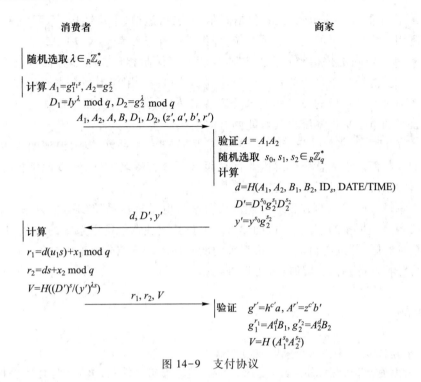

图 14-9 支付协议

疑用户的真实身份信息。

● **电子货币跟踪** 与电子货币所有者跟踪实现方式类似,消费者在取款协议过程中用 TTP 的公钥将在支付协议出现的因素(例如 A_2)使用 ElGamal 算法进行加密,这样在 TTP 的参与下,就可根据支付协议的消息进行相应解密得到 A_2,从而可以对消费者的电子货币进行跟踪,具体过程跟电子货币所有者跟踪类似,可参考文献[7],这里不再赘述。

14.4 电子货币的发展方向

由于网络信息化技术的快速发展,电子支付将会在电子商务大潮中起到非常重要的作用,而电子货币系统由于类似现实生活中的流通货币也将会得到广泛的应用。从研究的角度来看,电子货币系统的构造需要使用大量的密码技术,能够很好地体现密码工具在实际系统中所能发挥的作用,并对密码技术的广泛应用有着启发式的作用。

电子货币的大体发展方向是建设高效、离线公平的系统,在充分发挥电子货币网络支付功能的同时防范可能的网络经济犯罪行为。要构造高效、离线公平的电子货币系统的关键就是要寻找好的密码工具,使得计算复杂度更低同时方便地实现电子货币系统的公平性。

- 由于群签名的密码特性,包括匿名、匿名可撤销、不可链接、不可伪造等,可以被利用来构建公平的电子货币系统,详细的设计可参考文献[13-15]。
- 基于身份的公钥密码体制与传统的密码体制相比在很多方面都具有更多优势,因此,对于基于身份的各类密码体制及其相关应用成为当今密码研究领域的热点。通过基于身份的技术构建部分盲签名方案,并基于该部分盲签名方案设计离线公平的电子货币系统也是可能的方向之一[16]。
- 在已有的多数电子货币系统中,都是基于离散对数、零知识证明等方法来构建的。如何基于大整数分解困难问题设计部分盲签名方案,并以此来构建公平电子货币系统也是可行的研究方向[17,18]。

本章通过阶梯式的方法来讲述离线公平的电子货币系统的构造方法,期望能够给读者提供更多的信息,并帮助读者掌握设计实现电子货币系统的思路和方法。由于篇幅有限,并没有对电子货币系统的所有性质进行充分讨论,包括电子货币系统的可分特性等,有兴趣的读者可以查找相关资料。

思考题

1. 叙述和分析支付宝的系统构架和工作原理。

2. 在电子货币系统中,由于数字化形式表示的电子货币容易导致多重支付问题,分析比较防止多重支付的不同技术手段。

3. p 为一大的素数,$p-1$ 有大的素因子 q。$g \in \mathbb{Z}_p^*$ 的阶为 q,私钥为 $x \in \mathbb{Z}_q$,对应的公钥 $y = g^x \bmod p$,对明文 $m \in \mathbb{Z}_p$ 的签名过程为:随机选取 $k \in_R \mathbb{Z}_q$,计算 $r = mg^k \bmod p$,$s = xr + k \bmod p$,(r,s) 即为对 m 的签名,验证方程为 $m = g^{-s} y^r r \bmod p$。试用本章介绍的离散对数签名盲化的方法将该签名转化为盲签名。

4. 限制性盲签名在很多场合,尤其是电子货币系统中有很多的应用,试分析限制性盲签名的机理,并阐述它在电子货币系统中的作用。

参考文献

1. Medvinsky Gernnady, Neuman Clifford B. Netcash: A design for practical electronic currency on the Internet[C]. Proceedings of the First ACM Conference on Computer and Communications Security, 1993:102-106.

2. Wayner Peter. Digital cash: Commerce on the net[M]. 2nd. London: Morgan Kaufmann, 1997.

3. von Solms S, Naccache D. On blind signatures and perfect crime[J]. Computer and Security, 1992, 11(6):581-586.

4. Chaum D. Blind signatures for untraceable payments[C]. Proceedings of Cryptology, CRYPTO'82, Springer Verlag, 1982:199-203.

5. Brickell E, Gemmell P, Dravitz D. Trustee-based tracing extensions to anonymous cash and the

making of anonymous change[C]. Proceedings of the 6th Annual ACM-SIAM Symposium on Discrete Algorithms,1995:457-466.

6. Stadler M, Piveteau J, Camenisch J. Fair blind signatures[C]. In Advances in Cryptology, EUROCRYPT'95,LNCS 921,Springer Verlag,1995:209-219.

7. Frankel Y,Tsiounis Y,Yung M. "Indirect discourse proofs":Achieving efficient fair off line e-cash[C]. In Advances in Cryptology:Proceedings of ASIACRPT'96. LNCS 1294, Springer Verlag, 1997:16-30.

8. Okamoto Tatsuaki, Ohta Kazuo. Universal Electronic Cash [C]. In Advances Cryptology - CRYPTO'91,LNCS 576,Springer Verlag,1991:324-337.

9. Brands S. Untraceable off-line cash in wallet with observers[C]. In Advances in Cryptology-CRYPTO'93. LNCS 773,Springer Verlag,1993:302-318.

10. Qiu Weidong. Converting DLP based signature into blind[J]. Journal of Applied Mathematic and Computaion,2005,170(1):657-665.

11. Camenisch J,Maurer U M,Stadler M. Digital payment systems with passive anonymity-revoking trustees[C]. Proceedings of ESORICS'96,1996:33-43.

12. Chaum D, Tsiounis Y, Yung M. Wallet databases with observers [C]. In Advances in Cryptology-CRYPTO'92,Springer Verlag,1993:1-14.

13. Traore J. Group signature and their relevance to privacy-protecting off-line electronic cash systems[C]. Proceedings of ACISP99,LNCS 1587,Springer Verlag,1999:228-243.

14. Qiu Weidong,Chen Kefei,Gu Dawu. A New Off-Line Privacy Protecting E-cash System with Revokable Anonymity[C]. Proceedings of Information Security Conference'02,LNCA 2433,Springer Verlag,2002:177-190.

15. Canard Sebastien,Traore Jacques. On Fair E-cash systems based on group signature schemes [C]. ACISP 2003,LNCS 2727,Springer Verlag,2002:237-248.

16. Wang Changji ,Tang Yong,Li Qin. ID-Based fair off-line electronic cash system with multiple banks[J]. Journal of Computer Science and Technology,2007,22(4):487-493.

17. Cao Tianjie,Lin Dongdai,Xue Rui. A randomized RSA-based partially blind signature scheme for electronic cash[J]. Computers & Security,2004,24(1):44-49.

18. Wang Changji,Xuan Hennong. A Fair off-line electronic cash scheme based on RSA partially blind signature [C]. Proceedings of 1st International symposium on pervasive computing and applications. IEEE Computer Society Press,2006 :508-512.